钳工技能实训

（第5版）

主　编　童永华　冯忠伟
副主编　宋军民
主　审　王　猛

北京理工大学出版社
BEIJING INSTITUTE OF TECHNOLOGY PRESS

内 容 简 介

本书是根据国家《工人技术等级》和《职业技能鉴定规范》编写的钳工技能实训教材。主要内容有：入门知识，测量，平面划线，錾削，锯割，锉削，孔加工，螺纹的加工，综合练习，刮削，研磨，矫正、弯形与铆接，锉配、立体划线，CY6140 普通车床装调，模具分析与拆装，初、中、高级技能考核训练等基本内容，同时注重技能训练的方法及技巧。各课题按生产实习图纸、任务分析、任务准备、相关工艺分析、任务实施和任务评价等形式统一编写。内容由浅入深、由易到难，并加入了任务拓展以及企业典型工作任务。书中对些典型课题、零件加工工艺和测量方法做了较详细的分析、介绍，并做了重点提示，有利于提高学生的综合技能水平及分析、处理问题的能力。在技能考核训练内容中，增加了国家级、省级职业技能大赛钳工技术的部分赛题，让学员能了解本工种职业技能大赛的一些动态，便于自身能力的提高。

为方便学员自学与提高，可扫二维码获得更多拓展知识。

本书可作为高等院校、五年制高职校、技工学校、职业学校机械制造专业、机电一体化专业、数控技术专业、模具专业、数控设备应用与维护、工业机器人技术专业的教学和企业职工培训教材。

图书在版编目（CIP）数据

钳工技能实训 / 童永华，冯忠伟主编．—5 版．—北京：北京理工大学出版社，2022.1

ISBN 978-7-5763-1012-2

Ⅰ．①钳…　Ⅱ．①童…②冯…　Ⅲ．①钳工-教材　Ⅳ．①TG9

中国版本图书馆 CIP 数据核字（2022）第 028066 号

出版发行 / 北京理工大学出版社有限责任公司
社　　址 / 北京市海淀区中关村南大街 5 号
邮　　编 / 100081
电　　话 / (010)68914775(总编室)
(010)82562903(教材售后服务热线)
(010)68944723(其他图书服务热线)
网　　址 / http://www.bitpress.com.cn
经　　销 / 全国各地新华书店
印　　刷 / 涿州市新华印刷有限公司
开　　本 / 787 毫米×1092 毫米　1/16
印　　张 / 21.25
字　　数 / 486 千字
版　　次 / 2022 年 1 月第 5 版　2022 年 1 月第 1 次印刷
定　　价 / 89.90 元

责任编辑 / 赵　岩
文案编辑 / 赵　岩
责任校对 / 周瑞红
责任印制 / 李志强

前　言

随着改革开放的不断深入和现代科学技术的不断发展，新的国家和行业技术标准相继颁布和实施，在现代机械制造业中人们对钳工提出了更新、更高的要求。虽然钳工的分类越来越细，工作范围也越来越广，但不管如何分工都必须掌握好钳工的基本技能，并且各项技能又有一定的相互依赖关系。为了适应钳工初、中、高级技术人员的学习和培训的需要，适应市场经济的发展，满足职业技术学院、高等职业技术学校、技工院校的钳工实训教学的需求，北京理工大学出版社组织编写了本教材——《钳工技能实训》。

本教材根据劳动部《职业技能鉴定规范》编写，并采用国家最新技术标准，突出理论与实践的结合，力求反映钳工专业发展的现状和趋势，尽可能多地引人新技术、新方法、新材料，以使教材更加科学、规范。

本教材的特点如下：

（1）突出“校企合作、产教融合”特点，部分课题由无锡贝斯特精机股份有限公司技术专家指导，采用企业真实案例，在培训中把理论与操作技能有机地结合，并以“应用”“实用”为主旨和特征，来构建实训教学的内容体系。

（2）通过网络视频，引入中国制造 2025、工匠精神、工业 4.0 思政元素，倡导创新精神，遵循立德树人的教育根本，体现规范标准，培养学生“牢记职业岗位标准，养成安全操作、团队合作、精工匠心、爱岗敬业、诚实守信”等职业素养与职业能力。焕发劳动精神，厚植工匠文化、恪守职业道德，将辛勤劳动、诚实劳动、创造性劳动作为自觉行为。

（3）本教材图文并茂，内容实用，文字精练，通俗易懂，并采用任务驱动方式指导学员运用专业知识完成钳工实训任务。学员可由浅入深，理论联系实际，逐步掌握钳工的基本操作技能及相关的工艺知识，并学会用举一反三的方法去分析问题、解决问题。

（4）教材的教学任务设计，考虑以学生为中心，结合相关企业、考工、竞赛的真实项目，通过完成任务培养学生的创新意识、创新能力、团队合作精神以及职业竞争力。

（5）职业技能大赛钳工技术的部分赛题，可扫教材课题十七后的二维码，从而获取更多拓展知识。

本教材由江苏联合职业技术学院无锡交通分院童永华同志、江苏省无锡技师学院冯忠伟同志担任主编，江苏省常州技师学院宋军民同志担任副主编。江苏省无锡技师学院王宝康同志担任参编，无锡贝斯特精机股份有限公司郑长喜同志、骆杨同志作为企业重要合作者参与了教材的编写。其中课题三，课题四，课题五，课题六，课题十、课题十一、课题十二，课题十六由童永华编写，课题一、课题二、课题十三、课题十五由冯忠伟编写，课题七、课题八、课题十四由宋军民编写，课题九由郑长喜，骆杨编写，课题十七由王宝康编写。

本教材由常州刘国钧高等职业技术学校教授王猛同志担任主审。

在本教材的编写过程中，编者借鉴了国内外同行的最新资料及文献，并得到了兄弟院校的大力支持，在此一并致以衷心的感谢！

由于编者水平有限，书中错误之处在所难免，敬请读者批评指正！

编　者

AR 内容资源获取说明

——→扫描二维码即可获取本书 AR 内容资源！

Step1：扫描下方二维码，下载安装“4D 书城”APP；

Step2：打开“4D 书城”APP，点击菜单栏中间的扫码图标，再次扫描二维码下载本书；

Step3：在“书架”上找到本书并打开，即可获取本书 AR 内容资源！

目　录

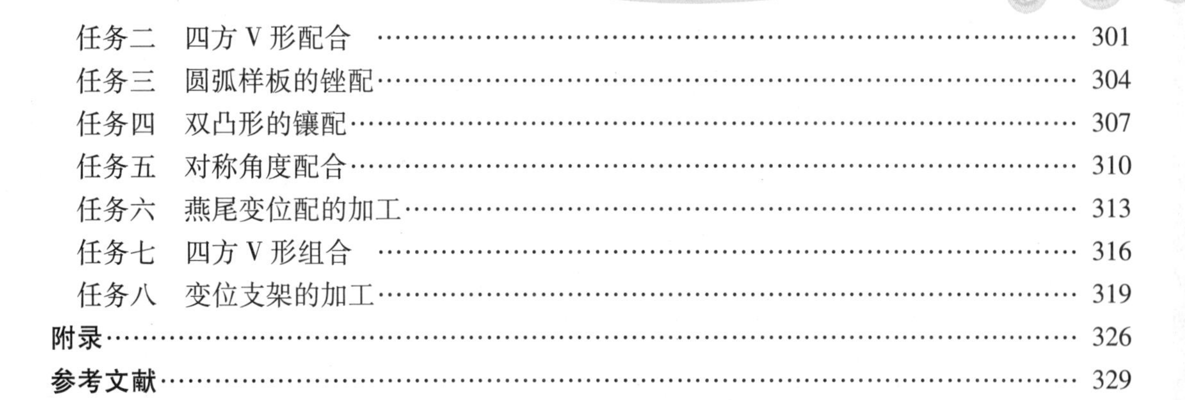

课题一

入门知识

大国崛起

【知识点】

Ⅰ　树立理想，学好钳工，报效祖国

Ⅱ　车间 7S 管理与职业素养

Ⅲ　钳工的性质及工作任务

Ⅳ　钳工常用设备、工量具及它们的基本操作要求

Ⅴ　安全文明生产要求

【技能点】

台虎钳的拆装、使用、保养

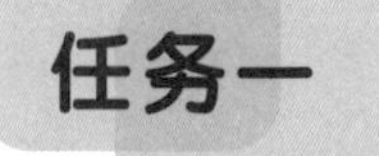

任务一　树立理想，学好钳工，报效祖国

一、“制造强国”呼唤工匠精神

建设制造强国，一个关键就是加快发展现代产业体系，推动经济体系优化升级，推进产业基础高级化、产业链现代化。

没有强大的制造业，就没有国家和民族的强盛，打造具有国际竞争力的制造业，是我国提升综合国力、保障国家安全、建设世界强国的必由之路。中国实现从“制造大国”向“制造强国”、从“中国制造”向“中国创造”的转变，一个重要方面是把更多的创新、资金转向实体经济，走出一条更多依靠人力资本集约投入、科技创新拉动的发展路子；同时，要努力培养一支宏大的高素质劳动者大军，涵养劳模精神、劳动精神、工匠精神。

古为今鉴，我国历史上有许多对工匠精神的精微阐释。如古代描述工匠在制作玉器、象牙、骨器时，用“切、磋、琢、磨”来展现其中的仔细、认真与执着；又如《考工记》中倡导“智者创物，巧者述之守之”的技术追求；再如，耳熟能详的“庖丁解牛”，就是对“道技合一”境界的形象表达。我国古代的科技水平长期处于世界领先地位与深厚悠久的工匠文化密不可分，可以说，自古以来，中国并不缺少匠人匠心。这种精益求精的精神品质早已融入中华民族的文化血液，根植于我们的民族文化传统。

工匠情怀，技能报国。“天下兴亡，匹夫有责”，这是每个工匠必有之情怀。中国的历史告诉我们，没有祖国，就没有家。实现中华民族伟大复兴的中国梦，不仅需要大批科学技术专家，同时也需要千千万万的能工巧匠。技能报国正当时，广大学子和职场青年都应争做国家栋梁般的匠人。

“为学须先立志。志既立，则学问可次第着力。立志不定，终不济事。”要成为社会主义建设者和接班人，必须树立正确的世界观、人生观、价值观，把实现个人价值同党和国家前途命运紧紧联系在一起，每个人都有人生出彩的机会。

坚持与专注，是“工匠精神”的工作态度

工作没有好坏，不分贵贱。而我们作为一名普通的工作者，就要干一行爱一行，爱一行进而专一行。在具有“工匠精神”的人看来，工作就是我们生活的一种常态，要不浮不怠，戒骄戒躁，十年如一日地钻研进步。

中国的古哲学便曾对学艺的过程分解为三个过程：技，艺，道。而“工匠精神”就是在日复一日的坚持下，自己与技术融会贯通而诞生的不凡力量。从古代土木工匠的鼻祖鲁班、享称“吴中绝技”的著名玉雕大师陆子岗，到我们新时代的首位诺贝尔医学奖获得者的屠呦呦，无一不是倾其所有投入到自己的本职工作中。

“工匠精神”就是需要这种专注与坚持的工作态度。有了这种态度，才可以让我们在平时的工作中耐得住寂寞，受得了挫折，才可以让我们发掘自己的无限潜力，才可以让我们在

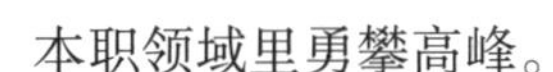

本职领域里勇攀高峰。

精益求精，是“工匠精神”的核心内涵

工艺水平上的精益求精是中华民族的优秀传统之一，在我国古代就得到大力的弘扬与十分的尊崇。古代典籍《诗经》中言“如切如磋，如琢如磨”，就是在赞美当时的工匠在打磨玉器时的精益求精。也正是得益于这种精益求精的精神，才使得当代的许多工艺都长期处于世界的领先地位。回归现代，亦是如此。现在我国是世界制造业第一大国，在世界几百上千种主要工业产品中，我国可以说是独占半壁江山，那能有如此成果的原因是什么呢？除了国家政策的大力支持，更是“工匠精神”所蕴含的精益求精工作作风，严格品控，打造出了我们国家一个个广受好评，人尽皆知的品牌。

创新，是“工匠精神”在新时代的诠释

“工匠精神”不仅包含专注、求精等这些传统品质，也包括不断突破、追求创新的新时代内涵。从古至今，热忱于推陈出新、乐于创造的工匠们一直是推动科技发展进步的主要力量。专注与求精是敢于创造、乐于创造的先决条件，日复一日的工作是创新的基础，追求完美是推动创新的动力。

培养“工匠精神”，发扬创造精神，是一种生命态度。其价值在于精益求精，对匠心、精品的坚持与追求，其利虽微，却长久造福于世，它不仅仅是企业的生存之道，也是国家的发展之道。

二、学好钳工，报效祖国

随着我国进入新发展阶段，产业升级和经济结构调整不断加快，各行各业对技术技能人才的需求越来越紧迫。推动高质量发展，壮大实体经济，需要数量充足的技术技能人才作为支撑。职业教育是培养技术技能人才、促进就业创业创新、推动中国制造和服务上水平的重要基础。改革开放以来，我国职业教育取得长足发展，培养了大规模的技能人才，为经济发展、促进就业和改善民生作出了不可替代的贡献。

青年的理想信念关乎国家未来。青年理想远大、信念坚定，是一个国家、一个民族无坚不摧的前进动力。青年志存高远，就能激发奋进潜力，青春岁月就不会像无舵之舟漂泊不定。”

树立远大理想，坚信学有一技之长，可走天下、可养家庭、可圆梦想。纵观世界工业发展史，凡工业强国必是技师技工大国。树立远大理想，周边有榜样，榜样的力量是无穷的。大国工匠，匠心筑梦，大国工匠中国船舶重工高级技师顾秋亮钳工将蛟龙号密封垫精度控制到头发丝的五十分之一，大国工匠中国商飞大飞机总装制造中心高级技师胡双钱钳工，35年里加工过数十万个飞机零件，没有出现过一个次品，中车青岛转向架分厂的首席钳工技师郭锐，将“复兴号”核心部件转向架“严丝合缝”地精密装配，被誉为“钳工状元”。高超的艺术创造着史上的一个个奇迹，这些人都是我们学习的榜样。

新时代的青年是伟大祖国繁荣昌盛的奠基石，是伟大祖国屹立民族之林的指示牌，是伟大祖国扬帆起航的驱动器，潜心学习理论知识和专业技能，趁着最好的年华，自觉站在时代潮头、听从时代召唤，认识到知识的力量、勤学苦练，精益求精，坚持不懈，认真学习和发扬工匠精神，脚踏实地、坚持到底、掌握过硬本领，早日成为技术能手、行业精英，朝着技能报国的目标前进，以满腔的热情去获取梦想的实现，实现自己的价值。

增强技能学习，是必要的，只有不断增添技能，才能跟上时代的步伐，创造一个有价值的人生。悠悠中华，万载文明，浩浩中华，青春常驻。学习改变命运，技能成就未来，以技艺强身，以强技报国，未来属于我们，我们与祖国共成长！

任务二 车间7S管理与职业素养

一、7S精益管理简介

1. 7S小常识

7S就是整理“整理”（Seiri）、“整顿”（Seiton）、“清扫”（Seiso）、“清洁”（Seiketsu）、“素养”（Shitsuke）、“安全”（Safety）、“节约”（Saving）。因为这7个词的首字母都是S，所以简称为“7S”。

2. 7S的定义

1）“整理”

就是将公司（工厂、车间）内需要与不需要的东西（多余的工具、材料、半成品、成品、文具等）予以区分。把不需要的东西搬离工作场所，集中并分类予以标识管理，使工作现场只保留需要的东西，让工作现场整齐、漂亮，使工作人员能在舒适的环境中工作。

2）“整顿”

将前面已区分好的，在工作现场需要的东西予以定量、定点并予以标识，存放在要用时能随时可以拿到的地方，如此可以减少因寻找物品而浪费的时间。

3）“清扫”

使工作场所没有垃圾、脏污，设备没有灰尘、油污，也就是将整理、整顿过要用的东西时常予以清扫，保持随时能用的状态，这是第一个目的。第二个目的是在清扫的过程中去目视、触摸、嗅、听来发现不正常的根源并予以改善。“清扫”是要把表面及里面（看到的和

看不到的地方）的东西清扫干净。

4）“清洁”

将整理、整顿、清扫后的清洁状态予以维持，更重要的是要找出根源并予以排除。例如工作场所脏污的源头，造成设备油污的漏油点，设备的松动等。

5）“安全”

是将工作场所会造成安全事故的发生源（地面油污、过道堵塞、安全门被堵塞、灭火器失效、材料和成品堆积过高有倒塌危险等）予以排除或预防。

6）“节约”

对时间、空间、能源等方面合理利用，以发挥它们的最大效能，从而创造一个高效率的，物尽其用的工作场所。

7）“素养”

认真做好整理，整顿、清扫，清洁，安全，节约工作，全员参与 7S 工作不打折扣，人人按章操作，依规行事，养成做任何事情都认真负责，为了做好这个工作而制定各项相关标准供大家遵守，大家都能养成遵守标准的习惯。

二、职业素养简介

职业素养是指职业内在的规范和要求，是在职业过程中表现出来的综合品质，包含职业道德、职业技能、职业行为、职业作风和职业意识。

1. 职业素养的三大核心

1）职业信念

“职业信念”是职业素养的核心，良好的职业信念由爱岗、敬业、忠诚、奉献、正面、乐观、用心、开放、合作及始终如一这些关键词组成。

2）职业知识技能

“职业知识技能”是做好一个职业应该具备的专业知识和能力。

3）职业行为习惯

“职业行为习惯”，是通过长时间地学习-改变-形成而最后变成习惯的一种职场综合素质。

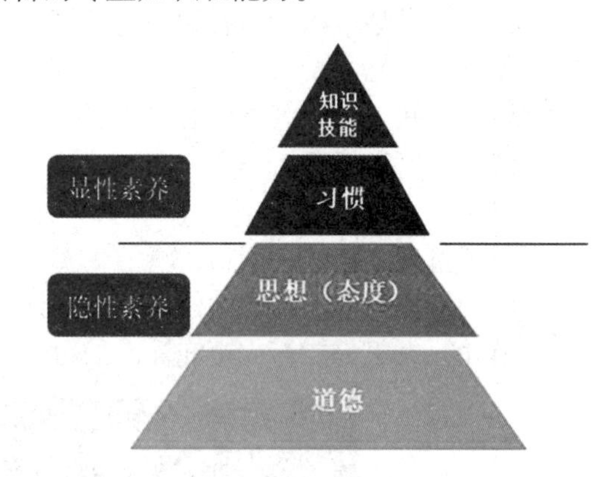

2. 职业素养内容

1）职业道德

2）职业思想（意识）

3）职业行为习惯

4）职业技能

三、职业素养的自我培养

1. 认识自己的个性特征，确定自己的发展方向和行业选择范围，明确职业发展目标。

2. 配合学校的培养计划，完成知识、技能等显性职业素养的培养，获得学习能力、培养学习习惯。

3. 有意识地培养职业道德、职业态度、职业作风等方面的隐性素养。

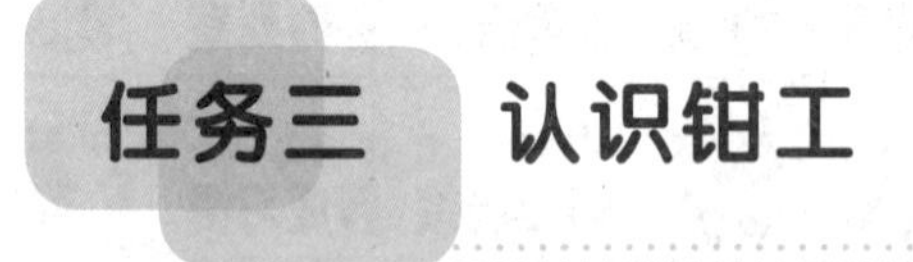

任务三 认识钳工

一、生产实习图纸

台虎钳的结构如图1-1所示。

二、任务分析

钳工具有技术性强、灵活性大、手工操作多、工作范围广等特点。加工质量的好坏直接取决于钳工技术水平的高低。因此钳工要首先通过对台虎钳的保养，了解台虎钳的基本结构，掌握钳工工作场地的特点、钳工常用的工量具及工作内容。

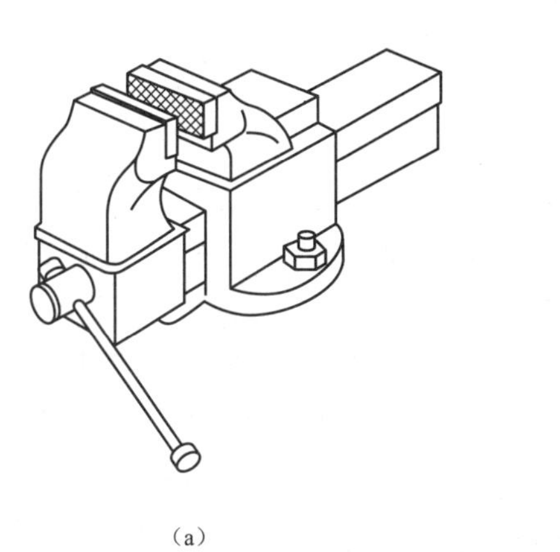

(a)

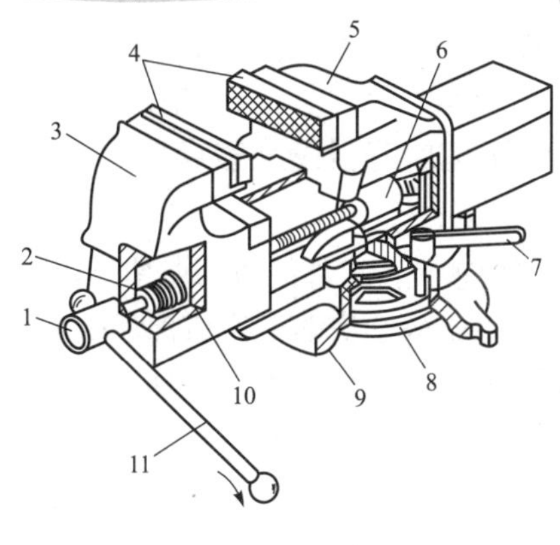

(b)

图 1-1　台虎钳的结构

(a) 固定式；(b) 回转式

1—丝杠；2—弹簧；3—固定钳身；4—钳口；5—活动钳身；6—螺母；7—夹紧手柄；

8—夹紧盘；9—转座；10—挡圈；11—手柄

三、任务准备

(1) 材料准备：软布、机油、毛刷等。

(2) 工具准备：活络扳手、内六角扳手、螺丝刀等。

(3) 实训准备。

① 工具准备。领用并清点工具；了解工具的使用方法及使用要求；在实训结束时，按工具清单清点工具，并交指导教师验收。

② 熟悉实训要求。要求复习有关理论知识；详细阅读本指导书。

四、相关工艺分析

(一) 钳工的主要工作内容

钳工大多是用手工工具且经常在台虎钳上进行手工操作的一个工种。钳工的主要工作是对产品进行零件加工和装配。另外，设备的维修，各种工、夹、量具、模具及各种专用设备的制造，使用一些机械方法不能或不宜加工的操作等都由钳工来完成。

随着科学技术的不断发展，机械自动化加工的水平也越来越高，因此钳工的工作范围也越来越广，且需要掌握的技术知识及技能也越来越多。于是钳工产生了分工，以适应不同的专业需求。按工作内容及性质，钳工大致可分为普通钳工、机修钳工、工具钳工 3 类。

1. 普通钳工

普通钳工是指使用钳工工具、钻床，并按技术要求对工件进行加工、修整、装配的工种。

2. 机修钳工

机修钳工是指使用工、量具及辅助设备，对各类设备进行安装、调试和维修的工种。

3. 工具钳工

工具钳工是指使用钳工工具及设备对工具、量具、辅具、验具、模具进行制造、装配、检验和修理的工种。

尽管钳工的专业分工不同，但都必须掌握好基本操作技能，其具体的内容有：划线、錾

削、锯削、锉削、钻孔、扩孔、锪孔、铰孔、攻螺纹和套螺纹、矫正和弯形、铆接、刮削、研磨、装配和调试、测量及简单的热处理等。

（二）钳工常用的设备及重点提示

1. 台虎钳

台虎钳是用来夹持工件的通用夹具，常用的有固定式和回转式两种（如图 1-1 所示）。

回转式台虎钳的结构和工作原理如图 1-1（b）所示。

活动钳身 5 通过导轨与固定钳身 3 的导轨做滑动配合。丝杠 1 装在活动钳身 5 上，虽可以旋转，但不能轴向移动，并与安装在固定钳身 3 内的螺母 6 配合。只要摇动手柄 11 使丝杠旋转，就可以带动活动钳身 5 相对于固定钳身 3 做轴向移动，以起夹紧或放松的作用。弹簧 2 借助挡圈 10 和开口销固定在丝杠 1 上，且其作用是当放松丝杠时，可使活动钳身 5 及时地退出。在固定钳身和活动钳身上，各装有钢制钳口 4，并被螺钉固定。在钳口的工作面上有交叉的网纹，以使工件被夹紧后不易产生滑动。钳口因经过热处理淬硬，所以具有较好的耐磨性。固定钳身装在转座 9 上，并能绕转座的轴心线转动。当转到所要求的方向时，若扳动夹紧手柄 7 使夹紧螺钉旋紧，便可在夹紧盘 8 的作用下把固定钳身固紧。在转座 9 上有 3 个螺栓孔，并用以与钳桌固定。

台虎钳的规格以钳口的宽度表示，并有 75 mm、100 mm、125 mm、150 mm、200 mm、250 mm、300 mm 几种规格。

注意：当台虎钳在钳桌上安装时，必须使固定钳身的工作面处于钳桌的边缘以外，以保证在夹持长条形工件时，工件的下端不受钳桌边缘的阻碍。

2. 钳桌

钳桌用来安装台虎钳、放置工具和工件等，如图 1-2（a）所示，其高度为 800～900 mm。为了使装上台虎钳后操作者在工作时的高度比较合适，一般多以钳口高度恰好与肘齐平为宜，即：肘放在台虎钳的最高点，半握拳，则拳刚好抵下颚，如图 1-2（b）所示。钳桌的长度和宽度则随工作而定。

3. 砂轮机

砂轮机可用来刃磨錾子、钻头和刮刀等刀具或其他工具，也可用来磨去工件或材料上的毛刺、锐边、氧化皮等。

砂轮机主要由砂轮、电动机和机座组成，如图 1-3 所示。

（a）

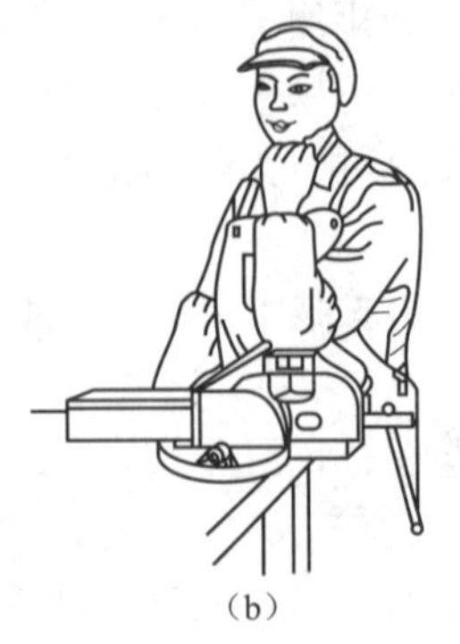

（b）

图 1-2　钳桌及台虎钳的合适高度

（a）钳桌；（b）台虎钳的合适高度

砂轮

电动机

机座

图 1-3　砂轮机

4. 钻床

钻床是用来对工件进行孔加工的设备，有台式钻床、立式钻床和摇臂钻床等。

5. 重点提示

由于砂轮的质地硬而脆，且工作时的转速较高，因此使用砂轮时应遵守安全操作规程，以严防发生砂轮碎裂和造成人身事故。

砂轮机在使用时应注意以下几点。

（1）砂轮的旋转方向必须与旋转方向指示牌相符，以使磨屑向下方飞离砂轮。

（2）启动后，应等砂轮转速达到正常时，再进行磨削。

（3）砂轮机在使用时，不准将磨削件与砂轮猛烈撞击或施加过大的压力，以免砂轮碎裂。

（4）使用时，若发现砂轮表面跳动严重，则应及时用修整器进行修整。

（5）砂轮机的搁架与砂轮之间的距离一般应保持在 3 mm 以内，否则容易造成磨削件被砂轮轧入的事故。

（6）使用时，操作者尽量不要站立在砂轮的直径方向，而应站立在砂轮的侧面或斜侧位置。

（三）钳工常用的工具、刃具和量具

1. 常用的工具、刃具

常用的工具、刃具有划线用的划针、划线盘、划规、样冲和划线平板等；錾削用的锤子和各种錾子；锉削用的各种锉刀；锯削用的手锯和锯条；孔加工用的麻花钻、各种锪钻和铰刀；螺纹加工用的丝锥、板牙和铰杠；刮削用的各种平面刮刀、曲面刮刀；各种扳手、旋具等。

2. 常用的量具

常用的量具有直尺、刀口直尺、游标卡尺、千分尺、角度尺、塞尺、百分表等。

（四）安全文明生产要求

（1）主要设备的布局要合理适当：钳桌要放在便于工作和光线适宜的地方；若面对面使用钳桌，则中间要装安全防护网；钻床和砂轮机一般应安装在场地的边沿，以保证安全。

（2）使用的机床、工具（如钻床、砂轮机、手电钻等）要经常检查。若发现损坏或故障，则及时报修，且在修好前不得使用。

（3）在使用电动工具时，要有绝缘防护和安全接地措施；在使用手砂轮时，要戴好防护眼镜；在钳桌上进行錾削时，要有防护网；在清除切屑时，要用刷子，即不得直接用手或棉丝清除，更不能用嘴吹。

（4）毛坯和已加工零件应放置在规定位置，且排列整齐、平稳。要保证安全，且便于取放，还要避免碰伤已加工过的工件表面。

（5）工量具的安放，应满足下列要求。

① 在钳桌上工作时，工量具应按次序排列整齐。一般为了取用方便，右手的工具放在台虎钳的右侧，左手取用的工具放在左侧，量具放在台虎钳的右前方。也可以根据加工情况把常用工具放在台虎钳的右侧，其余的放在左侧。不管如何放置，工量具不能超出钳桌的边沿，以防止活动钳身的手柄在旋转时碰到某处而发生事故。

② 量具在使用时不能与工具或工件混放在一起，而应放在量具盒上或放在专用的板架上。

③ 工具在使用时要摆放整齐，以方便取用，且不能乱放，更不能叠放。

④ 工量具要整齐地放在工具箱内，并有固定的位置，且不得任意堆放，以防损坏和取用不便。

⑤ 量具在每天使用完毕后，应擦拭干净，并做一定的保养后，放在专用的盒内。

⑥ 工作场地应保持整洁、卫生。当工作完毕后，所使用过的设备和工具都要按要求进行清理或涂油，工作场地要清扫干净，铁屑、铁块、垃圾等要分别倒在指定的位置。

五、任务实施

（1）教师带领学生对实习车间进行参观。

（2）教师明确各学生的实习工位，并发放工、量具。

（3）学生对自己所在工位的台虎钳进行拆装和保养工作，以掌握台虎钳各零件的名称及作用，并完成表1-1的填写。

表1-1　台虎钳各零件的名称及作用

序号	名　称	件数	作　　用

复习思考题

（1）你所理解的工匠精神是什么？当代高职大学生职业素养的自我培养？

（2）7S包含哪些方面的内容？

（3）钳工在机械生产中的主要任务是什么？

（4）钳工应掌握的基本操作有哪些？

（5）使用砂轮机应注意哪些事项？

（6）对于工、量具的安放，应满足哪些要求？

课题二
测　　量

中国制造 2025

【知识点】

Ⅰ　钳工常用量具的结构、原理

Ⅱ　钳工常用量具的使用方法、保养

【技能点】

游标卡尺、千分尺和万能角度尺等量具的识读和使用

任务一　定位块的测量

一、生产实习图纸

定位块的测量图如图 2-1-1 所示。

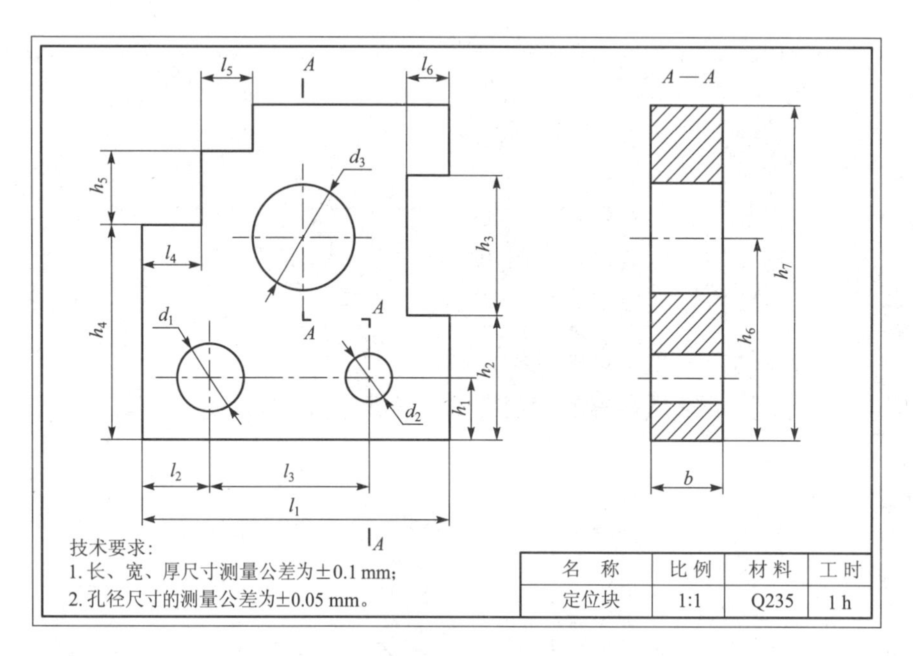

名　称	比 例	材 料	工 时
定位块	1:1	Q235	1 h

图 2-1-1　定位块的测量图

二、任务分析

测量是检测、判断工件是否合格的基本手段，从而保证工件的加工精度。通过对定位块基本尺寸的测量，了解钳工常用量具：游标卡尺、千分尺的结构特点。掌握游标卡尺、千分尺的正确使用方法，学会对量具进行保养的方法，并能通过检测结果判断工件是否合格。

三、任务准备

（1）材料准备：定位块。

（2）量具准备：游标卡尺、千分尺。

四、相关工艺分析

（一）游标卡尺

1. 游标卡尺的结构

游标卡尺是一种常用量具，并具有结构简单、使用方便、精度中等和测量的尺寸范围大等特点。它可用来测量零件的外径、内径、长度、宽度、厚度、深度和孔距等，因此应用范围很广。游标卡尺由主尺和副尺（又称游标）组成。主尺与固定卡脚制成一体；副尺与活动卡脚制成一体，并能在主尺上滑动。游标卡尺有 0. 02 mm、0. 05 mm、0. 1 mm 三种测量精度。钳工最常用的是 0. 02 mm 精度的游标卡尺，其结构如图 2-1-2 所示。

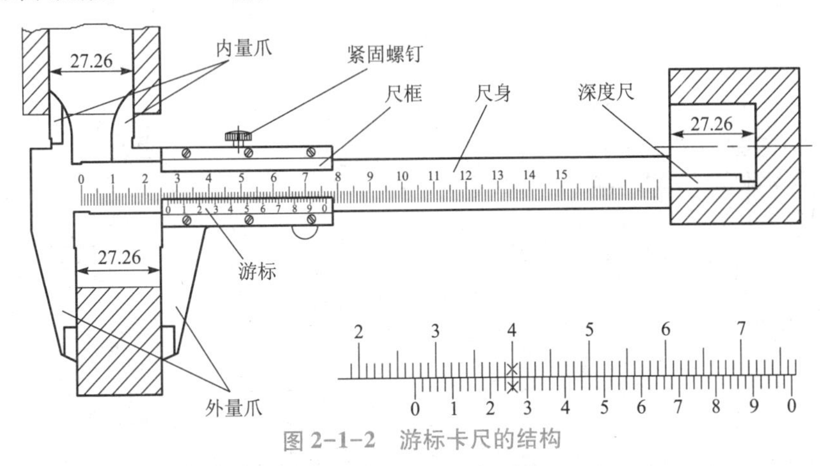

图 2-1-2 游标卡尺的结构

测量时，右手拿住尺身，大拇指移动游标，左手拿待测外径（或内径）的工件，并使待测面位于量爪之间。当待测面与量爪紧紧相贴时，即可读数。游标卡尺的前端量爪可分别用来测量零件的外径、孔径、长度、宽度、孔距等尺寸，后端深度尺可用来测量深度尺寸。

2. 游标卡尺的读数方法

游标卡尺测量工件时，读数方法分三个步骤，如图 2-1-3 所示。

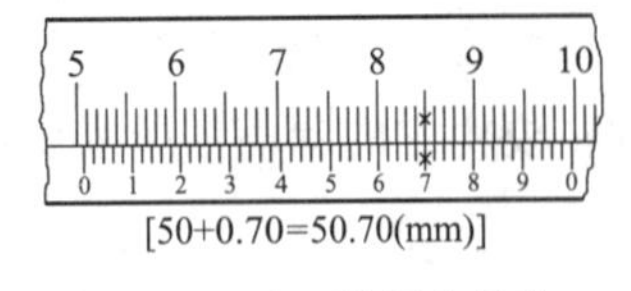

图 2-1-3 游标卡尺的读数方法

（1）先读出整数部分，即游标零刻线左边尺身上最靠近的一条刻线。

（2）再读小数部分，即游标零刻线右边与尺身刻线重合的那一条线。

（3）将读数的整数部分与读数的小数部分相加即得到所求的读数。

3. 游标卡尺的使用要点

（1）测量前先把量爪和被测表面擦干净，检查游标卡尺各部件的相互作用，如尺框移动是否灵活、紧固螺钉能否起作用等。

（2）校对零位的准确性。两量爪紧密贴合，应无明显的光隙，尺身零线与游标零线应对齐。

（3）测量时，应先将两量爪张开到略大于被测尺寸，再将固定量爪的测量面紧贴工件，轻轻移动活动量爪至量爪接触工件表面为止，如图2-1-4（a）所示，并找出最小尺寸。测量时，游标卡尺测量面的连线要垂直于被测表面（测出尺寸p），不可处于歪斜位置（测出尺寸q），如图2-1-4（b）所示，否则测量不准确。

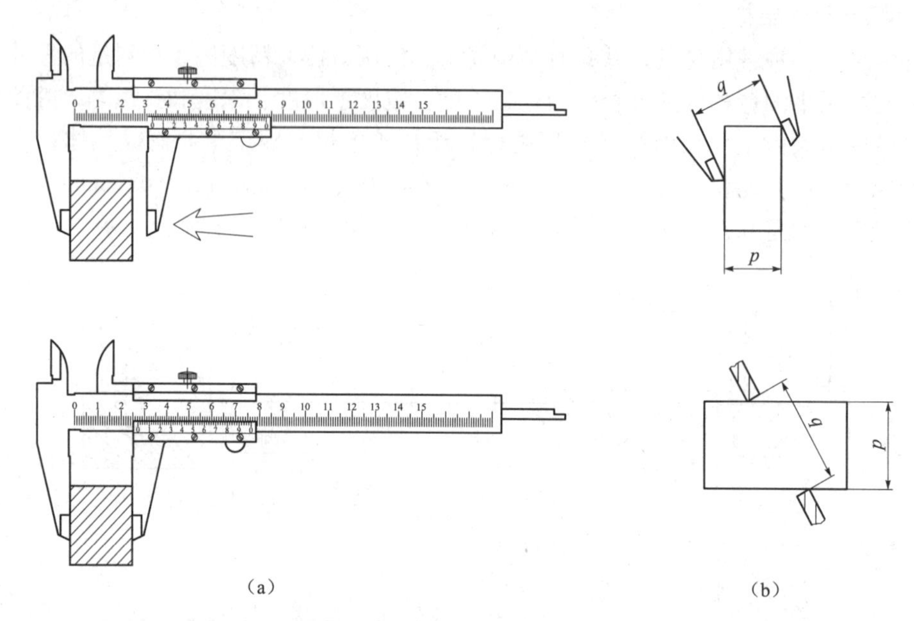

图2-1-4 游标卡尺的使用要点

（4）读数时，游标卡尺应朝着亮光的地方，且目光应垂直尺面。

（二）千分尺

1. 千分尺的结构

千分尺是一种精密量具，测量精度比游标卡尺高，而且比较灵敏。其规格按测量范围可分为：0～25 mm、25～50 mm、50～75 mm、75～100 mm、100～125 mm等，使用时按被测工件的尺寸选取。千分尺的制造精度分为0级和1级，0级精度最高，1级稍差，其制造精度主要由它的示值误差和两测量面平行度误差的大小来决定。其结构如图2-1-5所示。

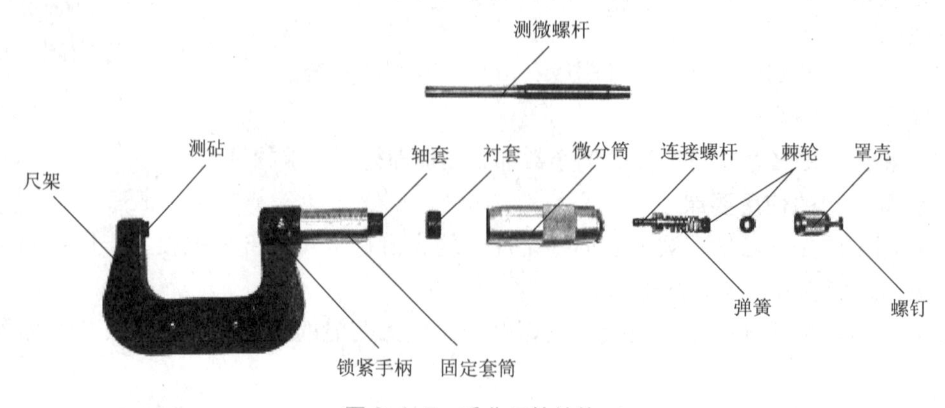

图2-1-5 千分尺的结构

2. 千分尺的读数方法

千分尺固定套筒的每一格为0.5 mm，而微分筒上每一格为0.01 mm，千分尺具体的读数方法可分为如下三步。

（1）读出固定套管上露出刻线的毫米及半毫米数。

（2）看微分筒上哪一格与固定套管上的基准线对齐，并读出不足半毫米的小数部分。

（3）将两个读数相加，即得到所求的实际尺寸。

如图 2-1-6 所示为千分尺的读数方法。

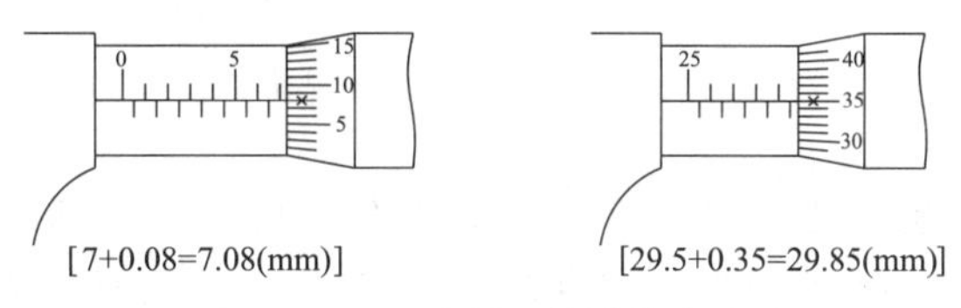

图 2-1-6 千分尺的读数方法

3. 千分尺的使用和保养

（1）测量前应检查零位的准确性。

（2）测量时，千分尺的测量面和工件的被测量表面应擦拭干净，以保证测量准确。

（3）千分尺可单手或双手握持对工件进行测量，如图 2-1-7 所示。单手测量时旋转力要适当，控制好测量力。双手测量时，先转动微分筒，当测量面刚接触工件表面时再改用棘轮。

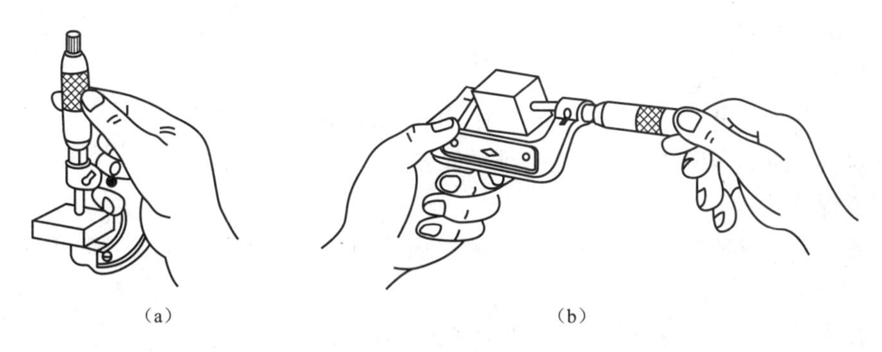

图 2-1-7 千分尺的使用方法

（a）单手测量；（b）双手测量

（4）测量平面尺寸时，一般测量工件四角和中间共 5 个点，而狭长平面则测两头和中间共 3 个点，如图 2-1-8 所示。

（5）千分尺使用完毕后应擦拭干净，并将测量面涂上防锈油。

（6）千分尺使用时，不可与工具、刀具、工件等混放，用完后放入盒内。

（7）定期送计量部门进行精度鉴定。

4. 千分尺校准归零的方法

在使用千分尺时要先检查其零位是否校准，因此先松开锁紧装置，清除油污，特别是

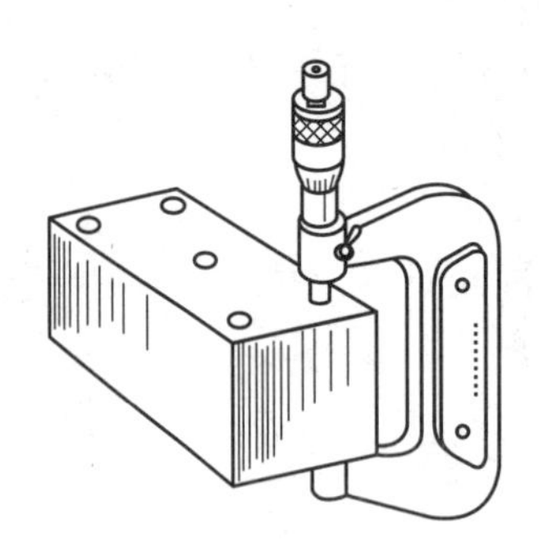
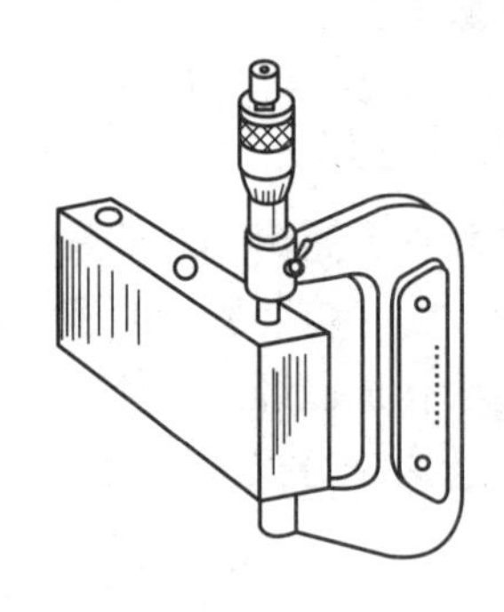

图 2-1-8　千分尺的正确测量位置

测砧与测微螺杆间的接触面要清洗干净。检查微分筒的端面是否与固定套管上的零刻度线重合，若不重合应先旋转旋钮，直至测微螺杆要接近测砧时，旋转测力装置。当测微螺杆刚好与测砧接触时会听到“喀喀”声，这时停止转动。如两零线仍不重合（两零线重合的标志是：微分筒的端面与固定刻度的零线重合，且可动刻度的零线与固定刻度的水平横线重合），可将固定套管上的小螺丝松动，并用专用扳手调节套管的位置，使两零线对齐，再把小螺丝拧紧。虽不同厂家生产的千分尺的调零方法不一样，但这是其中一种常见的调零位的方法。

五、任务实施

1. 测量生产实习图纸中定位块的尺寸及量具的保养

（1）用游标卡尺量出 l_1、l_2、l_3、l_4、l_5、l_6、h_1、h_2、h_3、h_4、h_5、h_6、h_7、d_1、d_2、d_3，并填入表 2-1-1 中。

（2）用千分尺量出 l_1、h_2、h_4、h_7、b，并填入表 2-1-1 中。

（3）对所用游标卡尺及千分尺进行维护保养。

2. 重点提示

（1）测量前应将量具测量面和工件被测量面擦净，以免污物影响测量精度和加快量具磨损。

（2）在测量过程中，量具不要与工件放在一起，以免被碰坏。

（3）温度对量具精度影响很大，因此量具不应放在热源附近，以免受热变形。

（4）量具使用完后，应及时擦净并涂油，放在专用盒中，保存在干燥处，以免生锈。

（5）精密量具应实行定期鉴定与保养，发现量具有不准与不正常现象，应及时送交计量室检修。

六、任务评价

学生完成任务实施并将数据填入表 2-1-1 后，教师按表中的评分标准对任务进行评价。

表 2-1-1　定位块测量的评分标准

班级：__________　姓名：__________　学号：__________　成绩：__________

评价内容	序号	尺寸	尺寸公差	游标卡尺实测值	千分尺实测值	配分	得分	备注
操作技能评	1	l_1				5		
	2	l_2				5		
	3	l_3				5		
	4	l_4				5		
	5	l_5				5		
	6	l_6				5		
	7	$h1$				5		
	8	$h2$				5		
	9	$h3$				5		
	10	$h4$				5		
	11	$h5$				5		
	12	$h6$				5		
	13	$h7$				5		
	14	$\phi d1$				3		
	15	$\phi d2$				3		
	16	$\phi d3$				3		
	17	b				6		
素养评价	18	工量具使用规范				5		
	19	有团队协作意识，有责任心				5		
	20	学习态度端正，遵章守纪				5		
	21	安全文明操作、保持工作环境整洁				5		

*七、任务拓展

（一）内测千分尺

内测千分尺用于测量中小尺寸的孔径、槽宽及键槽宽度等。测量范围分为 5～30 mm、25～50 mm、50～75 mm、75～100 mm 四种，分度值为 0.01 mm。内测千分尺结构如图 2-1-9 所示。

内测千分尺的使用要点如下：

（1）测量前，应用标准环规校对内测千分尺的零位。

（2）内测千分尺的读数方法与外径千分尺相反，读数时注意不要读错。

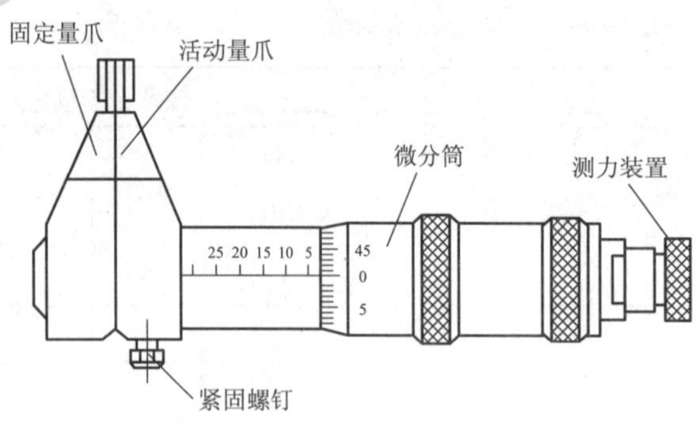

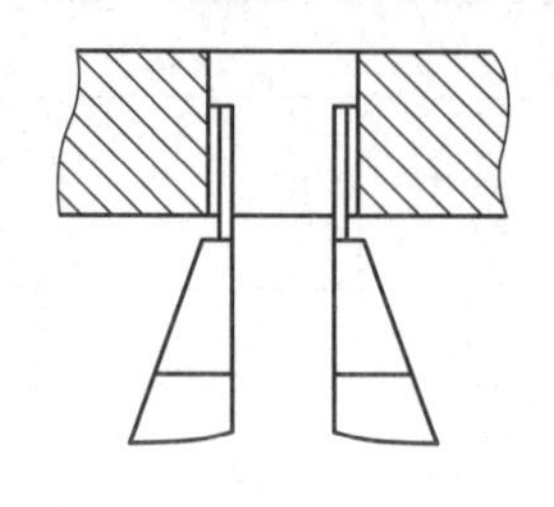

图 2-1-9　内测千分尺

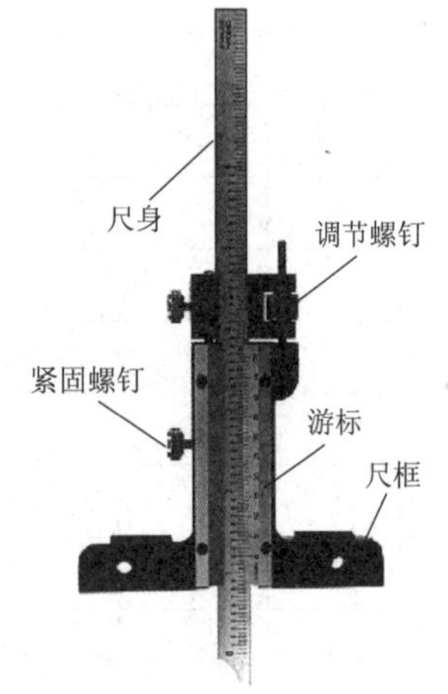

图 2-1-10　深度游标卡尺

（3）测量位置应安放正确。测量两平行平面之间的距离时，应在量爪与被测件为线接触的情况下，选取最小值作为测量结果；测量孔径时，应选取最大值作为测量结果。

（二）深度游标卡尺

深度游标卡尺用于测量阶梯孔、盲孔和凹槽的深度。精度分为 0. 1 mm、0. 05 mm、0. 02 mm 三种。

读数方法与游标卡尺相同，结构如图 2-1-10 所示。

深度游标卡尺使用要点如下：

（1）测量前，要检查深度尺零位是否正确。

（2）尺框测量面比较大，应注意擦干净。

（3）测量时，把尺框的测量面放在被测零件的顶面上，尺身不要倾斜，左手稍加压力，右手向下轻推尺身。当尺身的下端与被测面接触后，就可以读数。

（三）电子数显游标卡尺

电子数显游标卡尺为不锈钢制造，并采用液晶显示，具有测量内径、外径、深度、台阶尺寸，公英制转换，任意位置清零的功能。它不仅能直接进行测量和比较测量，还可以把数据输出至打印机和计算机，其结构如图 2-1-11 所示。

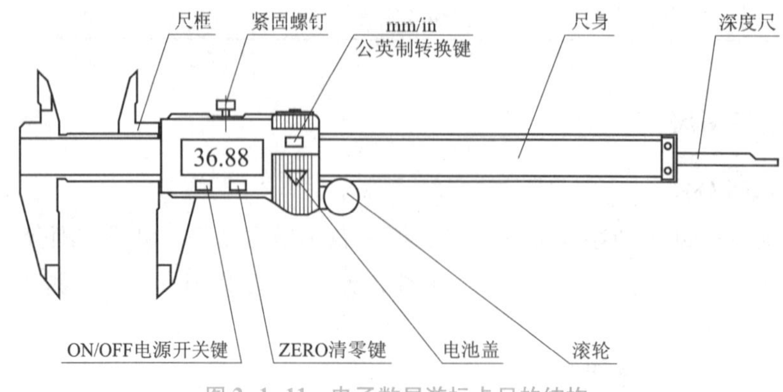

图 2-1-11　电子数显游标卡尺的结构

电子数显游标卡尺的使用要点如下：

（1）使用前，松开尺框上紧固螺钉，并将尺框平稳地拉开。用布将测量面、导向面擦干净。

（2）检查“零”位。轻推尺框，使卡尺两个测量爪测量面合并，则显示读数应为“零”。否则，用清零按钮置“零”。

（3）测量外径尺寸时，应将两个外测量面与被测表面相贴合。

（4）测量内孔尺寸时，测量爪应在孔的直径方向上测量，即不能歪斜。

（5）测量深度尺寸时，应使深度尺杆与被测的工作底面相垂直。

（6）绝对测量和相对测量。

绝对测量：用卡尺直接测量工件，即可在屏幕上直接读出工件的测量值。

相对测量：测量标准样件（或标准量块）时置零，再测量工件，从显示屏上即可读出工件相对于标准样件的尺寸差值。

（7）测量时，可直接进行 mm 或 in 数值转换。

（四）带表游标卡尺

带表游标卡尺具有测量内径、外径、深度、台阶 4 种功能，并能进行直接测量和比较测量。由于它的滚轮可微调，因此便于单手操作。其结构如图 2-1-12 所示。

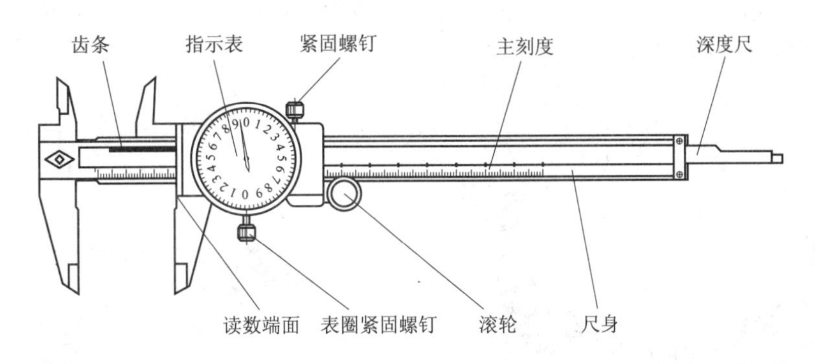

图 2-1-12 带表游标卡尺的结构

带表游标卡尺的使用要点如下：

（1）使用前，松开尺框上的紧固螺钉，并将尺框平稳地拉开。用布将测量面、导向面擦干净。

（2）校正“零”位。如图 2-1-13 所示，移动尺框，使两个外测量面相接触。此时，表针应与表盘上方的“零”刻线重合。如未重合，则松开表圈紧固螺钉，并转动表圈使之对齐，然后拧紧表圈紧固螺钉。

（3）读数方法。如图 2-1-14 所示，当尺身的分度值为 1 mm，指示表的分度值为 0.02 mm 时，主刻度的读数为 27 mm，指示表的读数为 0.96 mm，那么读数结果就是：27.96 mm。

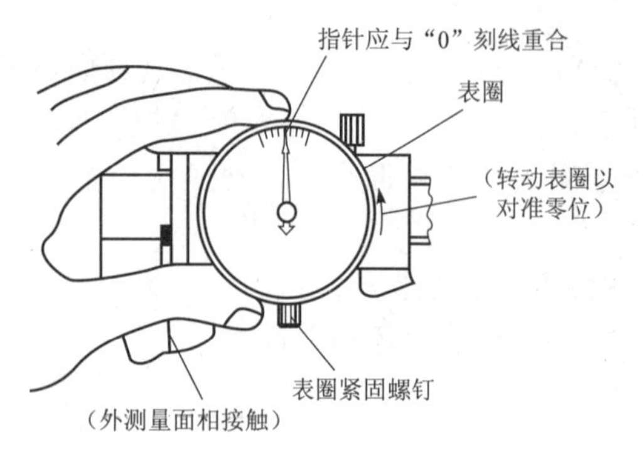

图 2-1-13 带表游标卡尺的零位校正示意

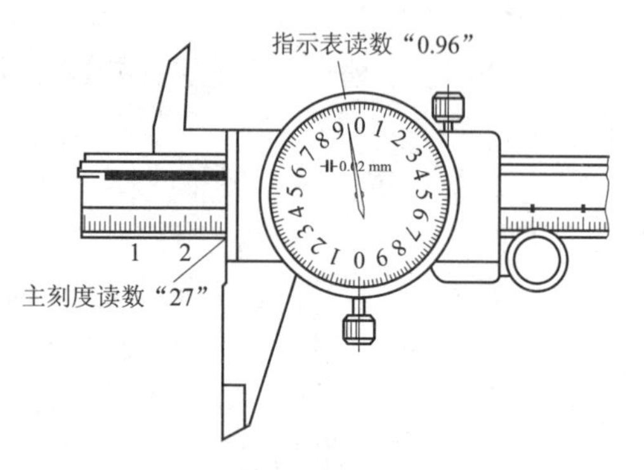

图 2-1-14 带表游标卡尺的读数示意

（五）其他量具

1. 带表外径千分尺

带表外径千分尺是用于测量大中型工件的外尺寸的高精度量具，外形如图 2-1-15 所示。它的主要优点是：可以用微分筒一端和表头一端分别进行工件尺寸的测量。尤其是使用表头一端测量时，读数更直观、方便，并具有刚性好、变形小、精度高的特点。

2. 深度千分尺

深度千分尺用于机械加工中的深度（台阶、盲孔、凹槽等）尺寸的精确测量。深度千分尺的外形如图 2-1-16 所示。

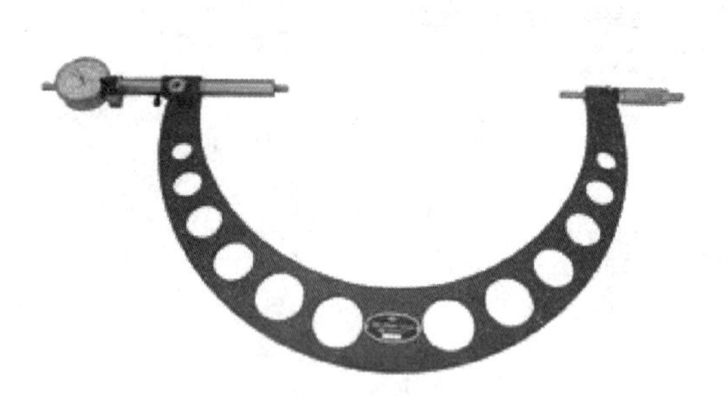

图 2-1-15 带表外径千分尺

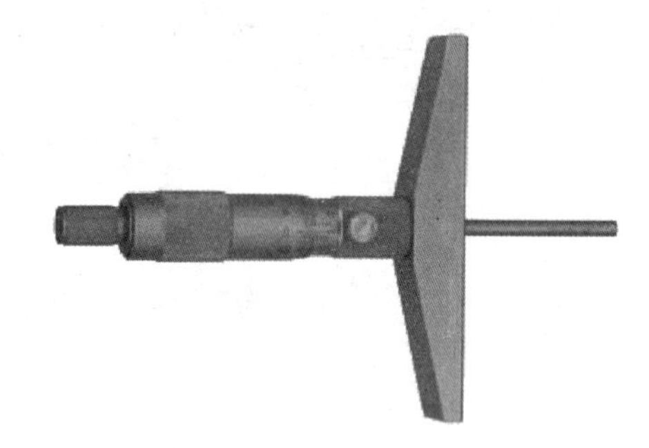

图 2-1-16 深度千分尺

3. 多值角度块

多值角度块分为 90°、60°、45°、30° 等各种标准角度，并可作为机械加工时的角度样板，以便于机械加工时角度的比对检测。多值角度块的外形如图 2-1-17 所示。

4. 电子数显百分表

电子数显百分表具有精度高、读数直观、可靠等特点。它广泛用于长度、几何误差的测量，也可用作读数装置。它具有电子自动断电，快速跟踪最大、最小值，数据输出等功能。电子数显百分表的外形如图 2-1-18 所示。

图 2-1-17 多值角度块

图 2-1-18 电子数显百分表

5. 塞规

塞规用于测量成批生产工件的同一尺寸的一种专用量具，并且两边分别为通端和止端。当测量工件时，合格的工件能通过通端，而不能通过止端，因此测量快速准确。圆柱形塞规如图 2-1-19 所示。

图 2-1-19 圆柱形塞规

任务二 燕尾配合件的测量

一、生产实习图纸

燕尾配合件的测量图如图 2-2-1 所示。

二、任务分析

针对图 2-2-1 所示的燕尾配合件，除了对长度尺寸测量外，还需掌握角度及配合间隙的测量。在实际应用中，一般用万能角度尺及塞尺来分别完成角度和配合间隙的测量工作。只有很好地掌握万能角度尺、塞尺的结构特点及使用方法，才能完成对燕尾配合件的测量。

三、任务准备

（1）材料准备：燕尾配合件。

（2）量具准备：游标卡尺、千分尺、万能角度尺、塞尺、ϕ10 芯棒。

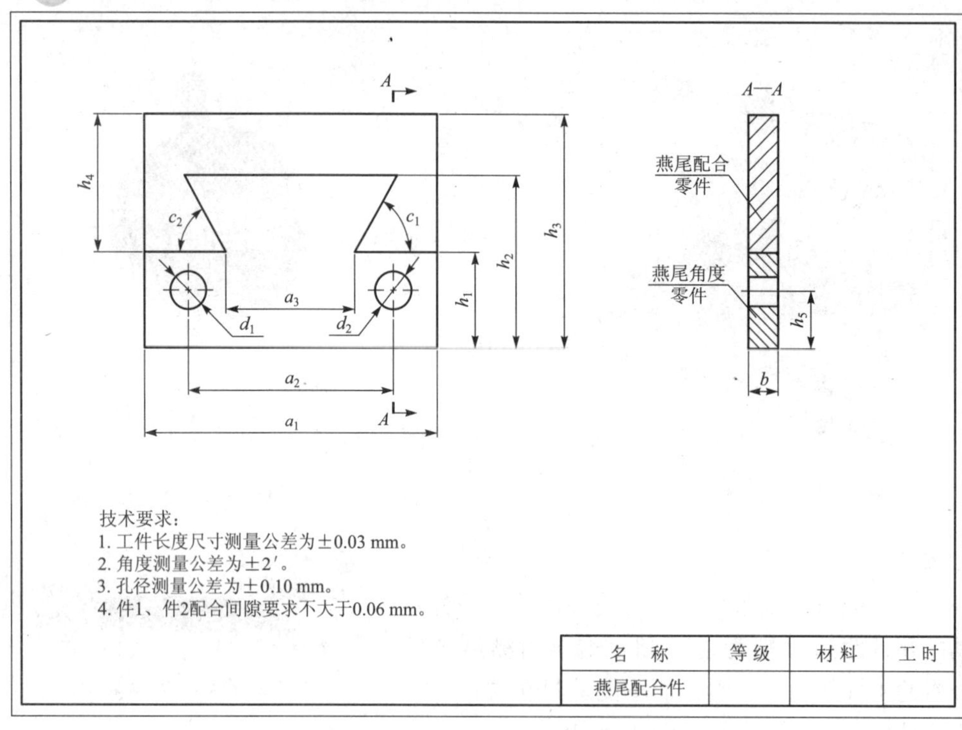

图 2-2-1　燕尾配合件的测量图

四、相关工艺分析

（一）万能角度尺

1. 万能角度尺的结构

万能角度尺是用来测量工件内外角度的量具。按游标的测量精度，万能角度尺分为 2′和 5′两种，并且其测量范围为 0°～320°。钳工常用的是测量精度为 2′的万能角度尺，其结构如图 2-2-2 所示。

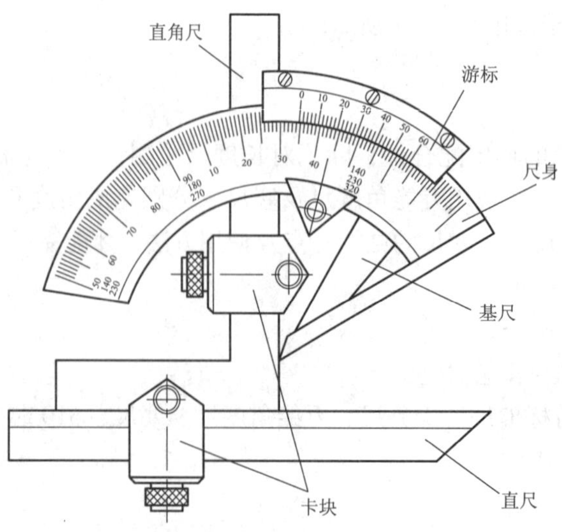

图 2-2-2　万能角度尺的结构

2. 万能角度尺的读数方法

万能角度尺的读数方法与游标卡尺相似。如图 2-2-3 所示，先从尺身上读出游标零刻度线前的整度数，再从游标上读出“分”数，两者相加就是被测的角度数值。

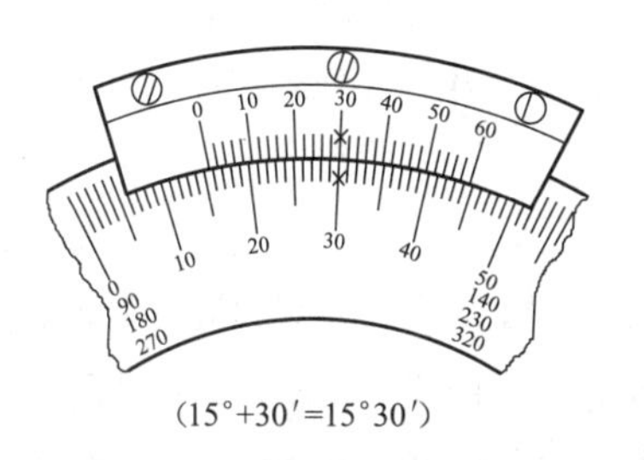

(15°+30′=15°30′)

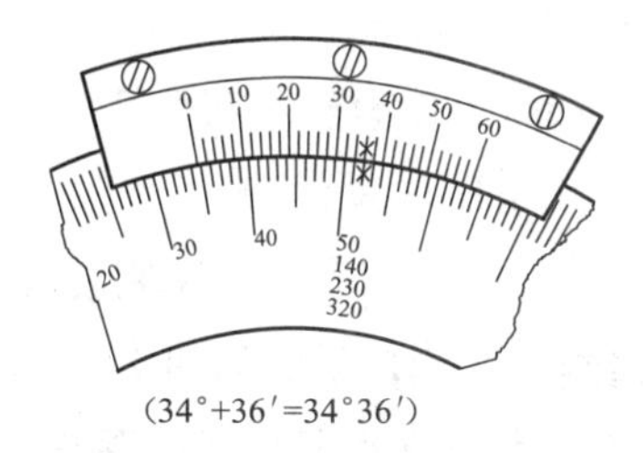

(34°+36′=34°36′)

图 2-2-3　万能角度尺的读数方法

3. 万能角度尺的测量范围

如图 2-2-4 所示，通过直角尺和直尺的移动或拆除，可测量 0°～320°的任何角度。

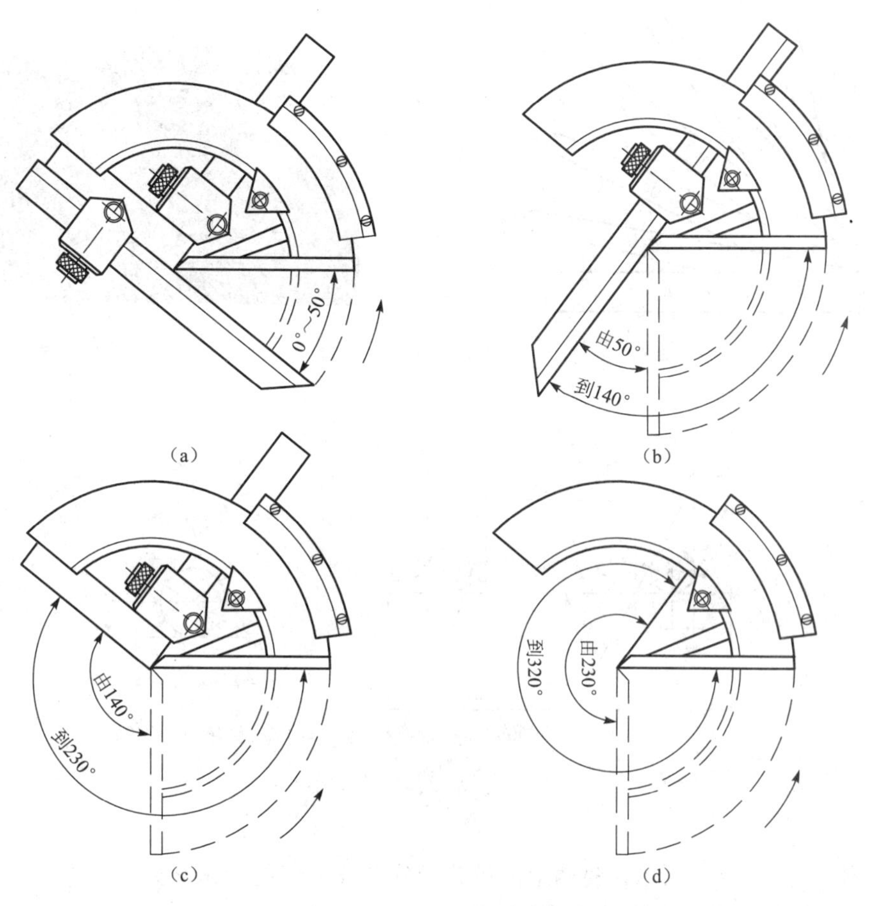

图 2-2-4　万能角度尺的测量范围及方法

(a) 0°～50°；(b) 50°～140°；(c) 140°～230°；(d) 230°～320°

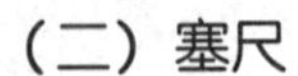

（二）塞尺

塞尺又叫厚薄规，即用来检验两个结合面之间间隙大小的片状量规。塞尺有两个平行的测量平面，其长度制成 50 mm、100 mm 或 200 mm，并由若干片叠合在夹板里，如图 2-2-5 所示。使用时，根据间隙的大小，可用一片或数片重叠在一起插入间隙内。塞尺片有的很薄，并且容易弯曲和折断，因此在测量时用力不能太大。塞尺不能测量温度较高的工件；用完后要擦拭干净，及时合到夹板中去。

（三）a_3 尺寸的间接测量

如图 2-2-1 所示，其中的 a_3 用游标卡尺或千分尺都无法直接测得，因而借助测量芯棒（圆柱）间接测量。测量示意如图 2-2-6 所示。利用初中所学三角函数（附录 1）方面的知识，将燕尾角点至芯棒 o 中心进行连线，以把要计算的各个角度边组成为直角三角形。利用三角函数的计算公式进行相关直角边的计算，具体计算方法如图 2-2-7 所示。

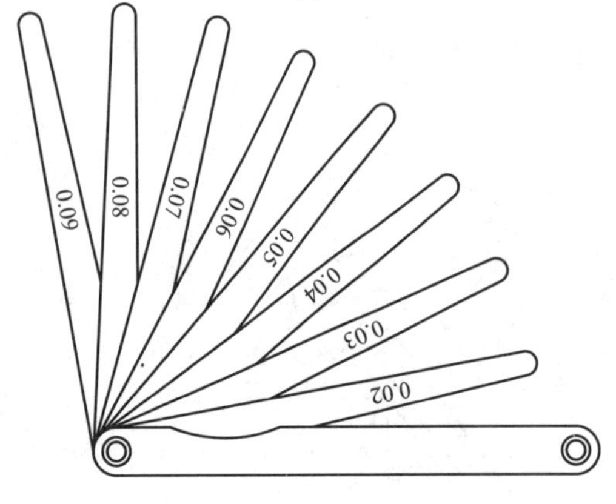

图 2-2-5　塞尺

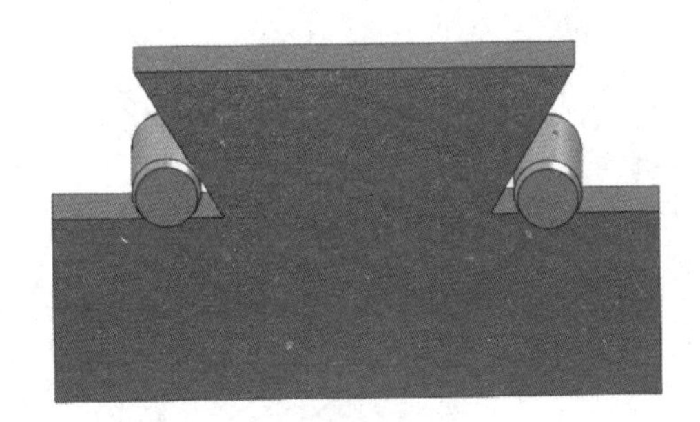

图 2-2-6　芯棒间接测量示意

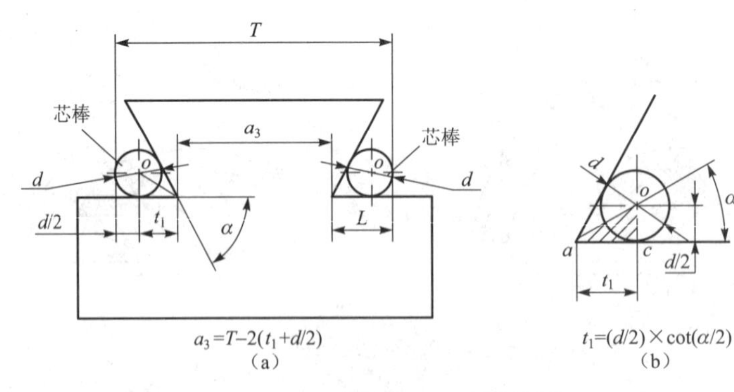

图 2-2-7　a_3 尺寸间接测量的计算

根据图 2-2-7（a）所示，将两根测量芯棒分别放至燕尾的角度处。尺寸 T 可以用游标卡尺或千分尺测得，并可以通过计算，求出：

$$a_3 = T-2(t_1+d/2)$$

又根据图 2-2-7（b）所示，将燕尾的角点 a 至芯棒中心 o 进行连线，以使之成为直角 $\triangle aco$。利用三角函数的计算公式进行 t_1 的计算：

$$t_1=\frac{d}{2}\times\cot(\alpha/2)$$

【例 2-1】 如图 2-2-7（a）所示零件，已知燕尾角度为 60°，测量芯棒为 ϕ10 mm，T 尺寸用千分尺测得为 51.32 mm，求燕尾处尺寸 a_3 的值。

解： $t_1=(10/2)\times\cot30°$

$=5\times1.732$

$=8.66$（mm）

$L=t_1+d/2=8.66+5$

$=13.66$（mm）

$a_3=T-2L=51.32-13.66\times2$

$=24$（mm）

答：芯棒测量尺寸 a_3 的值为 24 mm。

五、任务实施

1. 操作及量具保养

（1）分别量出如图 2-2-1 中所要求的尺寸，并填入表 2-2-1 中。

表 2-2-1　燕尾配合件测量的评分标准

班级：______		姓名：______		学号：______		成绩：______	
评价内容	序号	尺寸	尺寸公差	实测值	配分	得分	备注
操作技能评价	1	a_1			5		
	2	a_2			5		
	3	a_3			5		
	4	$h1$			5		
	5	$h2$			5		
	6	$h3$			5		
	7	$h4$			5		
	8	$h5$			5		
	9	$c1$			4		
	10	$c2$			4		
	11	$\phi d1$			4		
	12	$\phi d2$			4		
	13	b			4		
	14	配合间隙测量（五面）			3×5		

续表

评价内容	序号	尺寸	尺寸公差	实测值	配分	得分	备注
素养评价	15	工量具使用规范			5		
	16	有团队协作意识，有责任心			5		
	17	学习态度端正，遵章守纪			5		
	18	安全文明操作、保持工作环境整洁			5		

（2）对量具进行保养。

2. 重点提示

（1）测量前应将量具测量面和工件被测量面擦净，以免污物影响测量精度和加快量具磨损。

（2）在测量过程中，万能角度尺的基准面与工件的基准面应紧密贴合，以保证测量精度。

（3）利用芯棒间接测量尺寸时，芯棒的位置应放正，并注意手势的正确。

六、任务评价

在学生完成燕尾角度零件、配合零件的尺寸测量及配合间隙测量后，老师对结果按表2-2-1进行评分。

*七、任务拓展

（一）长度单位的基准

长度单位的基准如表2-2-2所示。

表2-2-2

单位名称	符号	对基准单位的比值
米（基准单位）	m	1
分米	dm	0.1
厘米	cm	0.01
毫米	mm	0.001
丝米	dmm	0.000 1
忽米（丝）	cmm	0.000 01
微米	μm	0.000 001

机械加工企业常用测量单位是毫米、丝和微米。1毫米=100忽米（丝）。例如，游标卡尺的测量精度是0.02 mm，即是两丝；千分尺的微分筒上的圆周刻有50条等分线，且微分筒转动一格就是1丝。

实际工作中，还会遇到英制单位。常用的有ft（英尺）、in（英寸）等，并且其换算关

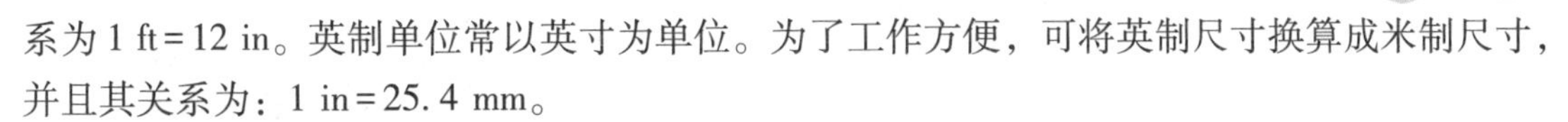

系为 1 ft = 12 in。英制单位常以英寸为单位。为了工作方便，可将英制尺寸换算成米制尺寸，并且其关系为：1 in = 25.4 mm。

（二）量具及其维护、保养

1. 量具

用来测量、检验零件及产品尺寸和形状的工具叫作量具。

量具按其用途可分为以下 3 大类。

（1）标准量具。标准量具只能制成某一固定尺寸，以用来校对和调整其他量具，也可作为标准件与被测量件进行比较。例如：量块、多面棱体、表面粗糙度比较样块等。

（2）通用量具（或称万能量具）。通用量具一般指由量具厂统一制造的通用性量具。例如：直尺、平板、角度块、卡尺、千分尺等。

（3）专用量具（或称非标量具）。专用量具指专门为检测工件的某一项技术参数而设计、制造的量具。例如：内外沟槽卡尺、卡规、塞规等。

2. 量具的维护和保养

为了保持量具的精度，并延长其使用寿命，对量具要做好维护和保养工作。具体应做到以下几点：

（1）测量前，应将量具的测量面和工件的被测量面擦净，以免脏物影响测量精度和加快量具磨损。

（2）量具在使用中，不要和工具、刀具放在一起，以免碰坏。

（3）机床开动后，不要用量具测量工件。否则加快量具磨损，而且易发生事故。

（4）温度对量具精度影响很大，因此，不把量具放在温度较高的地方，以免受热变形。

（5）量具用完后，应及时擦净、涂油，并放在专用盒中，保存在干燥处，以防止生锈。

（6）定期对量具进行鉴定和保养。

复习思考题

（1）游标卡尺的读数方法是什么？

（2）游标卡尺的使用要点是什么？

（3）千分尺的使用和保养方法是什么？

（4）万能角度尺的读数方法是什么？

（5）塞尺的使用要点有哪些？

（6）分别画出下列尺寸的游标卡尺、千分尺示意图：15.32 mm、8.66 mm。

课题三

平面划线

工业 4. 0

【知识点】

Ⅰ 平面划线的基本知识
Ⅱ 划线工具的种类和使用方法
Ⅲ 基本线条的划线方法

【技能点】

划线工具的正确使用

一、生产实习图纸

生产实习图纸如图 3-1 所示。

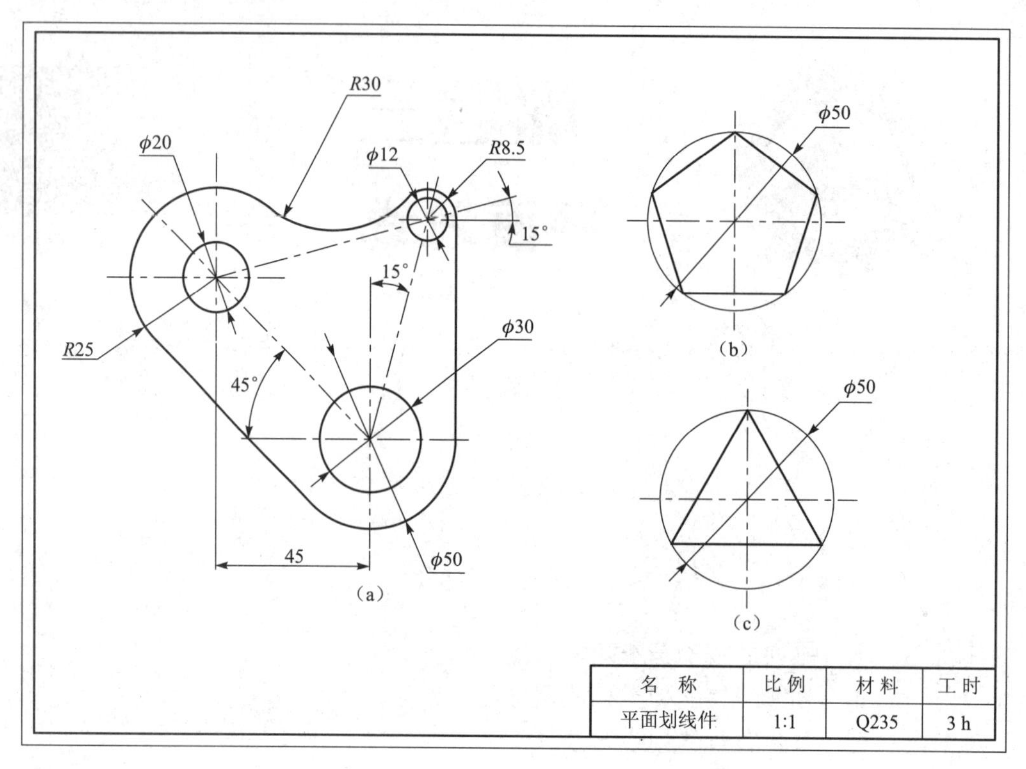

图 3-1　平面划线的练习图

二、任务分析

划线不但能明确尺寸界线，以确定工件各加工面的加工位置和加工余量，还能及时发现和处理不合格的毛坯，以避免加工后造成损失。平面划线只需在工件的一个平面上划线，便能明确表示出加工界线。在划线加工中，要求所划出的线条清晰均匀，最重要的是，尺寸必须准确。因而要划好如图 3-1 所示的各种尺寸，就必须较好地掌握各种划线工具的正确使用以及划线的基本方法。

三、任务准备

（1）材料准备：250 mm×150 mm、厚度为 2 mm 的板料。

（2）工具准备：划针、划线盘、划规、样冲、划线平板、手锤。

（3）量具准备：直尺、高度划线尺、万能角度尺、90°角尺。

四、相关工艺分析

（一）划线概述

在毛坯或工件上，用划线工具划出待加工部位的轮廓线，或划出作为基准的点、线的过

程，称为划线。

划线的作用不但可以明确加工界线，确定加工余量，而且能够及时发现一些不合格的毛坯，以避免加工后造成损失。划线可分为平面划线和立体划线。平面划线只需在工件的一个平面上划线，便能明确地表示出加工界线。

（二）划线工具的种类及使用

按用途不同，划线工具分为基准工具、夹持工具、直接绘划工具和测量工具等，如图 3-2 所示。

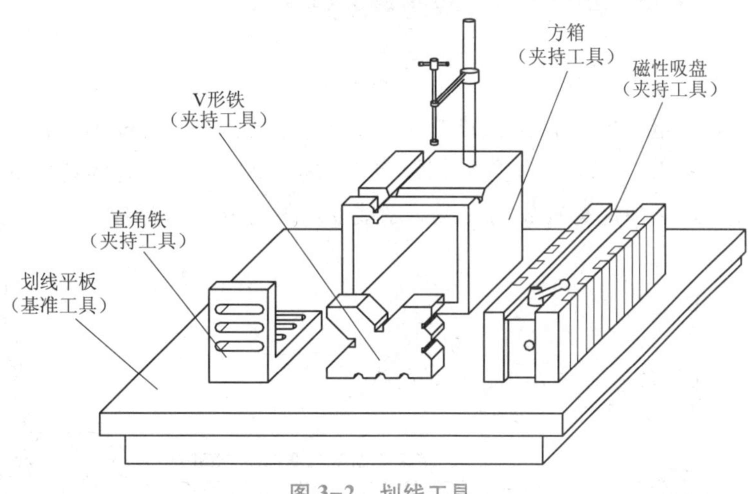

图 3-2　划线工具

1. 基准工具——划线平板

划线平板由铸铁制成。由于整个平面是划线的基准平面，因此要求非常平直和光洁。使用时要注意以下几点：

（1）划线平板要安放得平稳牢固，并且上平面应保持水平。

（2）划线平板不准碰撞和锤击，以免使其精度降低。

（3）划线平板长期不用时，应涂油防锈，并加盖保护罩。

2. 夹持工具——方箱、千斤顶、V 形铁等

（1）方箱。方箱是铸铁制成的空心立方体，并且各相邻的两个面均互相垂直。方箱用于夹持、支承尺寸较小而加工面较多的工件。通过翻转方箱，便可在工件的表面上划出互相垂直的线条。

（2）千斤顶。千斤顶是在平板上支撑较大或不规则工件时使用，并且其高度可以调整。通常用 3 个千斤顶支撑工件。

（3）V 形铁。V 形铁用于支撑圆柱形的工件，以使工件轴线与底板平行。

3. 直接绘划工具——直尺、三角板、划线样板、划针、划规、划线盘、样冲等

（1）直尺、三角板、划线样板。

直尺、三角板用于划直线和一些特殊的角度。在工件批量划线时，可按要求制作一些专用划线样板以直接划线。划线样板要求尺身平整，棱边光滑，没有毛刺。

（2）划针。

如图3-3所示，划针是用工具钢或弹簧钢制成的，并且直径一般为3～5 mm，经淬火热处理而被硬化。头部磨尖为15°～20°的夹角。有的划针在头部焊有硬质合金后再磨尖，因此耐磨性更好。

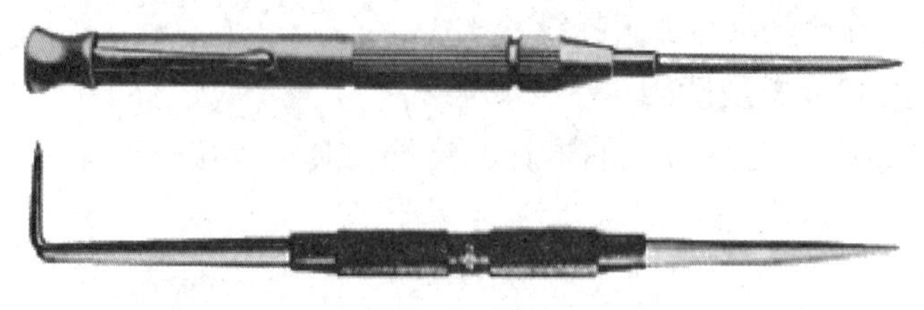

图3-3　划针

划针在使用时一定要使划针的尖端在直尺的底边。划线时要根据如图3-4所示要求，划针上部向外侧倾斜15°～20°，并且沿划线方向倾斜45°～75°。这样划出的线直，划出的尺寸精确。另外，还必须保持针尖的尖锐。划线要尽量做到一次划成，以使划出的线条既清晰又准确。

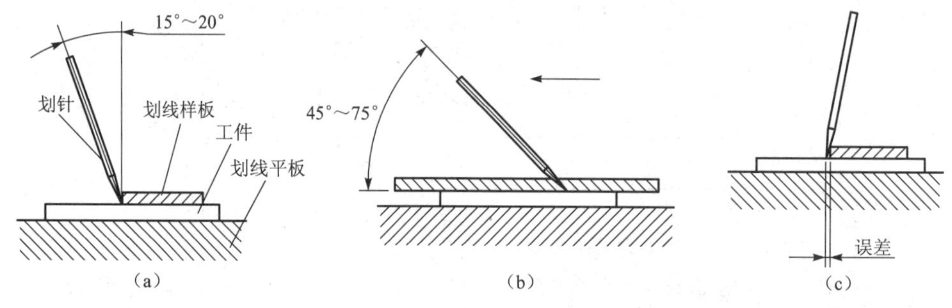

图3-4　划针的使用

（a）在垂直于划线方向的平面内的倾斜角度；（b）在划线方向平面内的倾斜角度；（c）错误划线角度

（3）划规。

划规用于划圆、圆弧、直线、等分线段、角度圆弧和量取尺寸等（图3-5），并且一般用中碳钢或工具钢制成，两脚的尖端淬硬。有的划规还焊上硬质合金的脚尖。

如图3-5（b）所示，在使用划规划线时，应压住划规其中的一只脚加以定心，并转动另一只脚划线。划规要基本垂直于划线表面，并且可略有倾斜，但不能太大。另外，还必须保持脚尖的尖锐，以保证划出的线条清晰；在划尺寸较小的圆时，必须把划规两脚的长短调得稍有不同，而且当两脚合拢时脚尖能靠紧。

（4）划线盘。

在划线平板上，划线盘用来对工件进行划线或找正位置。划针的直端用来划线，而弯头一端用于对工件安放位置的找正。

如图3-6所示，在使用划线盘时，利用夹紧螺母可使划针处于不同的位置。划针的伸出部分应尽量短些，并要牢固地被夹紧。划线时，手握稳盘座，并使划针与工件划线表面之间保持40°～60°的夹角。底座平面始终与划线平板的表面贴紧移动，并且线条一次性划出。但在划较长直线时，应采用分段连接的方法，以避免在划线过程中，由于划针的弹性变形和划线盘本身的移动会造成划线误差。

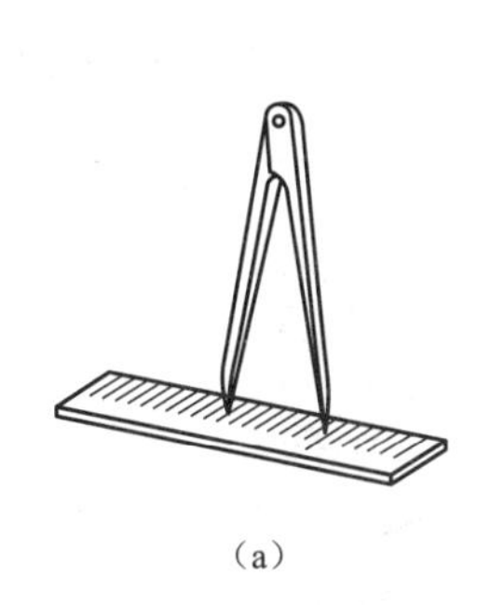
(a)

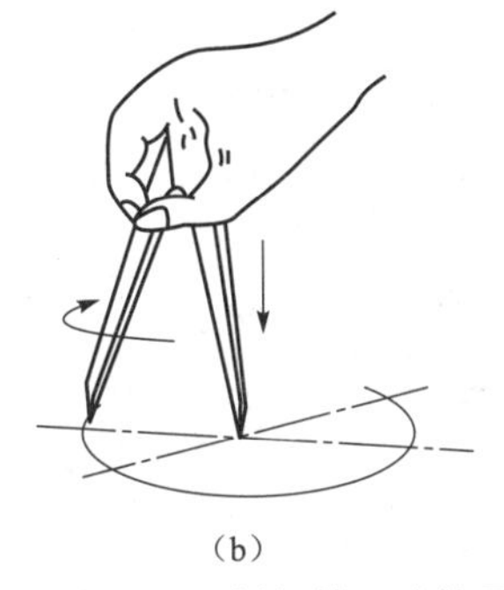
(b)

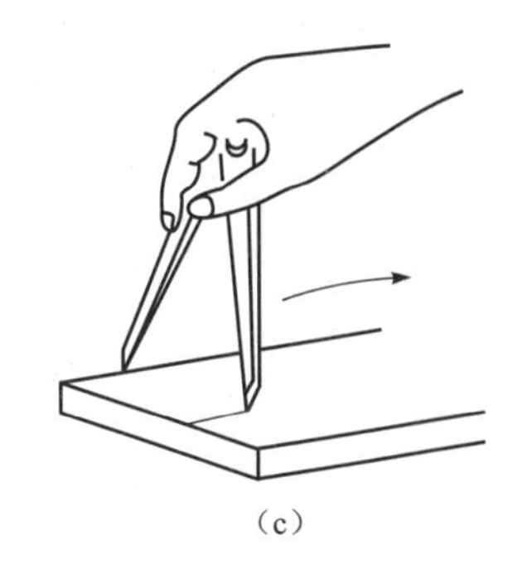
(c)

图 3-5　划规的正确使用

(a) 量取尺寸；(b) 划圆弧；(c) 划直线

(5) 样冲。

样冲是用来在已划好的加工线条上，打出作为标记的冲点，或为划圆弧、钻孔定中心。如图 3-7 所示，样冲由工具钢制成，并经过淬火而被硬化，其尖角一般磨成 45°～60°。在划线后为了避免划出的线被擦掉，在划出的线上要以一定的距离敲打样冲眼，此时选择冲尖顶角 θ 为 45° 的样冲；在钻孔定中心点时，要选择冲尖顶角 θ 为 60°的样冲。

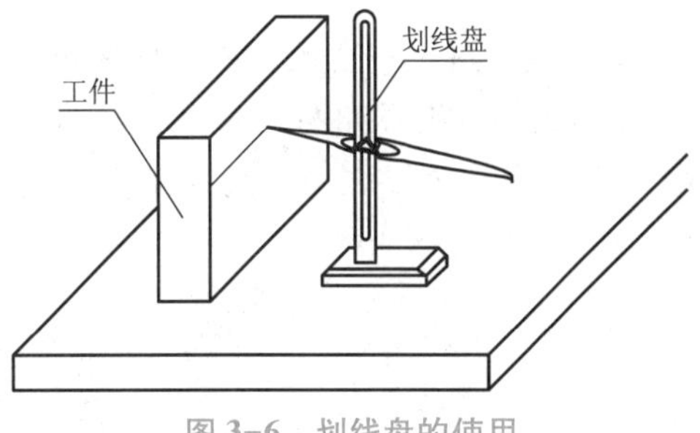

图 3-6　划线盘的使用

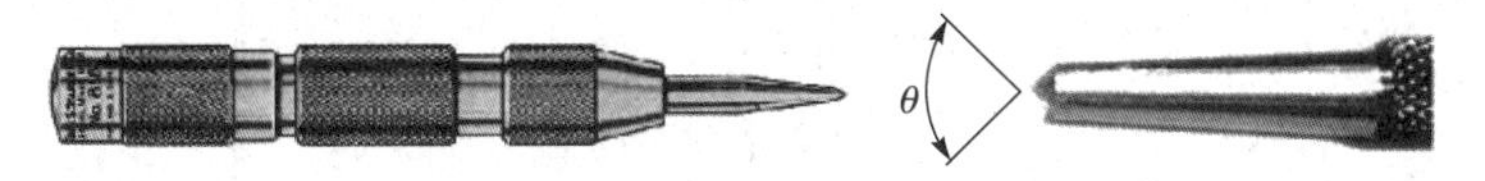

图 3-7　样冲

如图 3-8 所示，在敲击样冲眼时先将样冲外倾，以使冲尖对准所划线的中心。然后将样冲直立，轻轻地敲打出一个印痕。检查无误后再较重地敲打出印痕，以使冲眼深浅适当。如图 3-9 所示为冲眼距离的规定：在直线上，冲眼距离可大些，但在短直线上至少要有 3 个冲眼；在曲线上，冲眼点的距离要小些，例如直径小于 20 mm 的圆周线上应有 4 个冲眼，

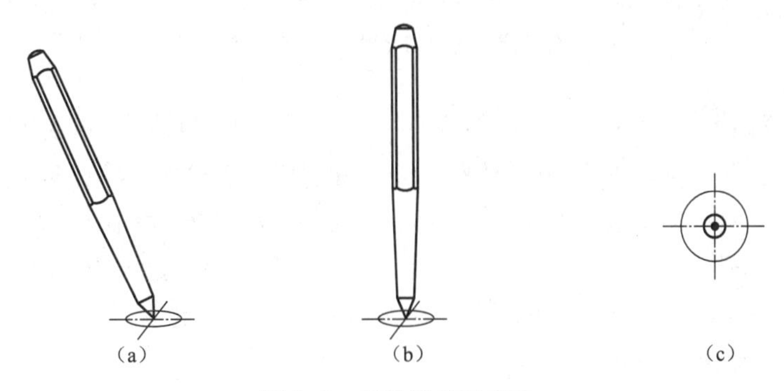

图 3-8　样冲的使用方法

(a) 样冲外倾找正；(b) 样冲直立冲眼；(c) 合格的冲眼

而直径大于20 mm的圆周线上应有8个以上冲眼；在线条的相交处和拐角处［见图3-9（c）］必须打下冲眼点。冲眼点的深浅要掌握适当，粗糙的毛坯表面的冲眼点应深些，在薄壁上或光滑表面上冲眼点要浅些。一定要注意，精加工表面上绝对不可以再打上冲眼点。

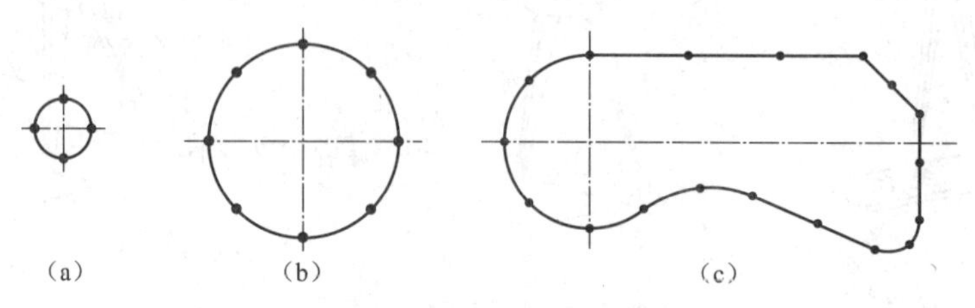

图3-9　眼点的分布要求

（a）$\phi \leqslant 20$ mm；（b）$\phi > 20$ mm；（c）相交、拐角处必须有冲眼

4. 测量工具——直尺、高度划线尺、90°角尺、量角器等

常用的测量工具如图3-10所示。测量工具主要用于量取尺寸或角度，以检查所划线条的准确性。其中有些工具也可用来直接划线。

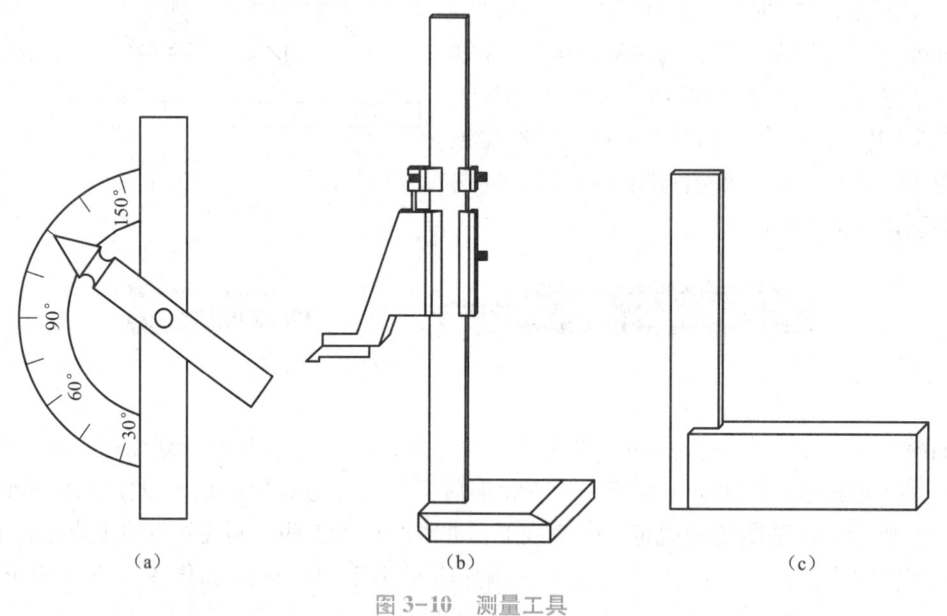

图3-10　测量工具

（a）量角器；（b）高度划线尺；（c）直角尺

直尺是最简单的长度量具。在尺面上刻有尺寸线，并且最小刻线间距为0.5 mm。它的长度规格有150 mm、300 mm、500 mm、1 000 mm 4种规格。它最大的特点是刻线的零刻度与尺身的边缘重合，也可作为划直线时的导向工具。高度划线尺又被称为高度游标卡尺。它装有硬质合金的划线脚。高度划线尺可用于高度尺寸、相对位置以及成品、半成品的精密划线，但一般不允许用于毛坯件的划线。它的精度为0.02 mm，具体数值读法与游标卡尺相同。

（三）划线准备及划线基准的选择

1. 划线前的准备工作

（1）工件的检查：主要是根据图样，检查工件是否符合技术要求。

（2）工件的清理：主要是去除毛坯上的浇口、冒口、型砂，或锻件上的飞边、氧化皮等。

（3）工件的涂色：涂色是为了使划出的线条更加清晰。常用的涂料有石灰水、品紫和硫酸铜溶液。石灰水用于铸、锻件粗糙的毛坯表面；品紫用于已加工表面；硫酸铜溶液用于精加工表面。

2. 划线基准的选择

划线时，用来确定工件各部分尺寸、几何形状及相对位置的依据，被称为划线基准。也就是说，在划线时，要选择工件上某些点、线、面作为依据，来确定工件上其他的点、线、面。

平面划线需要两个划线基准，用来确定两个方向的尺寸及位置。一般可以参照如图 3-11 所示的三种类型，来确定选择划线基准。

（1）以两条直线为基准，如图 3-11（a）所示。

（2）以一条直线和一条中心线为基准，如图 3-11（b）所示。

（3）以两条中心线为基准，如图 3-11（c）所示。

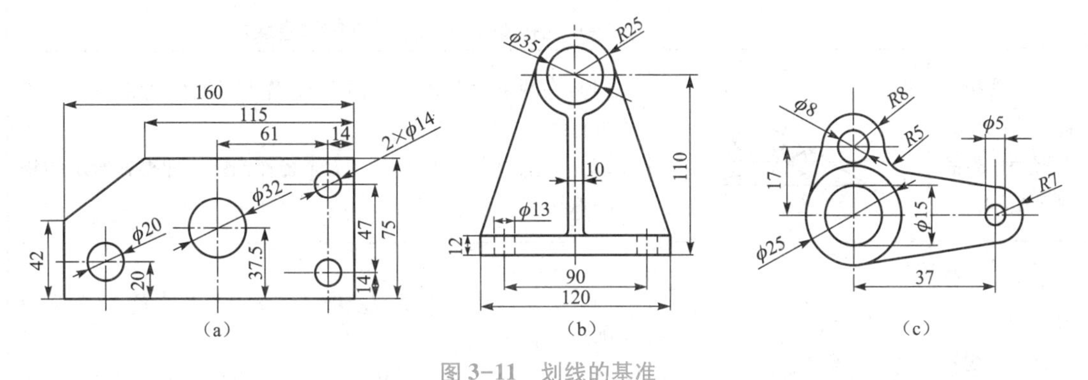

图 3-11　划线的基准

（a）两条直线；（b）一条直线和一条中心线；（c）两条中心线

（四）基本的划线方法

基本的划线方法如表 3-1 所示。

表 3-1　基本的划线方法

划线要求	图示	划线方法
将线段 AB 进行 5 等分（或若干等分）	A、B、C、a、b、c、d、a′、b′、c′、d′	（1）从 A 点作一射线，并与已知线段 AB 成某一角度； （2）从 A 点在射线上任意截取 5 等分点 a、b、c、d、C； （3）连接 BC，并过 a、b、c、d 分别作 BC 线段的平行线。平行线在 AB 线上的交点即 AB 线段的五等分点 a'、b'、c'、d'、B

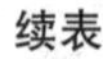

续表

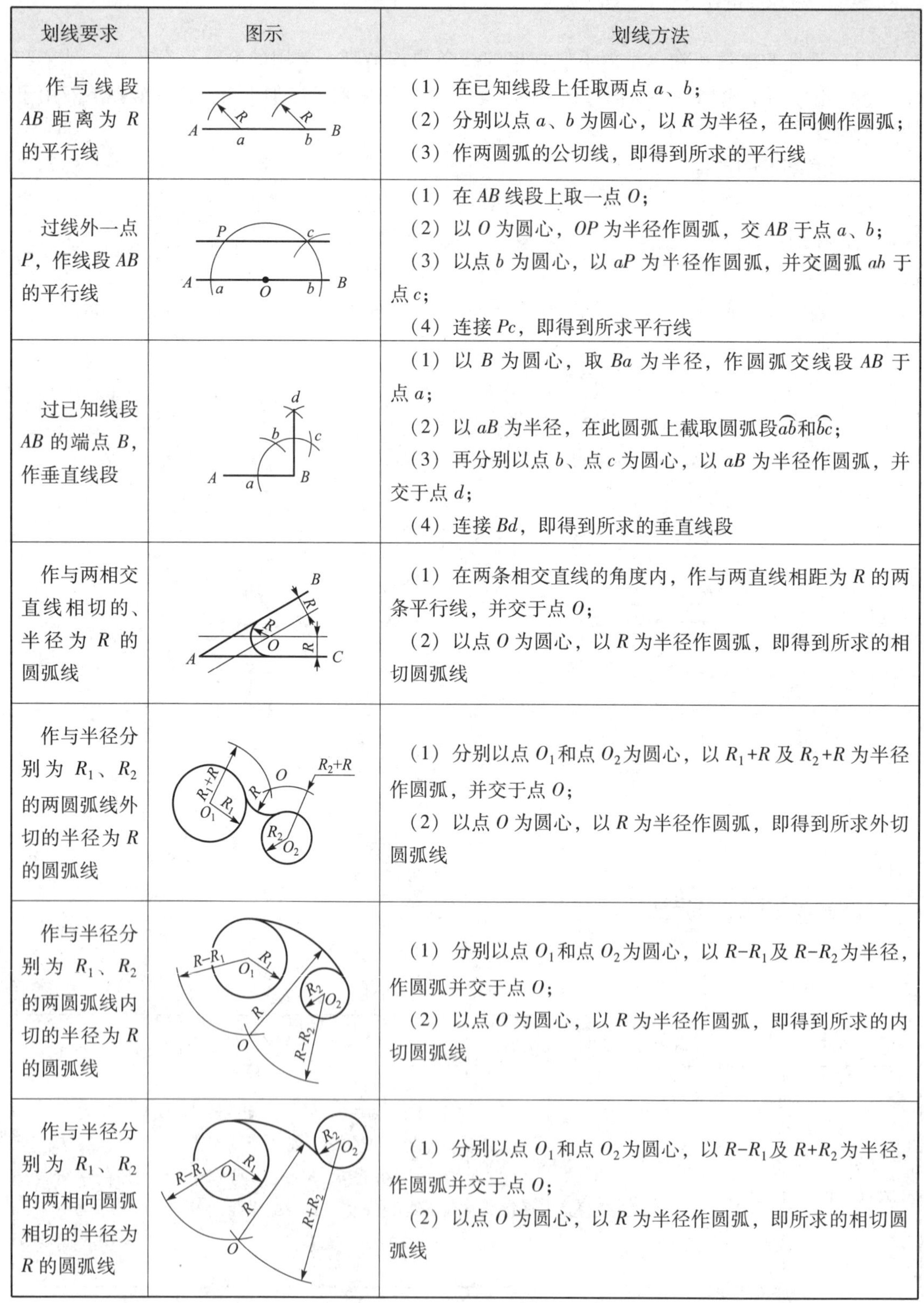

划线要求	图示	划线方法
作与线段 AB 距离为 R 的平行线		（1）在已知线段上任取两点 a、b； （2）分别以点 a、b 为圆心，以 R 为半径，在同侧作圆弧； （3）作两圆弧的公切线，即得到所求的平行线
过线外一点 P，作线段 AB 的平行线		（1）在 AB 线段上取一点 O； （2）以 O 为圆心，OP 为半径作圆弧，交 AB 于点 a、b； （3）以点 b 为圆心，以 aP 为半径作圆弧，并交圆弧 ab 于点 c； （4）连接 Pc，即得到所求平行线
过已知线段 AB 的端点 B，作垂直线段		（1）以 B 为圆心，取 Ba 为半径，作圆弧交线段 AB 于点 a； （2）以 aB 为半径，在此圆弧上截取圆弧段 $\overset{\frown}{ab}$ 和 $\overset{\frown}{bc}$； （3）再分别以点 b、点 c 为圆心，以 aB 为半径作圆弧，并交于点 d； （4）连接 Bd，即得到所求的垂直线段
作与两相交直线相切的、半径为 R 的圆弧线		（1）在两条相交直线的角度内，作与两直线相距为 R 的两条平行线，并交于点 O； （2）以点 O 为圆心，以 R 为半径作圆弧，即得到所求的相切圆弧线
作与半径分别为 R_1、R_2 的两圆弧线外切的半径为 R 的圆弧线		（1）分别以点 O_1 和点 O_2 为圆心，以 R_1+R 及 R_2+R 为半径作圆弧，并交于点 O； （2）以点 O 为圆心，以 R 为半径作圆弧，即得到所求外切圆弧线
作与半径分别为 R_1、R_2 的两圆弧线内切的半径为 R 的圆弧线		（1）分别以点 O_1 和点 O_2 为圆心，以 $R-R_1$ 及 $R-R_2$ 为半径，作圆弧并交于点 O； （2）以点 O 为圆心，以 R 为半径作圆弧，即得到所求的内切圆弧线
作与半径分别为 R_1、R_2 的两相向圆弧相切的半径为 R 的圆弧线		（1）分别以点 O_1 和点 O_2 为圆心，以 $R-R_1$ 及 $R+R_2$ 为半径，作圆弧并交于点 O； （2）以点 O 为圆心，以 R 为半径作圆弧，即所求的相切圆弧线

五、任务实施

1. 任务实施的要点（依据图 3-1）

（1）检查薄板料，并在板料上涂上品紫。

（2）利用等分圆周的方法，分别划出正五角形［图 3-1（b）］和正三角形［图 3-1（c）］。其中应特别注意的是：在划圆时一定要先划出十字中心线，以确定圆心，并且在打上样冲眼点后再划圆。

（3）在划左边图形（a）时，应先根据图纸要求，在板料上分别划出 3 个中心点，再以这 3 个圆心为基准，划出所有的线条。

（4）根据图纸要求，检查所划线条的准确性。

（5）检查无误后打上样冲眼点。

2. 重点提示

（1）为熟悉各图形的作图方法，划线前可先在纸上按顺序画出划线图形。

（2）必须正确掌握划线工具的使用方法及划线动作，以使所划线条清晰，尺寸准确，样冲眼点分布合理、准确。

（3）工具摆放要合理。左手用的工具放在工件的左面，右手用的工具放在右面，且摆放整齐、稳妥。

（4）任何工件被划线后，都必须仔细地做一次复检校对，以避免差错。

六、任务评价

在任务实施完毕后，学生自检，教师评价，并将结果都填入表 3-2 中。

表 3-2　平面划线的评分标准

班级：________　姓名：________　学号：________　成绩：________							
评价内容	序号	技术要求	评分标准	配分	自检记录	交检记录	得分
操作技能评价	1	涂色薄而均匀	总体评定	5			
	2	图形分布合理	若分布不合理，则每个图形扣 3 分	9			
	3	线条清晰	若线条不清晰，则每处扣 2 分	8			
	4	线条无重线	若有重线，则每处扣 2 分	12			
	5	尺寸公差±0. 3 mm	超差一处扣 3 分	27			
	6	冲眼分布合理、准确	若冲眼分布不合理、不准确，则每处扣 2 分	10			
	7	划线工具选用与操作正确	不正确每次扣 3	9			

续表

评价内容	序号	技术要求	评分标准	配分	自检记录	交检记录	得分
素养评价	8	工量具使用规范		5			
	9	有团队协作意识，有责任心		5			
	10	学习态度端正，遵章守纪		5			
	11	安全文明操作、保持工作环境整洁		5			

*七、任务拓展

（一）多边形划线方法

在多边形划线方法中，钳工最常用的方法是按同一弦长法等分圆周。

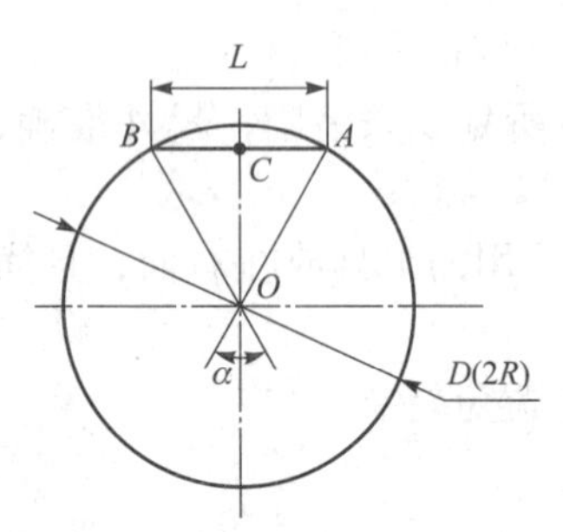

图 3-12　同一弦长等分圆周

如图 3-12 所示，如果把一个圆周 n 等分，那么每个弦长 L 所对应的圆心角 α 都相等：$\alpha=\dfrac{360°}{n}$。也从图中的三角关系可以看出：

$$\frac{L}{2}=BC=R\cdot\sin\frac{\alpha}{2}$$

所以弦长：

$$L=D\cdot\sin\frac{\alpha}{2}=2R\cdot\sin\frac{\alpha}{2} \tag{3-1}$$

在用这种方法等分圆周时，只要利用上式算出弦长，就可用圆规按这长度在圆周上等分圆。在实际操作中，由于等分相同份数的圆周时，所对应的圆心角 α 是不变的，因此变化的只是半径的大小。把式（3-1）中的 $2\sin\dfrac{\alpha}{2}$ 等同为一个弦长系数 K，并且这个值按各种等分数预先算出，并列成表 3-3。这样，求弦长更为方便：

$$L=K\cdot R \tag{3-2}$$

式中　K——弦长系数，由表 3-3 查得。

　　　R——等分圆周的半径。

表 3-3　等分圆周的弦长系数 K

等分数	系数 K	等分数	系数 K	等分数	系数 K
3	1.731	13	0.478 6	23	0.272 3
4	1.414 2	14	0.445	24	0.261 1
5	1.175 6	15	0.415 8	25	0.250 7
6	1.0	16	0.390 2	26	0.241 1
7	0.867 8	17	0.367 5	27	0.232 1
8	0.765 4	18	0.347 3	28	0.224
9	0.684	19	0.329 2	29	0.216 2
10	0.618	20	0.312 9	30	0.209 1
11	0.563 5	21	0.298 0	31	0.202 3
12	0.517 6	22	0.284 5	32	0.196

如图 3-13 所示的正九边形，如果用同一弦长的方法划出，那么 $n=9$，$r=40$ mm。查表得 $K=0.684$。

则弦长 $L=0.684\times40=27.36$ mm。

再如图 3-13 所示，用圆规量取 27.36 mm，在 $\phi80$ 的圆周上等分九等份。

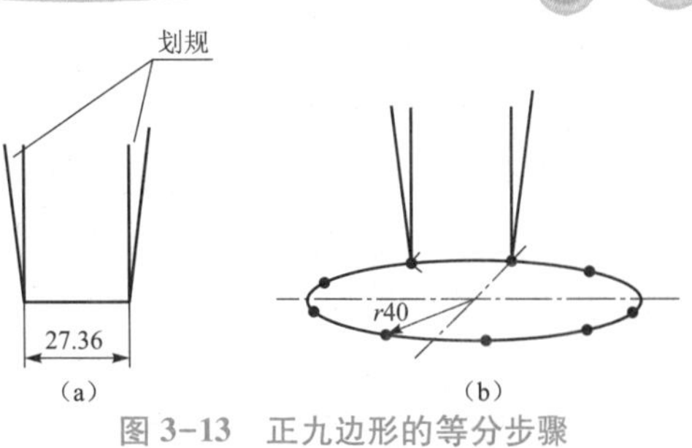

图 3-13　正九边形的等分步骤

(a) 量取；(b) 在圆周上等分

注意：用同一弦长等分圆周的方法在用划规量取尺寸时，有一定的误差，再加上等分时有误差，所以往往等分到最后会产生累积误差，而且等分数越多，累积误差越大。因此，在划线时要调整等分尺寸。

（二）万能分度头

万能分度头是一种较准确的等分角度的工具。结构如图 3-14 所示，主要由支座、转动体、分度盘、主轴等组成。主轴可随转动体在垂直平面内转动。通常在主轴的前端安装三爪卡盘或顶尖，以被用来安装工件。把万能分度头放在划线平板上，并配合使用划线盘或高度划线尺，便可进行分度划线，并可在工件上划出水平线、垂直线、倾斜线和等分线或不等分线。

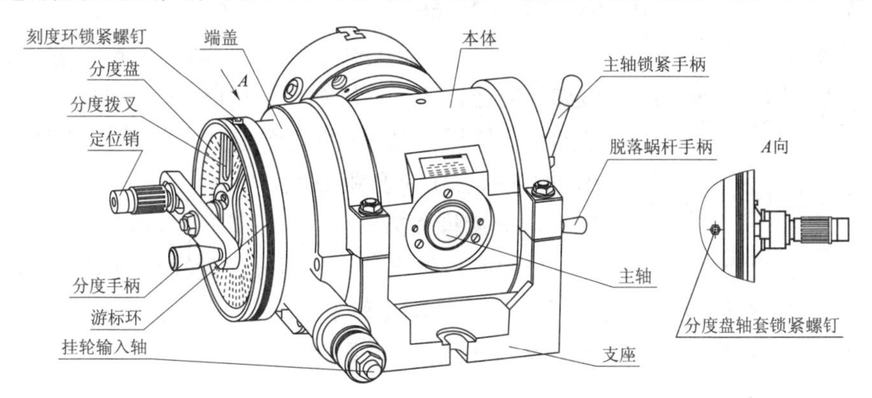

图 3-14　万能分度头结构图

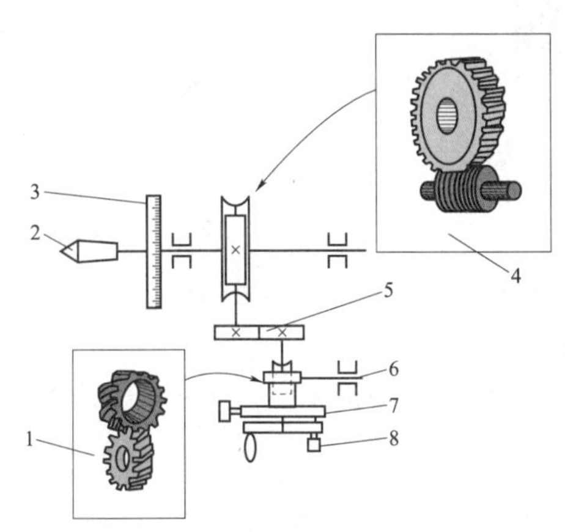

图 3-15　万能分度头的传动示意

1—1∶1 螺旋齿轮传动；2—主轴；3—刻度盘；4—1∶40 蜗轮蜗杆机构；5—1∶1 齿轮传动；6—挂轮轴；7—分度盘；8—定位销（插销）

1. 万能分度头的工作原理

如图 3-15 万能分度头的传动示意图所示，分度盘 7 的手柄与单头蜗杆 4 相连。蜗杆与主轴上装有 40 齿的蜗轮组成蜗轮蜗杆机构，并且其传动比为 1∶40，即手柄转动一圈，主轴转动 1/40 圈。如要将工件在圆周上分 Z 等份，则工件上每一等份为 $1/Z$ 圈。设当主轴转动 $1/Z$ 圈时，手柄应转动 n 圈，则依照传动比关系式有：

$$1/40=1/(n\cdot Z)\ 即\ n=40/Z$$

使用万能分度头进行分度的方法有简单分度法、直接分度法、角度分度法、差动分度法和近似分度法等。钳工最常用的是直接分度法和简单分度法。

（1）直接分度法。

分度时，先将蜗杆脱开蜗轮，并用手直接转动分度头的主轴进行分度。分度头的主轴的转角由装在分度头的主轴上的刻度盘和固定在壳体上的游标环读出。分度完毕后，用主轴锁紧手柄将分度头的主轴紧固，以免加工时转动。该方法往往适用于分度精度要求不高、分度数目较少（如等分数为2、3、4、6）的场合。

（2）简单分度法。

例如在齿轮毛坯上划齿数 $Z=26$ 的齿轮加工线。每次分度时，手柄应转动的圈数为：

$$n=\frac{40}{Z}=\frac{40}{26}=1\frac{14}{26}=1\frac{7}{13}$$

即手柄应转动1整圈加7/13圈。7/13圈的准确圈数由分度盘来确定。分度盘的示意图如图3-16所示。实训中我们使用FW250型分度头，并且它备有两块分度盘。上面的孔圈数如下：

第一块的正面：24、25、28、30、34、37；反面：38、39、41、42、43；

第二块的正面：46、47、49、52、53、54；反面：57、58、59、62、66。

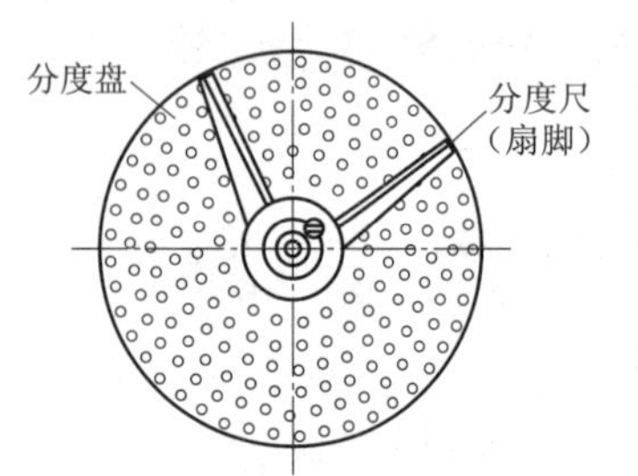

图3-16　分度盘的示意

分度时，先将分度盘固定，然后选择13的倍数的孔圈。假如我们选定39的孔圈，则7/13圈等于21/39圈。将手柄上的定位销调整到39的孔圈上，先将手柄转动1圈，再按39的孔圈转21个孔距即可。

2. 分度操作方法

分度前，先将分度盘用分度盘轴套锁紧螺钉固定。通过分度手柄的转动，蜗杆带动蜗轮旋转，从而带动主轴和工件转过一定的度（转）数。分度时，一定要调整好定位销所对应的分度盘孔圈。

复习思考题

（1）什么是划线？在机械加工过程中，划线有什么作用？

（2）样冲、划针在使用时应注意些什么？

（3）什么叫划线基准？划线基准有哪3种基本类型？

（4）如何用同一弦长法将直径 $\phi60$ mm的圆周做七等分？

（5）利用FW250型万能分度头，在圆柱毛坯上要划出七等分的加工线。试计算每次分度时，手柄应转动的圈数。

课题四
錾　　削

大国工匠案例一

【知识点】

Ⅰ　錾削工具及使用
Ⅱ　錾削姿势及动作要领
Ⅲ　錾子刃磨及热处理方法
Ⅳ　錾削安全文明生产要求

【技能点】

Ⅰ　平面錾削、直槽錾削起錾及錾削方法
Ⅱ　阔錾、狭錾的刃磨

一、生产实习图纸

生产实习图纸如图 4-1 所示。

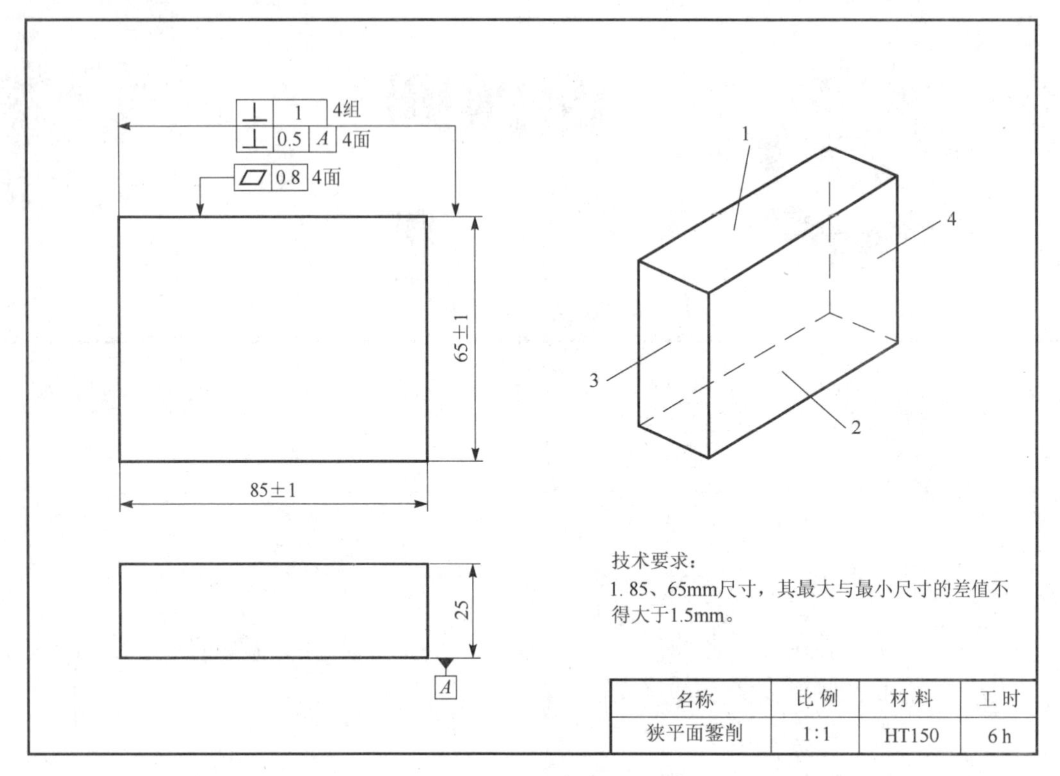

名称	比例	材料	工时
狭平面錾削	1:1	HT150	6 h

图 4-1　狭平面錾削练习图

二、任务分析

（1）錾削是钳工较为重要的基本操作之一。尽管錾削工作效率低，劳动强度大，但由于它所使用的工具简单、操作方便，因此在许多不便于机械加工的场合，仍起着很重要的作用。

（2）通过平面錾削训练掌握錾子和手锤的握法、挥锤方法、站立姿势等，提高锤击的准确性，为掌握矫正、弯形和装拆机械设备打下扎实的基础。

（3）学习通过狭平面錾削训练，掌握平面錾削技巧与方法，通过稳定錾子的切削角度、合理控制錾削尺寸、形位精度。

（4）了解并适当掌握錾子的热处理及刃磨方法，能根据加工材料的不同，正确刃磨錾子的几何角度，掌握砂轮机及錾削时的安全操作要求。

三、任务准备

（1）材料准备：90 mm×70 mm×25 mm 的 HT150 铸铁块一件。

（2）工具准备：阔錾两把、手锤、垫木、钢皮尺、角尺等。

（3）实训准备：领用工具、材料等；复习有关理论知识，并详细阅读本指导书。

四、相关工艺分析

（一）錾削工具

錾削使用的工具是錾子和手锤。

1. 錾子

錾子一般用碳素工具钢锻造成型后，再进行刃磨和热处理而成。錾子由头部、柄部和切削部分组成，头部有一定的锥形，且顶端略带球形，以便于锤击时锤击力通过錾子中心线。柄部一般制成六边形、八边形等，以防錾削时錾子转动，并可有效地控制方向。切削部分磨成楔形，以满足切削要求。

（1）錾子的种类。

① 扁錾。扁錾又被称为阔錾。如图 4-2（a）所示，切削部分扁平，且切削刃较宽，并略带圆弧。切削部分的作用是在平面上錾去微小的凸起部分，并且切削刃两边的狭角不易损坏平面的其他部分。扁錾用来錾削平面、切割材料，去除毛刺、飞边等，并且应用最广。

② 狭錾。狭錾又被称为尖錾、窄錾。如图 4-2（b）所示，狭錾的切削刃较短，且刃的两侧从切削刃至柄部逐渐变窄，其作用是錾槽时防止錾子的两侧面被工件卡住，并减少錾削阻力和减少錾子侧面的磨损。狭錾的斜面有较大的角度，这是为了保证切削部分有足够的强度。狭錾主要用于錾槽，及将板料切割成曲线形等。

③ 油槽錾。如图 4-2（c）所示，油槽錾的切削刃很短且呈半圆形。为了能在对开式的滑动轴承孔壁上錾削油槽，切削部分制成弯曲形状。油槽錾常用来錾削润滑油槽。

（2）錾子的握法。

錾子的握法有两种，分别为正握法与反握法，如图 4-3 所示。錾削时，小臂自然平放成水平位置，并且肘部不能抬高或下垂，以使錾子保持正确的后角。

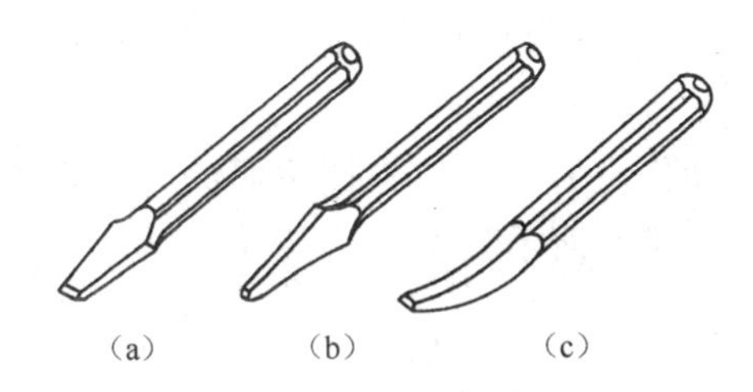

图 4-2 錾子的种类
（a）扁錾；（b）狭錾；（c）油槽錾

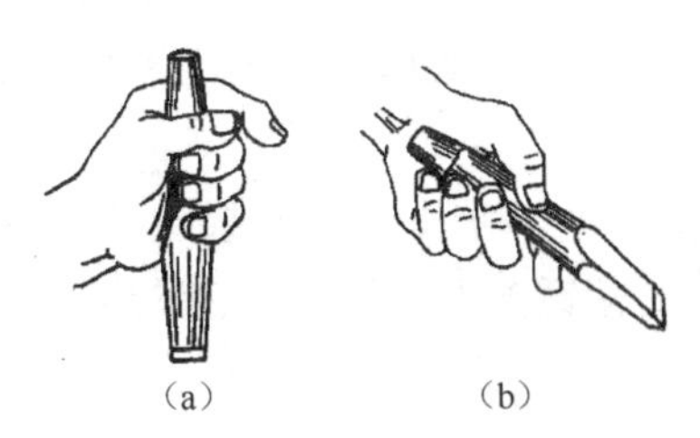

图 4-3 錾子的握法
（a）正握法；（b）反握法

2. 手锤

手锤又被称锄头，并且是钳工常用的敲击工具。錾削、矫正和弯曲、铆接、装拆零件等，都常用手锤来敲击。手锤由锤头、木柄和楔子组成，如图 4-4 所示。手锤的规格是用锤头的质量来表示，常用的有 0.25 kg、0.5 kg 和 1 kg 等几种。木柄用

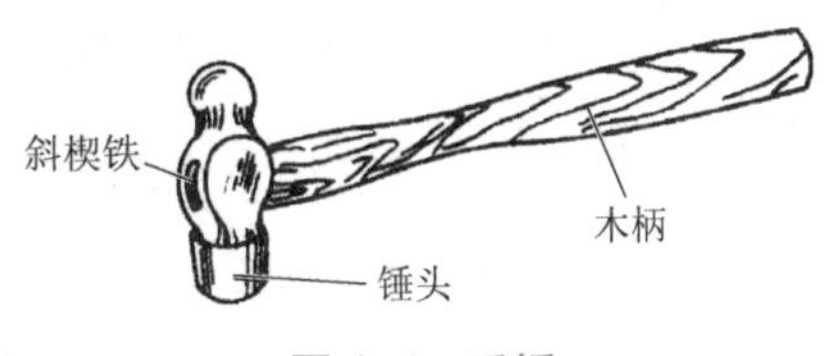

图 4-4 手锤

比较坚韧的木材制成，例如胡桃木、檀木等，并且截面形状为椭圆形，以便于操作者定向握持，准确敲击。柄部长度约为350 mm。柄部若过长，则会使操作不便；过短则挥力不够。

木柄必须牢固可靠地安装在锤头中。装木柄的锤头孔做成椭圆形，且中间小两端大。木柄敲紧在锤头孔中后，在端部再打入带倒刺的金属楔子，以确保锤头不会松脱。

（1）手锤的握法。

① 紧握法。紧握法为用右手五指紧握木柄，并且大拇指合在食指上，虎口对准锤头方向（木柄椭圆的长轴方向）。木柄的尾端露出15～30 mm。在挥锤和锤击过程中，五指始终紧握，如图4-5（a）所示。

② 松握法。松握法为只用大拇指和食指始终握紧木柄。在挥锤过程中，小指、无名指、中指依次放松；在锤击过程中，它们又以相反的顺序收拢握紧。如图4-5（b）所示。这种握法的优点是手不易疲劳，且锤击力大。

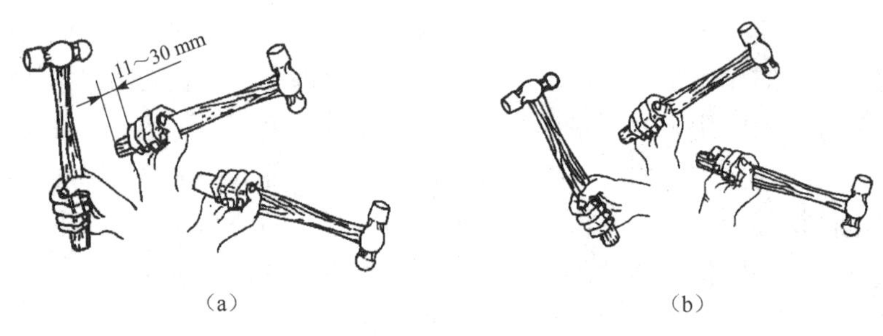

（a）　（b）

图4-5　手锤的握法

（a）紧握法；（b）松握法

（2）挥锤的方法。

挥锤的方法有腕挥、肘挥和臂挥三种。如图4-6所示。

① 腕挥：仅依靠手腕的动作来进行锤击运动。腕挥由于采用紧握法握锤，因此锤击力较小，并且一般用于錾削的开始和结尾、錾削余量较小及錾槽等场合，如图4-6（a）所示。

② 肘挥：利用手腕与肘部一起挥动，并做锤击动作。肘挥采用松握法握锤。因挥动幅度较大，故锤击力也较大。它的应用最广，如图4-6（b）所示。

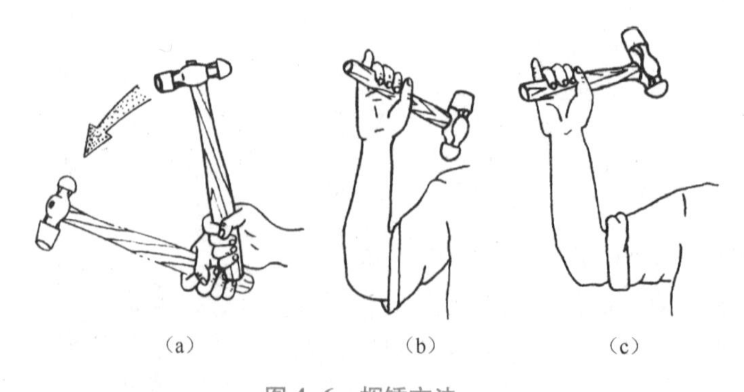

（a）　（b）　（c）

图4-6　挥锤方法

（a）腕挥；（b）肘挥；（c）臂挥

③ 臂挥：利用手腕、肘部和臂部一起挥动。臂挥由于锤击力最大，因此用于大力錾削的场合，如图 4-6（c）所示。

（二）錾削姿势及要领

1. 站立姿势

两脚互成一定角度，并且身体与台虎钳中心线大致成 45°。左脚跨前半步，并且膝盖处略有弯曲，以保持自然，右脚站稳伸直，且不要过于用力，重心偏于右脚，如图 4-7 所示。眼睛注视錾削部位，以便于观察錾削情况。左手握錾，并保证錾子与工件正确的錾削角度；右手挥锤，保证锤头沿弧线运动并进行敲击。

2. 锤击速度

錾削时的锤击要稳、准、狠，并且动作要有节奏地进行，不能太快或太慢。一般肘挥约 40 次/分，腕挥约 50 次/分。

（三）錾子的刃磨及热处理

1. 錾子的切削部分及几何角度（图 4-8）

（1）楔角（β_0）

錾子前刀面与后刀面之间的夹角，被称为楔角。楔角的大小由刃磨时形成，并且它决定了切削部分的强度及切削阻力的大小。若楔角越大，则切削部分的强度越高，但切削阻力也越大。因此，对于楔角大小的选择，应在满足强度的前提下，尽量选较小的楔角。在一般情况下，根据材料的软硬来选择楔角。錾硬材料时，楔角取大些，而錾软材料时，取小些。楔角的选择具体可参考表 4-1。

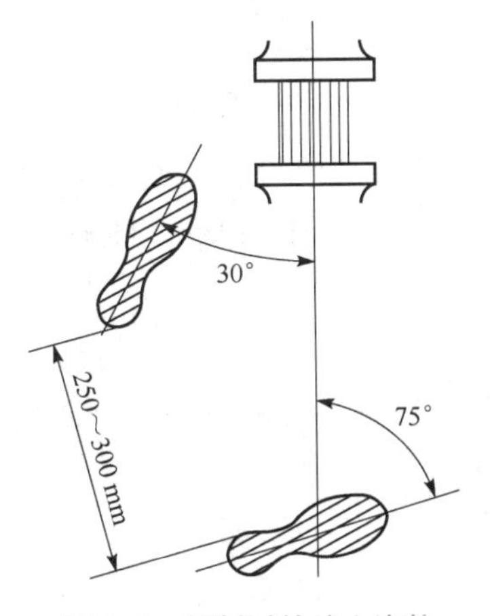

图 4-7 錾削时的站立姿势

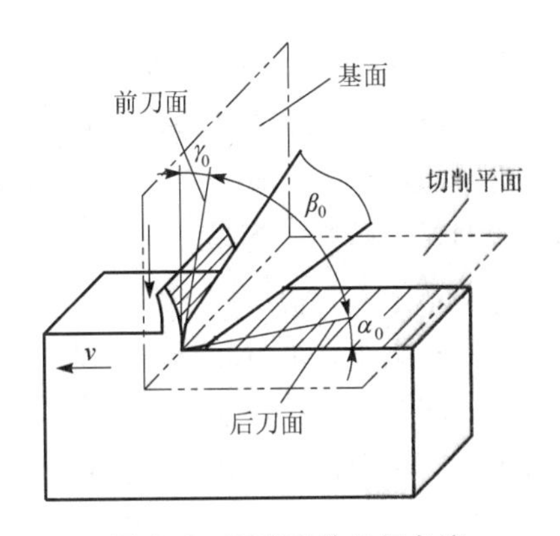

图 4-8 錾削时的几何角度

表 4-1 楔角大小的选择

材 料	楔角/（°）
硬钢或铸铁等硬材料	60～70
一般钢材或中等硬度材料	50～60
铜、铝、低碳钢等软材料	30～50

（2）后角（α_0）。

后刀面与切削平面之间的夹角，被称为后角。后角的大小是由錾削时，錾子被掌握的位置而决定的，并且其作用是减少后刀面与切削平面之间的摩擦。若后角越大，则切削深度越大，但切削越困难，甚至会损坏錾子的切削部分；若后角越小，则錾子越不易切入材料，即容易从工件表面滑出。一般后角取5°～8°。

（3）前角（γ_0）。

前刀面与基面之间的夹角，被称为前角。前角的作用是减小切削的变形并使切削轻快。若前角大，则切削省力，且切屑变形小。由于 $\gamma_0 = 90° -（\alpha_0 + \beta_0）$，因此，当楔角与后角确定之后，前角的大小也就确定下来了。

2. 錾子的热处理

錾子的热处理包括淬火和回火两个过程，如图4-9所示。其目的是保证錾子的切削部分具有较高的硬度和一定的韧性。

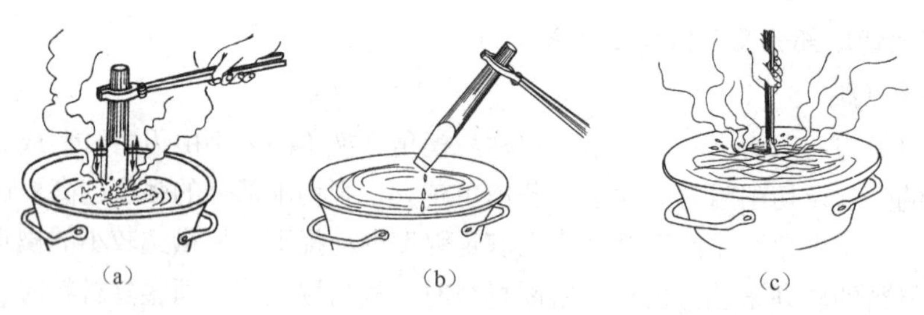

图4-9 錾子的热处理

（1）淬火。

将錾子的切削部分约20 mm长的一端均匀地加热到呈暗樱红色（750 ℃～780 ℃），并且取出后，迅速地浸入水中冷却。浸入深度约5～6 mm，即完成淬火。为了加速冷却，錾子可在水面缓缓地上下移动。由于在移动时水面会产生一些波动，因此可使淬硬与不淬硬的界线不十分明显，否则，容易在分界处发生断裂。

（2）回火。

当錾子露出水面部分呈黑色时从水中取出，并利用上部的余热进行回火，以提高錾子的韧性。回火的温度可从錾子表面颜色的变化来判断。为了容易看清回火的温度变化，从水中取出后錾子后迅速擦去氧化皮。刚出水时的颜色是白色，由于刃口的温度逐渐上升，颜色按以下规律变化：白色→黄色→红色→浅蓝色→深蓝色。当变成黄色时，若把錾子全部浸入水中冷却，则这种回火的程度，被称为“黄火”；当变成蓝色时如果把錾子全部浸入水中冷却，那么这种回火的程度，被称为“蓝火”。“黄火”的硬度比“蓝火”高些，但韧性差；“蓝火”的硬度比较适中，故被采用得较多。

在錾子热处理过程中，较难掌握的是按颜色来判断温度，尤其是回火时的颜色不易看清，且时间又短，故只有认真地观察和不断地实践，才能逐渐掌握。

3. 錾子的刃磨

（1）刃磨要求。切削刃要与錾子的几何中心线垂直，且应在錾子的对称平面上，并应十分锋利。为此，錾子的前刀面和后刀面必须被磨得光滑平整。必要时，切削刃在砂轮机上

刃磨后，再在油石上精磨。这可使切削刃既锋利又不易磨损，因为此时切削刃的单位负荷减小了。

（2）刃磨方法。如图 4-10 所示，双手握持錾子，并在砂轮的轮缘上进行刃磨。刃磨时，必须使切削刃略高于砂轮中心，并在砂轮全宽上作左右移动。一定要控制好錾子的位置、方向，以保证所磨楔角符合使用要求。前后两面交替刃磨，并且要求对称。加在錾子上的压力不宜过大，左右移动要平稳、均匀，并经常蘸水冷却，以防止退火。当检查楔角是否符合要求时，可采用样板检查或目测来判断。

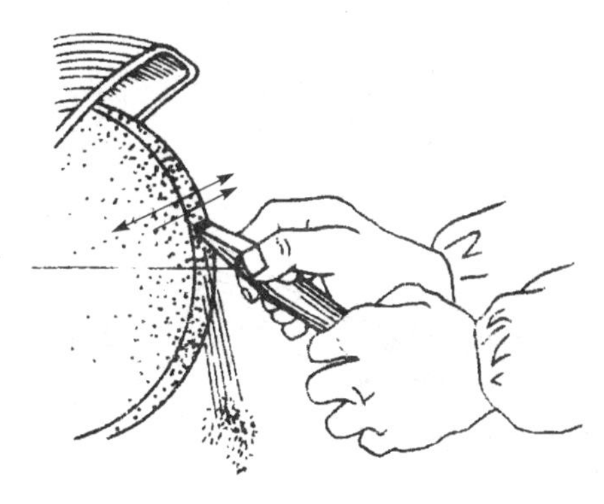

图 4-10 錾子的刃磨

（四）狭平面錾削方法

1. 起錾方法

錾削时的起錾方法有斜角起錾和正面起錾两种，如图 4-11 所示。平面錾削时，应采用斜角起錾方法，即先在工件的边缘狭角处，将錾子放成一负角 θ，并錾出一个斜面，然后轻轻起錾。因为狭角处与切削刃的接触面小，所以阻力小，易切入，能较好地控制余量，而不会产生滑移、弹跳现象。起錾后，再按正常的錾削角度，逐步向中间錾削，以使切削刃的全宽参加切削。錾槽时，应采用正面起錾方法，即起錾时将錾子切削刃抵紧起錾部位，并且錾子的头部向下倾斜成一个负角 θ，以錾出一个斜面。然后再按正常角度进行錾削。

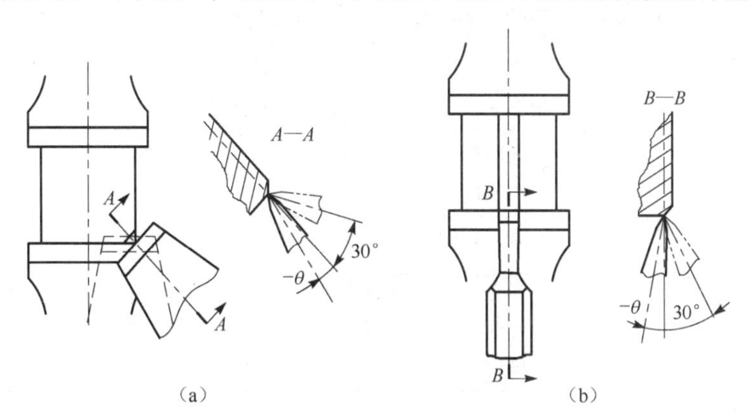

图 4-11 起錾方法

（a）斜角起錾；（b）正面起錾

2. 錾削动作

平面錾削时的切削角度应使后角保持在 5°～8°。若后角过大，则錾子易向工件深处扎入，并且錾削费力，不易錾平；若后角过小，则錾子容易滑出錾削部位。每次錾削余量为 0.5～2 mm。

在錾削过程中，一般每錾削两三次后，可将錾子退回一些，以做一次短暂的停顿，然后再将刃口抵住錾削处继续錾削。这样，既可随时观察錾削表面的平整情况，又可使手臂肌肉

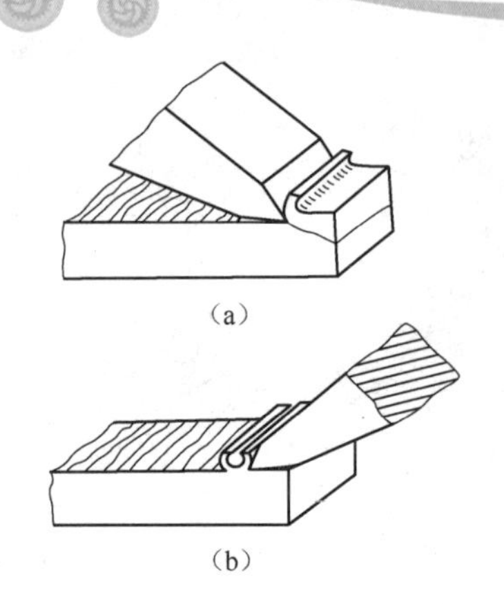

图 4-12 接近尽头的錾削方法
(a) 不调头 (错误); (b) 调头 (正确)

有节奏地得到放松。

当錾削接近尽头约 10～15 mm 时，必须调头錾削，如图 4-12 所示，以防止工件边缘材料崩裂，或造成废品，尤其是錾削铸铁、青铜等脆性材料时一定要调头。

3. 安全操作的要求

(1) 工件必须夹紧，并伸出钳口高度一般在 10～15 mm 为宜，同时下面垫上衬木。

(2) 錾削时，可戴好防护眼镜。在台虎钳的前面要有防护网，以防止切屑飞出伤人。

(3) 切屑不能用手擦或用嘴吹，而要用刷子刷，以防止铁屑伤手。

(4) 切削刃用钝后要及时刃磨锋利，并保持正确的楔角，以防止錾子在錾削部位滑出伤手。

(5) 若錾子头部有毛刺，则要及时磨去。

(五) 錾平面时常见的质量问题及产生原因

錾平面时常见的质量问题及产生原因如表 4-2 所示。

质量问题	产生原因
錾削表面粗糙	(1) 錾子淬火太硬，刃口崩裂或刃口已钝不锋利，但还在继续使用。 (2) 锤击力不均匀。 (3) 錾子的头部已锤平，使受力方向经常改变
錾削面凹凸不平	(1) 后角在一段錾削过程中过大，造成錾面凹。 (2) 后角在一段錾削过程中过小，造成錾面凸
表面有梗痕	(1) 左手未将錾子扶稳，而使錾刃倾斜，并在錾削时刃角梗入。 (2) 錾子刃磨时，刃口磨成中凹
崩裂或塌角	(1) 在錾到尽头时，未调头錾使棱角崩裂。 (2) 起錾量太多，并造成塌角
尺寸超差	(1) 在起錾时，尺寸不准。 (2) 在錾削时，测量、检查不及时

五、任务实施

1. 任务实施的步骤

(1) 錾削姿势练习，用无刃口錾子錾削，左手按正握法要求握住錾子，右手用松握法握锤，挥锤方法为肘挥，熟能生巧，达到站立姿势、握錾方法和挥锤动作正确，有较高的锤击命中率后锤击力量逐步加强。

(2) 每人分别完成两把扁錾的刃磨。

(3) 当握錾、挥锤、锤击力量和錾削姿势达到能适应錾削练习时，按图 4-1 划出

85 mm×65 mm 尺寸线，用已刃磨好的扁錾，并按顺序依次錾削。

2. 重点提示

（1）在刃磨錾子时，左右手的压力要控制均匀。使用砂轮机时，要特别注意安全要求，防患于未然。

（2）在錾削狭平面时，重点应掌握正确的动作姿势、合适的锤击速度和一定的锤击力量。

（3）粗錾时，每次錾削量应在 1.5 mm 左右。

（4）若錾子头部有毛刺，则要及时磨去，以防毛刺受锤击后飞出伤人。

六、任务评价

在任务实施完成后，教师、学生按表 4-3 对任务进行评价

表 4-3 狭平面錾削的评分标准

班级：______		姓名：______		学号：______		成绩：______	
评价内容	序号	技术要求	配分 评分标准	配分	自检记录	交检记录	得分
操作技能评价	1	65±1	超差全扣	8			
	2	85±1	超差全扣	8			
	3	4×[▱ 0.8]	每超一处扣 4 分	12/4			
	4	[⊥ 1]（4 处）	每超一处扣 3 分	12/4			
	5	4×[⊥ 0.5]	每超一处扣 3 分	12/4			
	6	85 mm 尺寸的差值为 1.5 mm	超差全扣	6			
	7	65 mm 尺寸的差值为 1.5 mm	超差全扣	6			
	8	錾痕整齐（图中 4 个表面）	每超一处扣 2 分	8/4			
	9	扁錾刃磨正确	不正确全扣	8			
素养评价	10	工量具使用规范		5			
	11	有团队协作意识，有责任心		5			
	12	学习态度端正，遵章守纪		5			
	13	安全文明操作、保持工作环境整洁		5			

七、任务拓展

（一）大平面的錾削

錾削大平面时，先用狭錾以适当的间隔錾出工艺槽，再用阔錾将工艺槽间的凸起部分錾平。最后顺直作平面的修正錾削，以达到平面度要求，并且錾痕整齐一致。

（二）钢料的錾削

由于钢件是韧性材料，因此錾削时要始终保持錾子的锋利，且其楔角一般在 50°～60°。

钢料的錾削要点：

（1）在錾削时，錾子头部可蘸油，以减少摩擦，使錾削省力，并可减小錾削表面的粗糙度。同时对錾子进行冷却，以提高錾子的耐用度。

（2）在錾钢料时，因錾子刃口或刃口角容易梗入工件，故要特别注意掌握切削角度和錾削量。

（3）在粗錾钢料时，切屑呈卷屑状，且精錾时呈针状，因此特别容易刺伤手。一定要注意安全。

（三）板料錾削的方法

1. 在台虎钳上錾削

錾削小尺寸板料可夹在台虎钳上进行。錾削时，板料按划线位置与钳口对平后夹紧。扁錾沿着钳口与板料成45°左右夹角，自右向左进行錾削，如图4-13（a）所示。切不可将扁錾平放在钳口上垂直进行錾削，如图4-13（b）所示，这样錾削出的平面既费力又不平整。

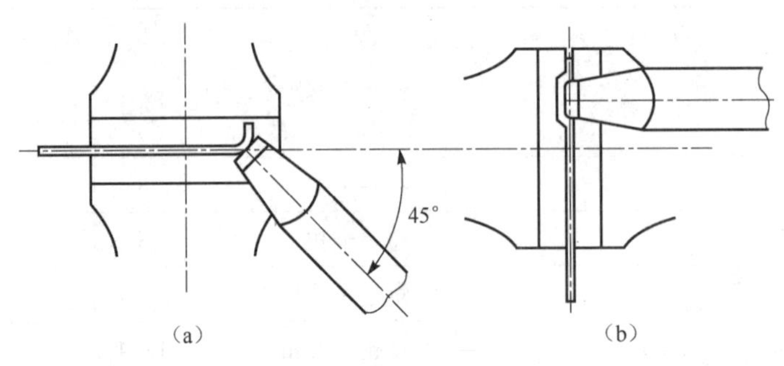

图4-13 在台虎钳上錾削板料

（a）正确；（b）错误

2. 在铁砧或平板上錾削

当板料尺寸较大而不便在台虎钳上夹持时，可放在铁砧或废旧平板上錾削。为保证錾痕前后连接齐整，可把錾子的切削刃磨成弧形，如图4-14（a）所示；若用平刃进行錾削，则前后錾纹容易错位、不整齐，如图4-14（b）所示。在开始錾削时，錾子稍为倾斜，然后逐步扶正进行錾削。如图4-15所示。

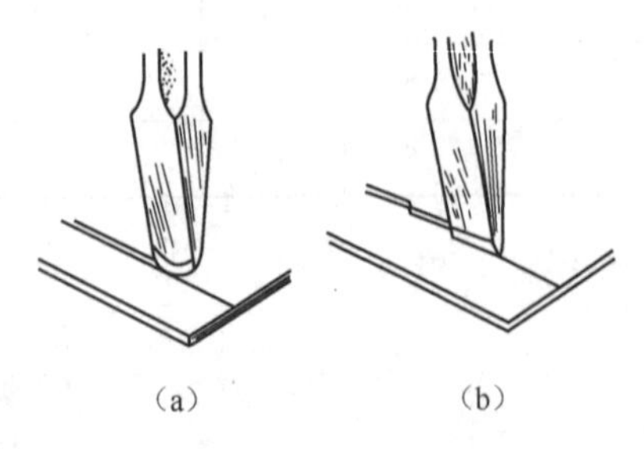

图4-14 不同形状的切削刃在平板上錾削板料的方法

（a）弧形刃錾削（錾痕齐整）；（b）平刃錾削（錾纹错位）

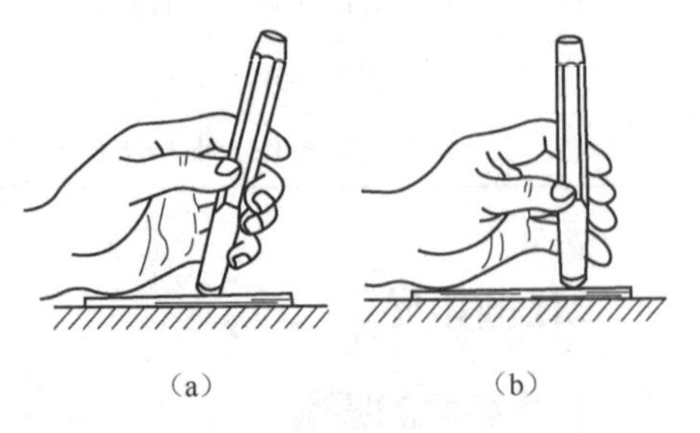

图4-15 在平板上錾削板料的动作顺序

（a）开始稍微倾斜；（b）逐步扶正

复习思考题

1. 錾子的种类有哪些？各应用在哪些场合？

2. 什么是錾子的前角、后角和楔角？它们对錾削各产生怎样的影响？怎样的数值才是合适的？

3. 起錾有哪几种方法？如何起錾？

课题五

锯　　削

大国工匠案例二

【知识点】

Ⅰ　锯削和锯削工具的基本知识
Ⅱ　锯削的操作方法
Ⅲ　锯条损坏的原因及锯缝产生歪斜的原因

【技能点】

Ⅰ　锯削的姿势、操作要领
Ⅱ　起锯的方法
Ⅲ　各种材料的锯削方法
Ⅳ　锯削的安全操作技术

任务一 锯削姿势的练习

一、生产实习图纸

生产实习图纸如图 5-1-1 所示。

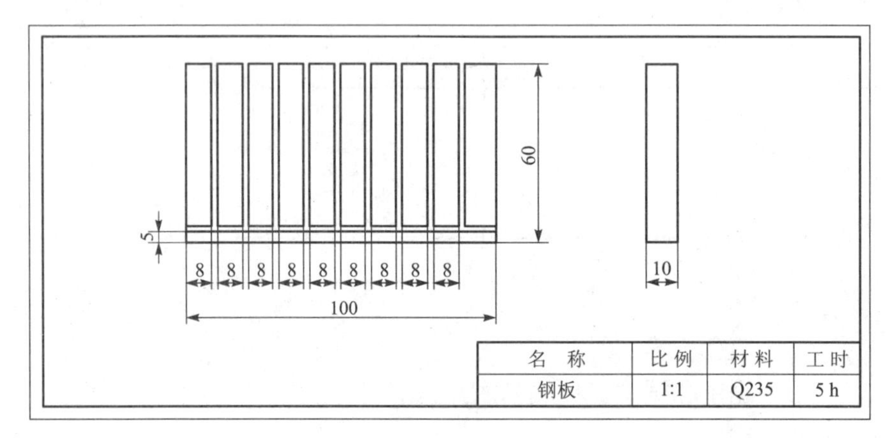

名　称	比例	材料	工时
钢板	1:1	Q235	5 h

图 5-1-1　锯削练习图（锯削后）

二、任务分析

锯削是钳工的基本操作之一。锯削姿势的训练主要是：掌握手锯的握法、锯削的站立姿势和动作要领，并能根据不同材料要求正确地选用锯条；能对锯条折断、锯缝歪斜的原因进行分析，从而避免这些情况的发生；遵守安全文明操作要求，为各种材料的锯削打下基础。

三、任务准备

（1）材料准备：60 mm×100 mm×10 mm 的 Q235 钢板。

（2）工具准备：手锯、锯条、直尺等。

（3）实训准备：领用工、量具及材料；复习有关理论知识，并详细阅读本指导书。

四、相关工艺分析

（一）手锯

用手锯对材料或工件进行分割或锯槽的加工方法，被称为锯削。

手锯由锯弓和锯条两部分组成。

1. 锯弓

锯弓是用来安装和张紧锯条的。钳工常用的锯弓根据构造可分为固定式和可调节式两种。固定式锯弓只能安装一种长度的锯条；可调节式锯弓通过调整，可以安装不同长度的锯

条。固定式和可调节式锯弓都是由销子、蝶形螺母、活动拉杆、固定拉杆、把手、锯背等组成，如图 5-1-2 所示。

2. 锯条

锯条是用来直接锯削材料或工件的刃具。锯条一般用渗碳钢冷轧而成，也有用碳素工具钢或合金钢制成，并经热处理淬硬。

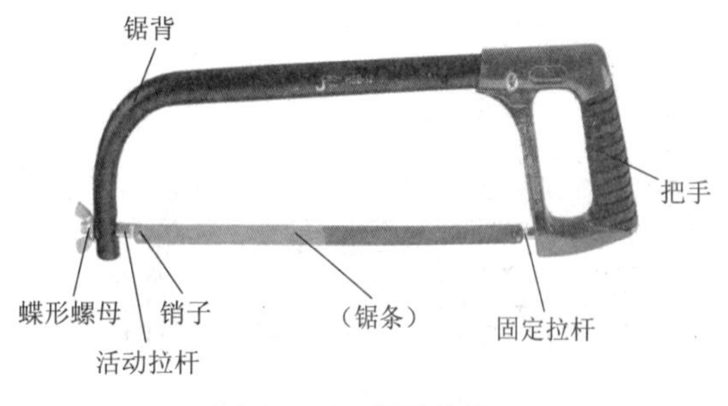

图 5-1-2 锯弓结构

（1）锯条的规格。锯条的长度是以两端安装孔的中心距来表示的，并且其规格有 200 mm、250 mm、300 mm。钳工常用的锯条规格为 300 mm。

（2）锯齿的粗细。锯齿的粗细是以锯条每 25 mm 长度内的锯齿数来表示的。锯齿数常用的有 14、18、24 和 32 等几种，且锯齿数越多表示锯齿越细。

（二）锯削的操作方法

1. 锯削前的准备

（1）锯条的安装。

锯条的安装如图 5-1-3 所示。锯条不能装反。否则，锯齿的前角变为负值，就不能正常地锯削。

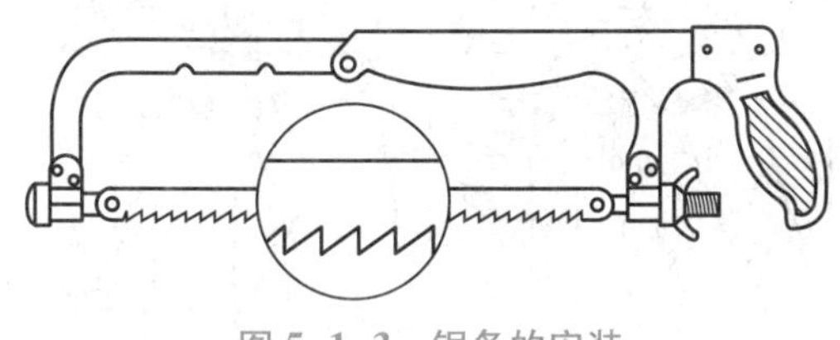

图 5-1-3 锯条的安装

锯条安装的松紧程度以手扳动锯条时，感觉硬实为宜。装好的锯条应与锯弓保持在同一平面内，以保证锯缝正直，并防止锯条折断。

（2）工件的夹持。

① 工件应被夹在台虎钳的左边，以便于操作。工件伸出钳口不应过长，以免锯削时产生振动。一般锯缝离开钳口的侧面为 20 mm 左右，并且锯缝线保持与钳口的侧面平行。工件要夹紧牢固。

② 夹持工件时，应防止使工件变形或夹坏已加工表面。

2. 锯削的姿势及要领

（1）握手锯的方法。

手锯的握法如图 5-1-4 所示。右手满握把手；左手的拇指压在锯背上，其余的四指轻扶在锯弓的前端，并将锯弓扶正。

（2）站立位置和姿势如图 5-1-5 所示，并与錾削时基本相同。

（3）锯削的动作。如图 5-1-6 所示，图中（a）、（b）、（c）、（d）分别为从起锯到锯削结束时的锯削动作过程及姿势。

（4）锯削压力。在锯削运动时，右手控制推力和压力；左手主要配合右手扶正锯弓，并且压力不要过大。手锯推出为切削行程，并要施加压力；手锯在返回行程时不切削，因此不加压力，做自然拉回，以避免锯齿磨损。工件将要锯断时，压力要减小。

（5）锯削的运动和速度。

锯削时，手锯的运动形式有两种：一种是直线运动，另一种是小幅度的上下摆动式运动。锯削时的手锯大都采用小幅度的上下摆动式运动，且锯削行程不小于锯条全长的2/3，以减少锯削时的阻力，既省力，还可提高锯削效率。

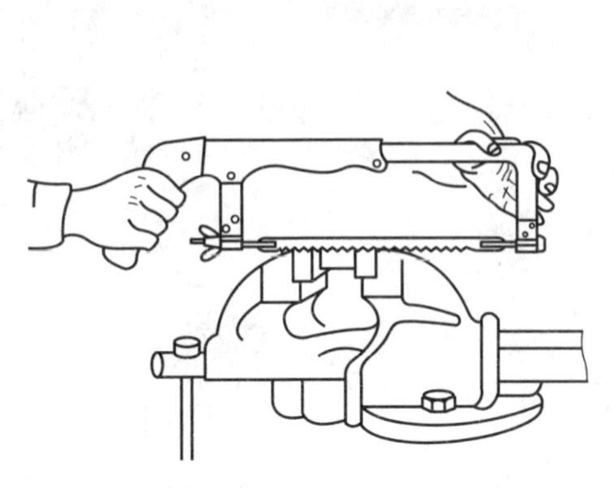

图5-1-4　手锯的握法

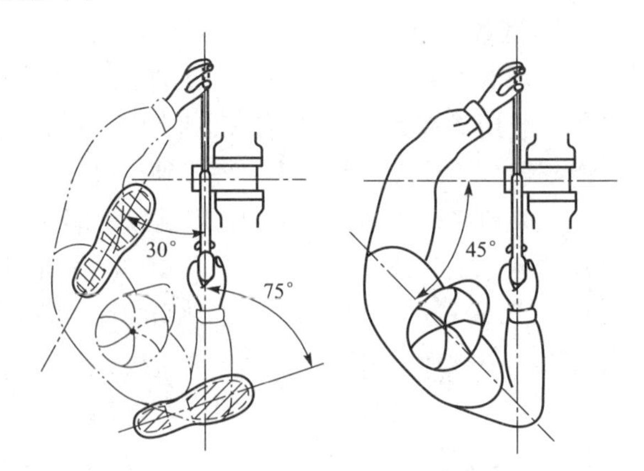

图5-1-5　锯削时的站立位置和姿势

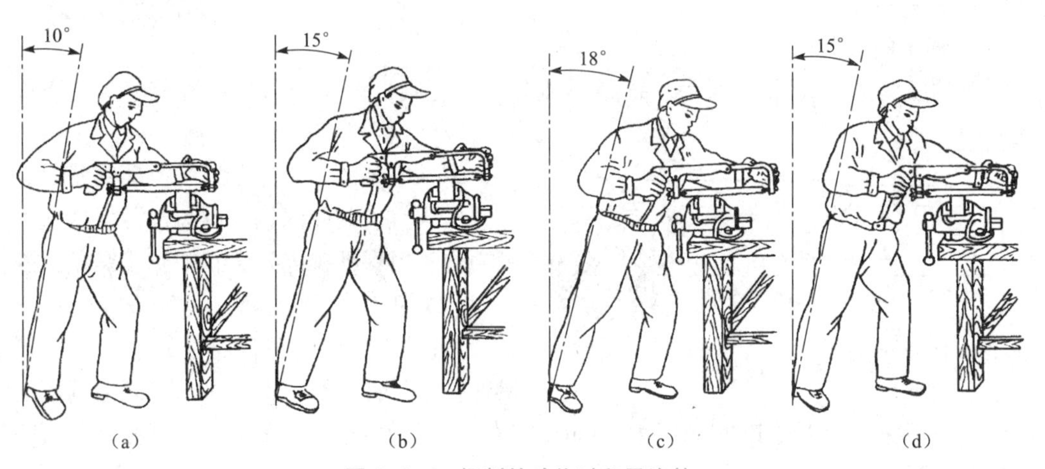

图5-1-6　锯削的动作过程及姿势

锯削的运动频率一般为40次/min左右，并且应根据材料的软硬适当调整：锯削硬材料时要慢些，锯削软材料时要快些；锯削行程应保持速度均匀，返回行程的速度应相对快些。必要时，可加水、乳化液或机油进行冷却润滑，以减轻锯条的磨损。

3. 起锯方法

起锯有远起锯［见图5-1-7（a）］和近起锯［见图5-1-7（b）］两种。远起锯是从工件远离自己的一端起锯，其优点是能清晰地看见锯削线，以防止锯齿被卡在棱边而崩裂；近起锯是从工件靠近自己的一端起锯，此法若掌握不好，锯齿容易被工件的棱边卡住而崩裂。起锯的方法如图5-1-7（c）所示，用左手的拇指靠住锯条，以使锯条能正确地锯在所需位置上，并且起锯行程要短，压力要小，速度要慢。

在一般情况下，采用远起锯的方法。当起锯锯到槽深2～3 mm时，锯条已不会滑出槽外，因此左手拇指可离开锯条，并扶正锯弓逐渐使锯痕向后（向前）成水平方向，然后，往下正常锯削。

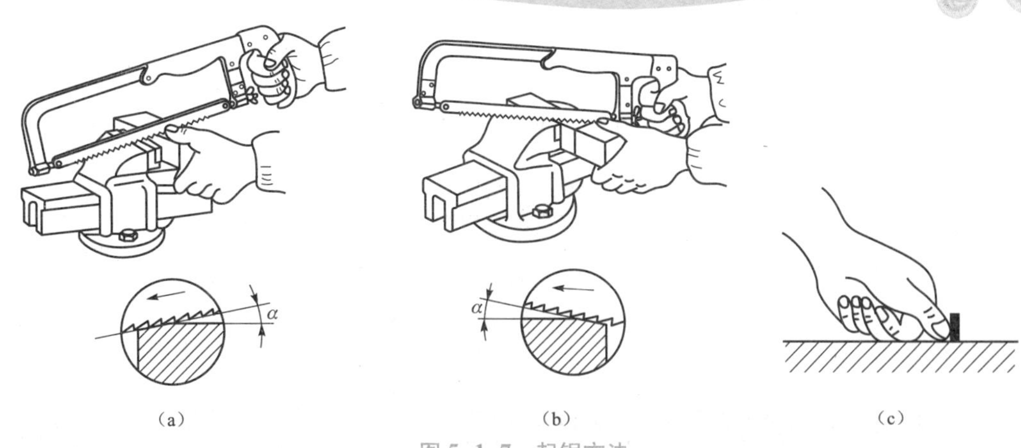

图 5-1-7 起锯方法

（a）远起锯法；（b）近起锯法；（c）起锯的方法

如图 5-1-8 所示，无论采用哪一种起锯方法，起锯角 θ 都要小。一般 θ 为 15°。若 θ 过大，则锯条会产生崩齿；若 θ 过小，则使锯条打滑，并划伤加工表面。

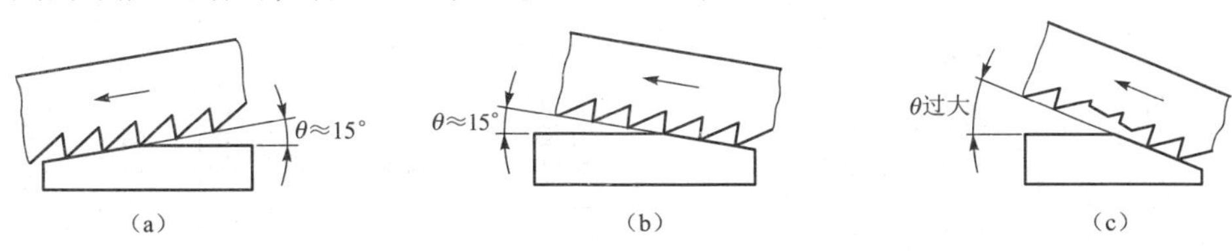

图 5-1-8 起锯角度

（a）远起锯角；（b）近起锯角；（c）起锯角过大

4. 锯削的安全知识

（1）在锯条安装时松紧要适当；锯削时不要突然用力过猛，以防止工作中锯条折断，并从锯弓中崩出伤人。

（2）在工件将要锯断时，压力要小，以避免过大压力使工件突然地断开，手向前冲出而造成事故。在工件将被锯断时，要左手扶住工件的断开部分，以避免工件掉下砸伤脚。

五、任务实施

1. 任务实施步骤

（1）按图 5-1-1 的要求，在板料上划出锯削线，并进行锯削姿势的练习，体会站立姿势、锯削动作、起锯方法等。

（2）在锯削前要认真检查锯条的安装、工件的装夹。在锯削的过程中，要经常观察锯缝的平直情况，以及时找正。

2. 重点提示

（1）在锯削练习时，要注意工件的夹持和锯条的安装是否正确。

（2）起锯方法和起锯角度要正确，以免从一开始锯削就造成废品和锯条损坏。

（3）锯削速度不宜过快，且摆动幅度不宜过大，以避免锯条崩齿或磨损。

（4）要经常注意锯缝的平直情况。若发现偏移应及时纠正，以保证锯削质量。

六、任务评价

教师、学生按表5-1-1对本任务进行评价。

表5-1-1　锯削姿势练习的评分标准

班级：______	姓名：______		学号：______			成绩：______	
评价内容	序号	技术要求	配分评分标准	配分	自检记录	交检记录	得分
操作技能评价	1	锯条安装正确	不正确时酌情扣分	10			
	2	锯条安装松紧合理	不合理时酌情扣分	8			
	3	站立姿势正确	不正确时酌情扣分	12			
	4	握锯方法正确	不正确时酌情扣分	10			
	5	锯削动作正确	不正确时酌情扣分	20			
	6	锯削速度合理	不合理时酌情扣分	10			
	7	起剧方法得当合理	不合理时酌情扣分	10			
素养评价	8	工量具使用规范		5			
	9	有团队协作意识，有责任心		5			
	10	学习态度端正，遵章守纪		5			
	11	安全文明操作、保持工作环境整洁		5			

*七、任务拓展

（一）锯齿的粗细规格与应用

锯齿粗细的选择应根据材料的软硬和厚薄来选用。如表5-1-2所示。

表5-1-2　锯齿粗细、规格与应用

锯齿的粗细	每25 mm内的锯齿数/个	牙距大小/mm	应　用
粗	14～18	1.8	锯割铜、铝等软材料
中	19～23	1.4	锯割钢、铸铁等中硬材料
细	24～32	1.1	锯割硬钢材及薄壁工件

粗齿锯条的容屑槽较大，以适用于锯削软材料和较大的表面，因为在这种情况下，每锯一次都会产生较多的切屑，即容屑槽大，就不会产生堵塞而影响切削效率。

细齿锯条适用于锯削硬材料。因为硬材料不易锯入，且每锯一次的切屑较少，所以不会堵塞容屑槽。当锯齿增多后，可使每齿的锯削量减少，材料容易被切除，故推锯比较省力，锯齿不易磨损。当锯管子和薄板时，必须用细齿锯条，否则，锯齿容易被钩住而崩断。严格地讲，对于薄板材料的锯削，只有截面上至少有两个以上的齿同时参加锯削，才可能避免锯

齿被钩住和崩断的现象。

任务二 长方体的锯削

一、生产实习图纸

生产实习图纸如图 5-2-1 所示。

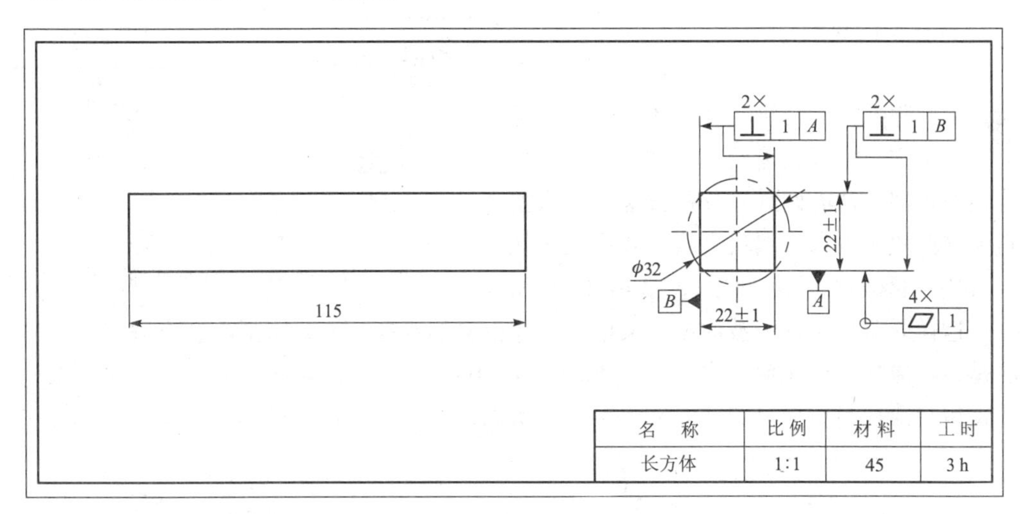

名　称	比例	材料	工时
长方体	1:1	45	3 h

图 5-2-1　长方体的锯削练习图

二、任务分析

完成锯削姿势的练习，掌握其方法后，再进行长方体的锯削练习。这可进一步提高锯削技能，特别是掌握深缝锯削技能，并达到图纸所要求的锯削精度。

三、任务准备

（1）材料准备：ϕ32 mm×115 mm 的 45 号钢。
（2）工具准备：手锯、锯条、直尺、高度划线尺、V 形铁等。
（3）实训准备：领用工量具及材料；复习有关理论知识，并详细阅读本指导书。

四、相关工艺分析

（一）各种材料的锯削

1. 棒料的锯削

如果棒料的断面要求平整，那么应从一个方向起锯直到结束。如果锯削的断面要求不高，那么可不断地改变锯削的方向。当锯入一定深度后，再将棒料转过一个角度重新起锯，以减小锯削阻力，并提高锯削效率。

2. 管子的锯削

锯削薄壁管子和精加工的管子时，如图 5-2-2 所示，为了防止夹扁或夹坏管子表面，管子的安装必须正确。一般的管子应夹在有 V 形或弧形槽的木块之间。锯削时，锯条应选用细齿锯条，并且不能在一个方向从开始一直锯到结束。否则，锯齿容易被管壁钩住而崩裂。正确的锯削方法是：从锯削处起锯，并一直锯削到管子的内壁处，再顺着推锯的方向将管子转动一个角度，并仍旧锯到管子的内壁处。如此，不断地改变方向，直到锯断管子为止。图 5-2-3 所示为管子锯削示意图。

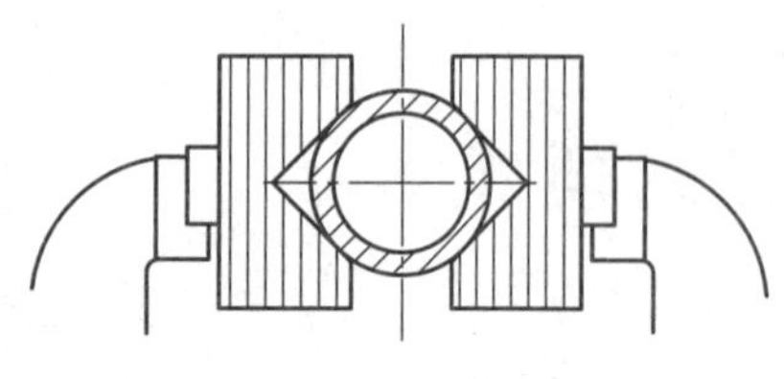

图 5-2-2　管子的夹持

3. 薄板料的锯削

薄板料由于截面小，且锯齿容易被钩住而崩齿，因此除选用细齿锯条外，还要尽可能地从宽面上锯削，这样锯齿就不易被钩住。常用的薄板料锯削方法有两种：一种方法是，将薄板料夹在两块木块或金属块之间，并连同木块或金属块一起被锯下去，如图 5-2-4（a）所示——这样既避免了锯齿被钩住，又增加了薄板料的刚性，因此锯削不会出现弹动；另一种方法是，将薄板料夹在台虎钳上，如图5-2-4（b）所示。手锯沿着钳口做横向斜推——这样使锯齿与薄板料所接触的截面增大、齿数增加，并避免了锯齿被钩住。

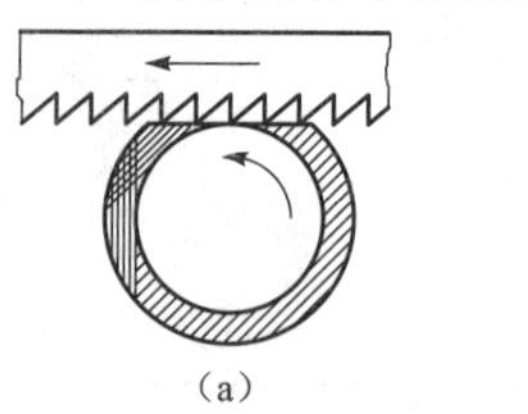

（a）

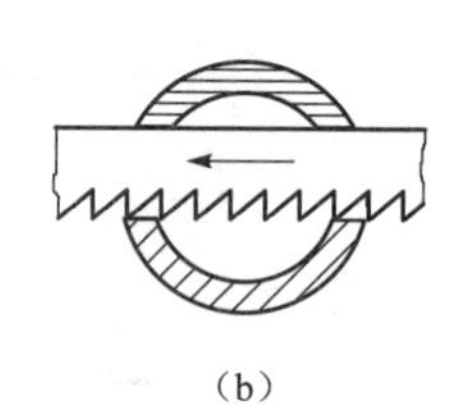

（b）

图 5-2-3　管子的锯削

（a）转位锯削方式；（b）不正确锯削方式

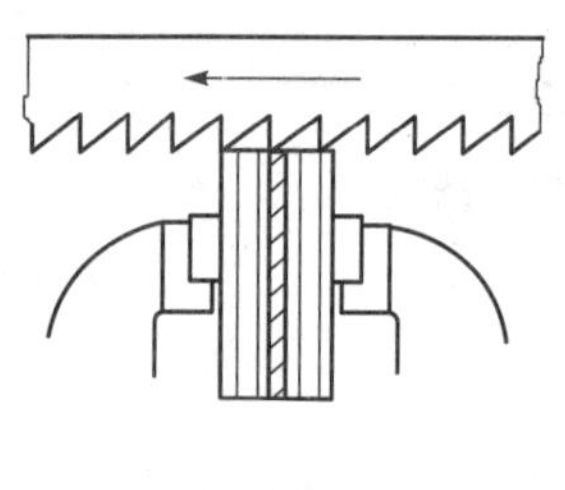

（a）

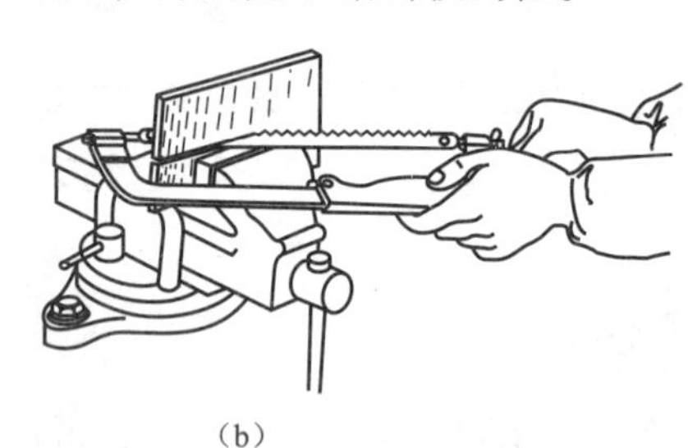

（b）

图 5-2-4　薄板料的锯削方法

（a）薄板料被夹在两块木块或金属块之间；（b）薄板料被夹在台虎钳上

4. 深缝锯削

① 深缝。深缝是指锯缝的深度超过了锯弓的高度，如图 5-2-5（a）所示。在深缝锯削时，应将锯条转过 90°安装，以使锯弓转到工件的侧面，如图 5-2-5（b）所示。也可将锯弓转过 180°，即锯弓放在工件的底面，并且锯条装夹成锯齿朝向锯弓内，再进行锯削，如图 5-2-5（c）所示。

在深缝锯削时，由于台虎钳钳口的高度有限，因此工件应不断改变装夹位置，以使锯削部位始终处于钳口附近，而不是离钳口过高或过低。否则，工件因振动而影响锯削质量，同时也极易损坏锯条。

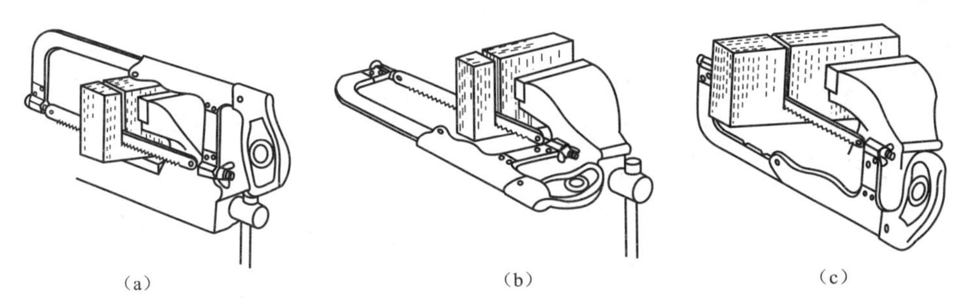

图 5-2-5 深缝锯削的方式

（a）锯缝深度超过锯弓高度；（b）锯条转过 90°安装的方式；（c）锯条转过 180°安装的方式

② 锯路。为了减少锯缝两侧面对锯条的摩擦阻力，避免锯条被夹住或折断，锯条在制造时，锯齿按一定的规律左右错开，并排列成一定的形状，称为锯路。锯路有交叉形和波浪形等，如图 5-2-6 所示，锯路是判定锯条是否有用的一个标准。

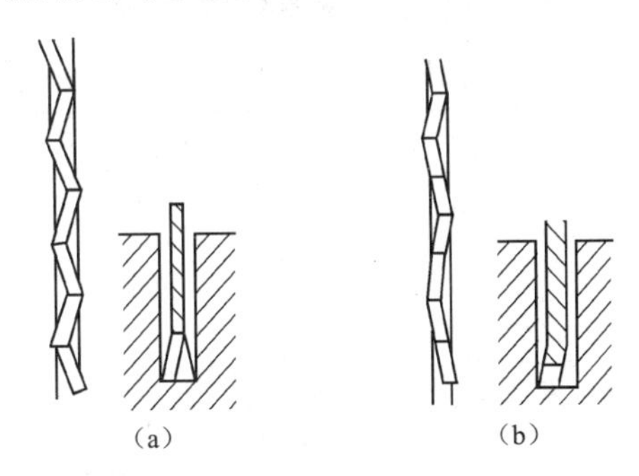

图 5-2-6 锯路

（a）交叉形 ；（b）波浪形

（二）锯削时常见的质量问题及产生的原因

表 5-2-1 列出了锯削时常见的质量问题及产生的原因。

表 5-2-1 锯削时常见的质量问题及产生的原因

锯齿损坏的质量问题	产生的原因
锯齿折断	（1）锯条被装得过紧或过松。 （2）锯削时压力太大，或锯削用力偏离了锯缝的方向。 （3）因为工件未被夹紧，所以锯削时有松动。 （4）锯缝在歪斜后，强行被纠正。 （5）新锯条在旧锯缝中被卡住而折断了锯齿。 （6）工件快被锯断时，因用力过猛，手锯与台虎钳等物相撞而折断了锯齿。 （7）中途停止时，手锯未从工件中取出而碰断了锯齿
锯齿崩裂	（1）锯齿的粗细选择不当，例如在锯管子、薄板时用粗齿锯条。 （2）起锯角度太大，并且当锯齿被卡住后仍用力推锯。 （3）锯削速度过快，或锯削摆动突然过大，并使锯齿受到了猛烈的撞击

续表

锯齿损坏的质量问题	产生的原因
锯齿过早地被磨损	（1）锯削速度太快，使锯条发热过度，并加剧了锯齿的磨损。 （2）当锯削硬材料时，未加冷却润滑液。 （3）锯削了过硬材料
锯缝歪斜	（1）在工件被装夹时，锯缝线未与铅垂线的方向一致。 （2）锯条被安装得太松，或与锯弓的平面产生扭曲。 （3）使用了两面磨损的不均匀锯条。 （4）在锯削时，太大的压力使锯条左右偏摆。 （5）锯弓未扶正，或用力歪斜，并使锯条偏离了锯缝中心平面
尺寸超差	（1）划线不正确。 （2）锯缝歪斜过多，并偏离划线范围
工件表面拉毛	因起锯方法不对，而把工件表面锯坏

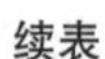

五、任务实施

1. 划线及锯削

（1）圆料划线的方法如图 5-2-7 所示。

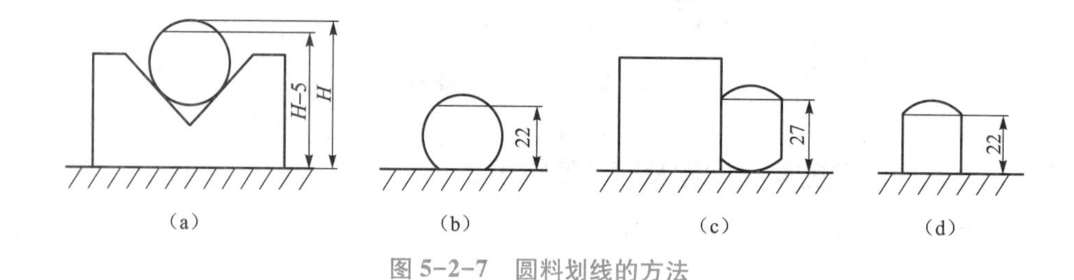

图 5-2-7　圆料划线的方法

（2）按图纸要求划出（22±1）mm 尺寸线。纵向锯削长方体（深缝锯削），以保证（22±1）mm 尺寸、锯削平面度 1 mm、垂直度 1 mm 等技术要求。

2. 重点提示

（1）在钢料锯削时，可加些机油，以减少锯条与锯削断面的摩擦，并能冷却锯条，从而提高锯条的使用寿命。

（2）要经常观察锯缝的歪斜情况，并做及时的纠正，特别是在深缝锯削的情况。

（3）锯削完毕，应将锯弓上的蝶形螺母适当放松，但不要拆下锯条，以防止锯弓上的零件丢失。

六、任务评价

教师、学生按表 5-2-2 对本任务进行评分。

表 5-2-2　长方体锯削评分表

班级：________		姓名：________		学号：________		成绩：________	
评价内容	序号	技术要求	配分评分标准	配分	自检记录	交检记录	得分
操作技能评价	1	22±1（2）	每超一处扣 6 分	12/2			
	2	平面度 1（4）	每超一处扣 4 分	16/4			
	3	垂直度 1（4）	每超一处扣 3 分	12/4			
	4	锯削断面纹路整齐（4）	每超一处扣 2 分	8/2			
	5	外形无损伤	若不符合则全扣	4			
	6	锯条安装正确、松紧合理	不合理时酌情扣分	5			
	7	起剧方法得当合理	不合理时酌情扣分	5			
	8	握锯方法正确	不正确时酌情扣分	5			
	9	锯削动作正确	不正确时酌情扣分	8			
	10	锯削速度合理	不合理时酌情扣分	5			
	11	正确地使用锯条	每断一根锯条扣 2 分	扣分			
素养评价	12	工量具使用规范		5			
	13	有团队协作意识，有责任心		5			
	14	学习态度端正，遵章守纪		5			
	15	安全文明操作、保持工作环境整洁		5			

*七、任务拓展

（一）型钢的锯削

1. 扁钢的锯削

应从扁钢的宽面进行锯削，如图 5-2-8（a）所示。这样锯缝较长，并且参加锯削的锯齿也多，锯削时的往复次数少，锯齿不易被钩住而崩断。若从扁钢的窄面进行锯削，如图 5-2-8（b）所示，则锯缝短，并且参加锯削的锯齿少，使锯齿迅速变钝，甚至折断。

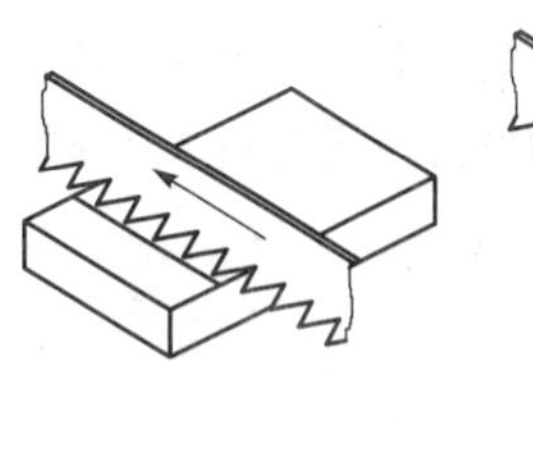

（a）

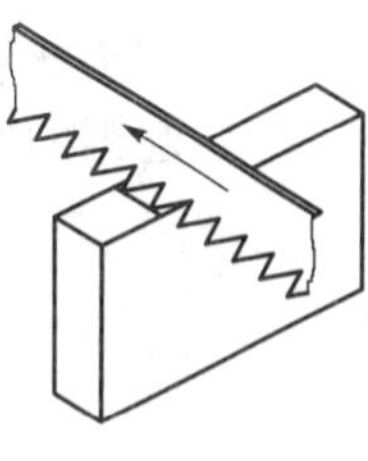

（b）

图 5-2-8　扁钢的锯削

（a）从宽面进行锯削（正确）；

（b）从窄面进行锯削（错误）

2. 角铁的锯削

角铁应从宽面进行锯削。锯好角铁的一面后，如图 5-2-9（a）所示，将角铁转过一个方向再锯，如图 5-2-9（b）所示。这样才能得到较平整的断面，并且锯齿也不易被钩住。若将角铁从一个方向一直锯到底，则锯缝深而不平整，并且锯齿也易被折断，如图 5-2-9（c）所示。

3. 槽钢的锯削

槽钢也应从宽面进行锯削，即将槽钢从3个方向依次锯削。锯削的方法与锯削角铁相似，如图5-2-10（a）、(b)、(c) 所示；图5-2-10（d）所示为错误锯削方法。

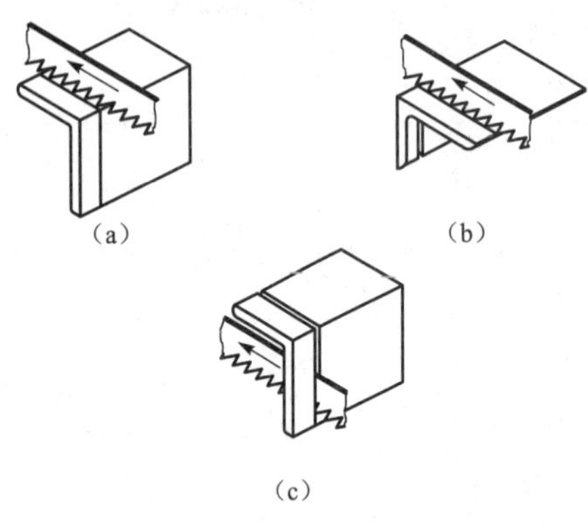

图5-2-9　角铁的锯削

（a）先锯削宽面；（b）再锯削另一个面；（c）错误锯削法（一锯到底）

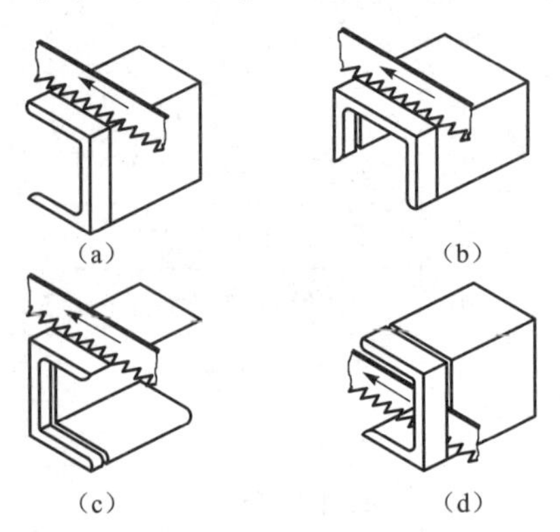

图5-2-10　槽钢的锯削

（a）第一步；（b）翻转90°后的第二步；（c）再翻转90°后的第三步；（d）错误锯削法（一锯到底）

复习思考题

（1）简述锯削及其应用。

（2）锯条的锯齿粗细如何表示？如何按照加工对象，正确地选择锯条的粗细？

（3）什么叫锯路？锯路的作用是什么？

（4）锯条在安装时，为什么不能太紧或太松？

（5）起锯的方法有哪几种？起锯角度应以多大为宜？

课题六
锉　　削

大国工匠案例三

【知识点】

Ⅰ　锉削及锉削工具的基本知识
Ⅱ　锉削操作的方法、要领
Ⅲ　锉削常用量具的使用、保养

【技能点】

Ⅰ　平面、角度、曲面锉削方法
Ⅱ　锉削操作安全知识

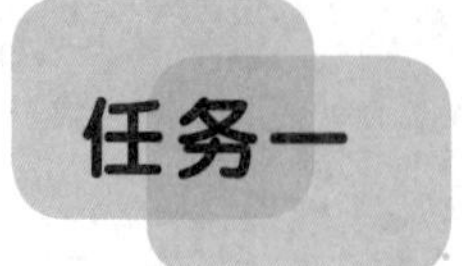

任务一 锉削姿势的练习

一、生产实习图纸

生产实习图纸如图6-1-1所示。

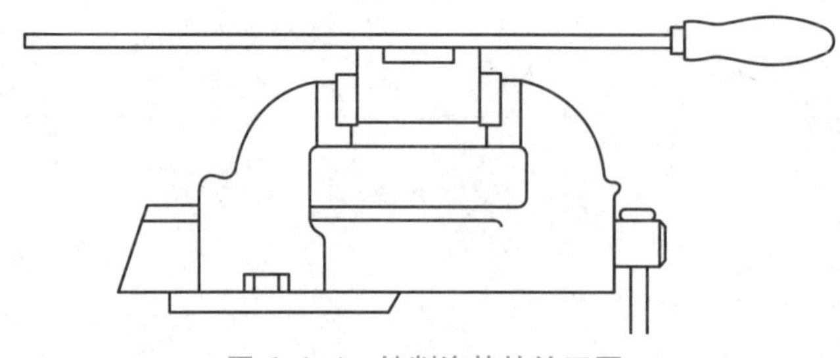

图6-1-1 锉削姿势的练习图

二、任务分析

锉削是钳工重要的基本操作，并且锉削技能的高低往往是衡量一个钳工技能水平高低的重要标志。正确的锉削姿势是掌握锉削技能的基础。在初次练习时，会出现各种不正确的姿势，特别是身体和动作的不协调，因此一定要及时纠正。同时，在进行锉削姿势的练习时，还要注意体会两手用力的变化，并做到安全文明的操作要求，为以后的平面锉削、角度锉削、曲面锉削和锉配等打下扎实的基础。

三、任务准备

（1）材料准备：材料同錾削课题中所使用材料。

（2）工、量具准备：300 mm粗齿扁锉、直尺、铜丝刷等。

（3）实训准备：领用工、量具及材料等；复习相关的理论知识，并阅读本指导书。

四、相关工艺分析

（一）锉刀

1. 锉刀的种类

锉刀按其用途不同，可分为普通钳工锉、异形锉和整形锉三类。

（1）普通钳工锉。普通钳工锉按断面形状不同，可分为扁锉（板锉、平锉）、方锉、三角锉、半圆锉、圆锉五种，如图6-1-2所示。

（2）异形锉。异形锉是被用来锉削工件的特殊表面，有刀口锉、菱形锉、扁三角锉、椭圆锉、圆肚锉等，如图6-1-3所示。

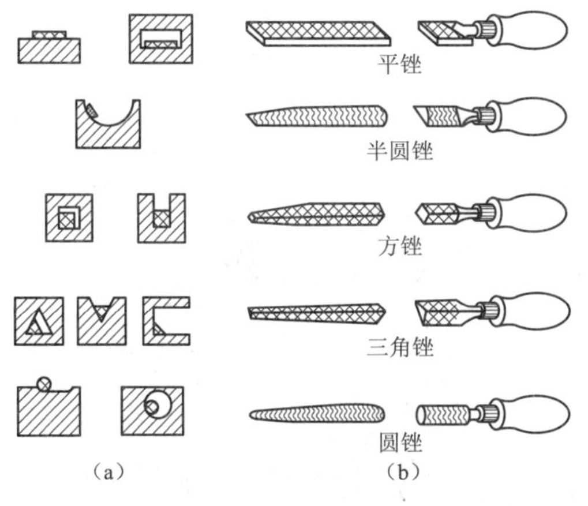

图 6-1-2 普通钳工锉及其适宜的加工表面

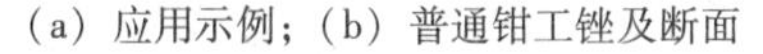
（a）应用示例；（b）普通钳工锉及断面

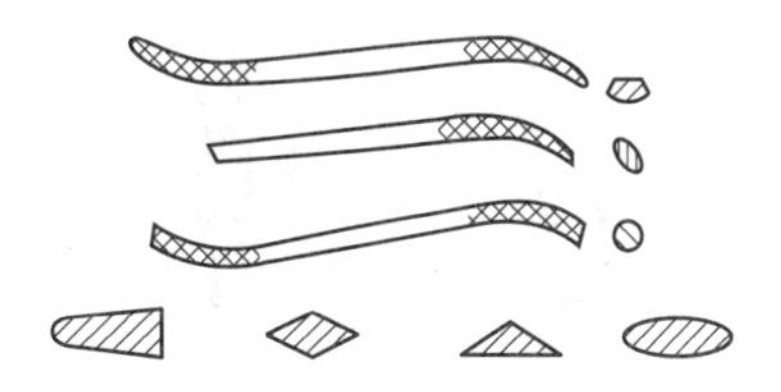
图 6-1-3 异形锉

（3）整形锉。整形锉主要用于修整工件上的细小部位，又叫什锦锉，并常以 5 把、6 把、8 把、10 把或 12 把为一组。图 6-1-4 所示为 12 把一组的整形锉。

2. 锉刀的规格及选用

（1）锉刀的规格。

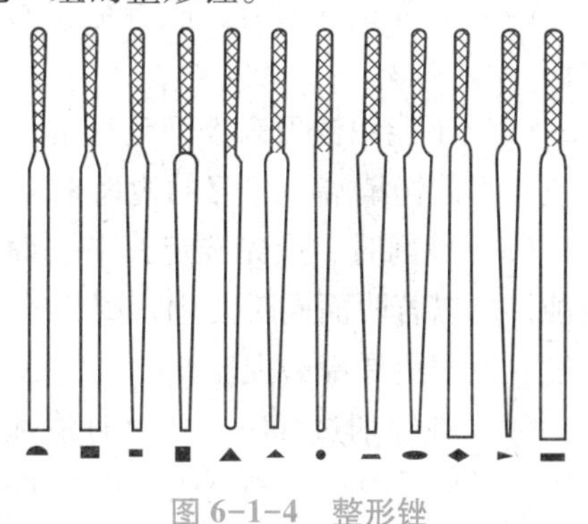
图 6-1-4 整形锉

锉刀的规格分为尺寸规格、锉齿的粗细规格。除圆锉刀用直径表示、方锉刀用方形尺寸表示锉刀的尺寸规格外，其他的锉刀都是用锉身的长度来表示尺寸规格的。常用的锉刀规格有 100 mm、125 mm、150 mm、200 mm、250 mm、300 mm、350 mm、400 mm 等几种。异形锉和整形锉的尺寸规格是指锉刀全长。锉纹号是锉齿粗细的参数，以每 10 mm 的轴向长度内的主锉纹的条数来划分。锉纹号有 5 种，分别为 1～5 号。若锉纹号越小，则锉齿越粗。

（2）锉刀的选用原则。

① 如图 6-1-2（a）所示，应根据工件加工表面的形状来选择合适的锉刀。

② 对于材料软、余量大、精度和粗糙度要求低的工件，选用粗齿；反之，则选用细齿。

③ 若加工面较大、余量多，则选择较长的锉刀；反之，则选用较短的锉刀。

④ 若锉削有色金属等软材料，则选用单齿纹锉刀或粗齿锉刀，以防止切屑堵塞；若锉削钢铁等硬材料，则应选用双齿纹锉刀或细齿锉刀。

3. 锉刀柄的装拆

锉刀柄的安装如图 6-1-5（a）所示，先将锉刀舌放入木柄孔中，再用左手轻握木柄，右手将锉刀扶正，并逐步镦紧，或用手锤轻轻击打木柄，直到锉刀舌插入木柄长度约 3/4 为止。

拆卸手柄的方法如图 6-1-5（b）所示，在平板或台虎钳的钳口上，轻轻将木柄敲松后，再取下。

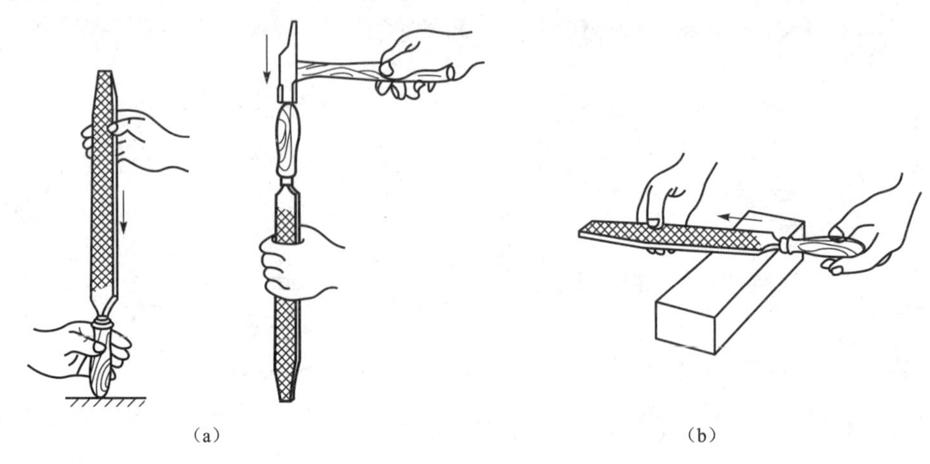

图 6-1-5　锉刀柄的装拆

(a) 安装；(b) 拆卸

4. 锉刀的正确使用和保养

(1) 在放置锉刀时，应避免与其他金属硬物相碰，也不能把锉刀重叠堆放，以免锉纹损伤。

(2) 不能用锉刀来锉削毛坯的硬皮、氧化皮以及淬硬的工件表面，而应改用其他的工具或锉刀的锉梢端、锉刀的边齿来加工。

(3) 锉削时，应先选定其中一面使用，用钝后再用另一面。因为用过的锉刀面更容易锈蚀，所以若两面同时使用，则会缩短使用期限。另外，锉削时要充分使用锉刀的有效工作长度，以避免局部磨损。

(4) 在锉削过程中，要及时清除锉齿中嵌有的切屑，以免切屑刮伤加工表面。锉刀用完后，也应及时用锉刷刷去锉齿中的残留切屑，以免锉刀生锈。

(5) 防止锉刀沾水、沾油，以防被锈蚀及避免锉削时打滑。

(6) 不能把锉刀当作装拆、敲击或撬物的工具，以防止锉刀折断或造成损伤。

(7) 使用整形锉时，用力不能过猛，以免折断锉刀。

（二）锉削及姿势

1. 工件的装夹

(1) 工件应尽量夹在台虎钳的中间，并且伸出部分不能太高，以防止锉削时工件产生振动。

(2) 工件要被夹持牢固，并不要使工件被夹变形。

(3) 对于几何形状特殊的工件，夹持时要加衬垫，例如圆形工件要衬 V 形块或弧形木块。

(4) 对于已加工表面或精密工件，夹持时要加软钳口，并保持钳口清洁。

2. 各种锉刀的握法

(1) 对于较大锉刀（长度为 250 mm 以上）。右手握锉方法如图 6-1-6（a）所示。用右手握锉刀柄，并且柄端顶住掌心，大拇指放在柄的上部，其余四指由下向上满握锉刀柄。左手的握锉姿势有两种，如图 6-1-6（b）所示，将左手拇指肌肉压在锉刀头上，并且中

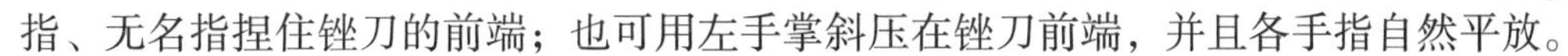

指、无名指捏住锉刀的前端；也可用左手掌斜压在锉刀前端，并且各手指自然平放。

（2）中型锉刀（长度为 200 mm）。右手的握锉方法同大型锉刀握法一样；左手只需用大拇指和食指、中指轻轻扶持即可，不必像大型锉刀那样施加很大的压力，如图 6-1-6（c）所示。

（3）小型锉刀（长度为 150 mm）。右手与中型锉刀的握法相似，并且右手的食指平直地扶在手柄的外侧面；左手的手指压在锉刀的中部，如图 6-1-6（d）所示。

（4）长度为 125 mm 以下的锉刀及整形锉。只需一只手握住或双手抱握即可，如图 6-1-6（e）所示。

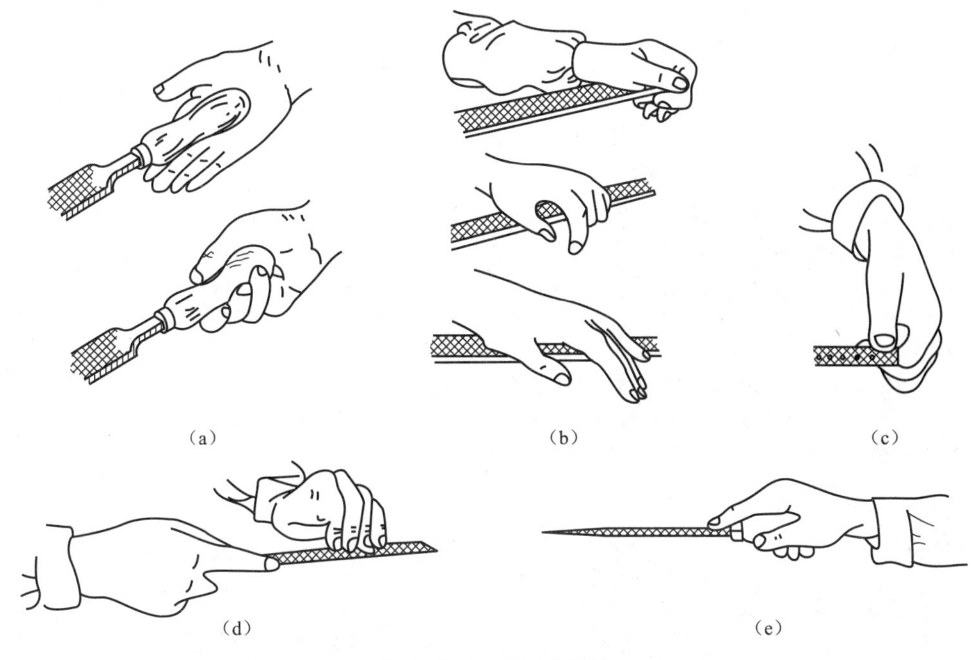

图 6-1-6 锉刀的握法

（a）大、中型锉刀的右手握法；（b）大型锉刀的左手握法；（c）中型锉刀的左手握法；（d）小型锉刀的握法；（e）长度为 125 mm 以下的锉刀及整形锉的握法

3. 锉削的姿势、用力和锉削速度

在锉削时，人的站立位置、姿势动作与锯削时相似。站立要自然，便于用力，以适应不同的锉削要求。在锉削时，锉刀推进时的推力大小由右手控制，而压力的大小由两手同时控制。为了保持锉刀直线地锉削运动，在锉削时，右手的压力随锉刀的推动而逐渐增加，而左手的压力随锉刀的推进而逐渐减小，如图 6-1-7 所示。这是锉削操作中最关键的技术要领，只有认真练习，才能掌握。

锉削的速度应根据被加工工件的大小、被加工工件的软硬程度以及锉刀规格等具体情况而定，一般为 40 次/min 左右。若太快，则容易造成操作疲劳和锉齿的快速磨损；若太慢，则效率低。锉刀在推出时用力，并且速度稍慢；在回程时，锉刀不加压力，并且速度稍快，动作要自然。

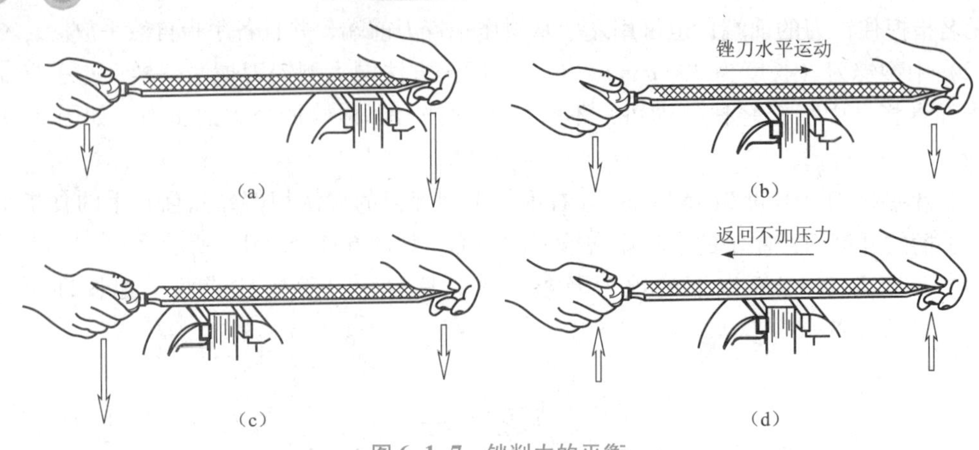

图 6-1-7 锉削力的平衡

(a) 起锉时；(b) 中途时；(c) 终点时；(d) 返回时

4. 锉削时的安全文明生产知识

(1) 因为锉刀是右手工具，所以应放在台虎钳的右边，并且锉刀柄不要露出钳台的外边，以防跌落而扎伤脚或损坏锉刀。

(2) 不使用无柄或柄已开裂的锉刀。锉刀柄一定要装紧，以防止手柄脱落而刺伤手。

(3) 不能用嘴吹切屑，并防止切屑飞入眼中。不能用手清除切屑，以防扎伤手，同时因手上有油污，锉削时会使锉刀打滑，从而造成事故。

五、任务实施

1. 任务实施的步骤

(1) 材料为从狭平面錾削练习中的材料转下。将工件正确地装夹在台虎钳的中间，并将锉削面安装高出钳口约为 15 mm。

(2) 用 300 mm 的粗齿扁锉进行锉削姿势的练习。在开始练习时，动作要慢，以逐步体会锉削动作要领；在初步掌握后，以正常速度练习，直至将平面锉平。

2. 重点提示

(1) 锉削是钳工重要的基本操作。由于正确的姿势是掌握锉削的基础，因此在练习中要不断地体会、领悟锉削要领。

(2) 在初次练习时，会出现各种不正确的姿势，特别是身体和双手的动作不协调，因此要随时注意，并及时纠正，以避免将不正确的姿势变成习惯。

(3) 两手的用力该如何变化才能使锉刀在工件上保持平衡是练习的重点。可以利用槽钢练习。因为槽钢中间凹，所以锉刀容易被端平，并可以在练习时慢慢体会两手用力的变化。

六、任务评价

在完成任务实施后，教师、学生按表 6-1-1 对任务进行评价。

表 6-1-1　锉削姿势练习的评分标准

班级：______		姓名：______		学号：______		成绩：______	
评价内容	序号	技术要求	配分评分标准	配分	自检记录	交检记录	得分
操作技能评价	1	工件的夹持位置正确	不正确每次扣 2 分	10			
	2	握锉刀的姿势正确	不正确每次扣 3 分	20			
	3	站立位置和身体姿势正确	不正确每次扣 5 分	20			
	4	锉削动作协调、自然	不协调时酌情扣分	20			
	5	工具摆放整齐、位置正确	不正确每次扣 2 分	10			
素养评价	6	工量具使用规范		5			
	7	有团队协作意识，有责任心		5			
	8	学习态度端正，遵章守纪		5			
	9	安全文明操作、保持工作环境整洁		5			

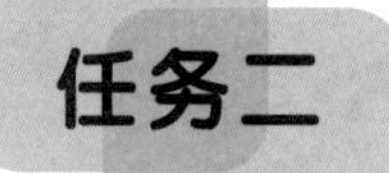

任务二　长方体的锉削

一、生产实习图纸

生产实习图纸如图 6-2-1 所示。

二、任务分析

（1）在练习锉削姿势的基础上，进一步巩固、完善正确的锉削姿势，并提高平面锉削的技能，掌握平面锉削的方法要领。

（2）在长方体的锉削中，尺寸及几何公差的保证是练习的重点，因此提高测量的正确性，也是练习中应解决的主要问题。

三、任务准备

（1）材料准备：材料同本课题任务一中所使用材料。

（2）工、量具准备：300 mm 粗齿扁锉、250 mm 中齿扁锉、直尺、刀口角尺、刀口直尺、游标卡尺、高度划线尺、铜丝刷等。

（3）实训准备：领用工、量具及材料等；复习相关的理论知识，并阅读本指导书。

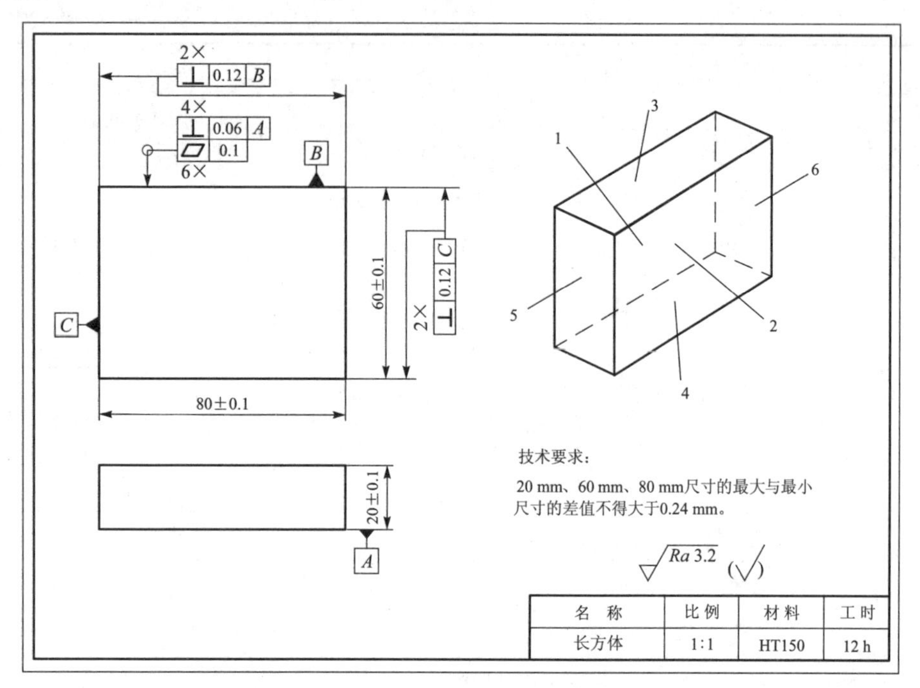

图 6-2-1　长方体锉削的练习图

四、相关工艺分析

（一）平面锉削的方法

1. 顺向锉法

在顺向锉时，锉刀的运动方向与工件的被夹持方向始终一致。由于顺向锉的锉痕整齐一致，并且比较美观，因此对于不大的平面和最后的锉光，都采用这种方法。

2. 交叉锉法

如图 6-2-2 所示，在交叉锉时，锉刀的运动方向与工件被夹持的水平方向成 50°～60°，且锉纹交叉。由于锉刀与工件的接触面积较大，锉刀容易掌握平稳，且能从交叉的锉痕上判断出锉面的凹凸情况，因此容易把平面锉平。交叉锉法一般用于粗锉，以提高效率。最后的精锉仍要改用顺向锉，以使锉痕整齐、一致。

在锉平面时，无论是顺向锉还是交叉锉，为使加工面均匀地被锉削，在每次退回锉刀时，锉刀应在横向做适当的移动。

（二）平面锉削的要领

1. 长方体的锉削顺序

在长方体锉削时，为了更快速、有效、准确地达到加工要求，必须按照一定的顺序进行，并且一般按以下原则进行加工。

（1）选择最大的平面作为基准面，先把该面锉平，以达到平面度的要求。

（2）先锉大平面后锉小平面。若以大平面控制小平面，则测量准确、修整方便、误差小、余量小。

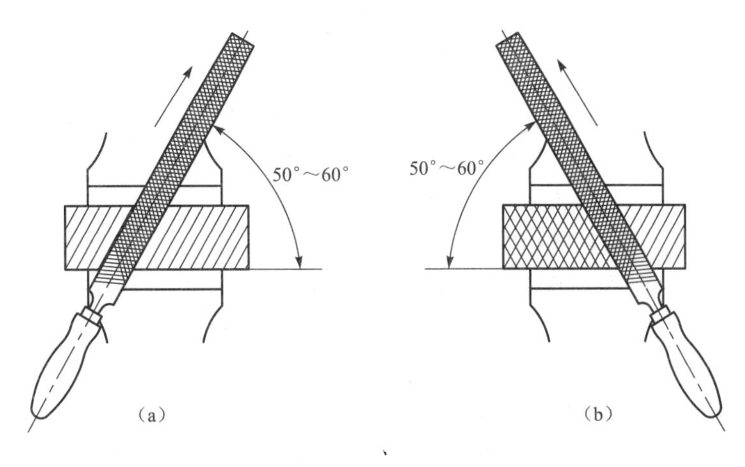

图 6-2-2　锉削方法

(a) 第一锉向；(b) 第二锉向

(3) 先锉平行面，再锉垂直面。一方面便于控制尺寸，另一方面平行度的测量比垂直度的测量方便。

2. 被锉削平面不平的形式及原因

在实际的锉削加工中，加工表面往往不平。造成的原因如表 6-2-1 所示。

表 6-2-1　被锉削平面不平的形式及原因

形　式	产生的原因
平面中凸	(1) 锉削时，双手的用力不能使锉刀保持平衡。 (2) 若锉刀开始推出时，右手压力大，则造成后面多锉；若锉刀推到前面时，左手压力大，则造成前面多锉。 (3) 锉削姿势不正确。 (4) 锉刀本身中间凹
对角扭曲	(1) 左手或右手施加压力时，重心偏在锉刀的一侧。 (2) 工件未夹正确。 (3) 锉刀本身扭曲
平面横向中凸或中凹	锉削时，锉刀左右移动不均匀

(三) 平面锉削时常用的量具及使用

1. 刀口直尺及用于平面度的检测

刀口直尺是用光隙法（透光法）检测平面零件的直线度和平面度的常用量具。刀口直尺有 0 级和 1 级精度两种，常用的规格有 75 mm、125 mm、175 mm 等。

（1）平面度的检测方法。

锉削面的平面度通常采用刀口直尺通过透光法来检查。检测时，如图6-2-3（a）所示，在工件检测面上，迎着亮光，以观察刀口直尺与工件表面间的缝隙。若有均匀、微弱的光线通过缝隙，则平面平直。对于平面度误差值的确定，可用塞尺作塞入检查。如图6-2-3（b）所示，若两端光线极微弱，而中间光线很强，则判定工件表面为中间凹，平面度误差值应取检测部位中的最大直线度误差值。如图6-2-3（c）所示，若中间光线极弱，而判定两端处光线较强，则工件表面为中间凸，其平面度误差值应取两端检测部位中的最大直线度误差值（在两端塞入同样厚度的塞尺）。在检测有一定宽度的平面时，为使其检查位置合理、全面，常采用“米”字形逐一检测整个平面，如图6-2-3（d）所示；另外也可采用在标准平板上用塞尺检查的方法，如图6-2-3（e）所示。

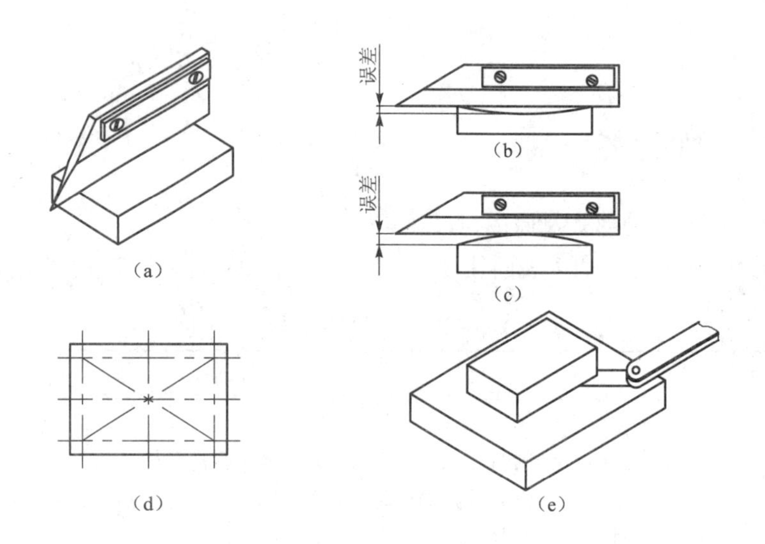

图6-2-3 平面度的检查方法

（a）平面平直的判断；（b）中间凹平面的平面度误差；（c）中间凸平面的平面度误差；（d）“米”字形检查法；（e）在标准平板上用塞尺检查法

（2）刀口直尺的使用要点。

由于刀口直尺的工作刃口极易被碰损，因此使用和存放要特别小心。欲改变工件检测表面的位置时，一定要先抬起刀口直尺，以使其离开工件表面，然后再将尺子移到其他位置轻轻地放下。刀口直尺严禁在工件表面上推拉移位，以免损伤精度。使用时，手握持隔热板，以免体温影响测量和因直接握持金属面后又清洗不净产生锈蚀。

2. 90°角尺及用于垂直度的检测

（1）90°角尺的结构及应用。

90°角尺主要用于检验90°的角度或测量垂直度误差，也可被当作直尺以测量直线度、平面度，以及检查机床、仪器的精度和划线。90°角尺常用的有刀口角尺和宽座角尺两种。

（2）垂直度的检测方法。

在测量垂直度前，先用锉刀将工件的锐边去毛刺、倒钝，如图 6-2-4 所示。测量时，如图 6-2-5（a）所示，先将 90°角尺尺座的测量面紧贴工件的基准面，并从上逐步轻轻向下移动，至 90°角尺的测量面与工件的被测面接触，此时，眼光平视以观察其透光情况。检测时，角尺不可斜放，如图 6-2-5（b）所示，否则，得不到正确的测量结果。

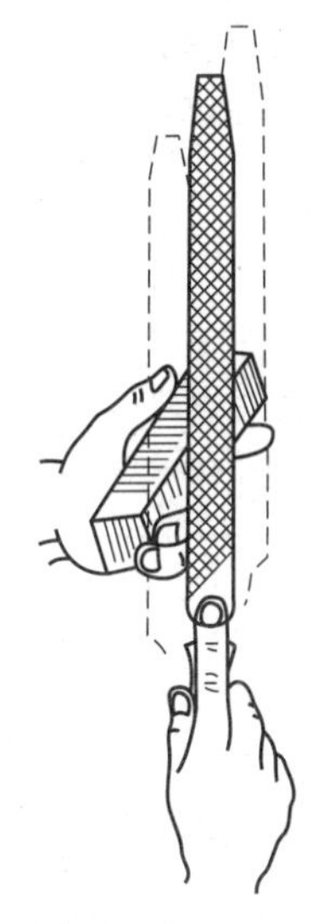

图 6-2-4　锐边去毛刺

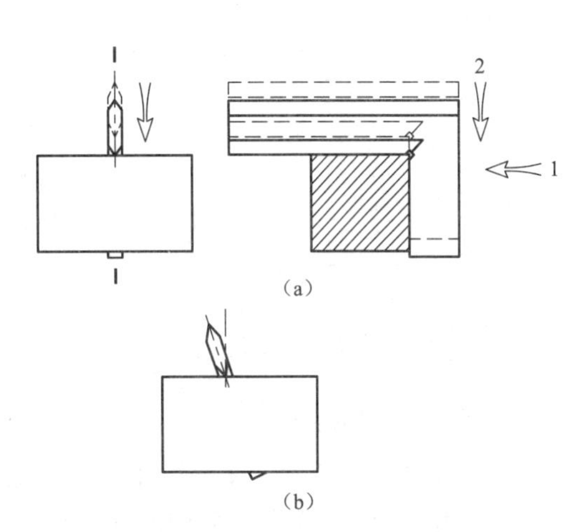

图 6-2-5　用 90°角尺检查垂直度

（a）正确的测量步骤与图示；（b）错误的方法与图示

（四）锉削时常见的废品分析

表 6-2-2 所示为锉削加工中出现废品的原因分析及预防方法。

表 6-2-2　锉削时常见的废品原因分析及预防方法

废品的形式	产生的原因	预　防　方　法
工件被夹坏	（1）已加工表面被台虎钳的钳口夹出伤痕； （2）夹紧力太大，使空心工件被夹扁	（1）夹持精加工表面应用软钳口； （2）夹紧力要适当，并且夹持时应用 V 形块或弧形木块
尺寸太小	（1）划线不正确； （2）未及时检测尺寸	（1）按图正确地划线，并校对； （2）经常测量，并做到心中有数
平面不平	（1）锉削姿势不正确； （2）选用中凹的锉刀，而使锉出的平面中凸	（1）加强锉削的技能训练； （2）正确地选用锉刀

续表

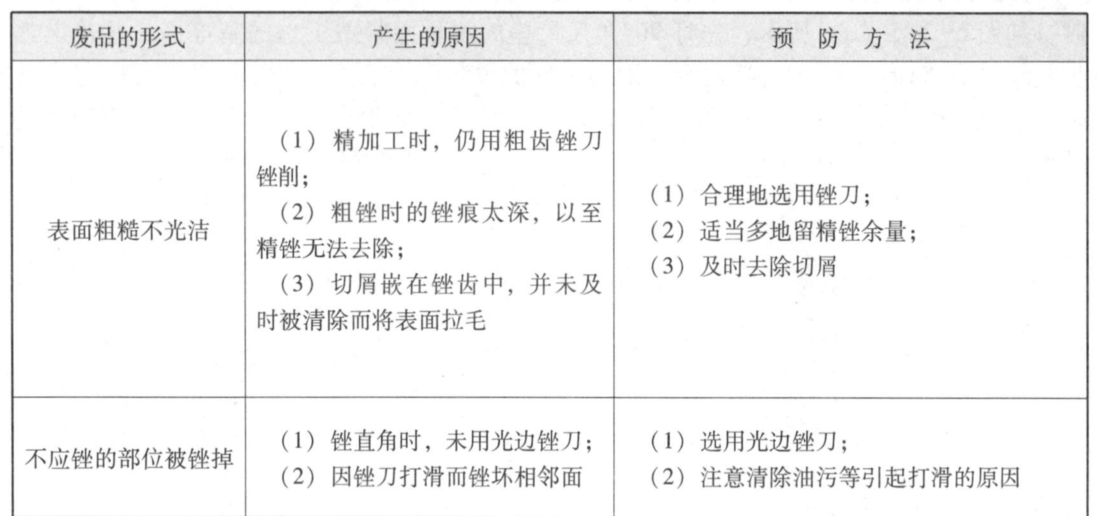

废品的形式	产生的原因	预 防 方 法
表面粗糙不光洁	（1）精加工时，仍用粗齿锉刀锉削； （2）粗锉时的锉痕太深，以至精锉无法去除； （3）切屑嵌在锉齿中，并未及时被清除而将表面拉毛	（1）合理地选用锉刀； （2）适当多地留精锉余量； （3）及时去除切屑
不应锉的部位被锉掉	（1）锉直角时，未用光边锉刀； （2）因锉刀打滑而锉坏相邻面	（1）选用光边锉刀； （2）注意清除油污等引起打滑的原因

五、任务实施

1. 任务实施的步骤

（1）按图6-2-1检查来料尺寸是否符合加工要求。

（2）粗、精锉第1面（基准面A），并达到平面度为0.1 mm和表面粗糙度$Ra \leqslant 3.2$ μm的要求。

（3）粗、精锉第2面（基准面A的对面），并达到（20±0.1）mm的尺寸要求及平面度、粗糙度等要求。

（4）粗、精锉第3面（基准面B），并达到平面度、垂直度及粗糙度等要求。

（5）粗、精锉第4面（第3面的对面），并达到（60±0.1）mm的尺寸、平面度、垂直度及粗糙度等要求。

（6）粗、精锉第5面（基准面C），并达到平面度、垂直度及粗糙度等要求。

（7）粗、精锉第6面（第5面的对面），并达到（80±0.1）mm的尺寸、平面度、垂直度及粗糙度等要求。

（8）全面检查，并做必要的修整。锐边倒钝，去毛刺。

2. 重点提示

（1）练习时，应重点解决：一是操作姿势正确，动作协调；二是锉削时的两手应用力平衡。

（2）锉削时，要经常用刀口直尺检查锉削面的平面度情况，并不断改变两手的用力规律，以逐步形成平面锉削的技能技巧；发现问题应及时纠正，并克服盲目、机械的练习方法。

（3）要掌握正确的测量方法，以保证锉削精度。

六、任务评价

教师、学生按表 6-2-3 对长方体的锉削进行评分。

表 6-2-3 长方体锉削的评分标准

班级：______	姓名：______		学号：______		成绩：______		
评价内容	序号	技术要求	配分评分标准	配分	自检记录	交检记录	得分
操作技能评价	1	(20±0.1) mm	超差不得分	4			
	2	(60±0.1) mm	超差不得分	4			
	3	(80±0.1) mm	超差不得分	4			
	4	平面度0.1（6 处）	每超一处扣2分	12/6			
	5	垂直度0.12（4 处）	每超一处扣3分	12/4			
	6	垂直度0.06 处（4）	每超一处扣3分	12/4			
	7	尺寸差值小于0.24（技术要求中的 3 处）	每超一处扣4分	12/3			
	8	表面粗糙度 *Ra*3.2 μm（6 个表面）	每超一处扣1分	6/6			
	9	锉纹整齐、一致（6 个表面）	每超一处扣1分	6/6			
	10	锉削姿势正确	每次错误扣4分	8			
素养评价	11	工量具使用规范		5			
	12	有团队协作意识，有责任心		5			
	13	学习态度端正，遵章守纪		5			
	14	安全文明操作、保持工作环境整洁		5			

*七、任务拓展

如图 6-2-6 所示为四方体锉削的练习图。

四方体锉削

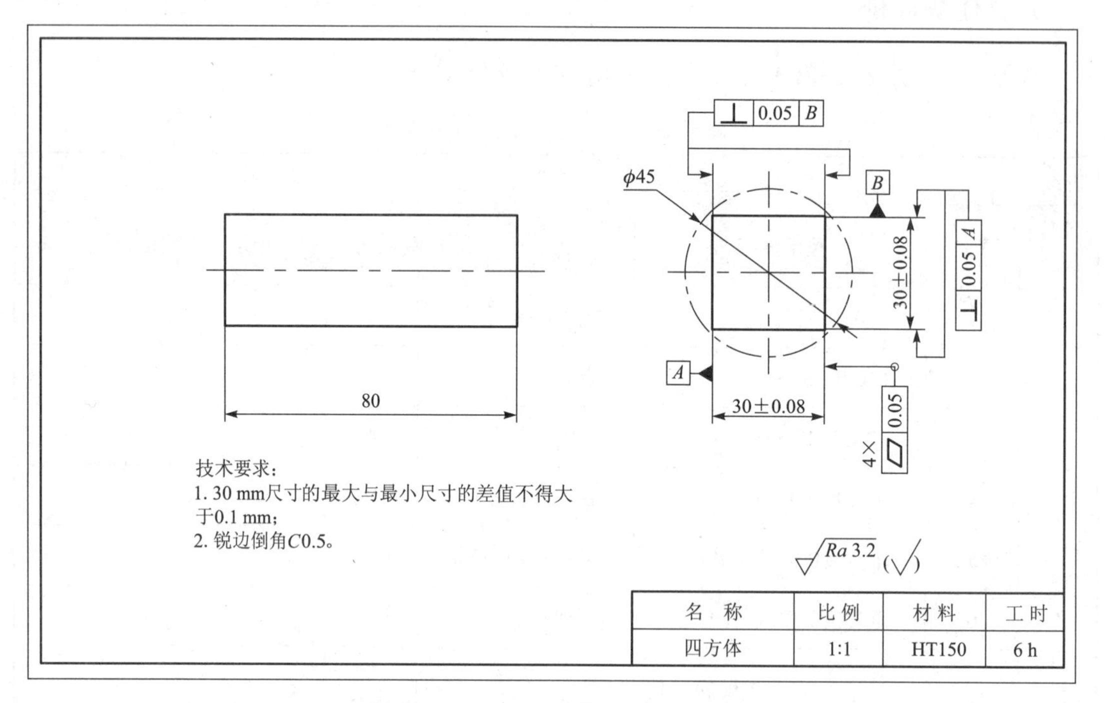

图 6-2-6 四方体锉削的练习图

*八、任务拓展的评分标准

教师、学生按表 6-2-4 对四方体锉削进行评分。

表 6-2-4 四方体锉削的评分标准

班级：______	姓名：______	学号：______	成绩：______				
评价内容	序号	技术要求	配分评分标准	配分	自检记录	交检记录	得分
操作技能评价	1	30±0. 08（2 处）	每超一处扣 5 分	10/2			
	2	尺寸差值小于 0. 1（2 处）	每超一处扣 5 分	10/2			
	3	平面度 0. 05（4 处）	每超一处扣 4 分	16/4			
	4	垂直度 0. 05（4 处）	每超一处扣 4 分	16/4			
	5	表面粗糙度 *Ra*3. 2 μm（4 个加工面）	每超一处扣 2 分	8/4			
	6	锉纹整齐、一致（4 个加工面）	每超一处扣 2 分	8/4			
	7	锉削姿势正确	不正确酌情扣分	12			

续表

评价内容	序号	技术要求	配分评分标准	配分	自检记录	交检记录	得分
素养评价	8	工量具使用规范		5			
	9	有团队协作意识，有责任心		5			
	10	学习态度端正，遵章守纪		5			
	11	安全文明操作、保持工作环境整洁		5			

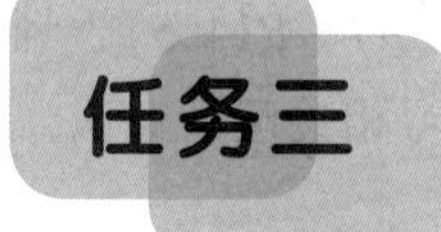

任务三　曲面的锉削

六角体的锉削

一、生产实习图纸

生产实习图纸如图 6-3-1 所示。

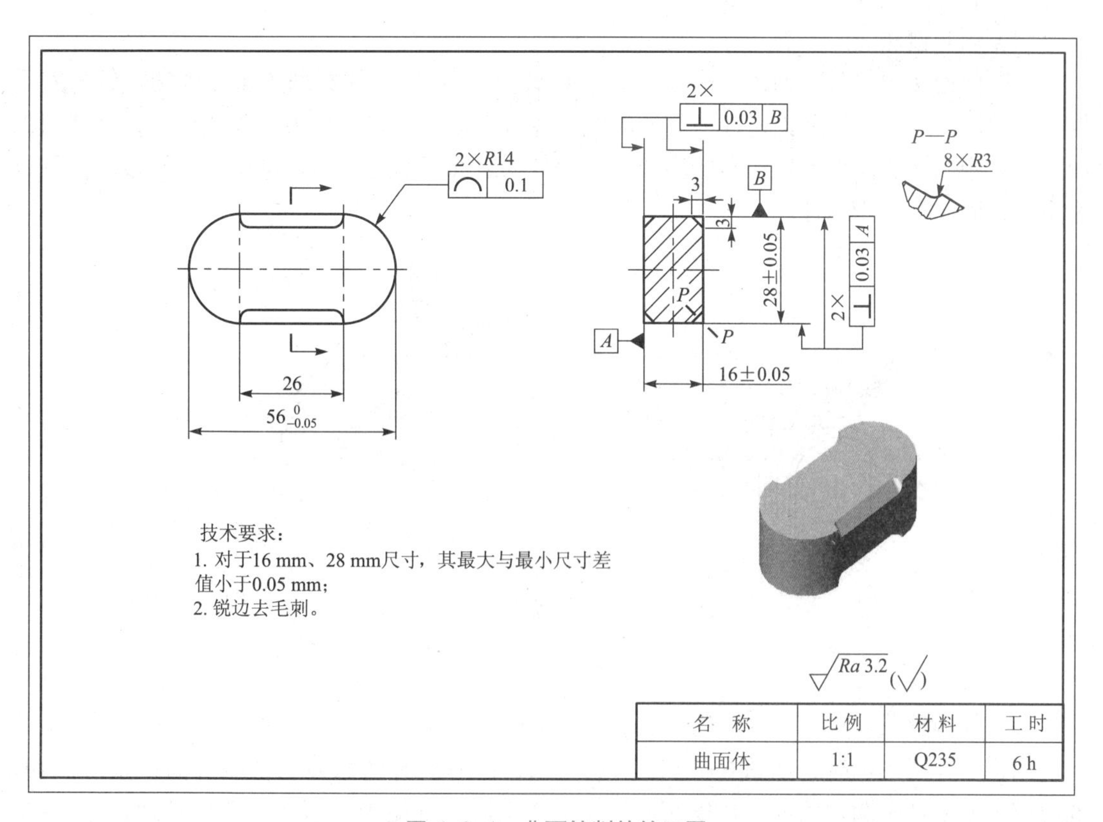

图 6-3-1　曲面锉削的练习图

二、任务分析

（1）圆弧的锉削是较难掌握的锉削方法，并且内、外圆弧的锉削又是掌握各种曲面锉削的基础。圆弧的轮廓度要求、圆弧与平面之间的光滑连接等，是练习的重点。

（2）通过圆弧的锉削练习，掌握圆弧精度的检验方法，并能根据工件的不同形状和要求，正确地选用锉刀；掌握推锉的操作，以达到一定的精度。

三、实习准备

（1）材料准备：材料同六角体锉削任务中的材料。

（2）工量具准备：300 mm 粗齿扁锉、250 mm 中齿扁锉、200 mm 细齿扁锉、什锦锉、直尺、刀口角尺、游标卡尺、高度划线尺、*R* 规（*R*7～*R*14.5）、划线工具、铜丝刷等。

（3）实训准备：领用工、量具及材料等；复习相关理论知识，并阅读本指导书。

四、相关工艺分析

（一）曲面的锉削方法

1. 锉削外圆弧面

锉削外圆弧所用的锉刀为扁锉。锉削时如图 6-3-2 所示，锉刀要同时完成两个运动：前进运动和锉刀绕工件圆弧中心的转动。

（1）顺向锉法。

用顺向锉法锉削时，如图 6-3-2（a）所示，左手将锉刀的头部置于工件的左侧，右手握柄并抬高。右手下压并推进锉刀，同时左手随着上提且仍施加压力。如此反复，直到圆弧面成型。顺向锉法能得到较光滑的圆弧面、较低的表面粗糙度，但锉削位置不易被掌握且效率不高，因此适用于精锉。

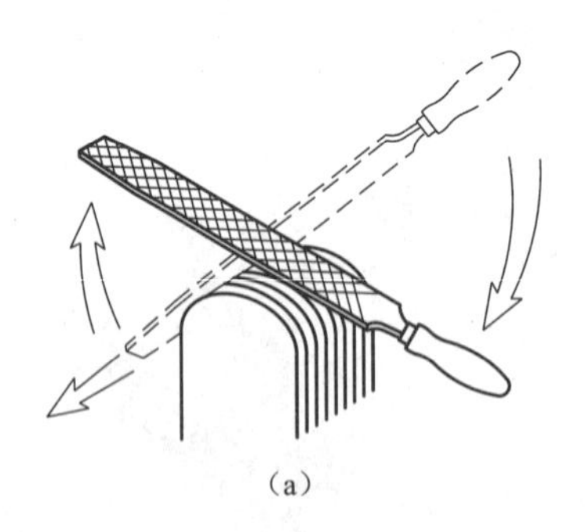
（a）

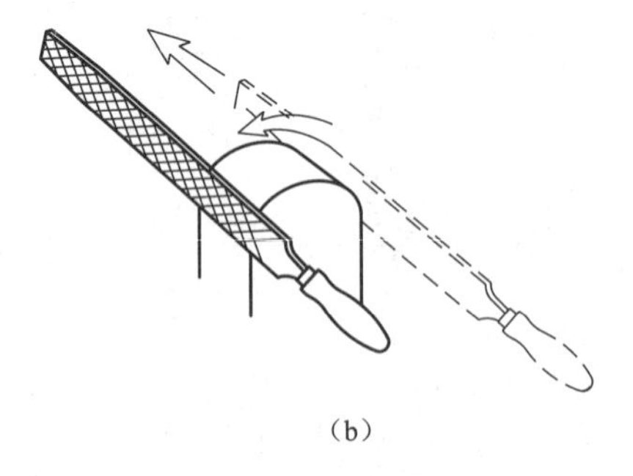
（b）

图 6-3-2　外圆弧面的锉削方法

（a）顺向锉法；（b）横向锉法

（2）横向锉法。

用横向锉法锉削时，如图 6-3-2（b）所示，锉刀沿着圆弧面的轴线方向做直线运动，同时锉刀不断地随圆弧面摆动。横向锉的锉削效率高，且便于按划线位置均匀地锉近弧线，但只能锉成近似圆弧面的多菱形面，故多用于圆弧面的粗加工。

2. 锉削内圆弧面

锉削内圆弧面时，锉刀选用圆锉、半圆锉、方锉（圆弧半径较大时）。锉削时如图 6-3-3 所示，锉刀要同时完成 3 个运动。

（1）锉刀沿轴线做前进运动，以保证锉刀全程参加锉削。

（2）锉刀沿圆弧面向左或向右移动，以避免加工表面出现棱角（每次移动约半个到一个锉刀的直径）。

（3）锉刀绕锉刀轴线转动（按顺时针或逆时针方向转动）。

3 个运动要协调配合、缺一不可，否则，不能保证被锉出的圆弧面光滑、正确。

图 6-3-3　内圆弧的锉削方法

3. 平面与圆弧的连接方法

在一般情况下，应先加工平面再加工圆弧，以使圆弧与平面连接圆滑。若先加工圆弧面再加工平面，则在加工平面时，由于锉刀左右移动，损伤圆弧面，且连接处不易锉圆滑或产生不相切现象。

4. 推锉法

推锉时，一定要注意锉刀的平衡。推锉法一般用于狭长平面的平面度修整，或在锉刀推进受阻碍时要求锉纹一致而采用的一种补偿方法，如图 6-3-4 所示。由于推锉时的锉刀运动方向不是锉齿的锉削方向，且不能充分运用手的力量，因此工作效率低，并且只适合于加工余量小的场合。

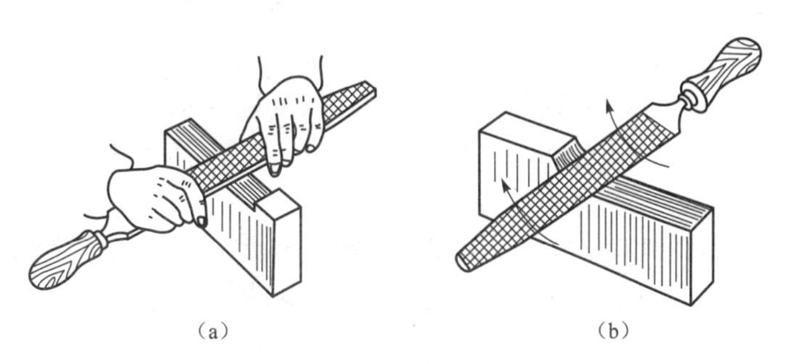

图 6-3-4　推锉法

（a）推锉姿势；（b）锉刀运动方向

（二）半径样板及圆弧面的线轮廓度的检测方法

半径样板又称为 *R* 规，并且一般是成套组成的。外形如图 6-3-5 所示，并由凸形样板和凹形样板组成。常用的半径样板有 *R*1～*R*6.5、*R*7～*R*14.5 和 *R*15～*R*25 三种。

对圆弧面的线轮廓度检测时，如图 6-3-6 所示，用半径样板以透光法检查。若半径样板与工件圆弧面间的缝隙均匀、透光微弱，则圆弧面的轮廓尺寸、形状精度合格，否则达不到要求。

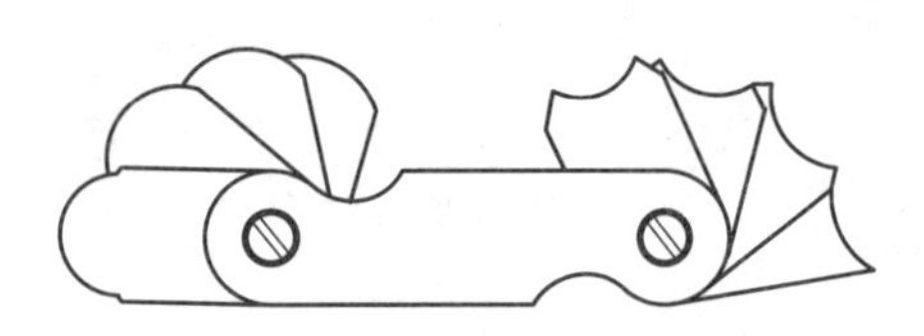

图 6-3-5　半径样板

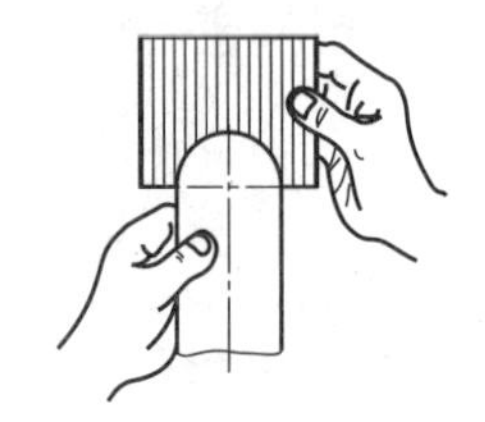

图 6-3-6　圆弧的线轮廓度测量

五、任务实施

1. 任务实施的步骤

（1）按图 6-3-1 所示，检查来料的尺寸是否符合加工要求。

（2）锯去六角体的两对角面。粗、精锉（16±0.05）mm 的尺寸面，以达到图纸要求。

（3）粗、精锉（28±0.05）mm 的尺寸面，以达到图纸要求。

（4）按图纸要求划出 *R*14 mm、3 mm 倒角及 *R*3 mm 圆弧的加工线。

（5）用圆锉粗锉 8×*R*3 的内圆弧面。然后用扁锉粗、细锉倒角到加工线，再细锉 *R*3 的圆弧使其与倒角平面连接圆滑。最后推锉倒角面及 *R*3 圆弧面，以使锉纹整齐、一致，并全部成直向。

（6）用横向锉法粗锉 *R*14 的圆弧面至接近线。然后用顺向锉法精锉圆弧面，并达到图纸的要求。

（7）复检全部精度，并作必要的修整。锐边去毛刺、倒钝。

2. 重点提示

（1）在圆弧划线时，线条要正确、清晰，粗锉以线为参考。

（2）在锉 *R*14 的圆弧时，不仅要注意锉圆，还要注意与基准面的垂直度、横向的直线度等。

（3）用顺向锉法锉圆弧时，锉刀上翘下摆的幅度要大，圆弧的锉削位置要经常调整。

（4）在锉内圆弧面的倒角面时，应先锉圆弧面，再锉倒角面，最后作修整。锉倒角面时，左右移动锉刀要小心，以防止碰坏圆弧面。

六、任务评价

教师、学生按表 6-3-1 对曲面的锉削进行任务评价。

表 6-3-1 曲面锉削的评分标准

班级：________	姓名：________		学号：________		成绩：________		
评价内容	序号	技术要求	配分评分标准	配分	自检记录	交检记录	得分
操作技能评价	1	(16±0.05) mm	超差全扣	8			
	2	(20±0.05) mm	超差全扣	6			
	3	$56_{-0.05}^{0}$	超差全扣	4			
	4	尺寸差值小于0.05（2处）	每超一处扣4分	8/2			
	5	⊥ 0.03（4处）	每超一处扣3分	12/4			
	6	⌓ 0.1 A（2处）	每超一处扣5分	10/2			
	7	C3倒角正确（4处）	每超一处扣3分	12/4			
	8	*R*3圆弧面圆滑（8处）	每超一处扣1分	8/8			
	9	粗糙度 *Ra*3.2 μm（6个面）	每超一处扣2分	12/6			
素养评价	10	工量具使用规范		5			
	11	有团队协作意识，有责任心		5			
	12	学习态度端正，遵章守纪		5			
	13	安全文明操作、保持工作环境整洁		5			

*七、任务拓展

用于任务拓展的实习图纸如图 6-3-7 所示。

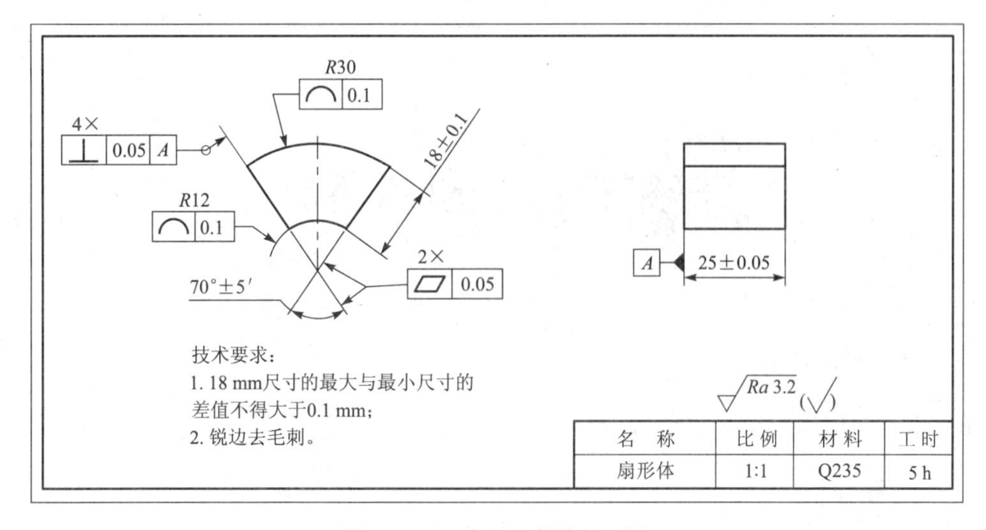

图 6-3-7 扇形锉削的练习图

*八、任务拓展的评分标准

教师、学生按表6-3-2对扇形锉削进行任务评价。

表6-3-2 扇形锉削的评分标准

班级：______		姓名：______		学号：______		成绩：______	
评价内容	序号	技术要求	配分评分标准	配分	自检记录	交检记录	得分
操作技能评价	1	（25±0.05）mm	超差全扣	6			
	2	（18±0.1）mm	超差全扣	6			
	3	18尺寸差值小于0.1	超差全扣	4			
	4	70°±5′	超差全扣	6			
	5	⌒ 0.1 A（2处）	每超一处扣8分	16/2			
	6	8× ⊥ 0.03 A	每超一处扣4分	16/4			
	7	8× ▱ 0.05	每超一处扣4分	8/2			
	8	粗糙度 $Ra3.2$ μm（6个面）	每超一处扣2分	12/6			
	9	锉纹一致、整齐（6个面）	每超一处扣1分	6/6			
素养评价	10	工量具使用规范		5			
	11	有团队协作意识，有责任心		5			
	12	学习态度端正，遵章守纪		5			
	13	安全文明操作、保持工作环境整洁		5			

任务四 台阶的锉削

一、生产实习图纸

生产实习图纸如图6-4-1所示。

二、任务分析

（1）由于尺寸精度、几何公差的控制是台阶锉削练习的重点，因此熟练地使用量具，

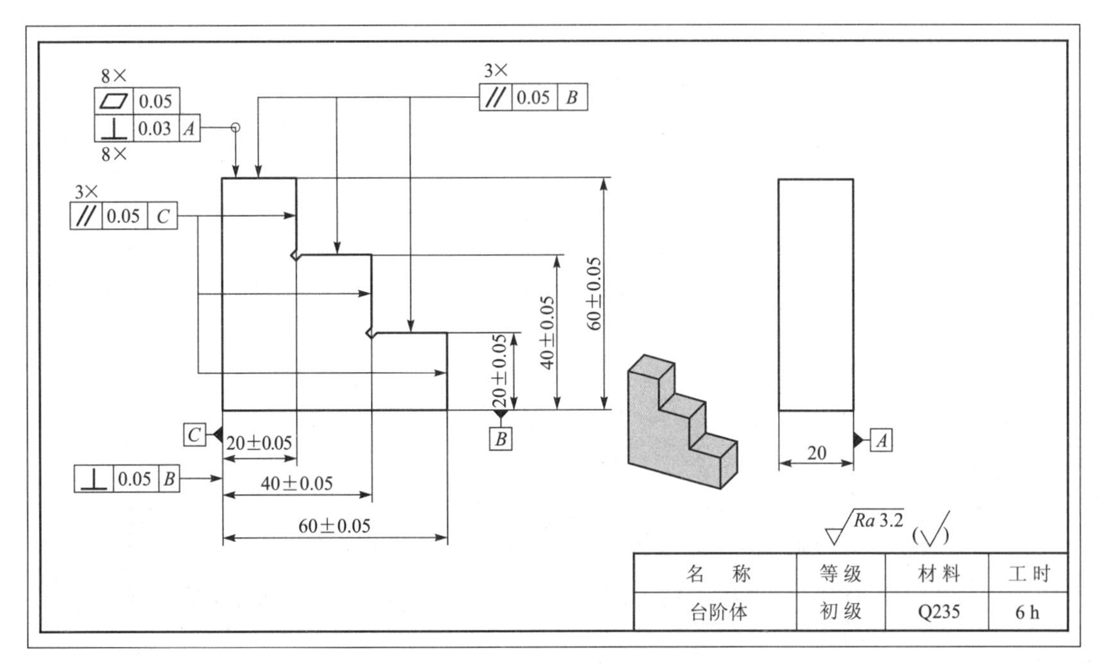

名　称	等级	材料	工时
台阶体	初级	Q235	6 h

图 6-4-1　台阶锉削的练习图

以提高测量的准确性是练习的关键。

（2）若锉削的平面逐渐变小，则对锉削技能的要求变高。在练习中，需要不断地总结、提高、积累锉削方法。

三、任务准备

（1）材料准备：尺寸为 60. 5 mm×60. 5 mm×20 mm，材料为 Q235。

（2）工、量具的准备：300 mm 粗齿扁锉、250 mm 中齿扁锉、200 mm 细齿扁锉、手锯、直尺、刀口角尺、游标卡尺、高度划线尺、万能角度尺、划线工具、铜丝刷等。

（3）实训准备：领用工、量具及材料等；复习相关理论知识，并阅读本指导书。

四、相关工艺分析

（一）台阶锉削的方法

1. 锉刀的修磨

为获得内棱清角、防止锉刀在锉削时碰坏相邻面，锉刀的一侧棱边必须修磨至略小于 90°。锉削时，修磨边紧靠内棱角进行直锉。

2. 加工要点

（1）因台阶的锉削是锉削基本练习的后期任务，故必须达到锉削姿势、动作的完全正确。不正确的姿势动作要全部纠正。

（2）为保证加工表面光洁，锉削时要经常清除嵌入锉刀锉齿内的锉屑，并在锉刀的齿面上涂上粉笔灰。

（3）粗、精锉的加工余量要控制好。由于锉面较小，因此最后精锉时锉刀的行程要短，也可利用锉刀梢部的凸弧形，以使工件锉平。

（4）各台阶面之间的垂直度，一般通过控制各尺寸的平行度来间接保证，因此外形加工必须正确。

（5）锉削时，要防止加工的片面性。不能为了取得平面度而影响尺寸精度，或为了锉对尺寸而忽略平面度、平行度等，或为了减小表面粗糙度而忽略了其他要求。在加工时，要顾及全部精度要求。

（6）台阶的直角处允许锯削 1×1×45°的沉割槽。

五、任务实施

1. 任务实施的步骤

（1）检查来料的尺寸是否符合加工要求。

（2）粗、精锉外形尺寸，以保证(60±0.05)mm×(60±0.05)mm 尺寸及几何公差要求。

（3）按图纸要求，划出台阶的加工线，并用游标卡尺校对［见图 6-4-2（a）］。

（4）锯去台阶的一角，并粗、精锉该直角面，以保证(20±0.05) mm×(40±0.05) mm 尺寸、几何公差及表面粗糙度等要求［见图 6-4-2（b）］。

（5）锯去台阶的另一角，并粗、精锉该直角面，以保证（20±0.05）mm、(40±0.05) mm 尺寸、几何公差及表面粗糙度等要求［见图 6-4-2（c）］。

（6）复检全部精度要求，并作必要修整。锐边去毛刺、倒钝。

台阶锉削的加工示意图如图 6-4-2 所示。

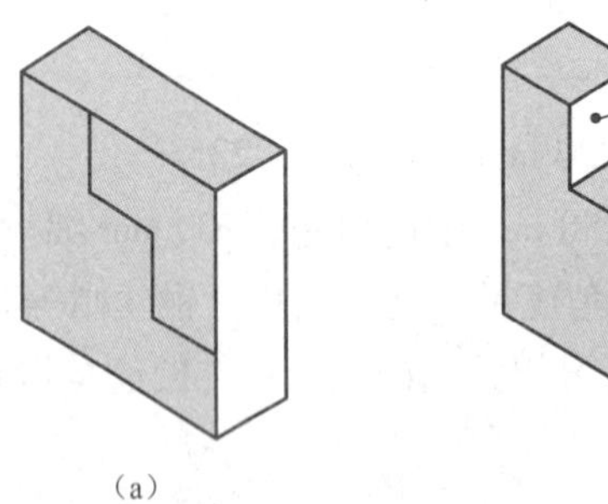

（a）

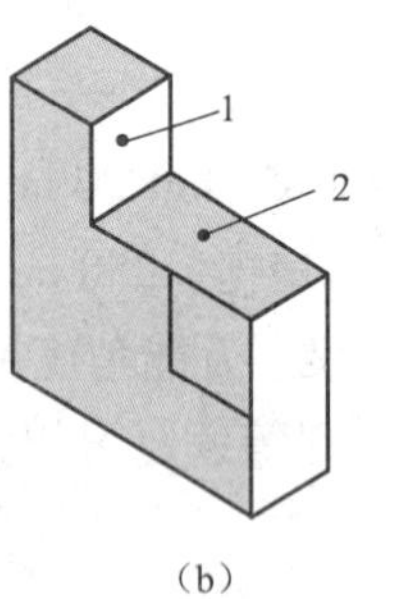

（b）

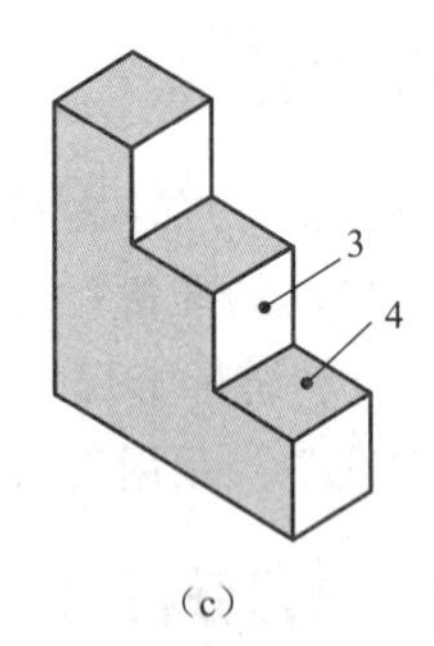

（c）

图 6-4-2　台阶锉削的加工示意图（数字为加工面）

（a）划线；（b）加工台阶的一角；（c）加工台阶的另一角

2. 重点提示

（1）在外形加工时，垂直度、平行度等误差应控制在最小范围内。

（2）粗锉时的加工余量要控制好。由于锉面较小，因此最后精锉时锉削的行程要短。最后可采用推锉的方法，进行平直度的修整。

六、任务评价

教师、学生按表 6-4-1 对台阶的锉削进行任务评价。

表 6-4-1　台阶锉削的评分标准

班级：________　姓名：________　学号：________　成绩：________

评价内容	序号	技术要求	配分评分标准	配分	自检记录	交检记录	得分
操作技能评价	1	（20±0.05）mm（2处）	每超一处扣6分	12			
	2	（40±0.05）mm（2处）	每超一处扣5分	10			
	3	（60±0.05）mm（2处）	每超一处扣6分	12			
	4	⊥ 0.05 *B*	超差全扣	4			
	5	8× ⊥ 0.03 *A*	每超一处扣1分	8			
	6	3× // 0.05 *B*	每超一处扣3分	9			
	7	3× // 0.05 *C*	每超一处扣3分	9			
	8	8× ▱ 0.05（8）	每超一处扣1分	8			
	9	*Ra*3.2（8）	每超一处扣1分	8			
素养评价	10	工量具使用规范		5			
	11	有团队协作意识，有责任心		5			
	12	学习态度端正，遵章守纪		5			
	13	安全文明操作、保持工作环境整洁		5			

*七、任务拓展

与台阶锉削的加工方法类似，按图 6-4-3 将凹形角度锉削任务完成。

*八、任务拓展的评分标准

按表 6-4-2 进行评分。

凹形角度的锉削

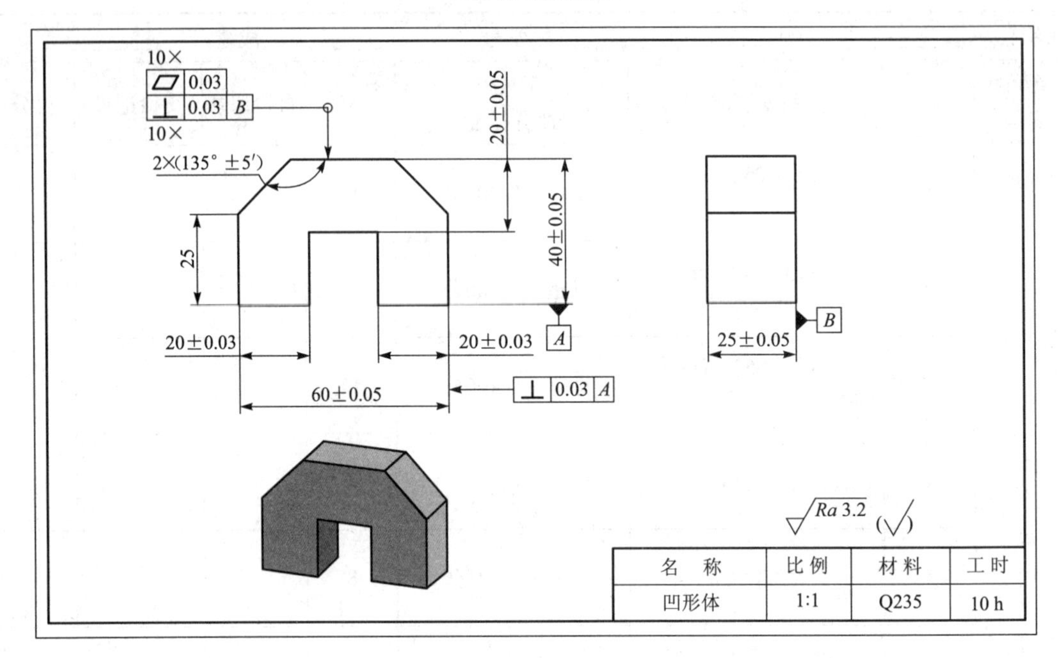

图 6-4-3　凹形角度锉削的练习图

表 6-4-2　凹形角度锉削的评分标准

班级：______	姓名：______		学号：______			成绩：______	
评价内容	序号	技术要求	配分 评分标准	配分	自检记录	交检记录	得分
操作技能评价	1	（20±0.05）mm（2处）	每超一处扣5分	10			
	2	（25±0.05）mm	超差全扣	5			
	3	（40±0.05）mm	超差全扣	5			
	4	（60±0.05）mm	超差全扣	5			
	5	135°±5′（2处）	每超一处扣6分	12/2			
	6	10× ⊥ 0.03 B（10）	每超一处扣1.5分	15/10			
	7	⊥ 0.03 A	超差全扣	6			
	8	10× ▱ 0.03	每超一处扣1分	10/10			
	9	*Ra*3.2 μm（12个面）	每超一处扣1分	12/12			
素养评价	10	工量具使用规范		5			
	11	有团队协作意识，有责任心		5			
	12	学习态度端正，遵章守纪		5			
	13	安全文明操作、保持工作环境整洁		5			

任务五 角度圆弧的锉削

一、生产实习图纸

生产实习图纸如图 6-5-1 所示。

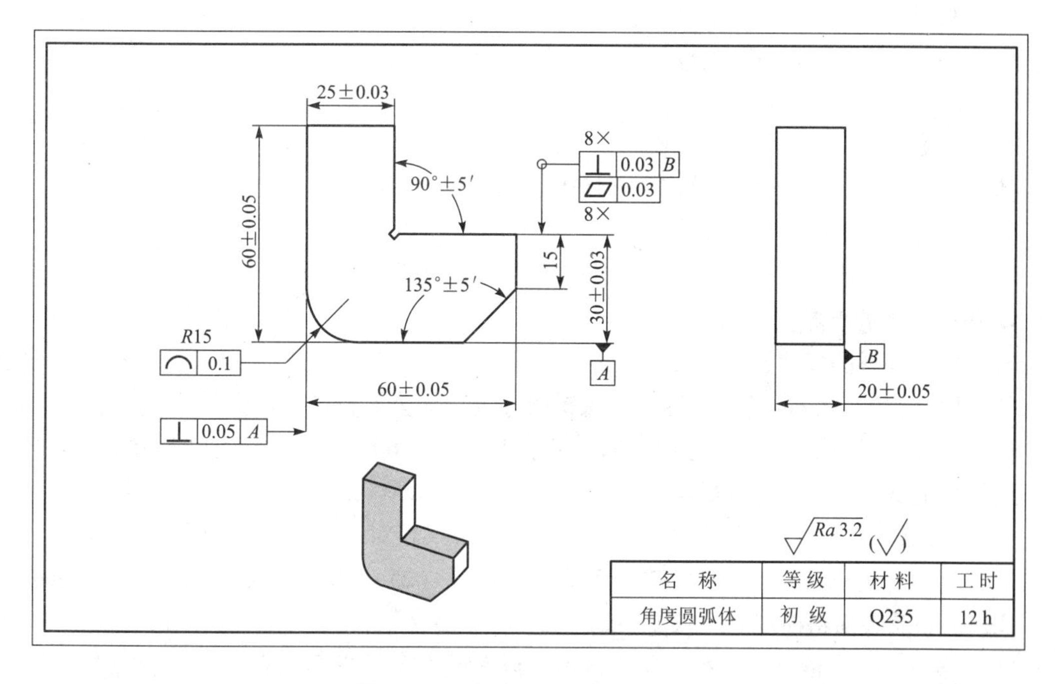

图 6-5-1 角度圆弧锉削的练习图

二、任务分析

（1）角度圆弧的锉削是平面、角度、曲面锉削的综合，并且其目的是进一步巩固、提高锉削技能，因此，掌握正确的锉削技能、熟练地使用锉削工具是练习的重点。

（2）由于该练习工件的尺寸、几何公差的要求较高，因此对量具的使用及测量的正确性也提出了更高的要求。

三、任务准备

（1）材料准备：材料尺寸为 60. 5 mm×60. 5 mm×20. 5 mm，材料为 Q235。

（2）工、量具准备：300 mm 粗齿扁锉、250 mm 中齿扁锉、200 mm 细齿扁锉、手锯、直尺、刀口角尺、游标卡尺、高度划线尺、万能角度尺、*R* 规（*R*15～*R*25）、划线工具、铜丝刷等。

（3）实训准备：领用工、量具及材料等；复习相关的理论知识，并阅读本指导书。

四、相关工艺分析

（一）角度圆弧的加工要点

（1）在加工各型面时，要注意与大平面 *B* 的垂直度，特别是圆弧面与大平面的垂直度，并要控制好锉刀的平衡。

（2）为保证各型面之间的垂直度，各尺寸差值尽可能地取较高的精度。测量时，锐边去毛刺、倒钝，以保证测量的准确性。

（3）在圆弧加工时，要注意与平面连接得圆滑。一般先加工平面，再加工圆弧，但圆弧锉削时，锉刀转动要防止造成端部塌角或碰坏平面。

（4）由于锉削表面较小，因此加工时锉刀的横向用力要控制好，以避免局部塌角。在精锉时，要勤测量、多观察、多分析。

（5）在 90°的直角处允许锯削 1×1×45°的沉割槽。

五、任务实施

1. 任务实施的步骤

（1）检查来料的尺寸是否符合加工要求。

（2）粗、精锉 20 mm 的尺寸面，以保证尺寸及几何公差要求。

（3）以 *B* 面为基准，粗、精锉外形尺寸，并保证（60±0.05）mm×（60±0.05）mm 尺寸、几何公差及表面粗糙度等要求。

（4）按图纸要求，划出所有加工线，并用游标卡尺校对。

（5）锯去直角块，并粗、精锉该直角面，以保证（25±0.03）mm、（30±0.03）mm 尺寸、几何公差及表面粗糙度等要求。

（6）锯去 135°角度面，并粗、精锉该面，以保证 135°角度等要求。

（7）粗、精锉 *R*15 的圆弧面，并保证圆弧的线轮廓度要求。

（8）复检全部精度要求，并作必要修整。锐边去毛刺、倒钝。

角度圆弧锉削的加工示意图如图 6-5-2 所示。

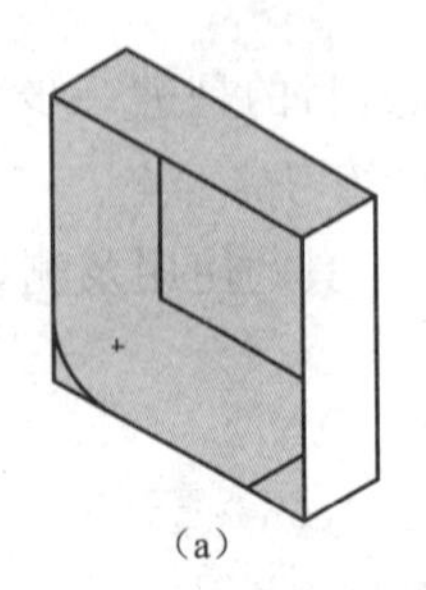
(a)
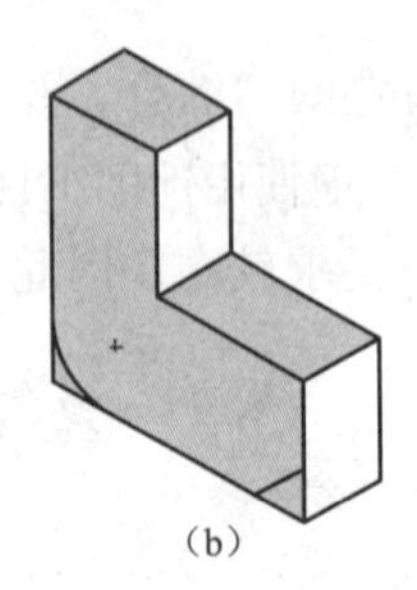
(b)
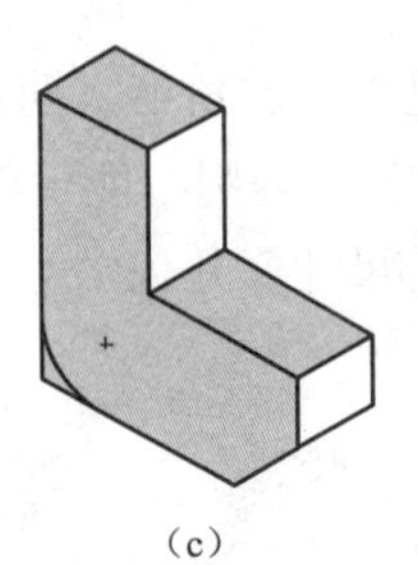
(c)
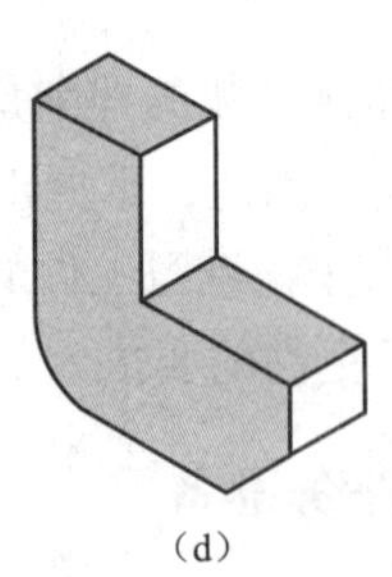
(d)

图 6-5-2　角度圆弧锉削的加工示意图

(a) 划线；(b) 加工直角面；(c) 加工角度面；(d) 粗、精锉圆弧面

2. 重点提示

（1）在平面及圆弧面加工时，要注意与大平面的垂直度，并控制好锉刀的平衡。最后精加工时，采用推锉的方法保证精度。

（2）在圆弧加工时，要注意与平面连接圆滑。一般先加工平面，再加工圆弧面。

六、任务评价

教师、学生按表 6-5-1 对角度圆弧的锉削进行任务评价。

表 6-5-1　角度圆弧锉削的评分标准

班级：＿＿＿＿＿　姓名：＿＿＿＿＿　学号：＿＿＿＿＿　成绩：＿＿＿＿＿

评价内容	序号	技术要求	配分评分标准	配分	自检记录	交检记录	得分
操作技能评价	1	（25±0.03）mm	超差全扣	6			
	2	（30±0.03）mm	超差全扣	6			
	3	（60±0.05）mm（2处）	每超一处扣6分	12/2			
	4	135°±5′	超差全扣	6			
	5	⊥ 0.05 A	超差全扣	4			
	6	8× ⊥ 0.03 B	每超一处扣2分	16/8			
	7	8× ▱ 0.03	每超一处扣2分	16/8			
	8	⌒ 0.1	超差全扣	4			
	9	*Ra*3.2 μm（10个面）	每超一处扣1分	10/10			
素养评价	10	工量具使用规范		5			
	11	有团队协作意识，有责任心		5			
	12	学习态度端正，遵章守纪		5			
	13	安全文明操作、保持工作环境整洁		5			

*七、任务拓展

按图 6-5-3 对支架零件进行加工。

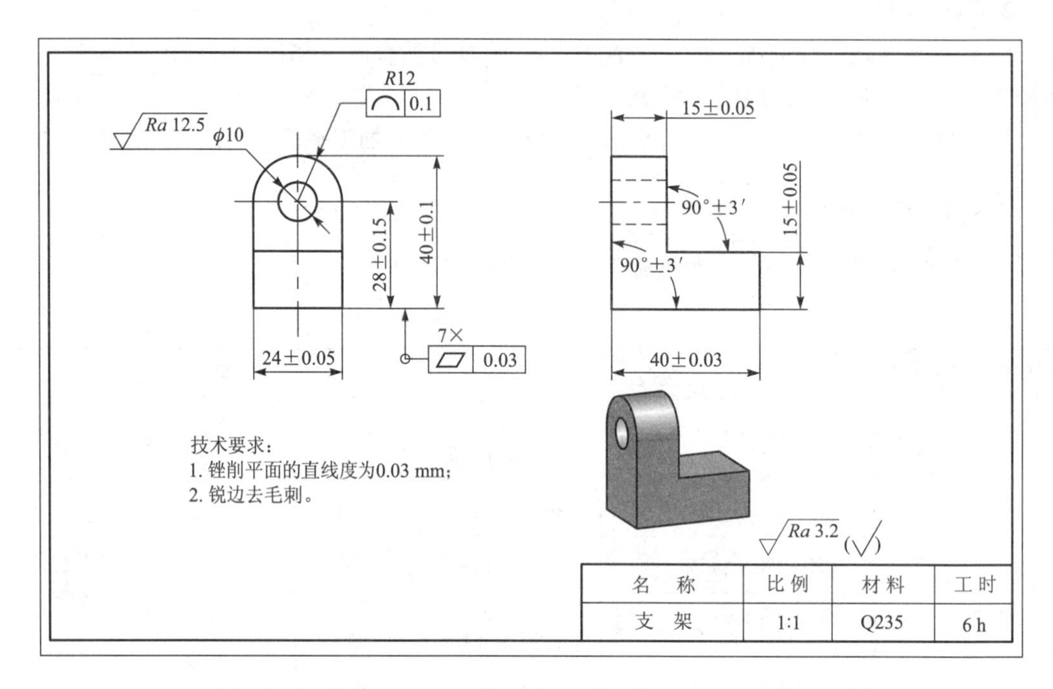

图 6-5-3　支架锉削的练习图

*八、任务拓展的评分标准

按表 6-5-2 对任务进行评分。

表 6-5-2　支架评分标准

班级：______	姓名：______	学号：______	成绩：______				
评价内容	序号	技术要求	配分评分标准	配分	自检记录	交检记录	得分
操作技能评价	1	（15±0.05）mm（2 处）	每超一处扣8分	16/2			
	2	（24±0.05） mm	超差全扣	8			
	3	（40±0.03） mm	超差全扣	8			
	4	（40±0.1） mm	超差全扣	5			
	5	（28±0.15） mm	超差全扣	6			
	6	90°±3′（2 处）	每超一处扣5分	10			
	7	平面度0.03 mm （7 个面）	每超一处扣1分	7			
	8	⌒ 0.1	超差全扣	12			
	9	*Ra*3.2 μm（8 个面）	每超一处扣1分	8			

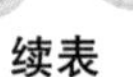

续表

评价内容	序号	技术要求	配分 评分标准	配分	自检记录	交检记录	得分
素养评价	10	工量具使用规范		5			
	11	有团队协作意识，有责任心		5			
	12	学习态度端正，遵章守纪		5			
	13	安全文明操作、保持工作环境整洁		5			

(1) 锉刀的种类有哪些？如何根据加工对象正确地选择锉刀？

(2) 锉刀的尺寸规格、齿纹的粗细规格如何表示？

(3) 平面锉削的方法有哪几种？各应用在什么场合？

(4) 刀口直尺的使用要点是什么？

课题七
孔 加 工

大国工匠案例四

【知识点】

Ⅰ 钻床的结构、应用
Ⅱ 标准麻花钻的结构、特点
Ⅲ 钻头的切削角度对切削性能的影响
Ⅳ 锪孔和锪钻的基本知识
Ⅴ 铰刀和铰孔的基本知识

【技能点】

Ⅰ 钻孔、扩孔、锪孔和铰孔的方法
Ⅱ 钻头的刃磨方法
Ⅲ 孔加工的安全操作技术

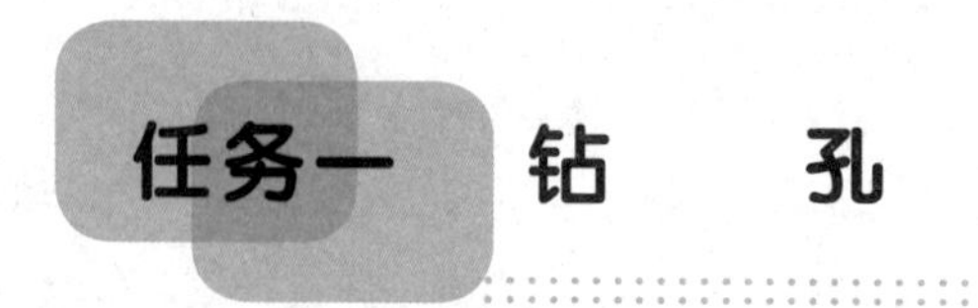

任务一　钻　孔

一、生产实习图纸

生产实习图纸如图7-1-1所示。

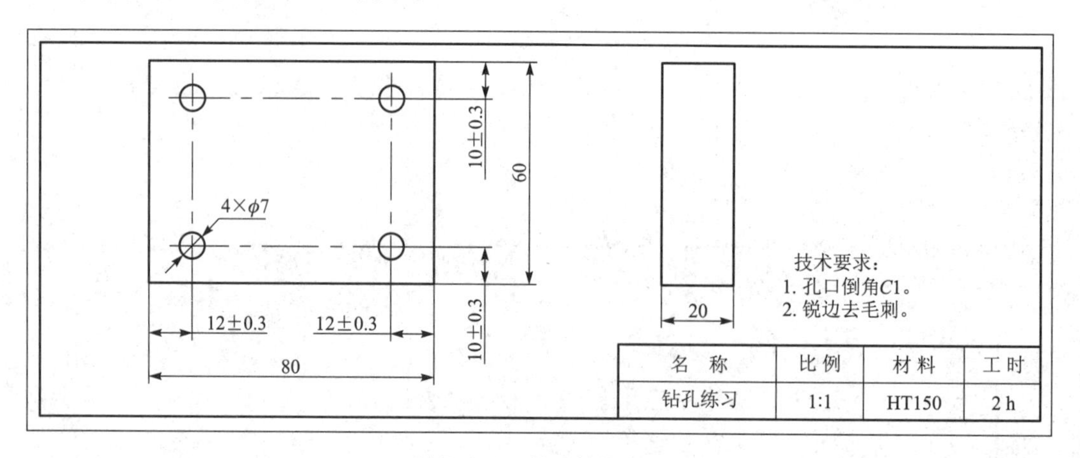

图7-1-1　钻孔的练习图

二、任务分析

钻孔是钳工重要的操作之一，通过钻孔练习要达到以下几点：

（1）熟悉钻床的性能、使用方法及钻孔时工件的装夹方法。

（2）掌握标准麻花钻的刃磨方法。

（3）掌握划线、钻孔方法，并能达到一定的精度。

（4）能正确分析钻孔时出现的问题，并做到安全文明操作。

三、任务准备

（1）材料准备：材料为从课题六任务二的长方体的锉削练习转下。

（2）工、量、刃具准备：Z4012台式钻床，直尺，游标卡尺，高度划线尺，长柄刷，ϕ7、ϕ12钻头，90°锪钻等。

（3）实训准备：领用工、量、刃具及材料；复习相关的理论知识，并详细阅读本指导书。

四、相关工艺分析

用钻头在实体材料上加工孔的方法叫钻孔。由于钻孔时钻头处于半封闭状态，并且转速

高、切削量大、排屑又很困难，因此钻孔时的加工精度不高，一般为 IT11～IT10 级，且表面粗糙度一般为 $Ra50$～12.5 μm。钻孔常用于加工要求不高的孔或作为孔的粗加工。

（一）常用的钻床

常用的钻床有台式钻床、立式钻床和摇臂钻床。

1. 台式钻床

台式钻床简称台钻，并且是一种安放在作业台上、主轴垂直布置的小型钻床。最大的钻孔直径为 ϕ13 mm。台钻的型号较多，常见结构如图 7-1-2 所示。台钻的特点：小巧灵活，使用方便，结构简单，主要用于加工小型工件上的各种小孔，并在仪表制造、钳工装配中用得较多。

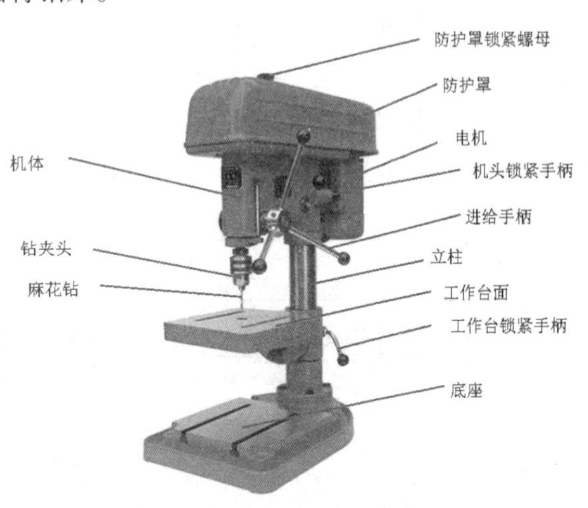

图 7-1-2　台式钻床

2. 立式钻床

立式钻床简称立钻，并且是一种应用广泛的孔加工机床。最大的钻孔直径可达 ϕ40 ～ 50 mm。常用的型号为 Z525、Z5140 等，结构如图 7-1-3 所示。立式钻床的特点：刚性好、功率大，因而允许钻削较大的孔；生产率较高；加工精度也较高。立钻可用来进行钻孔、扩孔、镗孔、铰孔、攻螺纹和锪端面等，并且适用于单件、小批量生产中加工中、小型零件。

3. 摇臂钻床

摇臂钻床适用于一些笨重的大工件以及多孔工件的加工。因为它是靠移动钻床的主轴来对准工件上孔中心的，所以加工时比立式钻床方便。结构如图 7-1-4 所示。摇臂钻床的特点：刚性好、功率更大，摇臂可作 360°转动，生产效率高，加工精度也较高。摇臂钻床可用来对大、中型工件在同一平面内、不同位置的多孔系，进行钻孔、扩孔、锪孔、镗孔、铰孔、攻螺纹和锪端面等。

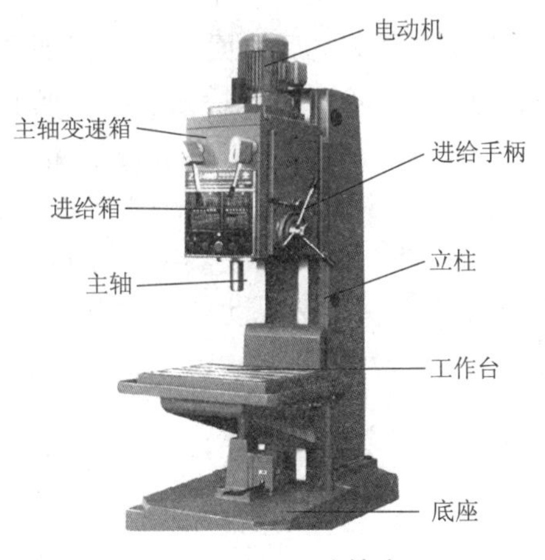

图 7-1-3　立式钻床

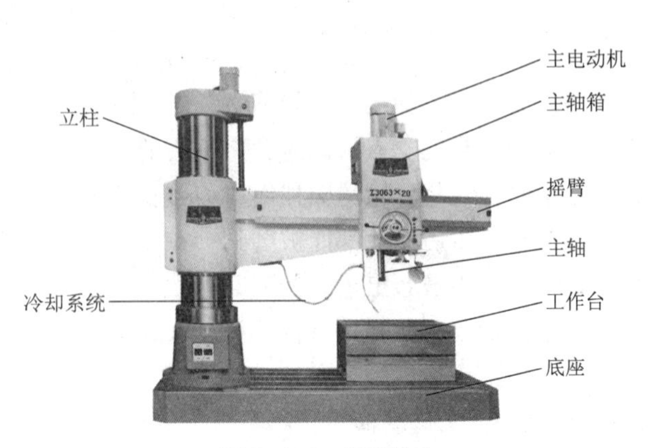

图 7-1-4　摇臂钻床

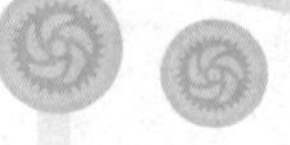

（二）标准麻花钻

标准麻花钻是钻孔常用的工具，简称麻花钻或钻头，并且一般用高速钢（W18Cr4V 或 W9Cr4V2）制成，淬火后硬度为 62～68HRC。

1. 钻头的结构

钻头由工作部分、颈部和柄部组成。如图 7-1-5 所示，柄部是钻头的夹持部分，用来定心和传递动力，并且有锥柄和直柄两种。一般直径小于 13 mm 的钻头做成直柄；直径大于13 mm 的钻头做成锥柄，因为锥柄可传递较大扭矩。颈部位于柄部和工作部分之间，并且被用于磨制钻头的外圆时，供砂轮退刀，也是钻头规格、商标、材料的打印处。

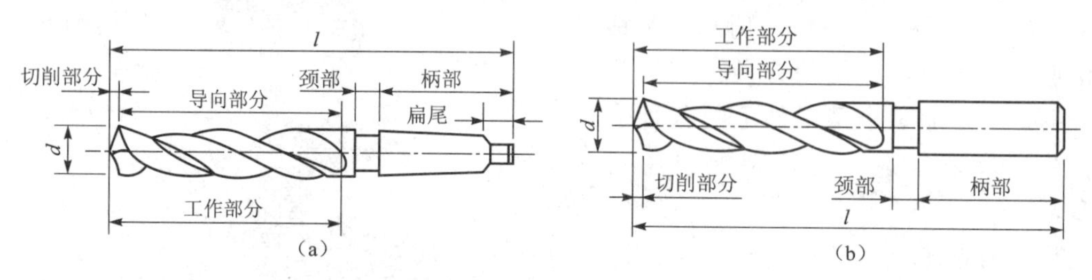

图 7-1-5　钻头的结构

（a）锥柄麻花钻；（b）直柄麻花钻

标准麻花钻的工作部分由切削部分和导向部分组成。切削部分由五刃（两条主切削刃、两条副切削刃和一条横刃）和六面（两个前刀面、两个主后刀面和两个副后刀面）构成。如图 7-1-6 所示。

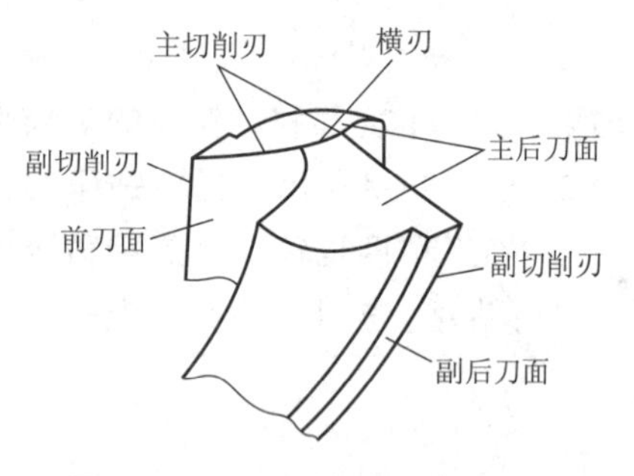

图 7-1-6　麻花钻切削部分构成

2. 钻头的刃磨与检查

（1）钻头的刃磨。

机械加工经常要进行钻孔。孔的质量取决于钻头的刃磨质量。如果使用刃磨得不好的钻头，那么钻出的孔则会出现不圆的孔，并呈现多边形、孔壁粗糙或钻不进的现象，因此，刃磨钻头是钳工必须要掌握的一项重要技能。

钻头的刃磨是只刃磨两个主后刀面，并要保证顶角（标准麻花钻的顶角为 118°±2°）、后角、横刃倾斜角正确。刃磨时，如图 7-1-7 所示，右手握住钻头的工作部分，食指要尽量靠近切削部分，以作为摆动钻头的支点。同时，将钻头的主切削刃与砂轮的中心平面放置在同一水平面内，并让钻头的轴线与砂轮的圆柱面成为 ϕ 的夹角（60°左右）。右手握住钻头使其绕轴线转动，以使钻头整个主后刀面都能被磨到；左手握住柄部做上下弧形摆动。两手动作应配合协调、自然，以使钻头被磨出正确的后角。当我们刃磨完一边后，再转 180° 刃磨另一边。在刃磨刃口时磨削量要小，并随时将钻头浸入水中冷却，以防切削部分过热而退火。

在刃磨钻头后，为了方便定心，减少轴向力，并使所钻孔的孔径不至变大，要对直径 6 mm 以上的钻头修磨横刃。修磨横刃的具体操作方法是：右手握住钻头的切削部分，左手握住柄部，将钻头的后刀面与螺旋槽相邻的棱边，靠近砂轮侧面的圆角，并使磨削点由外刃

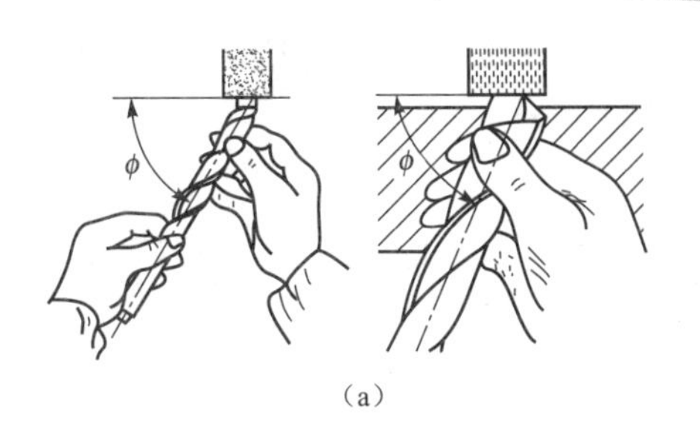

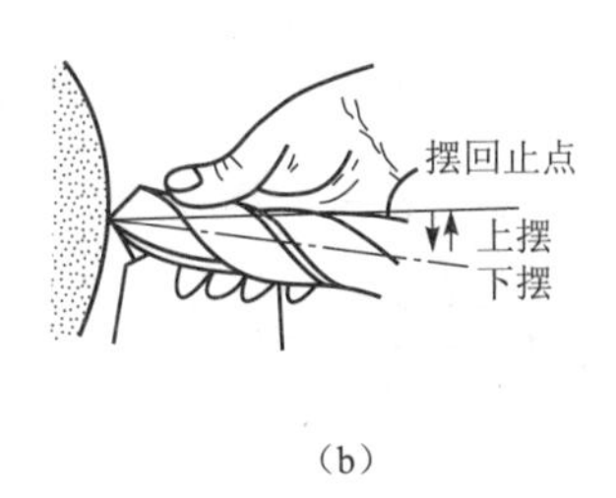

（a）　　　　（b）

图 7-1-7　钻头的刃磨

（a）角度；（b）摆动方式

沿着这条棱线，逐渐平移到钻头的轴线，然后一直磨到切削刃的前面，并磨短横刃，磨出内刃；转 180°，再磨另一侧，最后的横刃长度是原来的 1/3 到 1/5 左右，且修磨后形成内刃。修磨横刃后的效果如图 7-1-8 所示。

（2）标准麻花钻刃磨后的检查。

① 检查顶角 2ϕ 的大小是否正确，与钻头的轴线是否对称。在钻较硬的材料时，麻花钻的顶角可刃磨成大于 120°；在钻较软的材料时，顶角刃磨得可小些，但不要小于 90°。

② 检查两主切削刃是否对称、长度一致。在检查时，把钻头切削部分向上竖立，并两眼平视，若反复旋转 180°，则可以找到钻头的中心轴线；在旋转中，观察钻头的两主切削刃的长短。如有不一致的，则一般低的那一端是长边，并可单独对短边进行修磨。

③ 目测钻头外缘处的后角 α，其正确值应为（8°～14°），具体判别方法如图 7-1-9 所示。

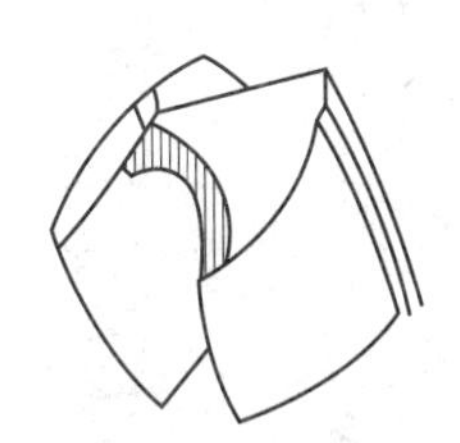

图 7-1-8　钻头修磨横刃后的效果图

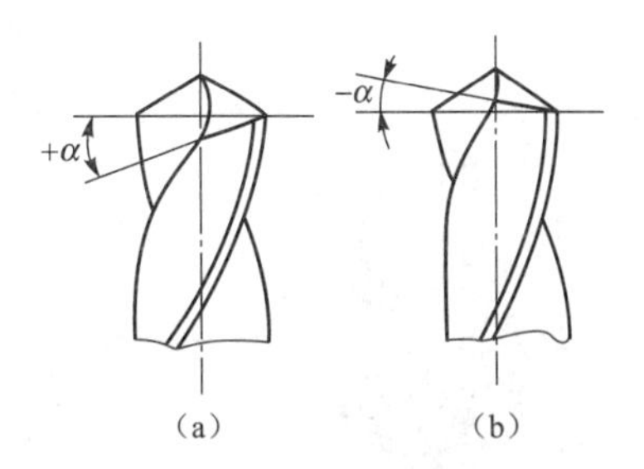

（a）　　　　（b）

图 7-1-9　外缘处的后角检查的判别

（a）正确；（b）错误

（3）检查横刃的斜角 ψ（50°～55°）是否正确。可加工一个如图 7-1-10 所示的样板工具，以辅助对标准 118°钻头顶角检查，同时判断两条主切削刃是否对称，后角是否正确，检查横刃的倾斜角是否在 50°～55°。

（三）钻孔的方法

1. 钻孔工件的划线

钻孔工件的划线按孔的尺寸要求，划出十字中心线，然后打上样冲眼。样冲眼一定要正确、垂直。为了便于及时检查和找正钻孔的位置，可以划出几个大小不等的检查圆；对于尺

寸位置要求较高的孔，为避免样冲眼产生的偏差，可在划十字中心线时，同时划出大小不等的方框，以作为钻孔时的检查线，如图7-1-11所示。

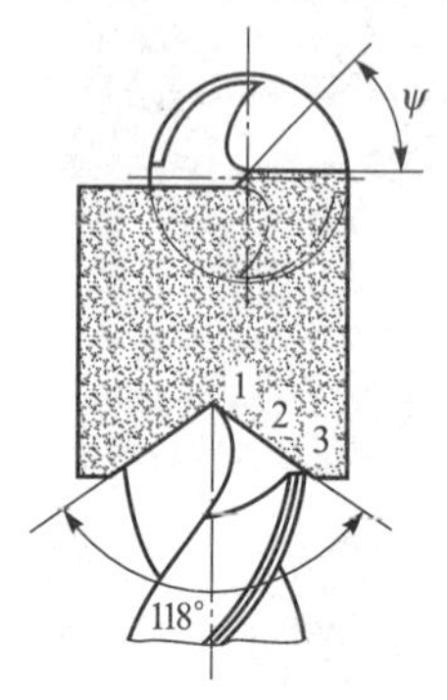

图7-1-10　标准麻花钻利用样板工具检查

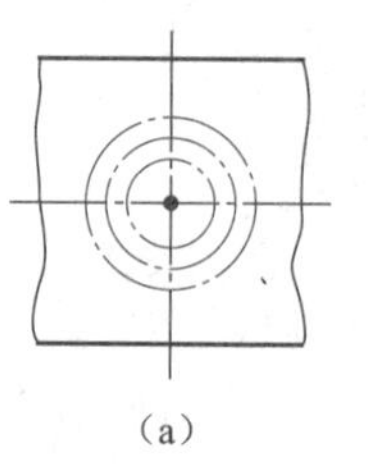
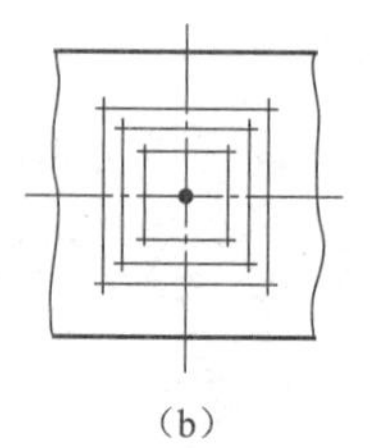

图7-1-11　钻孔位置的检查线

(a) 划出检查圆；(b) 划出方框

2. 钻头的装夹

(1) 对于直径小于ϕ13 mm的直柄钻头，直接在钻卡头中夹持。通过钻卡头上的3个小孔来转动钥匙扳手，如图7-1-12所示，并使3个卡爪伸出或缩进，以将钻头夹紧或松开。

(2) 对于ϕ13 mm以上的锥柄钻头，用柄部的莫氏锥体直接与钻床的主轴相连；较小的钻头则选用相应的莫氏钻套与柄部连接，再进行钻孔。每个钻套的上端有一扁尾，并且套筒的内腔和主轴的锥孔上端均有一个扁槽，如图7-1-13 (a) 所示。在安装时，将钻头或钻套的扁尾沿锥孔的方向装入扁槽中，以传递转矩，并使钻头能顺利切削，如图7-1-13 (b) 所示。在拆卸时，用楔铁敲入套筒或主轴锥孔的扁槽内，并利用楔铁斜面的向下分力，以使钻头与套筒或主轴分离，如图7-1-13 (c) 所示。

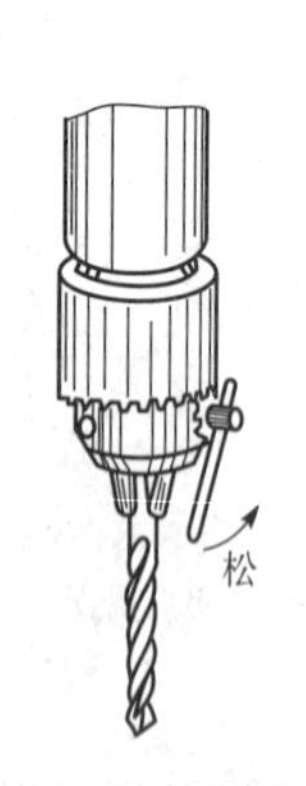

图7-1-12　直柄钻头的装拆

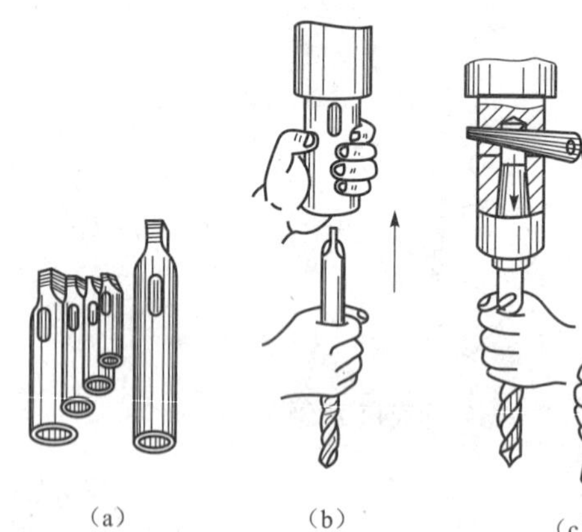

图7-1-13　锥柄钻头及装拆

(a) 带扁尾和扁槽的钻套；(b) 将扁尾装入；(c) 用楔铁拆卸

3. 工件的夹持

钻孔时，工件的装夹方法应根据钻孔直径的大小及工件的形状来决定。一般钻削直径小于ϕ8 mm的孔，而工件又可用手握牢时，可用手拿住工件钻孔，但工件上锋利的边角要倒钝；当孔快要被钻穿时要特别小心，并且进给量要小，以防发生事故。除此之外，还可采用其他不同的装夹方法，来保证钻孔质量和安全。

（1）用手虎钳夹紧。

在小型工件、板上钻小孔，或不能用手握住工件钻孔时，必须将工件放置在定位块上，并用手虎钳夹持来钻孔，如图 7-1-14（a）所示。

（2）用平口钳夹紧。

若钻孔直径超过 ϕ8 mm 且在表面平整的工件上钻孔，则可用平口钳来装夹，如图 7-1-14（b）所示。装夹时，工件应放置在垫铁上，以防止钻坏平口钳，并且工件的表面与钻头要保持垂直。

（3）用压板夹紧。

对于钻大孔或不便用平口钳夹紧的工件，可用压板、螺栓、垫铁直接固定在钻床工作台上进行钻孔，如图 7-1-14（c）所示。

（4）用三爪自定心卡盘夹紧。

在圆柱形工件的端面上进行钻孔，用三爪自定心卡盘来夹紧，如图 7-1-14（d）所示。

（5）用 V 形铁夹紧。

在圆柱形的工件上进行钻孔，既可用带夹紧装置的 V 形铁夹紧，也可将工件放在 V 形铁上并配以压板压牢，以防止工件在钻孔时转动，如图 7-1-14（e）所示。

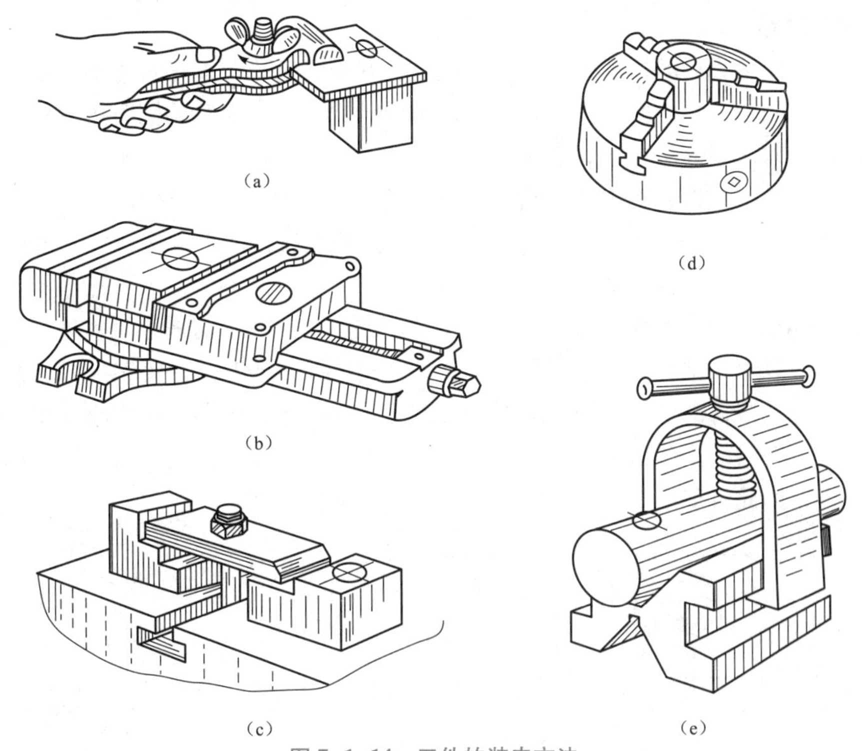

图 7-1-14　工件的装夹方法

（a）用手虎钳夹紧；（b）用平口钳夹紧；（c）用压板夹紧；（d）用三卡自定心卡盘夹紧；（e）用带夹紧装置的 V 形铁夹紧

4. 切削液的选择

为了提高生产效率，延长钻头的使用寿命，保证钻孔质量，在钻孔时要注入充足的切削

液。切削液起到冷却、排屑与润滑作用，因此能降低切削阻力，并提高孔壁的质量。

由于钻削属于粗加工，并且切削液主要是为了提高钻头的寿命和切削性能，因此以冷却为主。钻削不同的材料选用不同的切削液，并可以参考表7-1-1。

表7-1-1 钻削各种材料的切削液

工件的材料	冷却、润滑液的类型
各类结构钢	3%～5%乳化液；7%硫化乳化液
不锈钢、耐热钢	3%肥皂加2%亚麻油水溶液；硫化切削液
纯铜、黄铜、青铜	不用；5%～8%乳化液
铸铁	不用；5%～8%乳化液；煤油
铝合金	不用；5%～8%乳化液；煤油；煤油与菜油的混合油
有机玻璃	5%～8%乳化液；煤油

5. 起钻及进给操作

钻孔时，先使钻头对准样冲中心钻出一浅坑，并观察钻孔位置是否正确。不断地找正使浅坑与钻孔中心同轴。具体的找正方法为：若偏位较少，可在起钻的同时用力将工件向偏位的反方向推移，以达到逐步校正；若偏位较多［见图7-1-15（a）］则可在校正的方向打上几个样冲眼，或用油槽錾錾出几条槽［见图7-1-15（b）］，以减少此处的切削阻力，并达到校正的目的［见图7-1-15（c）］。无论采用何种方法，都必须在浅坑的外圆直径小于钻头直径之前完成，否则校正就困难了。

当起钻达到钻孔的位置要求后，即可按要求完成钻孔。在手动进给时，进给用力不应使钻头产生弯曲，以免使钻孔的轴线歪斜，如图7-1-16所示。当孔将要钻穿时，必须减少进给量——如果是采用自动进给，那么此时最好改为手动进给。因为当钻尖将要钻穿工件材料时，轴向的阻力突然减少。由于钻床进给机构的间隙和弹性变形恢复，将使钻头以很大的进给量自动切入，因此将造成钻头被折断或钻孔质量降低等现象。

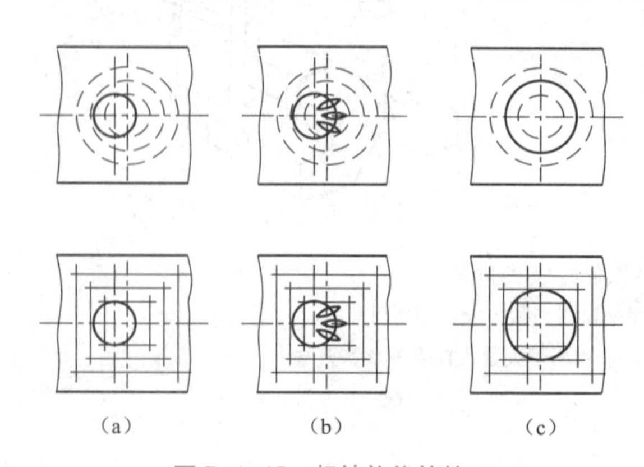

图7-1-15 起钻偏位的校正

（a）发现偏位；（b）錾出槽；（c）校正完成

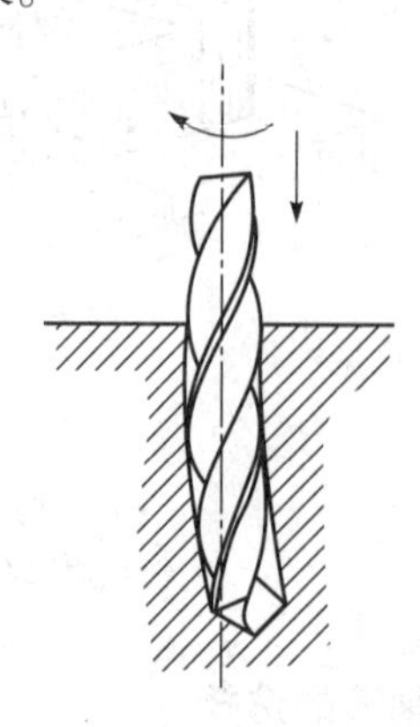

图7-1-16 钻孔的轴线歪斜情况

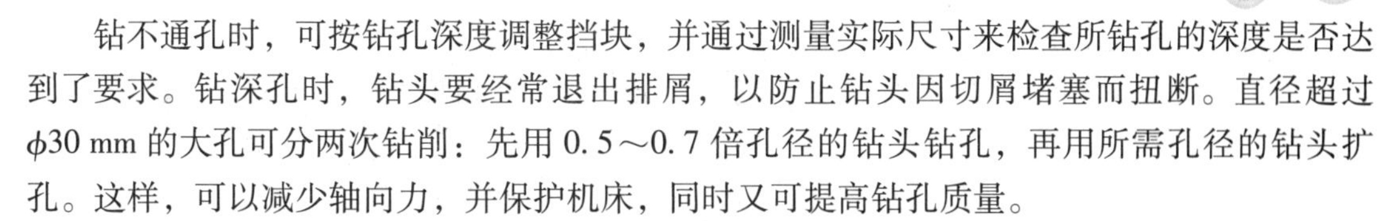

钻不通孔时，可按钻孔深度调整挡块，并通过测量实际尺寸来检查所钻孔的深度是否达到了要求。钻深孔时，钻头要经常退出排屑，以防止钻头因切屑堵塞而扭断。直径超过 ϕ30 mm 的大孔可分两次钻削：先用 0.5～0.7 倍孔径的钻头钻孔，再用所需孔径的钻头扩孔。这样，可以减少轴向力，并保护机床，同时又可提高钻孔质量。

（四）钻孔的注意事项

1. 钻孔时常见的废品形式及产生的原因

在钻孔中常出现的废品形式及产生的原因见表 7-1-2。

表 7-1-2　钻孔时常见的废品形式及产生的原因

废品形式	产生的原因
孔径大于规定尺寸	（1）钻头的两个主切削刃长短不等，或高度不一致； （2）钻头的主轴有摆动，或工作台未锁紧； （3）因钻头弯曲或在钻卡头中未装好，引起摆动
孔呈多棱形	（1）钻头的后角太大； （2）钻头的两个主切削刃长短不等、角度不对称
孔位置偏移	（1）工件划线不正确，或装夹不正确； （2）样冲眼的中心不准； （3）因钻头的横刃太长，定心不稳； （4）起钻过偏，并没有纠正
孔壁粗糙	（1）钻头不锋利； （2）进给量太大； （3）切削液性能差或供给不足； （4）切屑堵塞了螺旋槽
孔歪斜	（1）钻头与工件的表面不垂直，或钻床的主轴与台面不垂直； （2）进给量过大，并造成钻头弯曲； （3）在工件安装时，安装接触面上的切屑等污物未被及时地清除； （4）因为工件被装夹不牢靠，所以钻孔时产生歪斜；或工件有砂眼
钻头的工作部分被折断	（1）钻头虽已钝但还在继续钻孔； （2）进给量太大； （3）因为未经常退屑，所以钻头在螺旋槽中被阻塞； （4）在孔快钻穿时未减小进给量； （5）因为工件未被夹紧，所以钻孔时有松动； （6）在钻黄铜等软金属或薄板料时，钻头未被修磨； （7）孔虽已歪斜，但还在继续钻
切削刃迅速磨损或碎裂	（1）切削的速度太高； （2）钻头的刃磨未适应工件材料的硬度； （3）工件有硬块或砂眼； （4）进给量太大； （5）切削液输入不足

2. 钻孔的安全知识

（1）在钻孔前，检查钻床的润滑、调速是否良好。工作台面被清洁干净，并且不准放置刀具、量具等物品。

（2）操作钻床时，不可戴手套；袖口必须扎紧；女生戴好工作帽。

（3）工件必须被夹紧牢固。

（4）在开动钻床前，应检查钻钥匙或斜铁是否插在钻轴上。

（5）操作者的头部不能太靠近旋转着的钻床主轴；在停车时，应让主轴自然停止，而不能用手刹住，也不能反转制动。

（6）在钻孔时，不能用手、棉纱或用嘴吹来清除切屑，而必须用刷子清除；若长切屑或切屑绕在钻头上，则要用钩子钩去或停车清除。

（7）严禁在开车状态下装拆工件。检验工件和变速必须在停车状态下完成。

（8）在清洁钻床或加注润滑油时，必须切断电源。

五、任务实施

1. 标准麻花钻的刃磨练习

（1）实习教师做钻头的刃磨示范。

（2）学生按要求完成 ϕ12 mm 钻头的刃磨。

2. 钻孔练习

（1）实习教师做钻床的调整操作、钻头和工件的装夹、钻孔方法等示范。

（2）学生在钻床上熟悉钻床的操作、转速的调整、工作台的升降及钻头和工件的装夹等操作。

（3）学生划出钻孔的位置线，并在工件上进行钻孔，以达到要求。

3. 重点提示

（1）钻头的刃磨是学习的重点、难点。只有不断地练习，才能做到刃磨的姿势、动作，钻头的几何形状、角度都正确。

（2）在用钻卡头装夹钻头时，要使用钻卡头钥匙；不要用扁铁或手锤敲击，以免损坏钻卡头。

（3）在钻孔时，手的进给压力是根据钻头的工作情况，以目测和感觉进行控制。在实习中应注意掌握此技能。

（4）当钻头被用钝后必须及时地被修磨锋利。

六、任务评价

教师、学生按表 7-1-3 对钻孔进行任务评价。

表 7-1-3　钻孔练习的评分标准

班级：________		姓名：________	学号：________		成绩：________		
评价内容	序号	技术要求	配分评分标准	配分	自检记录	交检记录	得分
操作技能评价	1	（10±0.3）（4 处）	每超一处扣4分	16/4			
	2	（12±0.3）（4 处）	每超一处扣4分	16/4			
	3	孔口倒角 C1（8 处）	每超一处扣1分	8			
	4	掌握台钻各部分的作用	不掌握酌情扣分	8			
	5	正确地操作台钻	操作不正确酌情扣分	10			
	6	钻头的刃磨方法正确	不正确酌情扣分	12			
	7	钻头修磨合格	不合格酌情扣分	10			
素养评价	8	工量具使用规范		5			
	9	有团队协作意识，有责任心		5			
	10	学习态度端正，遵章守纪		5			
	11	安全文明操作、保持工作环境整洁		5			

*七、任务拓展

（一）特殊孔的钻削要点

1. 钻小孔

（1）钻小孔的加工特点。

① 被钻孔的直径小。被钻孔的直径为 $\phi3$ mm 以下。

② 排屑困难。小钻头的螺旋槽窄，并使排屑困难，因此钻头容易折断。

③ 切削液很难注入切削区。刀具由于冷却润滑不良，因此使用寿命降低。

④ 刀具的刃磨困难。直径小于 $\phi1$ mm 的钻头需要在放大镜下刃磨，因此操作难度大。

（2）钻小孔的要点。

① 要选择精度高的钻床、钻卡头和合理的转速。在一般情况下，当钻头直径为 $\phi2$～3 mm 时，转速可选 1 500～2 000 r/min；当钻头直径小于 $\phi1$ mm 时，转速可选 2 000～3 000 r/min，甚至更高。

② 在起钻时，进给力要小，以防止钻头弯曲和滑移，并保证起钻的位置正确。

③ 在进给时，要控制好手劲的感觉。在钻削阻力不正常时，要立即停止进给，以防钻头被折断；在钻削过程中，经常提钻排屑，并加注切削液做冷却用。

2. 钻深孔

当钻孔深度与孔径之比大于 5～10 时，被称为深孔。加工深孔一般采用分步进给的加工方法，即在钻削过程中，在钻头进给一定深度后退出钻头，以排出切屑并有利于加注切削液

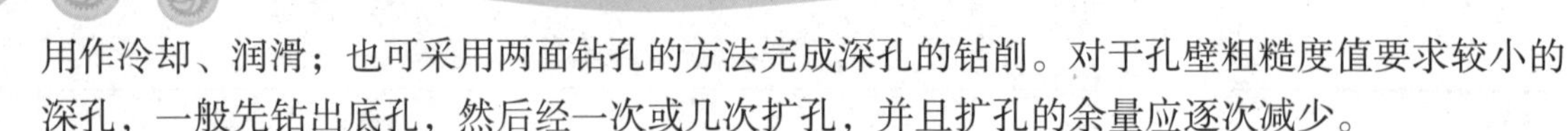

用作冷却、润滑；也可采用两面钻孔的方法完成深孔的钻削。对于孔壁粗糙度值要求较小的深孔，一般先钻出底孔，然后经一次或几次扩孔，并且扩孔的余量应逐次减少。

3. 钻斜孔

斜孔是指孔的中心线与被钻孔工件的表面不垂直的孔。

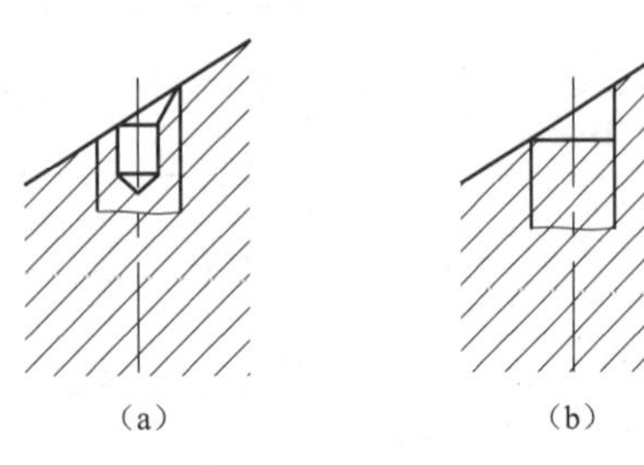

图7-1-17　在斜面上钻孔的方法

（a）用中心钻钻出中心孔；
（b）用立铣刀铣一平面

钻斜孔的方法如下（见图7-1-17）。

（1）不改变工件的位置钻斜孔。

① 用样冲在被钻孔中心打出一个较大的中心眼，或用錾子錾出一个小平面，以使钻头的切削刃不受工件斜面的妨碍。

② 用中心钻在钻孔中心先钻出一个中心孔，或用立铣刀加工出一个水平面，如图7-1-17所示。

（2）改变工件的位置钻斜孔。

先将工件的钻孔端面置于水平位置装夹，并在钻孔位置的中心锪出一个浅窝，再把工件按孔的倾斜角度装夹，以通过浅窝的过渡逐渐完成钻孔。

（3）用专用夹具钻孔。

将工件装夹在可调角度的钻孔夹具或角度平口钳上，并利用夹具的可调角度，来完成斜孔的钻削。

4. 钻精密孔

精密钻孔一般是通过扩孔（或直接钻孔），而无须铰孔，即可获得较高精度的加工方法。在加工后，孔的尺寸精度可达0.02～0.04 mm，表面粗糙度可达 $Ra1.6\ \mu m$。

钻精密孔不但要选用精度较高的钻床，而且对钻头的精度要求也很高，如图7-1-18所示。钻头的切削刃一定要被修磨对称，以提高切削的稳定性。钻头被修磨后，要用油石修去毛刺。

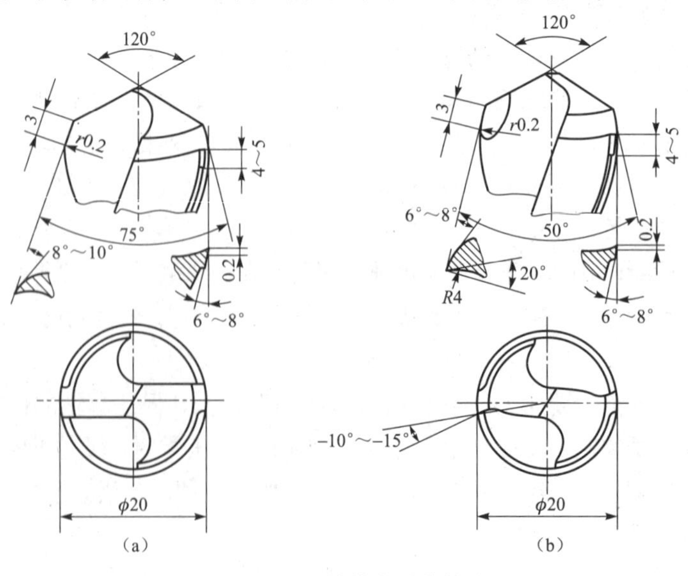

图7-1-18　钻精密孔的钻头

（a）形式1；（b）形式2

5. 钻多孔、相交孔

多孔、相交孔是指：在加工面上孔的数量较多，或是在两个以上的坐标方向上钻孔，并且孔与孔之间相贯通。

钻多孔、相交孔的要点如下：

（1）当孔径不同时，应先钻大径孔，后钻小径孔，以减轻工件的质量。

（2）当孔深不同时，应先钻深孔，后钻浅孔。

（3）当干道孔与几条支道孔相贯通时，应先钻干道孔，后钻支道孔。

（4）当干道孔前端有截止孔时，应先钻截止孔，后钻干道孔。

任务二 扩孔、锪孔与铰孔

一、生产实习图纸

生产实习图纸如图 7-2-1 所示。

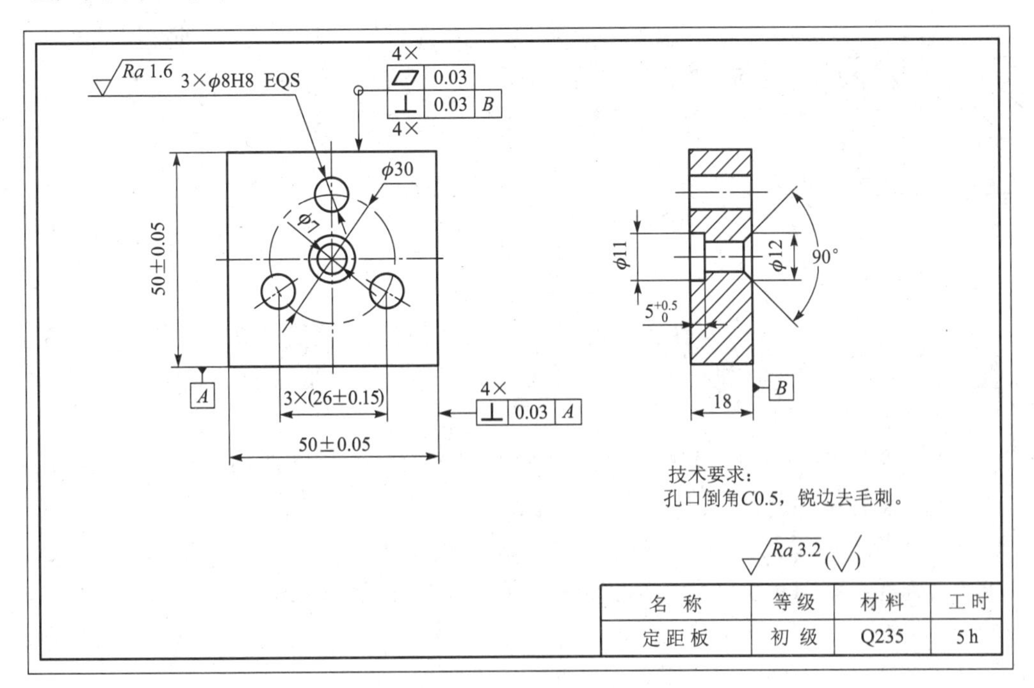

图 7-2-1　定距板的加工图纸

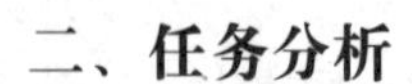

二、任务分析

扩孔、锪孔、铰孔操作是在钻孔的基础上，对已有孔进行加工的方法。通过加工定距板的练习，了解扩孔、锪孔、铰孔的应用，并熟练掌握钻孔、锪孔、铰孔的技能；应学会分析、解决在练习中产生的问题，并提高操作稳定性。会用标准麻花钻改制、刃磨锪孔钻。

三、任务准备

（1）材料准备：尺寸为 51 mm×51 mm×18 mm，材料为 Q235。

（2）工、量、刃具准备：常用锉刀、直尺、划线工具、游标卡尺、刀口角尺、高度划线尺、25～50 mm 千分尺、ϕ2 钻头、ϕ6 钻头、ϕ7 钻头、ϕ7.8 钻头、ϕ12 钻头、ϕ11 柱形锪钻、ϕ12 锥形锪钻、ϕ8H8 手铰刀、铰杠、长柄刷、ϕ8H8 塞规等。

（3）实训准备：领用工、量、刃具及材料；复习相关的理论知识，并详细地阅读本指导书。

四、相关工艺分析

（一）扩孔

1. 扩孔的概念

扩孔是用扩孔钻对工件上已有的孔进行扩大加工，如图 7-2-2 所示。扩孔可以作为孔的最终加工工序，也可作为铰孔、磨孔前的预加工工序。扩孔后，孔的尺寸精度可达到 IT10～IT9，且表面粗糙度可达到 Ra12.5～3.2 μm。

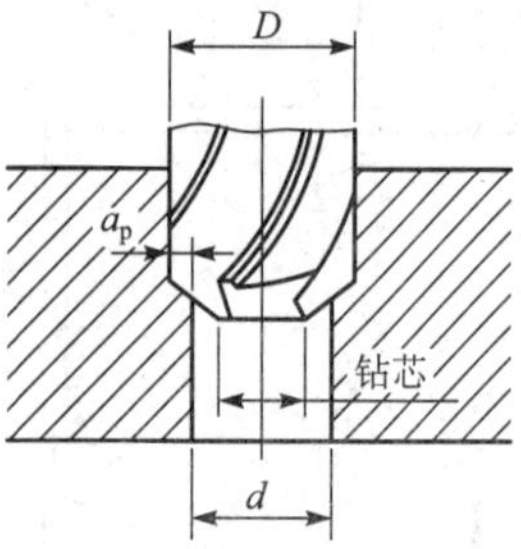

图 7-2-2　扩孔

扩孔时的切削深度 a_p 按下式计算：

$$a_p = \frac{D-d}{2}$$

式中　D——扩孔后的直径，mm；

d——预加工孔的直径，mm。

在实际生产中，一般用麻花钻代替扩孔钻使用；扩孔钻多用于成批大量生产。扩孔时的进给量为钻孔时的 1.5～2 倍，而切削速度为钻孔时的 1/2。

2. 扩孔的要点

（1）扩孔钻多用于成批大量生产。在小批量生产时，常用麻花钻代替扩孔钻使用。此时，应适当减小钻头的前角，以防止扩孔时扎刀。

（2）若用麻花钻扩孔，则在扩孔前，所钻孔的直径为 0.5～0.7 倍的要求孔径；若用扩孔钻扩孔，则在扩孔前，所钻孔的直径为 0.9 倍的要求孔径。

（3）钻孔后，在不改变钻头与机床主轴相互位置的情况下，应立即换上扩孔钻以进行扩孔，并使扩孔钻与钻头的中心重合，以保证加工质量。

（二）锪孔

用锪孔刀具在孔口表面加工出一定形状的孔或表面的加工方法，被称为锪孔。常见的锪孔形式有：锪圆柱形沉孔［见图 7-2-3（a）］、锪锥形沉孔［见图 7-2-3（b）］和锪凸台平面［见图 7-2-3（c）］。

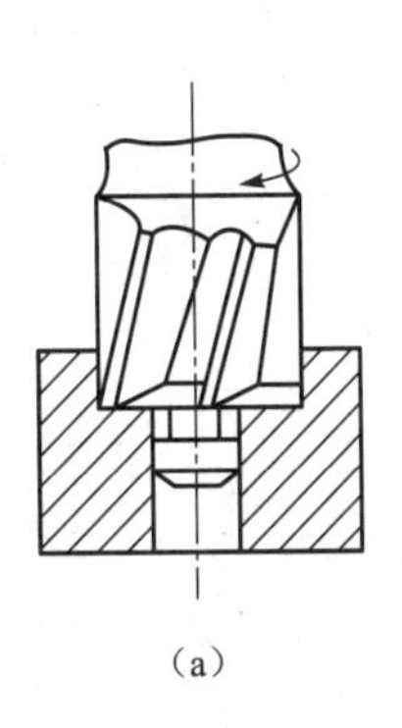

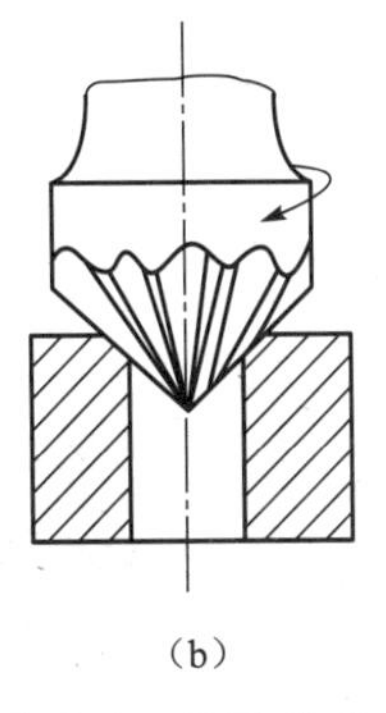

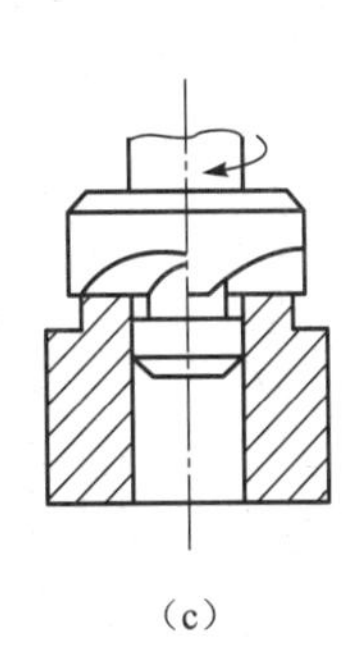

(a)　(b)　(c)

图 7-2-3　锪孔的形式

(a) 锪圆柱形沉孔；(b) 锪锥形沉孔；(c) 锪凸台平面

1. 锪锥形埋头孔

按图纸锥角要求选用锥形锪钻。锪孔的深度一般控制在埋头螺钉装入后，低于工件表面约 0.5 mm，加工表面无振痕。

锪锥形埋头孔的刀具使用的是专用锥形锪钻（见图 7-2-4）或由麻花钻刃磨改制(见图 7-2-5)。

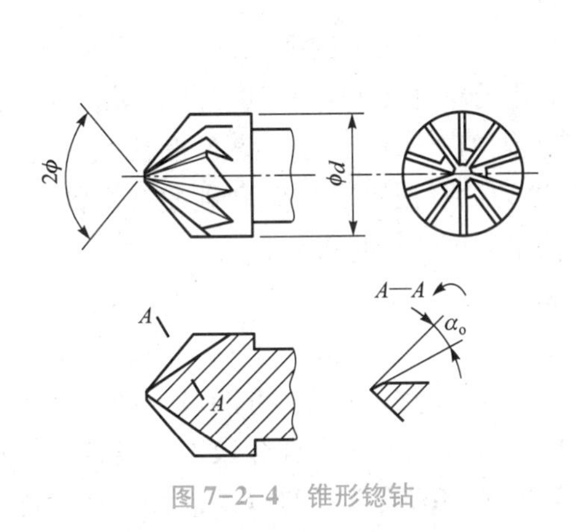

图 7-2-4　锥形锪钻

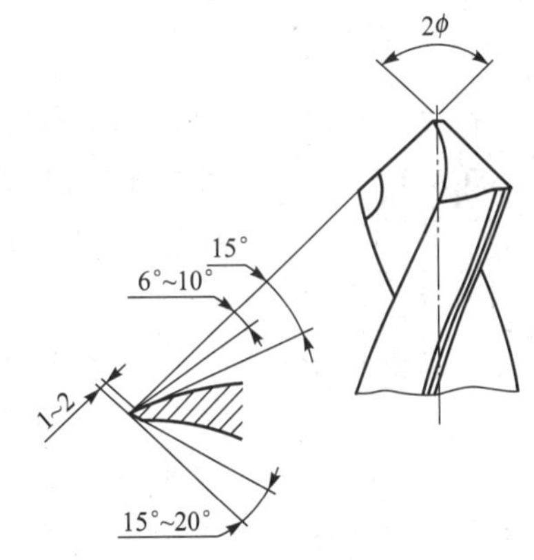

图 7-2-5　由麻花钻刃磨改制成的锥形锪钻

2. 锪柱形埋头孔

柱形埋头孔使用麻花钻刃磨改制的不带导柱的柱形锪钻锪孔（见图 7-2-6），则在钻孔后先用标准麻花钻扩出一个导向孔［见图 7-2-7（b）］，再进行柱形埋头孔的锪制［见图 7-2-7（c）］。柱形埋头孔要求底面平整并与底孔的轴线垂直，并且加工表面无振痕。使用由麻花钻改制成的柱形锪钻，在 ϕ7 孔的一个端面上锪出 ϕ11 的柱形埋头孔，并且达到图纸要求。锪孔方法如图 7-2-7 所示。

锪柱形埋头孔的要点如下：

(1) 在锪孔时的进给量为钻孔的 2～3 倍，而切削速度为钻孔时的 1/3～1/2。在精锪时，可利用停车后的主轴惯性来锪孔，以减少振动而获得光滑表面。

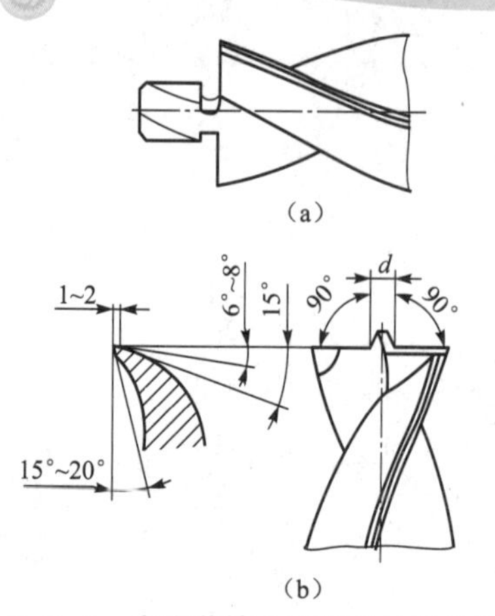

图 7-2-6　由麻花钻改制成的柱形锪钻

(a) 带圆柱导向的柱形锪钻；(b) 平底柱形锪钻

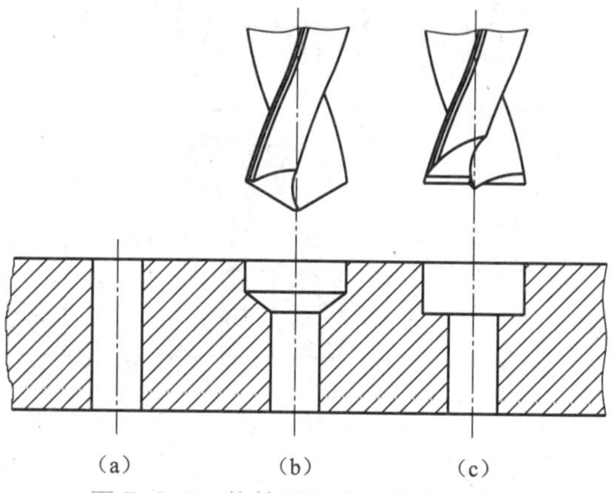

图 7-2-7　锪柱形埋头孔的方法步骤

(a) 钻孔；(b) 扩出导向孔；(c) 锪柱形埋头孔

(2) 使用麻花钻改制锪钻时，应尽量选用较短的钻头，并适当减小后角和外缘处的前角，以防止扎刀并可减少振动。

(3) 在锪钢件时，应在导柱和切削表面上加切削液润滑。

(三) 铰孔

用铰刀对已经粗加工的孔进行精加工的一种方法，称为铰孔。

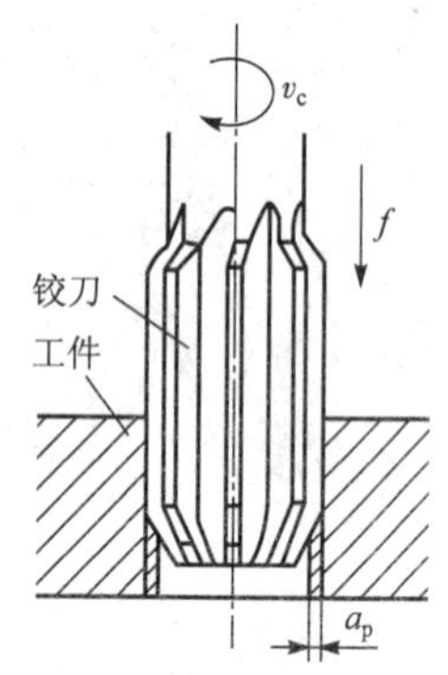

图 7-2-8　用钻床进行铰孔示意图

铰刀具有一个或多个刀齿，并用于铰削工件上已钻削（或扩孔）加工后的孔。铰刀是孔的精加工和半精加工的刀具，并且铰孔后孔的精度一般可达到 IT9～IT7 级，表面粗糙度可达到 $Ra3.2 \sim 0.8\ \mu m$。常用的铰刀的材质为高速钢和硬质合金镶刀片。如图 7-2-8 所示，为用钻床进行铰孔的示意图。

1. 铰刀的种类与结构

铰刀的种类很多：按使用方式，可分为手用铰刀、机用铰刀两种；按铰刀的结构，可分为整体式铰刀、可调节式铰刀；按切削部分的材料，可分为高速钢铰刀、硬质合金铰刀；按铰刀的用途，可分为圆柱铰刀、圆锥铰刀；按齿槽的形式，可分为直槽铰刀、螺旋槽铰刀。钳工常用的铰刀有整体式铰刀、手用可调节式圆柱铰刀和整体式圆锥铰刀，如图 7-2-9 所示。

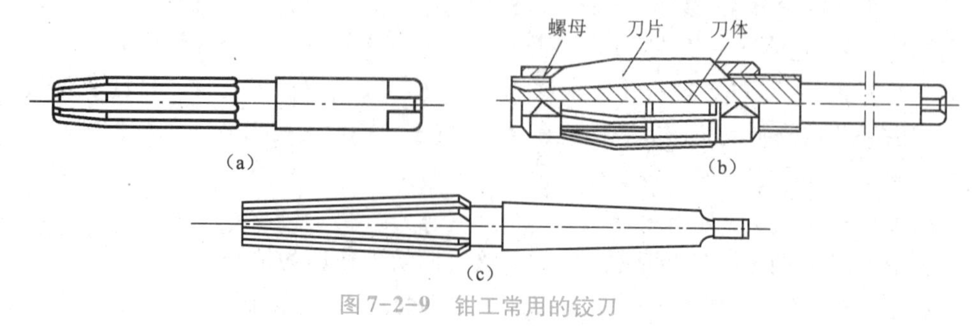

图 7-2-9　钳工常用的铰刀

(a) 整体式铰刀；(b) 手用可调节式圆柱铰刀；(c) 整体式圆锥铰刀

铰刀由柄部、颈部和工作部分组成。柄部是用来装夹，传递扭矩和进给力的部分，并有直柄和锥柄两种。颈部是磨制铰刀时供砂轮退刀用的，同时也是刻制商标和规格的地方。工作部分又分为切削部分和校准部分。

2. 铰削用量

（1）铰削余量。

铰削余量是指从上道工序（钻孔或扩孔）留下的、在直径方向上的加工余量。对铰削余量的选择，应考虑到直径大小、材料软硬、尺寸精度、表面粗糙度、铰刀的类型等因素。如果铰削余量太大，则孔铰不光，且铰刀易磨损；若过小，则从上道工序残留的变形难以被纠正，并且原有的刀痕无法去除，因此影响铰孔质量。一般铰削余量的选用，可参考表 7-2-1。

表 7-2-1　铰削余量的选用

mm

铰孔直径	<5	5～20	21～32	33～50	51～70
铰削余量	0.1～0.2	0.2～0.3	0.3	0.5	0.8

此外，铰削的精度还与上道工序的加工质量有直接的关系，因此还要考虑铰孔的工艺过程。一般铰孔的工艺过程是：钻孔→扩孔→铰孔；对于 IT8 级以上的精度、表面粗糙度 $Ra1.6\ \mu m$ 的孔，工艺过程是：钻孔→扩孔→粗铰→精铰。

（2）机铰切削用量。

机铰切削用量包括切削速度和进给量。当采用机动铰孔时，应选择适当的切削用量。在铰削钢材时，切削速度应小于 8 m/min，且进给量应控制在 0.4 mm/r；在铰削铸铁材料时，切削速度应小于 10 m/min，且进给量应控制在 0.8 mm/r。

3. 在铰孔时切削液的选用

为了及时清除切屑和降低切削温度，必须合理地使用切削液。切削液的选择，见表 7-2-2。

表 7-2-2　铰孔时的切削液选择

工件的材料	切　削　液
钢	（1）10%～20%乳化液； （2）铰孔要求较高时，可采用 30%菜油加 70%肥皂水； （3）铰孔要求更高时，可用菜油、柴油、猪油等
铸铁	（1）不用； （2）可用煤油，但会引起孔径缩小，最大缩小量为 0.02～0.04 mm； （3）3%～5%低浓度的乳化液
铜	5%～8%低浓度的乳化液
铝	煤油、松节油

4. 铰孔时铰刀损坏的原因及废品分析

（1）铰刀损坏的原因。

在铰削时，铰削用量选择不合理、操作不当等，都会引起铰刀过早地被损坏。被损坏的具体形式见表7-2-3，并可分析以下原因，还可在操作时注意避免出现这些问题。

表7-2-3 铰刀被损坏的原因

铰刀被损坏的形式	被损坏的原因
过早地磨损	（1）切削刃表面粗糙，因此使耐磨性降低； （2）切削液选择不当； （3）工件的材料硬
崩刃	（1）铰刀前、后角太大，并引起切削刃的强度差； （2）铰刀偏摆过大，并造成切削负荷不均匀； （3）铰刀退出时反转，并使切屑嵌入切削刃与孔壁之间
折断	（1）铰削用量太大； （2）工件的材料硬； （3）虽铰刀已被卡住，但是继续用力扳转； （4）进给量太大； （5）两手用力不均，或铰刀的轴心线与孔的轴心线不重合

（2）铰孔时常见的废品形式及产生的原因。

在铰孔时，铰刀质量不好、铰削用量选择不当、切削液使用不当、操作疏忽等，都会产生废品，具体的分析见表7-2-4。

表7-2-4 铰孔时常见的废品形式及产生的原因

常见的废品形式	产生的原因
表面粗糙度达不到要求	（1）铰刀的刃口不锋利或有崩刃；铰刀的切削部分和校准部分粗糙； （2）在切削刃上黏有积屑瘤，或在容屑槽内切屑黏结过多，并且未被清除； （3）铰削余量太大或太小； （4）在铰刀退出时，反转； （5）切削液不充足或选择不当； （6）在手铰时，铰刀旋转不平稳； （7）铰刀的偏摆过大
孔径扩大	（1）在手铰时，铰刀的偏摆过大； （2）在机铰时，铰刀的轴心线与工件孔的轴心线不重合； （3）由于铰刀未被研磨，因此直径不符合要求； （4）进给量和铰削余量太大； （5）由于切削速度太高，因此使铰刀温度上升，且直径增大
孔径缩小	（1）在铰刀磨损后，尺寸变小但继续使用； （2）铰削余量太大引起孔弹性变形，并且复原使孔径缩小； （3）铰铸铁时加了煤油

续表

常见的废品形式	产生的原因
孔呈多棱形	（1）由于铰削余量太大和铰刀的切削刃不锋利，因此使铰刀发生“啃切”，并产生振动而引起多棱形； （2）钻孔不圆，并使铰刀发生弹跳； （3）在机铰时，钻床的主轴振摆太大
孔轴线不直	（1）虽然预钻孔的孔壁不直，但是在铰削时未能使原有的弯曲度得以纠正； （2）因为铰刀的主偏角太大，并且导向不良，所以使铰削方向发生偏歪； （3）在手铰时，两手的用力不匀

（四）定距板的加工

1. 定距板的加工要点

（1）因为定距板的外形为划线基准，所以几何公差应尽量控制在最小范围内。

（2）在划孔的位置线时，先划出 $\phi7$ 孔的中心线，再以该孔的中心点为圆心划出 $\phi30$ mm 圆，用三等分的方法等分 $3\times\phi8H8$ 孔的位置，并依次钻孔。

（3）为保证被锪孔的表面质量，在锪孔时可利用钻床停车后的主轴惯性进行锪孔，以减少振动。

2. 孔的修正方法

钻孔时的顺序一般按划线、打样冲眼、找正、钻孔进行，但如果孔的位置精度要求较高，那么为了保证孔距的精度，在实际加工中经常用钻孔、找正、扩孔、再找正、再扩孔的方法，来找正孔的位置。在找正时，如图7-2-10所示，用小圆锉修锉底孔的方法，来修正孔的偏歪，再通过扩孔来找正孔的位置。

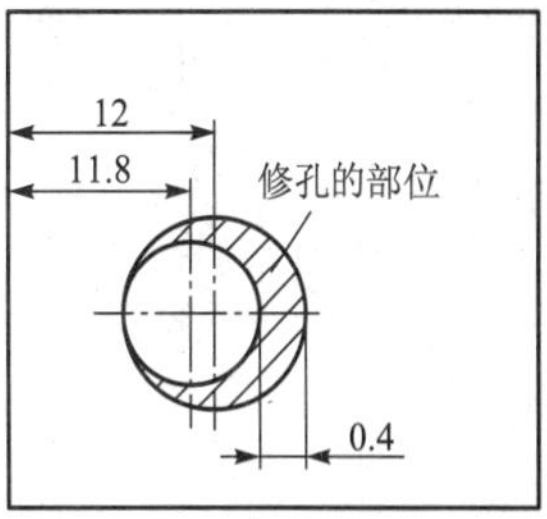

图 7-2-10　修孔方法示例图

五、任务实施

1. 任务实施的步骤

（1）检查来料的尺寸是否符合加工的要求。

（2）进行外形加工，并达到（50±0.05）mm×（50±0.05）mm 的尺寸要求及几何要求。

（3）按图划出所有的加工线。先划出十字中心线及 $\phi30$ 圆，再用作图法在 $\phi30$ 圆上，等分$3\times\phi8H8$孔的位置线，并打样冲。

（4）钻中心的 $\phi7$ 孔。在其中的一面扩 $\phi11$ 孔，即用柱形锪钻锪 $\phi11$ 的平底孔，且深度为 5；在另一面上用 90°锪孔钻锪出锥孔，并达到锪孔要求。

（5）进行 $\phi8H8$ 孔的加工。先用 $\phi2$ 的钻头钻预孔以定位，再用 $\phi6$ 的钻头扩孔，并测量孔距是否正确。接着，用 $\phi7.8$ 的钻头进行扩孔，并对孔口进行 $C0.5$ 倒角。

（6）铰 $3\times\phi8H8$ 的圆柱孔，并用 $\phi8H8$ 塞规进行检测，以保证孔距等要求。

（7）进行全面检查，并做必要修整。锐边去毛刺、倒棱。

2. 重点提示

（1）为了保证定距板的孔距达到精度要求，外形几何误差应尽量控制在最小的范围内。

（2）当孔距超差时，为了保证孔距的精度，应采用借正修孔的方法进行找正。

六、任务评价

教师、学生按表 7-2-5 对定距板的加工进行任务评价。

表 7-2-5　定距板加工的评分标准

班级：______	姓名：______		学号：______		成绩：______		
评价内容	序号	技术要求	配分评分标准	配分	自检记录	交检记录	得分
操作技能评价	1	（50±0.05）mm（2 处）	每超一处扣8分	16			
	2	4× ⊥ 0.03 *A*	每超一处扣2分	8/4			
	3	4× ⊥ 0.03 *B*	每超一处扣2分	8/4			
	4	4× ▱ 0.03	每超一处扣2分	8/4			
	5	锉面：*Ra*3.2 μm（4 个面）	每超一处扣1分	4/4			
	6	（26±0.15）mm（3 处）	每超一处扣4分	12/3			
	7	铰孔：*Ra*1.6 μm（3 个孔）	每超一处扣2分	6/3			
	8	铰孔 ϕ8H8（3 个孔）	每超一处扣2分	6/3			
	9	90°锥孔	超差全扣	6			
	10	ϕ11 mm 沉孔深 $5_{0}^{+0.5}$ mm	超差全扣	6			
素养评价	11	工量具使用规范		5			
	12	有团队协作意识，有责任心		5			
	13	学习态度端正，遵章守纪		5			
	14	安全文明操作、保持工作环境整洁		5			

*七、任务拓展

（一）机铰时的切削速度和进给量

在机铰时的切削速度和进给量要选择适当。若切削速度和进给量过大，则铰刀容易磨

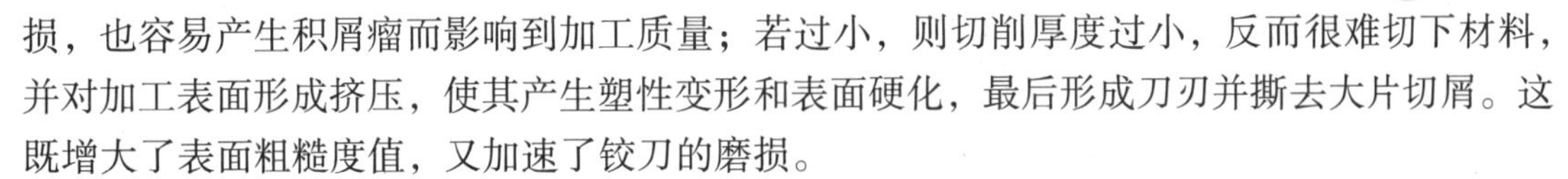

损，也容易产生积屑瘤而影响到加工质量；若过小，则切削厚度过小，反而很难切下材料，并对加工表面形成挤压，使其产生塑性变形和表面硬化，最后形成刀刃并撕去大片切屑。这既增大了表面粗糙度值，又加速了铰刀的磨损。

（1）当被加工材料为铸铁时，切削速度≤10 mm/min，且进给量在0.8 mm/r左右。

（2）当被加工材料为钢时，切削速度≤8 mm/min，且进给量在0.4 mm/r左右。

（二）机用铰刀的铰削方法

使用机用铰刀铰孔时，除注意手铰时的各项要求外，还应注意以下几点：

（1）要选择合适的铰削余量、切削速度和进给量。

（2）必须保证钻床主轴、铰刀和工件孔三者之间的同轴度要求。对于高精度孔，在必要时要采用浮动铰刀夹头，来装夹铰刀。

（3）在开始铰削时，先采用手动进给；在正常切削后改用自动进给。

（4）在铰不通孔时，应经常退刀，以清除切屑，并防止切屑拉伤孔壁；在铰通孔时，铰刀的校准部分不能全部出头，以免将孔口处刮坏，并造成退刀时困难。

（5）在铰削过程中，必须注入足够的切削液，以清除切屑和降低切削温度。

（6）当铰孔完毕，应先退出铰刀后，再停车。否则，孔壁会被拉出刀痕。

（三）手用铰刀的铰孔方法

（1）工件要被夹正、夹紧，并尽可能使被铰孔的轴线处于水平或垂直位置。对薄壁零件的夹紧力不要过大，以防止将孔夹扁，或铰孔后产生变形。

（2）在使用手用铰刀的过程中，两手用力要平衡、均匀，以防止铰刀偏摆，并避免孔口处出现喇叭口或孔径扩大。

（3）在铰削进给时，不能猛力压铰杠，而应一边旋转，一边轻轻地加压，以使铰刀缓慢、均匀地进给，并保证获得较细的表面粗糙度。

（4）在铰削的过程中，要注意变换铰刀每次停歇的位置，以避免在同一处停歇而造成振痕。

（5）铰刀不能反转，并且在退出时也要顺转。否则，会使切屑卡在孔壁和后刀面之间，并将孔壁拉毛，而且铰刀也容易磨损，甚至崩刃。

（6）在铰削钢料时，切屑、碎末易黏附在刀齿上，所以应注意经常退刀，以清除切屑，并应添加切削液。

（7）在铰削过程中，若发现铰刀被卡住，则不能猛力地扳转铰杠，以防止铰刀崩刃或被折断，而应及时地取出铰刀，并清除切屑和检查铰刀。在继续铰削时，要缓慢进给，以防止在原处再次被卡住。

复习思考题

（1）简述常用钻床的应用。

（2）如何刃磨标准麻花钻？如何检查标准麻花钻的刃磨是否正确？

（3）在孔将钻穿时为什么要减小进给量？

（4）简述锪钻的种类和用途。

（5）铰削余量为什么不能太大或太小？

（6）用手用铰刀铰孔时，铰刀为什么不能反转？

课题八 螺纹的加工

大国工匠案例五

【知识点】

Ⅰ　螺纹加工工具的结构、使用

Ⅱ　螺纹底孔直径、深度的确定

Ⅲ　螺纹加工产生废品的原因和防止方法

【技能点】

攻螺纹、套螺纹的方法及要领

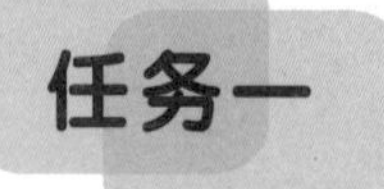

任务一　攻螺纹和套螺纹

一、生产实习图纸

生产实习图纸如图 8-1-1 所示。

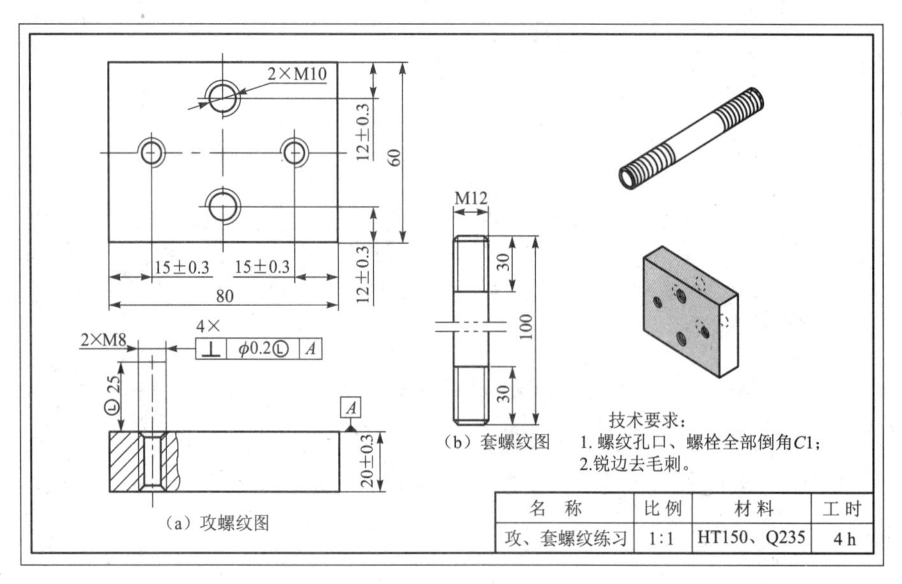

名　称	比 例	材 料	工 时
攻、套螺纹练习	1:1	HT150、Q235	4 h

图 8-1-1　攻螺纹、套螺纹的练习图

二、任务分析

攻螺纹和套螺纹练习，重点是掌握攻螺纹底孔直径和套螺纹圆杆直径的确定方法、攻螺纹和套螺纹的方法。同时，通过练习进一步掌握钻孔的方法，并达到孔的加工精度；会分析、处理攻螺纹和套螺纹中常见问题的产生原因，并做到安全文明生产要求。

三、任务准备

（1）材料准备：攻螺纹材料由孔加工练习中转下，套螺纹材料为 ϕ12 mm 的圆钢（Q235）。

（2）工、量、刃具的准备：钻床、直尺、游标卡尺、高度划线尺、长柄刷、ϕ5 钻头、ϕ6. 7 钻头、ϕ8. 5 钻头、ϕ12 钻头、M8 丝锥、M10 丝锥、M12 板牙、铰杠等。

（3）实训准备：领用工、量、刃具及材料；复习相关理论知识，并详细阅读本指导书。

四、相关工艺分析

在圆柱或圆锥的外表面上所形成的螺纹，被称为外螺纹；在圆柱或圆锥的内表面上所形

成的螺纹，被称为内螺纹。

（一）攻螺纹

1. 攻螺纹的工具

（1）丝锥。

丝锥是加工内螺纹的工具，并有手用和机用、左旋和右旋、粗牙和细牙之分。手用丝锥一般采用合金工具钢（如 9SiCr）或轴承钢（如 GCr9）制造；机用丝锥通常用高速钢制造。

丝锥的构造如图 8-1-2 所示，并由工作部分和柄部组成。工作部分包括切削部分和校准部分。切削部分被磨出锥角，并使切削负荷分布在几个刀齿上。这样不仅工作省力，丝锥还不易崩刃或被折断，而且在攻螺纹时的导向作用好，也保证了螺孔的质量。校准部分有完整的牙型，不仅用来校准、修光已切出的螺纹，还引导丝锥沿轴向前进。丝锥的柄部有方榫，并且用以夹持并传递切削转矩。丝锥沿轴向开有几条容屑槽，以容纳切屑，并同时形成切削刃和前角 γ_0。

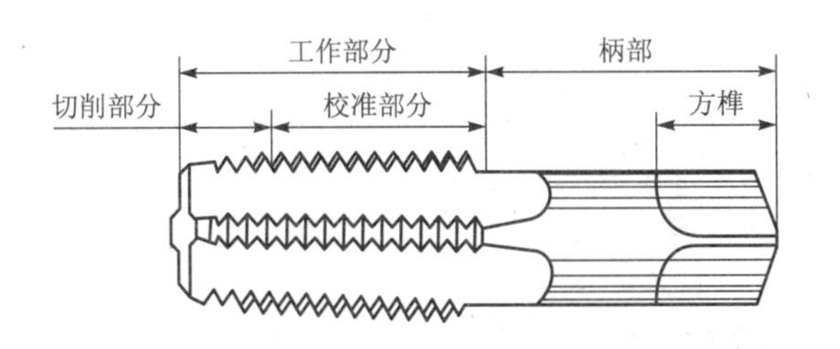

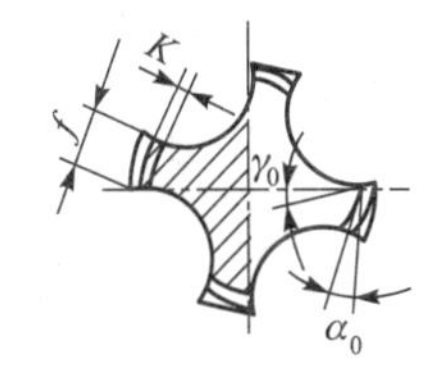

图 8-1-2　丝锥的构造

为了减少丝锥的切削力，并提高使用寿命，一般将整个的切削工作量分配给几支丝锥来承担。在通常情况下，M6～M24 的丝锥一套有两支，而 M6 以下及 M24 以上的丝锥一套有三支。细牙丝锥不论大小均为二支一套。切削用量的分配有两种形式：锥形分配和柱形分配。一般地，对于直径小于 M12 的丝锥采用锥形分配，而对于直径较大的丝锥，则采用柱形分配。机用丝锥一套也有两支，并且在攻通孔螺纹时，一般都用头锥一次性攻出。只有攻不通孔时，才用二锥（精锥）再攻一次，以增加螺纹的有效长度。

（2）铰杠。

铰杠是手工攻螺纹时，用的一种辅助工具，并用来夹持丝锥，分普通铰杠和丁字形铰杠两类。

① 如图 8-1-3（a）所示，普通铰杠又分固定式铰杠和活络式铰杠两种。固定式铰杠的方孔尺寸和柄长符合一定的规格，并使丝锥的受力不会过大，故丝锥不易折断，即操作比较合理，但规格的准备要多。一般攻 M5 以下的螺纹，宜采用固定式铰杠。活络式铰杠可以调节方孔的尺寸，故应用范围较广，并有 150～600 mm 六种规格。活络式铰杠的长度应根据丝锥尺寸的大小选择，以控制一定的攻螺纹扭矩，适用范围见表 8-1-1。

表 8-1-1　活络式铰杠的适用范围

活络式铰杠的规格/mm	150	230	280	380	580	600
适用丝锥的范围	M5～M8	M8～M12	M12～M14	M14～M16	M16～M22	M24 以上

② 丁字形铰杠如图 8-1-3（b）所示，并适用于攻制有台阶的侧边螺孔或攻制箱体内部的螺孔。它也分为活络式和固定式两种。

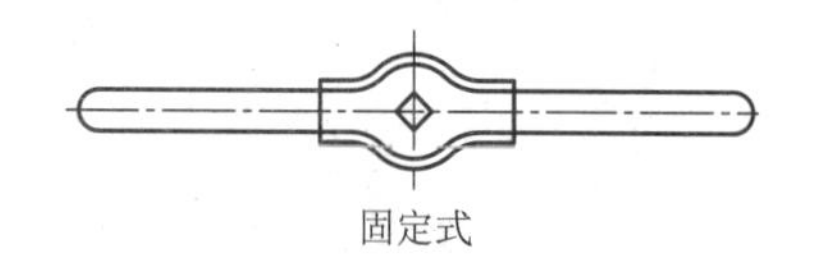

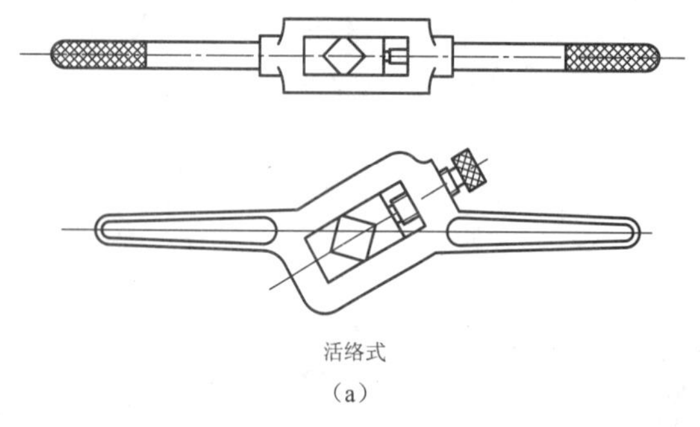

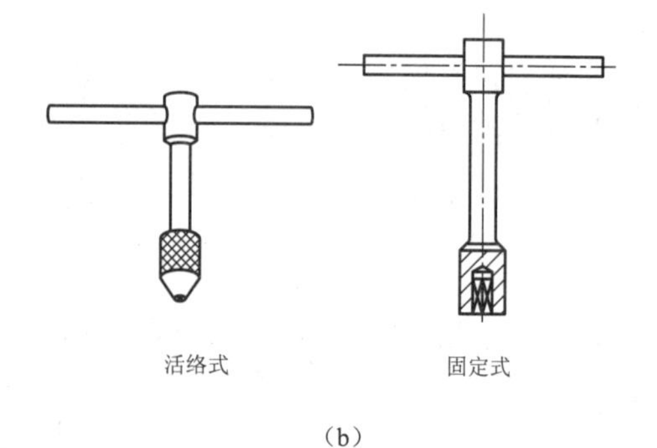

图 8-1-3　铰杠的种类

（a）普通铰杠；（b）丁字形铰杠

2. 攻螺纹前底孔的直径和深度

（1）攻螺纹前底孔直径的确定。

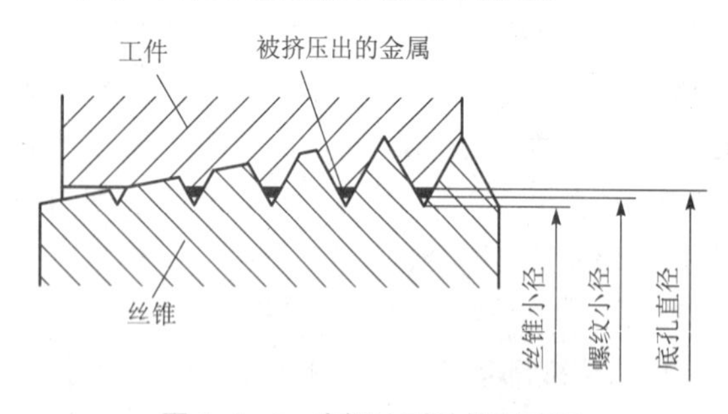

图 8-1-4　攻螺纹时的挤压现象

在攻螺纹时，丝锥的切削刃除起切削作用外，还对材料产生挤压，因此被挤压的材料在牙型的顶端会凸起一部分，如图 8-1-4 所示。若材料的塑性越大，则被挤压出的越多。此时，如果丝锥的刀齿根部与工件的牙型顶端之间没有足够的间隙，那么丝锥就会被挤压出来的材料轧住，并造成崩刃、折断和工件螺纹的烂牙。所以，在攻螺纹时的螺纹底孔直径必须大于攻螺纹前的底孔直径。

螺纹底孔直径的大小，要根据工件材料的塑性和钻孔时的扩张量来考虑。一般按照经验公式来计算。

（1）在加工钢和塑性较大的材料，即扩张量中等的条件下：

$$D_{钻}=D-P$$

式中　$D_{钻}$——螺纹底孔直径，mm；

D——螺纹大径，mm；

P——螺纹螺距，mm。

（2）在加工铸铁和塑性较小的材料，即扩张量较小的条件下：

$$D_{钻}=D-(1.05\sim1.1)P$$

用粗牙、细牙普通螺纹来攻螺纹钻底孔用的钻头，直径也可以从表 8-1-2 中查得。

表 8-1-2　攻普通螺纹钻底孔用的钻头的直径　mm

螺纹大径 D	螺距 P	钻头的直径 d_0	
		当被加工材料为铸铁、青铜、黄铜时	当被加工材料为钢、可锻铸铁、紫铜、层压板时
2	0.4 0.25	1.6 1.75	1.6 1.75
2.5	0.45 0.35	2.05 2.15	2.05 2.15
3	0.5 0.35	2.5 2.65	2.5 2.65
4	0.7 0.5	3.3 3.5	3.3 3.5
5	0.8 0.5	4.1 4.5	4.2 4.5
6	1 0.75	4.9 5.2	5 5.2
8	1.25 1 0.75	6.6 6.9 7.1	6.7 7 7.2
10	1.5 1.25 1 0.75	8.4 8.6 8.9 9.1	8.5 8.7 9 9.2
12	1.75 1.5 1.25 1	10.1 10.4 10.6 10.9	10.2 10.5 10.7 11
14	2 1.5 1	11.8 12.4 12.9	12 12.5 13
16	2 1.5 1	13.8 14.4 14.9	14 14.5 15

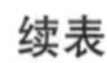

续表

螺纹大径 D	螺距 P	钻头的直径 d_0	
		当被加工材料为铸铁、青铜、黄铜时	当被加工材料为钢、可锻铸铁、紫铜、层压板时
18	2.5 2 1.5 1	15.3 15.8 16.4 16.9	15.5 16 16.5 17
20	2.5 2 1.5 1	17.3 17.8 18.4 18.9	17.5 18 18.5 19

（3）对于英制螺纹底孔直径的计算，一般按表 8-1-3 中的公式计算，也可从有关手册中查出。

表 8-1-3　英制螺纹底孔直径的计算公式　　in

螺纹的公称直径	当被加工材料为铸铁和青铜时	当被加工材料为钢和黄铜时
$\frac{3}{16} \sim \frac{5}{8}$	$D_{钻}=25\left(D-\frac{1}{n}\right)$	$D_{钻}=25\left(D-\frac{1}{n}\right)+0.1$
$\frac{3}{4} \sim 1\frac{1}{2}$	$D_{钻}=25\left(D-\frac{1}{n}\right)$	$D_{钻}=25\left(D-\frac{1}{n}\right)+0.3$
注：$D_{钻}$——攻螺纹前螺纹底孔直径；n——每英寸的牙数；D——螺纹公称直径。		

（2）在攻螺纹时底孔深度的确定。

在攻不通孔时，由于丝锥的切削部分不能切出完整的牙型，因此钻孔的深度要大于所需的螺纹深度。一般按：

$$H_{钻}=h_{有效}+0.7D$$

式中　$H_{钻}$——底孔深度，mm；

$h_{有效}$——螺纹的有效深度，mm；

D——螺纹大径，mm。

3. 攻螺纹的方法及要领

（1）螺纹底孔的孔口要倒角，而且通孔的两端都要倒角。倒角处的直径可略大于螺孔大径。这样，可使开始切削时容易切入，并可防止孔口出现被挤压出的凸边。

（2）工件的装夹位置要正确，并尽量使螺孔的中心线处于水平或垂直位置，以使得在攻螺纹时，容易判断出丝锥的轴线是否垂直于工件平面。

（3）用头攻起攻时，应尽量把丝锥放正。一手用手掌按住铰杠中部，并沿丝锥轴线加压；另一手配合转动铰杠，如图 8-1-5（a）所示。或两手握住铰杠两端，并均匀地施加压力，使丝锥顺向旋进，如图 8-1-5（b）所示，以保证丝锥的中心线与孔的中心线重合。在丝锥攻入 1～2 圈后，应及时从前后、左右方向，用刀口角尺检查垂直度，如图 8-1-6 所示，并不断校正至要求。

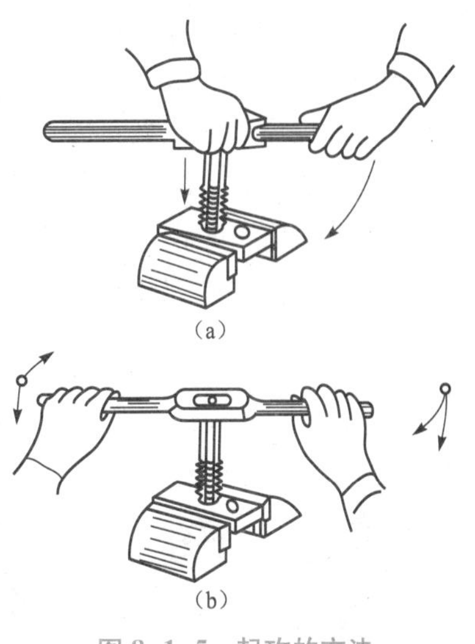

图 8-1-5 起攻的方法

（a）一手按压，一手转动；（b）双手同时按压转动

在开始攻螺纹时，为了保持丝锥的正确位置，可在丝锥上旋上同样规格的光制螺母，或将丝锥放入导向套的孔中，如图 8-1-7 所示。在攻螺纹时，只要把光制螺母或导向套压紧在工件表面上，就能够保证丝锥按正确的位置切入工件孔中。

（4）在切削时，铰杠就不需要再加压力。为避免切屑过长而咬死丝锥，在攻螺纹时，铰杠每转动 1/2～1 圈，就应倒转 1/2 圈，以使切屑碎断后容易排出。

（5）在攻螺纹时，应按头锥、二锥、三锥的顺序攻至标准尺寸。在较硬材料上攻螺纹时，可轮换各丝锥，交替攻下，以减少切削部分的负荷，并防止丝锥被折断。

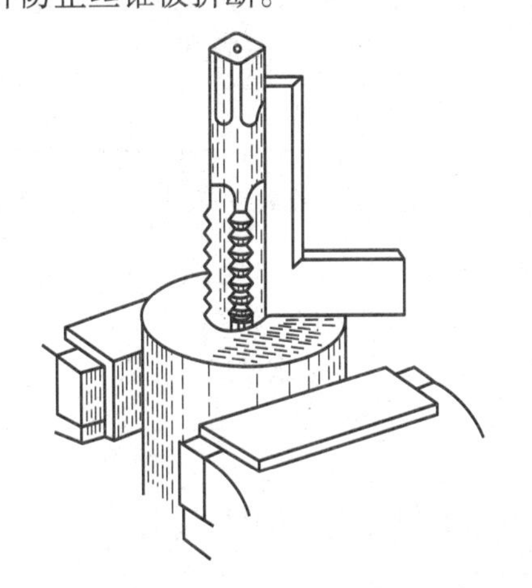

图 8-1-6 用刀口角尺检查丝锥的垂直度

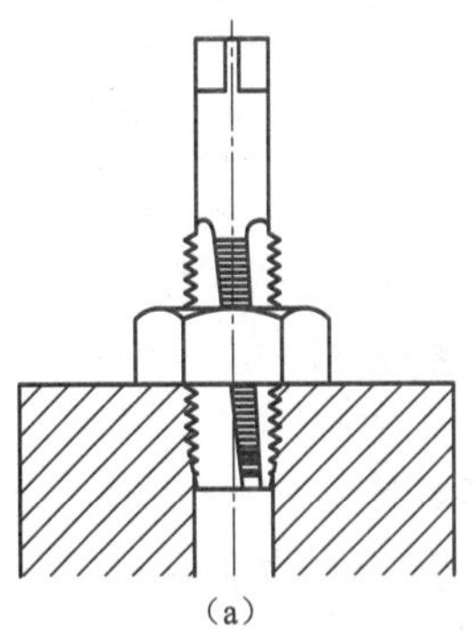

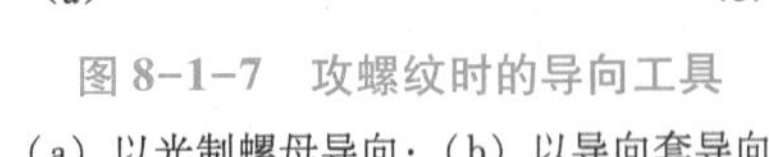

图 8-1-7 攻螺纹时的导向工具

（a）以光制螺母导向；（b）以导向套导向

（6）在攻螺纹的过程中，在调换丝锥时，要用手先旋入至不能再旋进时，才可用铰杠转动，以免损坏螺纹并可防止乱牙。在退出丝锥时，也要避免快速地转动铰杠，因此最好用手旋出，以保证已攻好的螺纹质量不受影响。

（7）在攻不通孔时，可在丝锥上做好深度标记，并经常退出丝锥，以排除孔中的切屑，并防止因切屑堵塞而使丝锥折断，或达不到深度要求。当工件不便倒向时，可用弯曲的管子吹去切屑，或用磁铁吸出切屑。

（8）在攻塑性或韧性材料时，要加注切削液，以减小切削阻力，并减小表面粗糙度值，延长丝锥的寿命。一般地，攻钢料时，可使用机油或浓度较大的乳化液；当螺纹的质量要求

高时，可用植物油；在攻铸铁时，可用煤油。

（9）在机攻时，要保持丝锥与螺孔的同轴度要求。将攻完时，丝锥的校准部分不能全部出头，以免反转退出丝锥时产生乱牙。

（10）切削速度在机铰时，一般为6～15 m/min；当攻调质钢或硬的钢材时，为5～10 m/min；当攻不锈钢时，为2～7 m/min；攻铸铁为8～10 m/min。在攻同样材料时，丝锥的直径小时切削速度取较高值，直径大时切削速度取较低值。

4. 丝锥的刃磨

当丝锥的切削部分磨损时，可刃磨其后刀面，如图8-1-8（a）所示。在刃磨时，注意保持各刃瓣的半锥角ψ，以及切削部分长度的准确性和一致性。在转动丝锥时要留心，不要使另一刃瓣的刀齿碰擦磨坏。当丝锥的校准部分磨损时，可刃磨其前刀面：在磨损较少时，可用油石研磨其前刀面；在磨损较严重时，可用棱角被修圆的片状砂轮刃磨［见图8-1-8（b）］，并控制好一定的前角γ_0。

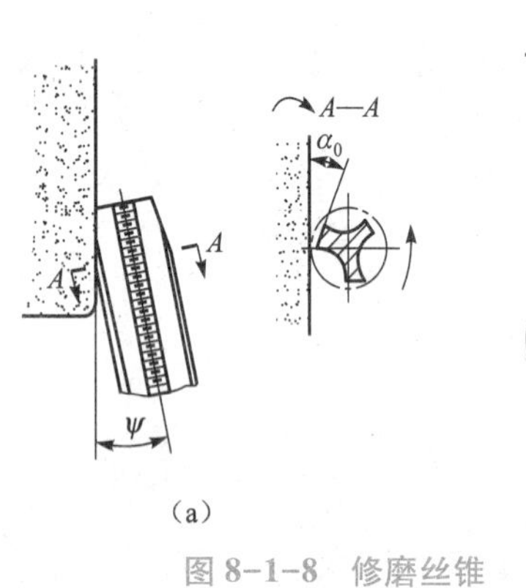

图8-1-8　修磨丝锥

（a）刃磨切削部分的后刀面；

（b）刃磨校准部分的前刀面

5. 攻螺纹时的废品分析及丝锥损坏的原因

（1）攻螺纹时的废品分析见表8-1-4。

表8-1-4　攻螺纹时的废品分析

废品的形式	产生的原因
烂　牙	（1）由于螺纹底孔直径太小，因此丝锥不易切入，并使孔口烂牙； （2）在换用二锥、三锥时，与已切出的螺纹没有旋合好，就强行攻削； （3）对塑性材料未加切削液，或丝锥不经常倒转，因此把已切出的螺纹啃伤； （4）头锥攻螺纹不正，但用二锥、三锥时，强行纠正； （5）丝锥磨钝或切削刃有黏屑； （6）掌握不稳丝锥的铰杠，因此在攻铝合金等强度较低的材料时，容易切烂牙
滑　牙	（1）在攻不通孔时，虽丝锥已到底但仍被继续扳转； （2）在强度较低的材料上攻较小螺纹时，虽丝锥已切出螺纹，但仍继续被加压，或攻完退出时，连铰杠做了自由快速的转出
螺孔攻歪	（1）丝锥的位置不正； （2）在机攻时丝锥与螺孔的轴线不同轴
螺纹牙深不够	（1）在攻螺纹前，底孔直径太大； （2）丝锥磨损

（2）在攻螺纹时，丝锥损坏的原因见表 8-1-5。

表 8-1-5　在攻螺纹时丝锥损坏的原因

损坏的形式	产生的原因
丝锥崩牙或折断	（1）在工件的材料中，夹有硬物等杂质； （2）断屑、排屑不良，因此产生切屑堵塞的现象； （3）因为丝锥位置不正，所以单边受力太大或进行强行纠正； （4）两手用力不均； （5）因丝锥磨钝，而切削阻力太大； （6）底孔直径太小； （7）在攻不通孔的螺纹时，丝锥虽已到底但仍继续扳转； （8）在攻螺纹时用力过猛

（二）套螺纹

1. 套螺纹的工具

（1）圆板牙

圆板牙是加工外螺纹的工具。圆板牙的基本结构像一个圆螺母，而只是在上面钻几个排屑孔，并形成切削刃，如图 8-1-9 所示。圆板牙的螺纹部分可分为切削部分和校准部分，在两端面上被磨出主偏角的部分，是切削部分，并且它是经过铲磨而成的阿基米德螺旋面。圆板牙的中间一段是校准部分，也是套螺纹时的导向部分。

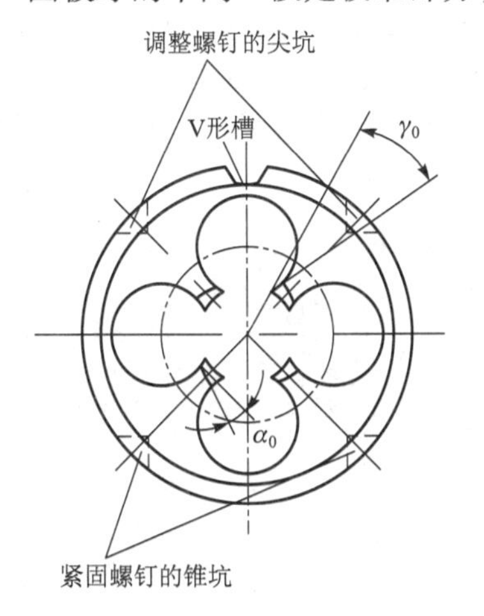

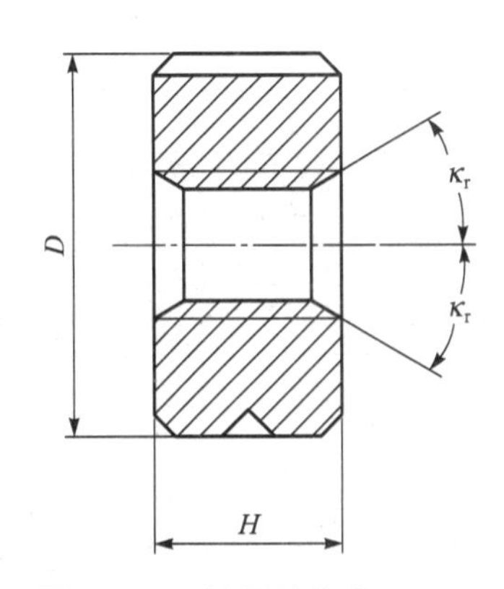

图 8-1-9　板牙的构造

M3.5 以上的板牙，在外圆上有 4 个锥坑和一条 V 形槽。在下面的两个锥坑的轴线通过板牙的中心，并用紧固螺钉固定，并传递转矩。当板牙被磨损后，套出的螺纹直径变大时，可用锯片砂轮在 V 形槽中心割出一条通槽。此时的 V 形槽就成了调整槽。通过紧固螺钉调节上面的两个锥坑，板牙的尺寸缩小，且调节的范围为 0.1～0.25 mm。在调节时，应使用标准样规或通过试切，来确定螺纹的尺寸是否合格。当在 V 形槽的开口处旋入螺钉后，板牙直径变大。圆板牙的两端都是切削部分，因此当一端磨损后可换另一端使用。

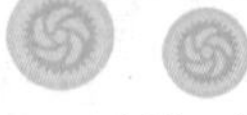

（2）板牙架

板牙架是装夹板牙的工具。板牙放入相应规格的板牙架孔中，并通过紧定螺钉被固定，则可传递套螺纹时的切削转矩。板牙架如图 8-1-10 所示。

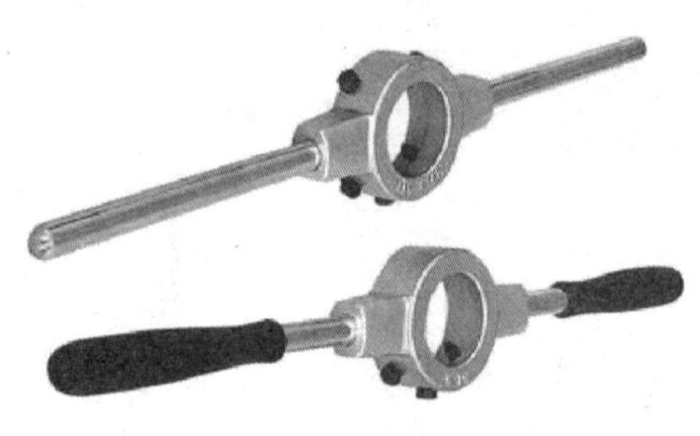

图 8-1-10　板牙架

2. 在套螺纹前圆杆直径的确定

套螺纹与攻螺纹时的切削过程相同，即螺纹的牙尖也要被挤高一些，因此，圆杆的直径应比外螺纹的大径稍小些。一般圆杆的直径可用下式计算：

$$d_{杆}=d-0.13P$$

式中　$d_{杆}$——套螺纹前的圆杆直径，mm；

d——外螺纹的大径，mm；

P——螺距，mm。

在套螺纹前的圆杆直径也可由表 8-1-6 查得。

表 8-1-6　用板牙套螺纹时的圆杆直径

粗牙普通螺纹				英制螺纹			圆柱管螺纹		
螺纹的直径/mm	螺距/mm	螺杆的直径/mm		螺纹的直径/in	螺杆的直径/mm		螺纹的直径/in	管子的外径/mm	
		最小直径	最大直径		最小直径	最大直径		最小直径	最大直径
M6	1	5.8	5.9	1/4	5.9	6	1/8	9.4	9.5
M8	1.25	7.8	7.9	5/16	7.4	7.6	1/4	12.7	13
M10	1.5	9.75	9.85	3/8	9	9.2	3/8	16.2	16.5
M12	1.75	11.75	11.9	1/2	12	12.2	1/2	20.5	20.8
M14	2	13.7	13.85				5/8	22.5	22.8
M16	2	15.7	15.85	5/8	15.2	15.4	3/4	26	26.3
M18	2.5	17.7	17.85				7/8	29.8	30.1
M20	2.5	19.7	19.85	3/4	18.3	18.5	1	32.8	33.1
M22	2.5	21.7	21.85	7/8	21.4	21.6	$1\frac{1}{8}$	37.4	37.7
M24	3	23.65	23.8	1	24.5	24.8	$1\frac{1}{4}$	41.4	41.7
M27	3	26.65	26.8	$1\frac{1}{4}$	30.7	31	$1\frac{3}{8}$	43.8	44.1
M30	3.5	29.6	29.8				$1\frac{1}{2}$	47.3	47.6
M36	4	35.6	35.8	$1\frac{1}{2}$	37	37.3			
M42	4.5	41.55	41.75						

3. 套螺纹的方法及要领

（1）为了便于切入工件材料，圆杆的端部应倒成 15°～20°的锥角，并且锥体的最小直径要小于螺纹小径，以避免螺纹端出现锋口或卷边。

（2）因为套螺纹时的切削力矩较大，所以为防止圆杆夹持偏歪或夹出痕迹，一般应用厚铜板做衬垫，或用 V 形钳口夹持。圆杆套螺纹的部分应伸出尽量短，并且呈铅垂方向放置。

（3）起套方法与攻螺纹的起攻方法相似。一只手用掌心按住板牙架的中心，并沿轴向施加压力；另一只手配合做顺向切进。转动要慢，压力要大，并保证圆板牙的端面与圆杆的轴线垂直。

（4）当切入 2～3 牙后，应检查垂直度误差。若发现歪斜则及时校正。

（5）在正常套螺纹时，应停止施加轴向压力，并让板牙自然地引进，以免损坏螺纹和板牙；经常反转以断屑。

（6）在钢件上套螺纹时，要加切削液，以降低螺纹的表面粗糙度，并延长板牙使用寿命。常用的切削液有乳化液和机油。

4. 套螺纹时的废品分析

在套螺纹时，若操作不当则会产生弊病，其形式和原因见表 8-1-7。

表 8-1-7　套螺纹时的废品分析

废品的形式	产生的原因
烂　牙 （乱　扣）	（1）圆杆的直径太大； （2）板牙被磨钝； （3）板牙没有经常倒转，以致切屑堵塞并把螺纹啃坏； （4）掌握不稳板牙架，并使板牙左右摇摆； （5）板牙歪斜太多而强行修正； （6）在板牙的切削刃上粘有切削瘤； （7）没有选用合适的切削液
螺纹歪斜	（1）圆杆的端面倒角不好，因此板牙的位置难以放正； （2）两手用力不均匀，以致板牙架歪斜
螺纹的牙深不够	（1）圆杆的直径太小； （2）板牙的 V 形槽调节不当，以致直径太大

五、任务实施

1. 攻螺纹

（1）按图 8-1-1（a）划出螺纹孔的加工位置线，并钻 ϕ6.7、ϕ8.5 的底孔，对孔口进行倒角 $C1$。

（2）攻 2×M8、2×M10 的螺纹孔，并用相应的螺钉进行配检。

2. 套螺纹

（1）按图样 8-1-1（b）的尺寸进行下料，并对圆杆的两个端部进行倒角。

（2）按要求对圆杆的两个端部进行套螺纹操作，并达到要求。

3. 重点提示

（1）在起攻、起套时，要从两个方向进行垂直度的及时借正。这是保证攻螺纹、套螺纹质量的重要一环。

（2）在起攻、起套时的正确性，攻螺纹时能控制两手用力均匀，掌握好最大的用力限度，是攻螺纹、套螺纹的基本功之一，因此必须很好地把它掌握。

（3）掌握好攻螺纹、套螺纹中，常出现的问题及产生原因，以便在练习中加以注意。

六、任务评价

教师、学生按表 8-1-8 对任务进行评价。

表 8-1-8　攻螺纹、套螺纹练习评分标准

班级：______		姓名：______		学号：______		成绩：______		
评价内容	序号		技术要求	评分标准	配分	自检记录	交检记录	得分
操作技能评价	攻螺纹	1	（15±0.3）mm（2 处）	每超一处扣 5 分	10/2			
		2	（12±0.3）mm（2 处）	每超一处扣 5 分	10/2			
		3	4× ⊥ ϕ0.2Ⓛ A	每超一处扣 6 分	12/4			
		4	内螺纹的牙型完整（4 处）	每超一处扣 6 分	12/4			
		5	螺孔的倒角正确（8 处）	每超一处扣 1 分	8/8			
	套螺纹	6	M12 牙型完整（2 处）	每超一处扣 6 分	12			
		7	30 mm 长度正确（2 处）	每超一处扣 3 分	6			
	8		工具的使用正确	不正确时酌情扣分	5			
	9		攻螺纹的方法正确	不正确时酌情扣分	15			
	10		套螺纹的方法正确	不正确时酌情扣分	10			
素养评价	11		工量具使用规范		5			
	12		有团队协作意识，有责任心		5			
	13		学习态度端正，遵章守纪		5			
	14		安全文明操作、保持工作环境整洁		5			

*七、任务拓展

（一）螺纹的种类及用途

螺纹的种类及用途见表 8-1-9。

表 8-1-9 螺纹的种类及用途

螺纹的种类		螺纹的名称及代号			用途
标准螺纹	三角螺纹	普通螺纹	粗牙	M8-5g6g	用于各种紧固件、连接件，应用最广
			细牙	M8×1-6H	用于薄壁件的连接，受冲击、振动及微调的机构
		英制螺纹	$\frac{3''}{16}$		牙型有 55°、60°两种，并用于进口设备的维修和备件
	管螺纹	55°圆柱管螺纹	G $\frac{3''}{4}$-2		用于水、油、气和电线管路系统
		55°圆锥管螺纹	ZG2″		用于管子、管接头、旋塞的螺纹密封及高温、高压结构
		60°锥形螺纹	Z $\frac{3''}{8}$		用于气体或液体管路的螺纹连接
	梯形螺纹		Tr32×6-7H		用于传力或螺旋传动
	锯齿形螺纹		S70×10		用于单向受力的连接
特殊螺纹	圆形螺纹				电器产品指示灯的灯头、灯座螺纹
	矩形螺纹				用于传递运动
	平面螺纹				用于平面传动

（二）螺纹的基本参数

螺纹主要由牙型、大径、螺距（或导程）、线数、旋向和精度等 6 个基本要素组成，如图 8-1-11 所示。

（1）牙型。

牙型是指通过螺纹轴线剖面上的螺纹的轮廓形状，有三角形、梯形、锯齿形、圆形和矩形等。在螺纹的牙型上，两个相邻牙侧间的夹角，被称为牙型角。牙型角有 55°、60°、30°等。

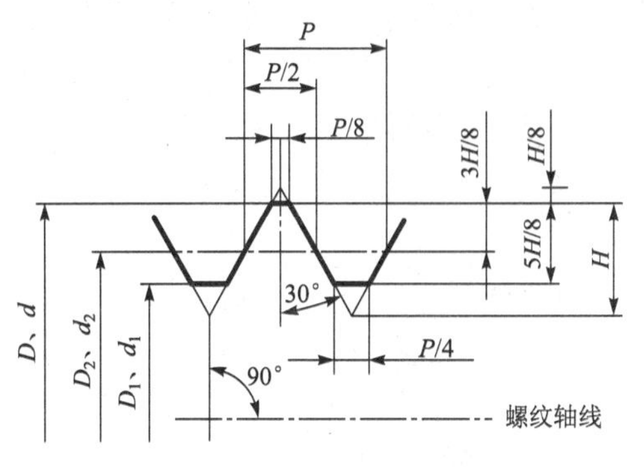

图 8-1-11 螺纹的基本参数

（2）螺纹大径（D、d）。

大径是指与外螺纹牙顶或内螺纹牙底相切的假想圆柱或圆锥的直径，即公称直径。

（3）线数（n）。

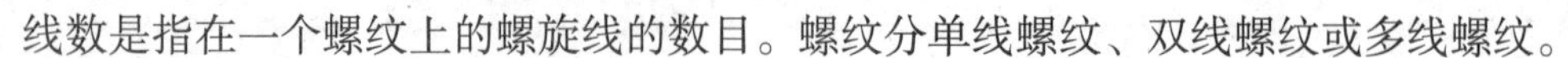

线数是指在一个螺纹上的螺旋线的数目。螺纹分单线螺纹、双线螺纹或多线螺纹。

（4）螺距（P）和导程（P_h）。

螺距是指相邻两牙在中径线上的对应两点间的轴向距离。导程是指在同一条螺旋线上的相邻两牙在中径线上的对应两点间的轴向距离。对于单线螺纹，螺距就等于导程；对于多线螺纹，导程等于螺距与螺纹线数的乘积，即 $P_h = n \cdot P$。

（5）旋向。

旋向是指螺纹在圆柱面或圆锥面上的绕行方向，有左旋和右旋两种。在顺时针旋转时旋入的螺纹，为右旋螺纹；在逆时针旋转时旋入的螺纹，为左旋螺纹。螺纹的旋向一般用左右手来判别，见图8-1-12。右旋可不标注；左旋的标注代号为“LH”。

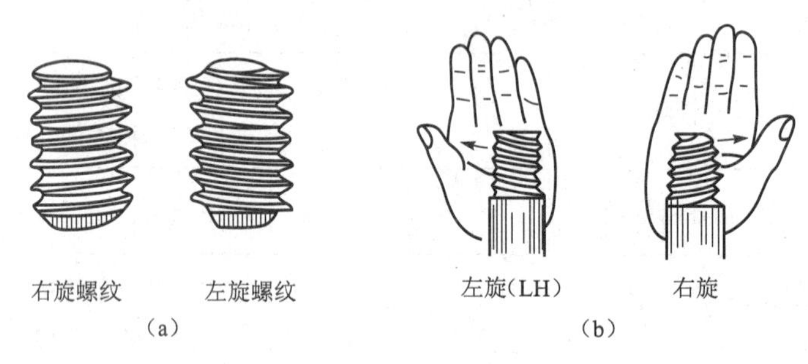

图8-1-12　螺纹的旋向

（a）实图；（b）用左右手的判别方法

（6）精度。

螺纹的精度按3种旋合长度，规定了相应的若干精度级，并用公差带代号表示。旋合长度是指在内外螺纹连接后的接触部分的长度。旋合长度分为短旋合长度、中等旋合长度和长旋合长度3组，并且代号分别为S、N和L。在一般情况下，选用中等旋合长度，代号为N可省略不标出。各种旋合长度所对应的具体值，可根据螺纹直径和螺距在有关标准中查出。螺纹的公差带由基本偏差和公差等级组成。螺纹的精度规定了精密、中等、粗糙三种等级，一般常用的精度为中等。

（三）普通螺纹的标记

粗牙普通螺纹的标记为：

螺纹特征代号M　公称直径　旋向-公差带代号-旋合长度代号

（注意：不注螺距，右旋不标注，而左旋标注代号“LH”）

细牙普通螺纹的标记：

螺纹特征代号M　公称直径×螺距　旋向-公差带代号-旋合长度代号

（注意：要注螺距，且旋向要求同上）

在上述标记中的公差带代号，是由数字表示的螺纹公差等级和拉丁字母（内螺纹用大写字母，外螺纹用小写字母）表示的基本偏差代号组成，并且螺纹公差等级在前，基本偏差代号在后。先写中径的公差带代号，后写顶径的公差带代号。如果中径和顶径的公差带代号一样，则只注写一次。

标注举例如下。

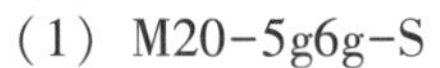

（1）M20-5g6g-S

六角螺母的加工

其标记的意义为：公称直径为 20 mm 的粗牙普通螺纹，螺距为 2.5 mm，右旋，中径和顶径的公差带代号分别为 5g、6g，短旋合长度。

（2）M10×1 LH-6H

其标记的意义为：公称直径为 10 mm 的细牙普通螺纹，螺距为 1 mm，左旋，中径、顶径的公差带代号均为 6H，中等旋合长度。

复习思考题

（1）试述丝锥各部分的名称、结构特点及作用。

（2）用计算法确定下列螺纹在攻螺纹前，钻底孔的钻头直径。

① 分别在钢料和铸铁上攻 M18 的内螺纹；

② 分别在钢料和铸铁上攻 M12×1 的内螺纹。

（3）若分别在钢料和铸铁上攻制 M20×1.5 的内螺纹，而且螺纹的有效深度为 30 mm，则试求在攻螺纹前，钻底孔的钻头直径及钻孔深度。

（4）试述圆板牙的结构特点和作用。

课题九
综合练习

大国工匠案例六

【知识点】

Ⅰ　量块、正弦规和百分表的结构、原理
Ⅱ　简单夹具、工具的制作工艺

【技能点】

Ⅰ　量块、正弦规和百分表的使用方法
Ⅱ　简单夹具、工具的加工和测量方法

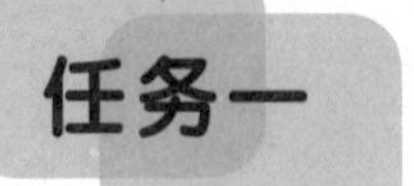

任务一 錾口榔头的制作

一、生产实习图纸

生产实习图纸如图 9-1-1 所示。

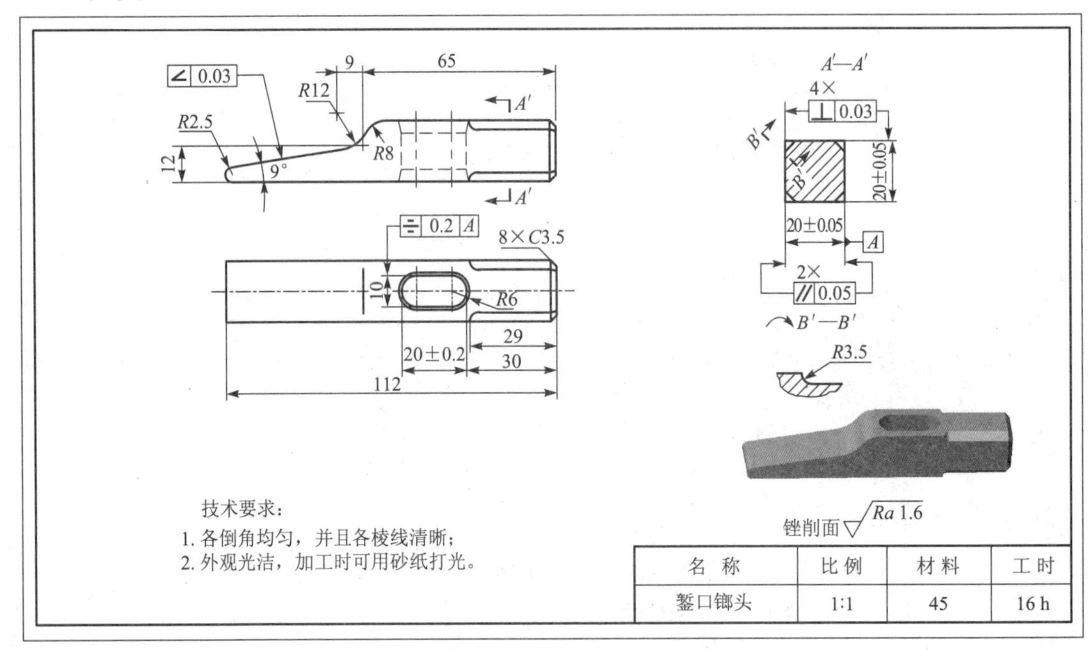

图 9-1-1 錾口榔头练习图

二、任务分析

錾口榔头的制作是典型的复合练习课题。通过练习，进一步巩固钳工基本的操作技能，并熟练地掌握锉腰孔及锉削连接内外圆弧面的方法，以达到连接圆滑，位置、尺寸正确等要求；应提高推锉技能，以达到纹理整齐、表面光洁的加工技能，同时，也可提高对各种零件加工工艺的分析能力及更好地掌握检测方法，并养成良好的文明生产习惯。

三、任务准备

（1）材料的准备：材料为从长方体的锉削中转下。

（2）操作工具：常用锉刀，半圆锉，圆锉，什锦锉，手锯，$\phi5$、$\phi7$、$\phi9.7$ 麻花钻，铜丝刷等。

（3）量具：直尺、直角尺、万能角度尺、游标卡尺、高度划线尺、外径千分尺、R 规等。

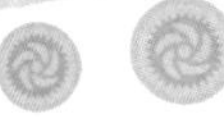

（4）实训准备：

① 工具准备。领用并清点工具；了解工具的使用方法及使用要求；在实训结束时，按工具的清单清点工具，并交指导教师验收。

② 熟悉实训要求。复习有关理论知识，并详细地阅读本指导书。

四、相关工艺分析

加工要点如下：

（1）在钻腰形孔时，为防止因钻孔的位置偏斜、孔径扩大而造成的加工余量不足，在钻孔时，可先用 ϕ7 mm 的钻头钻底孔，检测孔位正确后，再用 ϕ9.7 mm 的钻头扩孔。

（2）在锉腰形孔时，先锉两侧的平面，并保证对称度，再锉两端的圆弧面。在锉平面时，要控制好锉刀的横向移动，以防止锉坏两端的孔面。

（3）在锉倒角时，工件的装夹位置要正确，并防止工件被夹伤。在锉 C3.5 倒角时，扁锉的横向移动要防止锉坏圆弧面，或造成圆弧塌角。

（4）在加工 R12 mm 与 R8 mm 的内外圆弧面时，在横向必须平直，并且与侧面垂直。这样才能保证连接正确、外形美观。

（5）砂布应放在锉刀上对加工面打光，以防止棱边成圆角而影响美观。

五、任务实施

1. 任务实施的步骤

（1）检查来料的尺寸。

（2）图 9-1-1 的要求，先加工外形尺寸 20 mm×20 mm，并留 0.1～0.2 mm 的精锉余量。

（3）锉削一个端面，并达到垂直、平直等要求。

（4）按图纸要求划出錾口錤头的外形加工线（两面同时划出）、腰形孔加工线、C3.5 倒角线等。

（5）用 ϕ7 mm、ϕ9.7 mm 的钻头钻腰形孔，并用窄锯条锯去腰形孔的余料。

（6）粗、精锉腰形孔，并达到图纸要求。

（7）锉侧面的 4×C3.5 倒角。先用小圆锉粗锉 R3.5 mm 的圆弧，然后用平锉粗、细锉倒角面，再用小圆锉精锉 R3.5 mm 的圆弧，最后用推锉修整至要求。

（8）粗、精锉端部的 4×C3.5 倒角。

（9）锯去舌部余料。粗锉舌部、R12 mm 内圆弧面、R8 mm 外圆弧面，并留精锉余量。

（10）精锉舌部斜面，再用半圆锉精锉 R12 mm 内圆弧面，用细齿平锉精锉 R8 mm 的外圆弧面，最后用细齿平锉、半圆锉以推锉方式修整，达到连接圆滑、光洁、纹理整齐的要求。

（11）粗、精锉 R2.5 mm 圆头，以保证錤头的总长为 112 mm。

（12）用砂布将各加工面全部打光，并交件待检。

2. 重点提示

（1）外形 20 mm 长方体的尺寸公差、垂直度误差、平行度误差应控制在最小范围内。

（2）錾口錤头的各加工线、倒角线、圆弧加工线的划线正确，且在加工时应保证各面

的平直度。

（3）内、外圆弧面应进行粗、精加工，并且最后用细扁锉、半圆锉推锉修整，以达到连接圆滑、光洁、纹理整齐的要求，最后，外表面用细砂纸打光。

六、任务评价

任务评价如表 9-1-1 所示。教师、学生将结果填入表内。

表 9-1-1　錾口锤头的制作的评分标准

班级：________　姓名：________　学号：________　成绩：________

评价内容	序号	技术要求	配分评分标准	配分	自检记录	交检记录	得分
操作技能评价	1	（20±0.05）mm（2处）	每超一处扣3分	6/2			
	2	2× ∥ 0.05（2处）	每超一处扣3分	6/2			
	3	4× ⊥ 0.03（4处）	每超一处扣2分	8/4			
	4	*C*3.5 倒角尺寸正确（4处）	每超一处扣2分	8/4			
	5	*R*3.5 mm 内圆弧连接圆滑，尖端无塌角（4处）	每超一处扣2分	8/4			
	6	*R*12 mm 与 *R*8 mm 圆弧面连接圆滑	超差全扣	6			
	7	舌部斜面平直度 0.03 mm	超差全扣	6			
	8	腰孔长度（20±0.20）mm	超差全扣	8			
	9	腰孔对称度 0.2 mm	超差全扣	8			
	10	*R*2.5 mm 圆弧面圆滑	超差全扣	8			
	11	倒角均匀、各棱线清晰	每超一处扣0.5分	4			
	12	$Ra \leqslant 1.6$ μm，且纹理齐正	每超一处扣0.5分	4			
素养评价	13	工量具使用规范		5			
	14	有团队协作意识，有责任心		5			
	15	学习态度端正，遵章守纪		5			
	16	安全文明操作、保持工作环境整洁		5			

*七、任务拓展

任务拓展的图如图 9-1-2 所示。

鸭嘴锄头的制作

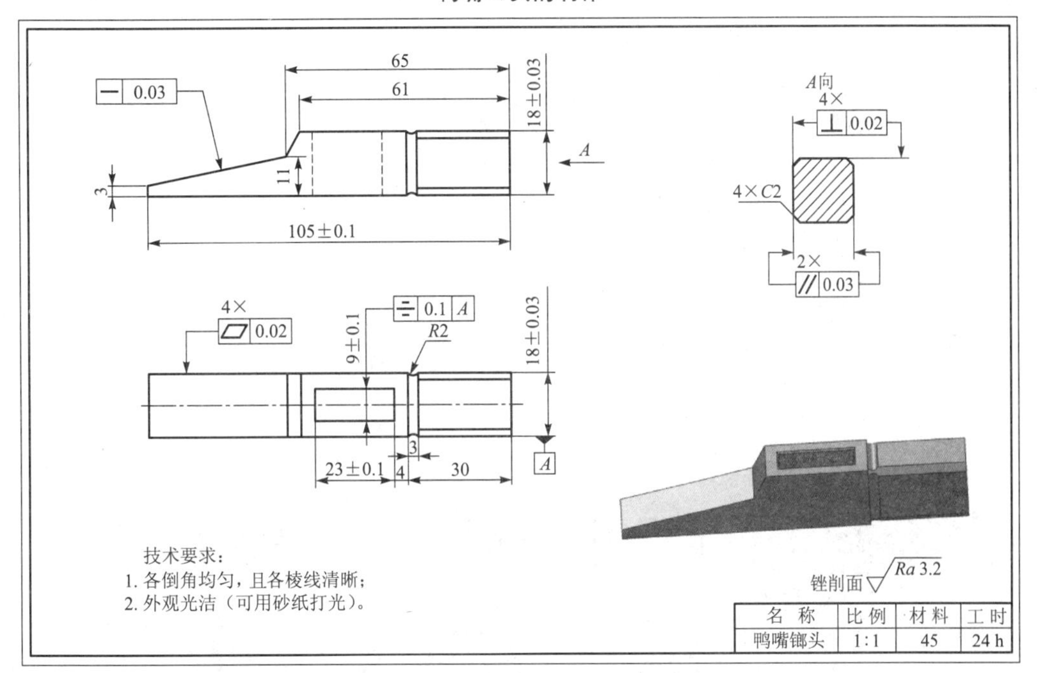

图 9-1-2　鸭嘴锄头的制作练习图

*八、任务拓展的评分标准

教师、学生按表 9-1-2 对任务评分。

表 9-1-2　鸭嘴锄头制作的评分标准

班级：________　姓名：________　学号：________　成绩：________

评价内容	序号	技术要求	配分评分标准	配分	自检记录	交检记录	得分
操作技能评价	1	(18±0.03) mm（2 处）	每超一处扣 5 分	10/2			
	2	2× // 0.03	每超一处扣 3 分	6/2			
	3	4× ⊥ 0.02	每超一处扣 2 分	8/4			
	4	4× ▱ 0.02（4 面）	每超一处扣 2 分	8/4			
	5	(9±0.1) mm	超差全扣	3			
	6	(23±0.1) mm	超差全扣	3			
	7	⌯ 0.1 A	超差全扣	5			
	8	4×*C*2 倒角尺寸正确	每超一处扣 2 分	8/4			
	9	*R*2 圆弧面圆滑（4 处）	每超一处扣 2 分	8/4			

续表

评价内容	序号	技术要求	配分评分标准	配分	自检记录	交检记录	得分
操作技能评价	10	舌部斜面平直度 0.03 mm	超差全扣	5			
	11	倒角均匀、各棱线清晰	每超一处扣 1 分	8			
	12	$Ra \leqslant 3.2$ μm，且纹理齐正	每超一处扣 1 分	8			
素养评价	13	工量具使用规范		5			
	14	有团队协作意识，有责任心		5			
	15	学习态度端正，遵章守纪		5			
	16	安全文明操作、保持工作环境整洁		5			

任务二 压板组件的制作——团队合作

一、生产实习图纸

生产实习图纸如图 9-2-1 所示。

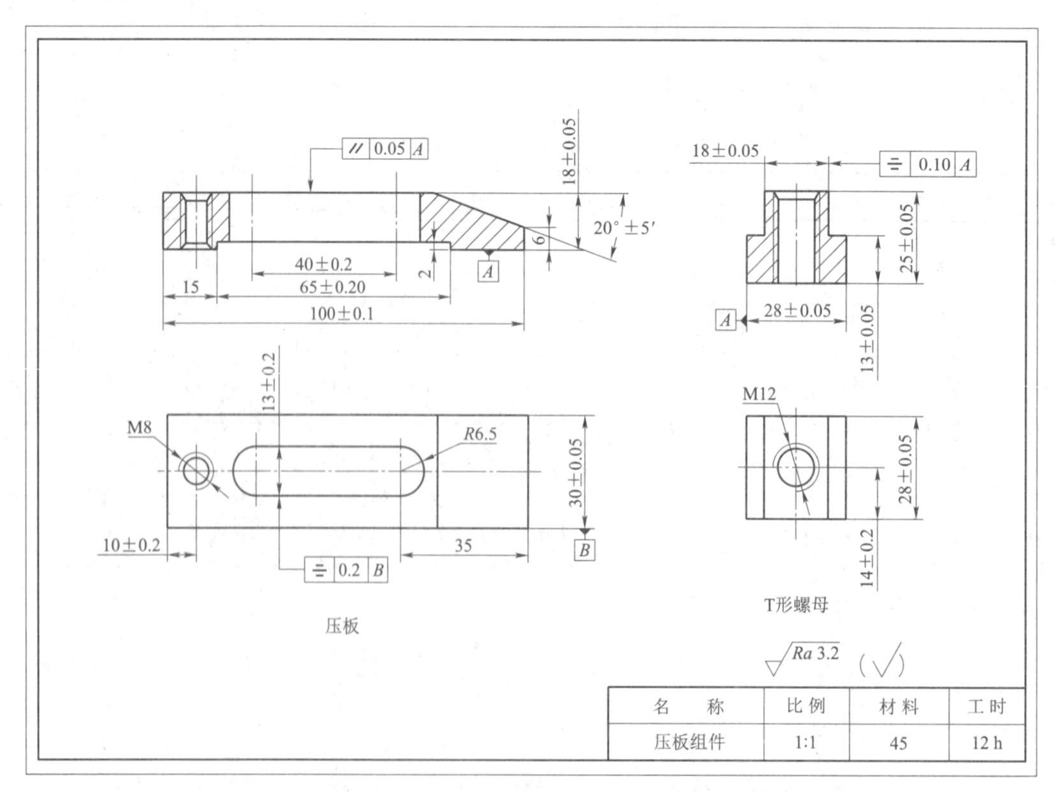

图 9-2-1 压板组件的加工练习图

二、任务分析

此压板组件（见图 9-2-2），上市企业无锡贝斯特精机股份有限公司产品加工中需大量使用的基础夹紧装置，利用压板、双头螺栓、T 形螺母、六角螺母、调节螺栓组合而成，从上方直接压紧固定，保持工件可靠的固定，保证加工中工件位置的稳定（见图 9-2-3）。

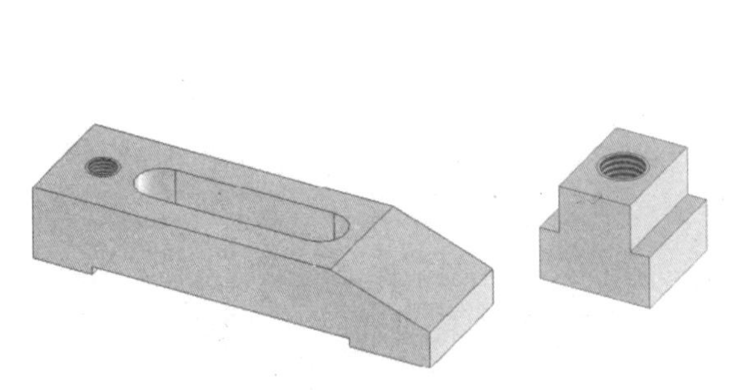

图 9-2-2　压板组件的制作立体图

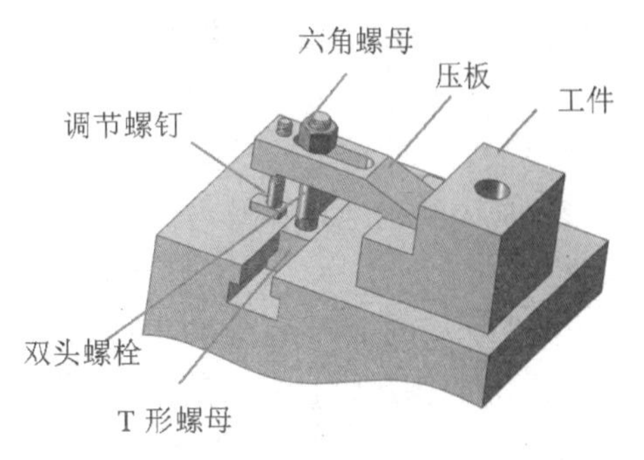

图 9-2-3　压板组件使用时的立体图

通过压板、T 形螺母的加工练习，目的是：熟练掌握划线、锯割、锉削、孔加工、螺纹加工等钳工基本操作，并掌握压板组件装夹零件的一般步骤，以使零件达到被夹紧要求；提高对各种零件加工工艺的分析能力及掌握检测方法的能力；提高保证零件的加工精度的能力。

实训模式采用两人一组合作模式，学生根据图纸要求按图加工完成压板与 T 形螺母，两人一组为单位，加工期间注意沟通，保证尺寸与精度，完成后两件进行如图 9-2-3 所示可靠配合压紧，达到要求。

三、任务准备

1. 材料准备：101×31×15、29×29×26 各一件，材料为 Q235。

2. 操作工具：常用扁锉、圆锉、什锦锉、手锯、划线工具、ϕ13、ϕ10. 5、ϕ10. 2、ϕ6. 7、ϕ4 等麻花钻、M8、M12 丝锥、铰杠、铜丝刷等。

3. 量具：钢皮尺、刀口角尺、万能角度尺。游标卡尺、高度划线尺、外径千分尺等。

4. 实训准备

（1）工具准备。领用并清点工具，了解工具的使用方法及使用要求；在实训结束时按工具的清单清点，并交指导教师验收。

（2）熟悉实训要求。按要求复习有关理论知识，并详细阅读本指导书。

四、相关工艺分析

（一）压板的使用要点

压板用于钻孔时压紧工件。在使用时，压板组件配合调节螺钉、六角螺母、双头螺柱（由攻螺纹和套螺纹制得），以对工件压紧并进行钻孔，如图 9-2-3 所示。

在使用压板时，要注意以下几点。

（1）调节螺钉应尽量地靠近工件，以防压板变形。

（2）调节螺钉应比工件的压紧表面稍高，以保证对工件有较大的压紧力，并避免工件在压紧过程中移位。

（3）双头螺柱应尽量地靠近工件。这样可使在工件上获得较大的夹紧力。

（4）当压紧已加工表面时，要用衬垫进行保护，以防止压出印痕。

（二）加工压板组件的要点

（1）在钻孔时，工件必须被夹牢，并且注意压力的大小，以免工件和平口钳转动而发生事故。

（2）应先精确地计算好内螺纹的底孔尺寸，然后再钻孔、攻丝；注意防止螺纹变形、乱牙及不垂直。

（3）T形块的18 mm尺寸的对称度，可通过间接的尺寸控制来保证。

（4）在锉削腰形孔时，应先锉两侧面，后锉内圆弧面。在锉平面时，锉刀的横向移动要控制好，以防止锉坏两端的圆弧面。

五、任务实施

（一）任务实施的步骤

1. 加工压板

（1）检查来料的尺寸。

（2）按图样要求锉削压板的外形，并使尺寸达到图样要求。

（3）分别以一个长度面、端面及厚度面为基准，划出压板形体的加工线，并按图划出孔的加工线及钻孔检查线。

（4）钻2-ϕ13。将锯条磨窄，并穿入ϕ13的孔中；锯去腰形孔内的余料，并按图样的要求锉好腰形孔。

（5）钻ϕ6.7的螺纹底孔，并攻M8螺纹，同时保证螺纹的精度。

（6）锉削压板的角度面，并达到图样要求。

（7）锉削压板的底面凹槽，并达到图样要求。

（8）去毛刺；进行精度检查。

2. 加工T形块

（1）检查来料的尺寸。

（2）按图样要求锉削T形块外形，并使尺寸达到图样要求。

（3）划出T形块的加工线；划出螺孔加工线及孔位的检查线。

（4）钻ϕ10.2的螺纹底孔，倒角，并攻M12螺纹孔，同时，保证螺纹的精度。

（5）锉削T形块的台阶面，并达到图样要求。

（6）去毛刺；进行精度检查。

（二）重点提示

（1）应根据基准划出加工线，并且加工、测量基准与划线基准要重合。

（2）钻孔应注意孔位的正确性，并应多测量，保证对称度的要求；可采用先钻小孔，再钻大孔的方法进行矫正。

（3）在攻丝时，保证丝锥的中心线与孔的中心线重合，并注意用力方法。

六、任务评价

任务评价如表 9-2-1 所示，教师、学生两人小组将压板组件加工的评分结果填入表中。

表 9-2-1　压板组件加工的评分标准

班级：＿＿＿＿＿＿　姓名：＿＿＿＿＿＿　学号：＿＿＿＿＿＿　成绩：＿＿＿＿＿＿

评价内容	序号		技术要求	评分标准	配分	自检记录	交检记录	得分
操作技能评价	压板	1	（100±0.10）mm	超差全扣	4			
		2	（18±0.05）mm	超差全扣	3			
		3	（30±0.05）mm	超差全扣	3			
		4	20°±5′	超差全扣	3			
		5	∥ 0.05 A	超差全扣	3			
		6	（65±0.2）mm	超差全扣	2			
		7	（40±0.2）mm	超差全扣	3			
		8	（13±0.2）mm	超差全扣	3			
		9	⌯ 0.2 B	超差全扣	4			
		10	（10±0.2）mm	超差全扣	2			
		11	M8	变形、乱牙全扣	3			
		12	*Ra*3.2 μm（10 处）	每超一处扣 0.5 分	5/10			
	T形螺母	13	（28±0.05）mm（2 处）	每超一处扣 3 分	6/2			
		14	（25±0.05）mm	超差全扣	3			
		15	（13±0.05）mm（2 处）	每超一处扣 3 分	6/2			
		16	（18±0.05）mm	超差全扣	3			
		17	⌯ 0.10 A′	超差全扣	4			
		18	（14±0.2）mm	超差全扣	2			
		19	M12	变形、乱牙全扣	3			
		20	*Ra*3.2 μm（10 处）	每超一处扣 0.5 分	5/10			
	装配	21	组件的正确安装	不正确时酌情扣分	3			
		22	组件的可靠压紧	不正确时酌情扣分	5			
素养评价	23		工量具使用规范		5			
	24		有团队协作意识，有责任心		5			
	25		学习态度端正，遵章守纪		5			
	26		安全文明操作、保持工作环境整洁		5			

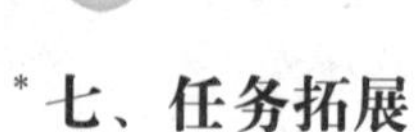

*七、任务拓展

对开夹板的制作——团队合作

对开夹板由两块带V形槽板料加工而成，一块夹板加工通孔，另一块夹板加工螺纹孔，通过两根长螺栓装配，可同时夹紧两个或两个以上工件。实训模式采用一组两人分工合作完成制作，一位加工件1（上夹板），一位加工件2（下夹板），对开夹板零件如图9-2-4所示。装配立体如图9-2-5所示。

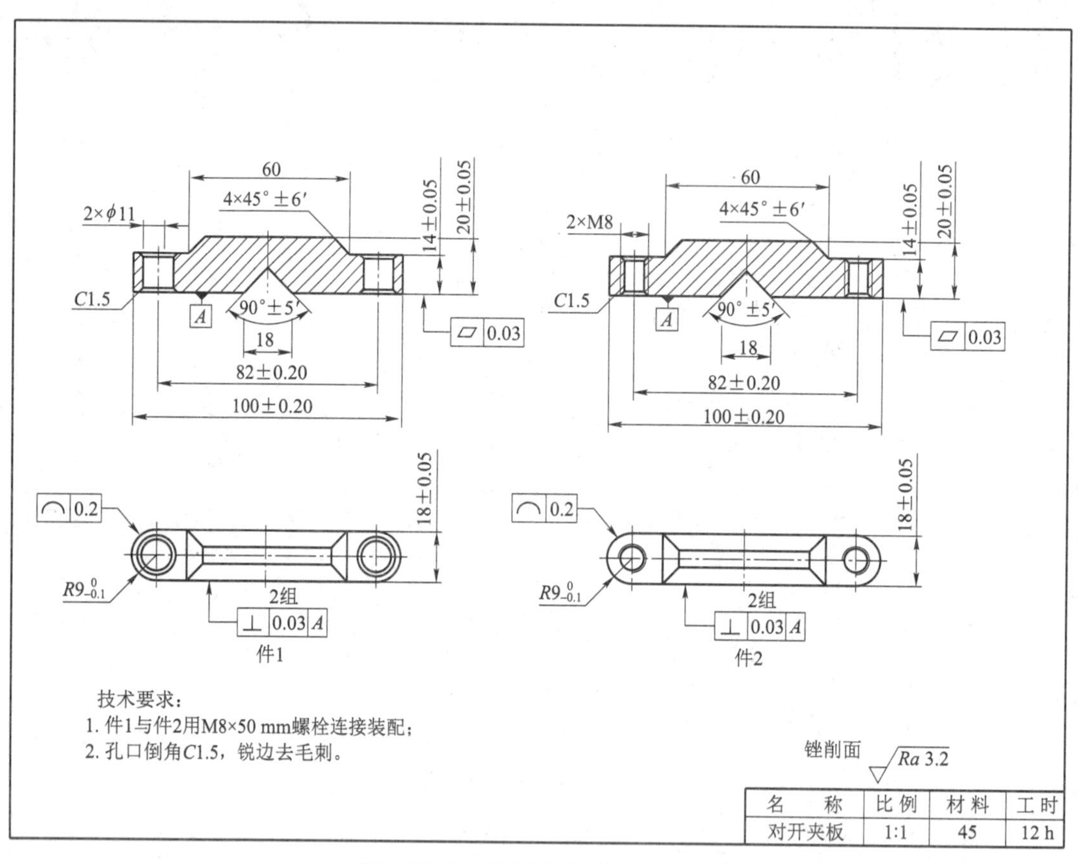

图9-2-4　对开夹板的制作练习图

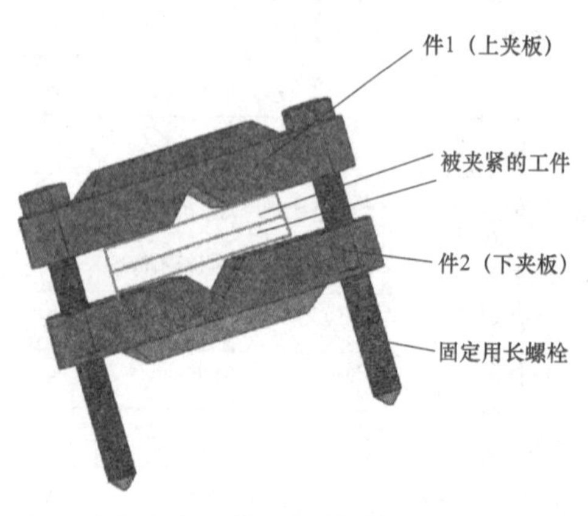

图9-2-5　对开夹板的装配立体图

*八、任务拓展的评分标准

对开夹板的制作评分如表 9-2-2 所示，教师、学生两人组将评分结果填入表中。
（组员一得分为上夹板加工分+装配分+素养分）
（组员二得分为下夹板加工分+装配分+素养分）

表 9-2-2　对开夹板的制作的评分标准

班级：________　姓名：________　学号：________　成绩：________

评价内容	序号		技术要求	评分标准	配分	自检记录	交检记录	得分
操作技能评价	上夹板	1	（20±0.05）mm	超差全扣	6			
		2	（18±0.05）mm	超差全扣	6			
		3	（14±0.05）mm（2 处）	每超一处扣 5 分	10			
		4	90°±5′	超差全扣	4			
		5	45°±6′（4 处）	每超一处扣 1 分	4/4			
		6	（82±0.2）mm	超差全扣	4			
		7	（100±0.2）mm	超差全扣	4			
		8	2× ⊥ 0.03 A	每超一处扣 3 分	6/2			
		9	2× ⌒ 0.2 R9	每超一处扣 3 分	6/2			
		10	▱ 0.03	超差全扣	4			
		11	ϕ11 mm（2 处）	每超一处扣 2 分	4			
		12	倒角均匀、各棱线清晰	每超一处扣 0.5 分	4			
		13	Ra3.2 μm（12 处）	每超一处扣 0.5 分	6			
	下夹板	1	（20±0.05）mm	超差全扣	6			
		2	（18±0.05）mm	超差全扣	6			
		3	（14±0.05）mm（2 处）	每超一处扣 5 分	10			
		4	90°±5′	超差全扣	4			
		5	45°±6′（4 处）	每超一处扣 1 分	4/4			
		6	（82±0.2）mm	超差全扣	4			
		7	（100±0.2）mm	超差全扣	4			
		8	2× ⊥ 0.03 A	每超一处扣 3 分	6/2			
		9	2× ⌒ 0.2 R9	每超一处扣 3 分	6/2			
		10	▱ 0.03	超差全扣	4			
		11	M8（2 处）	每超一处扣 2 分	4			

续表

评价内容	序号		技术要求	评分标准	配分	自检记录	交检记录	得分
操作技能评价	下夹板	12	倒角均匀、各棱线清晰	每超一处扣0.5分	4			
		13	Ra3.2 μm（12处）	每超一处扣0.5分	6			
	装配	1	二件配合90°直角中心平面允差0.5	超差全扣	6			
		2	组件的可靠夹紧	夹不紧全扣	6			
素养评价	1		工量具使用规范		5			
	2		有团队协作意识，有责任心		5			
	3		学习态度端正，遵章守纪		5			
	4		安全文明操作、保持工作环境整洁		5			

任务三　V形定位组件制作——团队合作

一、生产实习图纸

生产实习图纸如图9-3-1所示。

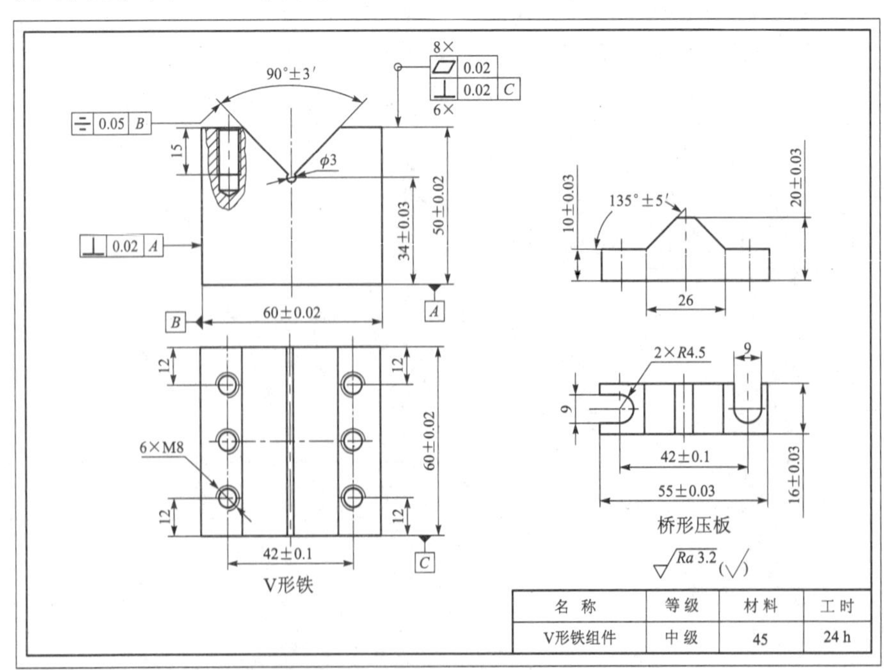

图9-3-1　V形定位组件制作的练习图

二、任务分析

V 型铁也称为 v 型架，企业主要用来安放轴，套筒，圆盘等圆形工件，以便找中心线与划出中心线，也可用来检验工件垂直度，平行度。带有桥形压板的 V 型块，可以把圆柱形工件牢固的夹持在 V 型块上，翻转到各个位置划线与加工。V 型块的尺寸相互表面间的平行度，垂直度误差在 0.02 毫米之内，V 型槽的中心线必须在 V 型架的对称平面内并与底面平行，同心度，平行度的误差也在 0.05 毫米之内，V 型槽半角误差在±5′范围内。

V 形铁组件的尺寸、几何公差较高，特别是 V 形铁的后道工序是研磨，加工精度将直接影响到研磨质量。因此，熟练掌握划线、锯削、锉削、孔加工、螺纹加工等钳工基本操作，掌握 V 形铁、桥形压板的加工的精度检测方法，杠杆百分表、正弦规、量块的正确使用，提高测量的正确性和加工精度，是练习的重点。V 形铁组件的立体图如图 9-3-2 所示。

实训模式采用两人一组合作模式，学生根据图纸要求按图加工完成 V 形铁与桥形压板，两人一组为单位，加工期间注意沟通，保证尺寸与配合精度，完成后两件用 M8×40 螺栓进行装配，达到装配要求。

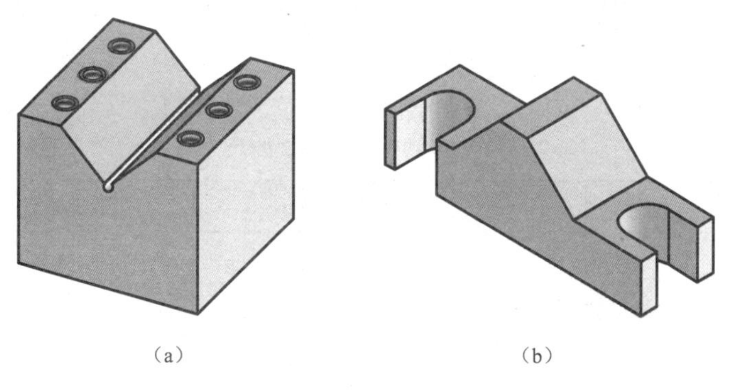

（a）　　（b）

图 9-3-2　V 形铁组件的立体图

（a）V 形铁；（b）桥形压板

三、任务准备

（1）材料准备：51 mm×61 mm×61 mm、56 mm×21 mm×17 mm 板料各一件，材料为 45 钢。

（2）操作工具：常用锉刀，圆锉，什锦锉，手锯，划线工具，$\phi3$、$\phi6.7$、$\phi9$、$\phi13$ 等麻花钻，M8 丝锥，铰杠，铜丝刷等。

（3）量具：直尺、直角尺、万能角度尺、游标卡尺、高度划线尺、常用外径千分尺、正弦规（宽型）、量块（83 块）、杠杆百分表及表架、$\phi20h6$ 测量圆柱（芯棒）等。

（4）实训准备

① 工具准备。领用并清点工具；了解工具的使用方法及使用要求；在实训结束时，按工具清单清点工具，并交指导教师验收。

② 熟悉实训要求。要求复习有关理论知识，并详细地阅读本指导书。

四、相关工艺分析

（一）量块

量块又叫块规，由铬锰合金钢材料制作而成，且有硬度高，不易变形的特点。量块的形状为长方六面体，有两个工作面和4个非工作面。工作面为一对平行且平面度误差极小的平面。量块用于对量具和量仪进行校正，也可以用于精密划线和精密机床的调整。若和其他附件并用，则还可以测量某些精度要求高的工件尺寸。

量块具有研合性。研合性是指：量块的一个测量面与另外一只量块的测量面，或另一个经精密加工的类似的平面，通过分子的吸力作用而黏合的性能。利用这一特性，可把量块研合在一起，便可以组成所需要的各种尺寸。量块一般是成套生产的。国标将量块制定了17种套别，且套别是按量块数量的多少来划分的。比如，91块一套、83块一套、6块一套、5块一套等。钳工最常用的是83块一套的量块，如图9-3-3所示。具体的量块尺寸组成，如表9-3-1所示。

图9-3-3　量块

表9-3-1　83块一套的量块的尺寸组成

总块数	级别	尺寸系列/mm	间隔/mm	块数
83	00	0.5		1
		1		1
		1.005		1
		1.01，1.02，…，1.49	0.01	49
		1.5，1.6，…，1.9	0.1	5
		2.0，2.5，…，9.5	0.5	16
		10，20，…，100	10	10

在使用组合量块时，为了减小量块组合的累积误差，应尽量减少使用的块数，一般不超过4～5块。为了迅速选择量块，应根据所需尺寸的最后一位数字选择量块，每选一块至少减少所需尺寸的一位小数。

示例：

从83块一套的量块中选取尺寸为38.935 mm量块组，其选取方法为：

38.935

-1.005　　第一块量块尺寸为1.005 mm；

37.93

-1.43　　第二块量块尺寸为1.43 mm；

36.5

-6.5　　　　第三块量块尺寸为 6.5 mm；

30　　　　　第四块量块尺寸为 30 mm

量块的组合原则如下：

（1）量块块数尽可能少，且一般不超过 3～5 块。

（2）必须从同一套量块中选取，即决不能在两套或两套以上的量块中混选。

（3）在组合时，不能将测量面与非测量面相研合。

（二）杠杆百分表

杠杆百分表是一种借助于杠杆-齿轮或杠杆-螺旋传动机构，将测杆的摆动变为指针回转运动的指示式量具，也是一种将直线位移变为角位移的量具。其结构如图 9-3-4 所示。

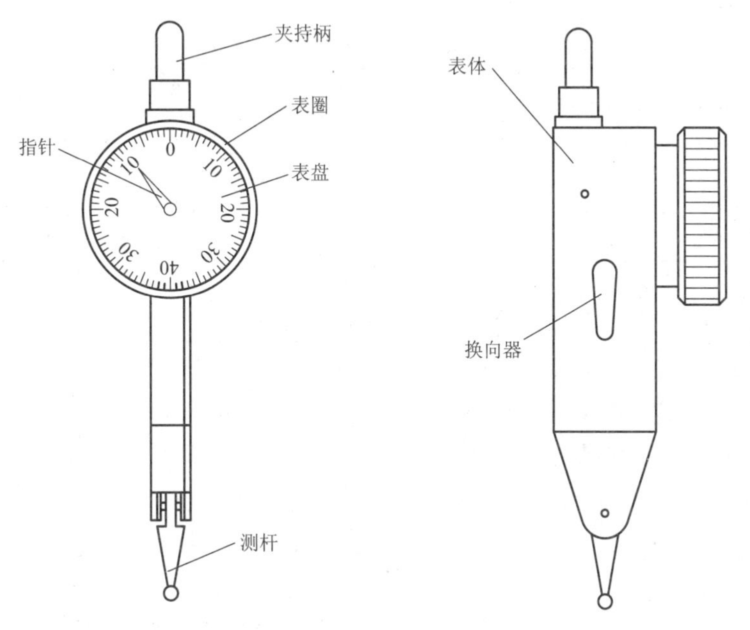

图 9-3-4　杠杆百分表

将杠杆百分表夹持在表架上，如图 9-3-5 所示。它能在正、反 180°方向上进行测量工作，借助换向器来改变测头与被测量面的接触方向。

杠杆百分表的分度值为 0.01 mm，测量范围为 0～0.8 mm 或 0～1 mm。杠杆百分表可用绝对测量法测量工件的几何形状和相互位置的正确性，也可用比较测量法测量尺寸。由于杠杆百分表的测杆可以转动，而且它可按测量位置调整测头的方向，因此适用于钳工精密测量，如测量小孔、凹槽、孔距、坐标尺寸等。

（三）正弦规

正弦规是利用三角函数中的正弦关系，与量块配合以测量工件角度和锥度的精密量具。正弦规由工作台、两个直径相同的精密圆柱、侧挡板和后挡板等组成，如图 9-3-6 所示。

国产正弦规有宽型的和窄型的两种，其规格见表 9-3-2。钳工常用的是两圆柱的中心距为 100 mm、圆柱直径为 20 mm、宽型的正弦规。

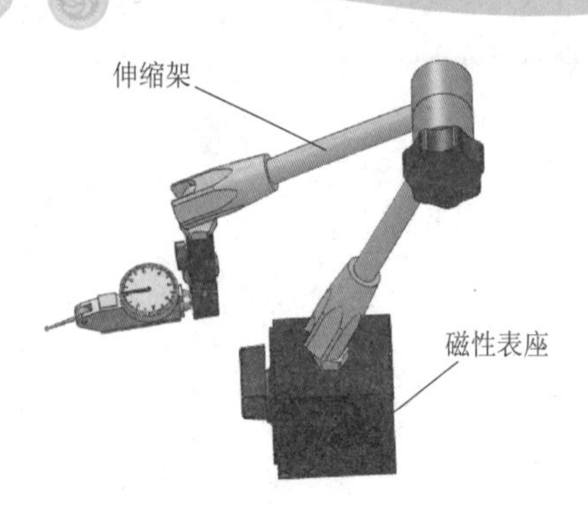

图 9-3-5　杠杆百分表夹持在表架上

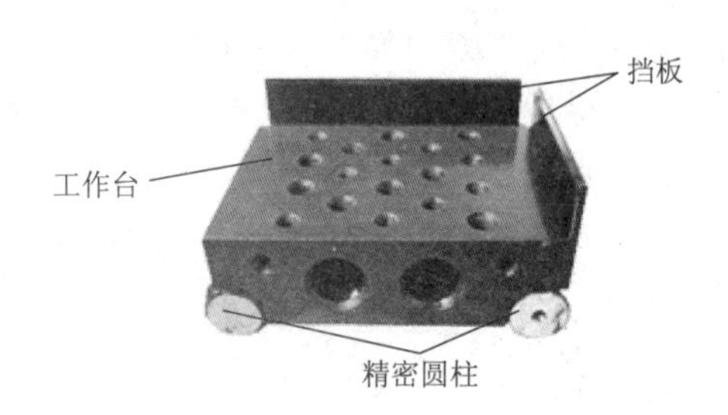

图 9-3-6　正弦规

表 9-3-2　正弦规的规格

两圆柱中心距/mm	圆柱直径/mm	工作台宽度/mm		精度等级
		窄型	宽型	
100	20	25	80	0.1 级
200	30	40	80	

（四）正弦规、量块、百分表配合使用测量

在钳工加工零件角度时，为了检测角度的正确性、相关几何公差的精度，必须使用正弦规配合量块与百分表进行测量。

1. 测量示例 1（绝对测量法）

如图 9-3-7 所示，用正弦规、量块、百分表配合测量 90° V 形铁的 V 形是否对称。

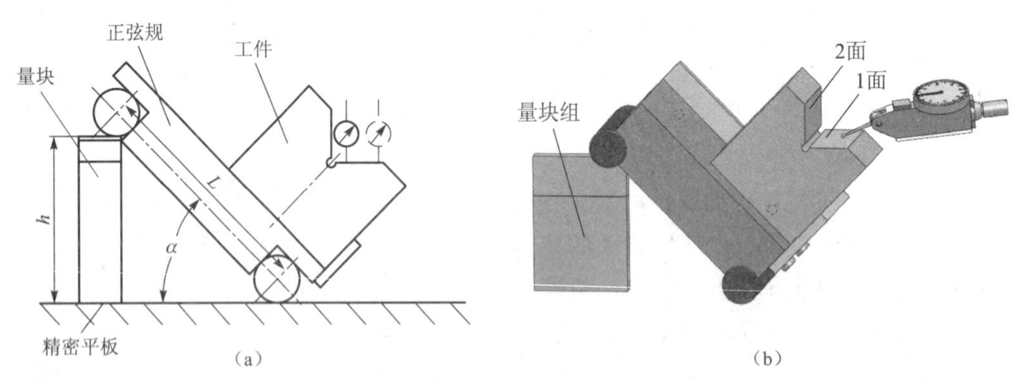

图 9-3-7　用绝对测量法测量 V 形铁对称的示意图

（a）测量二维示意图；（b）测量立体示意图

（1）将正弦规放置在精密平板上，并且 V 形铁放置在正弦规工作台的台面上。根据正弦规测量原理，要将正弦规放置所需角度，就要在正弦规一个圆柱下面垫上相应高度的量块或（量块组）。量块（量块组）的高度根据被测零件的角度，通过计算获得。

量块尺寸组高度的计算公式：

$$h = L \cdot \sin\alpha$$

式中　h——量块组尺寸，(mm)；

L——正弦规两个圆柱的中心距，(mm)；

α——正弦规的放置角度。

如图所示，如果V形铁的V形为90°，那么正弦规的放置角度为$\alpha=45°$

$$\text{根据公式 } h = L\times \sin\alpha$$
$$=100\times\sin45°$$
$$=100\times0.707$$
$$=70.7\text{ mm}$$

若在正弦规一圆柱的下面垫上高度为70.7 mm的量块组，则正弦规$\alpha=45°$。

(2) 将杠杆百分表夹持在表架上，并将百分表测头调至V形1面进行拖动。观察指针在表盘内的运动情况。若指针在该平面内的0.01 mm范围运动，则说明该平面的加工角度正确。将V形铁转向，将V形2面放至百分表的测头下进行拖动。观察指针在表盘内的运动情况。若在1面、2面上百分表所显示的高度相等，则说明工件的V形对称。

2. 测量示例2（比较测量法）

如图9-3-1所示，在V形铁组件练习图中，90° V形槽的高度为（34±0.03）mm，且V形槽的对称度精度要求为0.05 mm。如果要保证上述的相关精度，就需利用正弦规、百分表、量块、测量芯棒进行尺寸的测量。

(1) 测量V形槽高度的测量分析。

① 如图9-3-8（a）所示，V形槽高度（34±0.03）mm无法用游标卡尺或千分尺直接测量，但可以利用测量芯棒进行L_1的尺寸测量。从V形中心的最高点至芯棒中心点o添加辅助线hf。过o点作垂直于af的直线og。

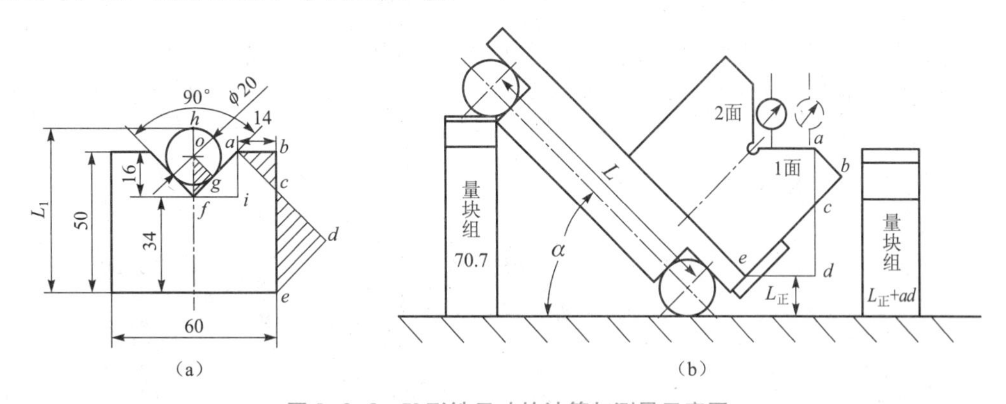

图9-3-8　V形铁尺寸的计算与测量示意图

（a）利用三角函数计算尺寸示意图；（b）用量块、正弦规、百分表以比较法测量示意图

分析得出$L_1=34+hf$，$34=L_1-hf$（要保证尺寸34，就要保证L_1）

已知测量芯棒的直径为$\phi20$，要计算hf尺寸（三角函数计算）：

$$hf=ho+of,\ of=og/\sin45°=10/0.707=14.14$$
$$hf=10+14.14=24.14$$

则
$$L_1=34+hf$$

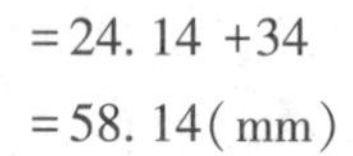

$$=24.14+34$$
$$=58.14(\text{mm})$$

② 分析测量结论：

V 形槽的尺寸需用 $\phi20$ 直径芯棒进行检测，如图 9-3-9（a）所示。若 L_1 的尺寸为（58.14±0.03）mm，则 V 形槽高度就是（34±0.03）mm。

（2）测量 90°±3′及对称度 0.05 mm 的测量分析。

① 按图纸要求，在保证 V 形槽高度（34±0.03）mm 的同时，若要保证 V 形槽角度为 90°±3′，对称度在 0.05 mm 的范围内，则要把 V 形铁放置在正弦规上，利用比较测量法进行检测。按图 9-3-8（a）所示，添加垂直辅助线 ad，ed，并成为直角△abc、直角△cde，从而进行 ad 尺寸的计算（$ad=ac+cd$）。

在直角△abc 中，已知 $ab=bc=14$，

则 $ac=14\sqrt{2}=14\times1.414=19.80$；

在直角△cde 中，已知 $ce=50-bc=50-14=36$，

则 $cd=ce/\sqrt{2}=36/1.414=25.46$

$$\Rightarrow \begin{cases} ad=ac+cd \\ \quad =19.80+25.46 \\ \quad =45.26\ (\text{mm}) \end{cases}$$

② V 形 90°±3′、对称度 0.05 mm 按图 9-3-8（b）所示进行比较法测量。为测出 V 形 1 面、2 面的具体数值，则在正弦规、工件的右边再放置量块组，以进行尺寸的比对测量。量块组尺寸即为正弦规的高度 $L_{正}$ 加上 ad。$L_{正}$ 数值是一个定值，可查附录 2，得出：$L_{正}=28.385$。

量块组尺寸 = 28.385+45.26 = 73.645（mm）

③ 将杠杆百分表夹持在表架上，并将百分表的测头调压至 73.645 mm 量块组处。如图 9-3-9（b）所示，转动表盘使指针至 0 位。将表架微移，并将百分表测头移至 V 形 1 面。进行百分表的拖动，并观察指针在表盘内的运动情况。若指针在 0 位左右的 1 至 2 格范围运动，则说明该面的加工角度正确，且 ad 尺寸正确。将 V 形铁转向，V 形 2 面放至百分表测头下，进行拖动。观察指针在表盘内的运动情况，若 1 面、2 面对百分表的指针显示相等，则说明工件的 V 形对称。

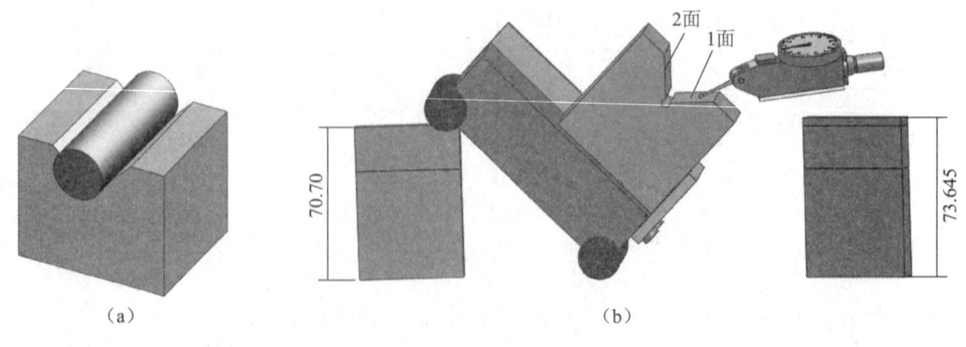

图 9-3-9　V 形铁测量立体示意图

（a）用芯棒测量 V 形高度的立体示意图；（b）量块、正弦规、百分表比较法测量立体示意图

（五）V 形铁的加工要点

（1）在锉削 V 形面时，应注意 90°角、V 形高度、对称度的测量。测量方法如图 9-3-8、

图9-3-9所示。

（2）在钻孔前，螺纹底孔直径及深度尺寸要计算正确，然后再钻孔、攻丝，以保证螺纹正确。

（3）在攻不通孔时，丝锥要经常退出排屑，以防止切屑堵塞、造成螺纹乱牙或丝锥折断。

五、任务实施

（一）加工V形铁

（1）检查来料的尺寸。

（2）根据材料加工基准面 A、B、C，并使 $A \perp B \perp C$，且达到垂直度为 0.02 mm，平面度为 0.02 mm，表面粗糙度为 $Ra3.2\ \mu m$ 的要求。

（3）加工工件外形，并达到（60±0.02）mm×（60±0.02）mm×（50±0.02）mm，保证几何公差达到要求。

（4）以 A 面、B 面、C 面为基准，划出V形槽加工线、孔加工线及钻孔检查线。

（5）钻 $\phi 3$ 工艺孔，锯削V形槽，并留一定加工余量。粗、精锉V形面，并利用正弦规测量，以保证 90°±3′、(34±0.03) mm 及对称度达到要求。

（6）钻 6×ϕ 6.7 螺纹底孔，并攻M8螺纹，保证螺纹的深度为 15 mm。同时应保证位置精度及螺纹精度。

（7）去毛刺；进行精度检查。

（二）加工桥形压板

（1）检查来料的尺寸。

（2）加工工件的外形，并达到(55±0.03) mm×(20±0.03) mm×(16±0.03) mm，且保证几何公差达到要求。

（3）以一长度面、端面及厚度面为基准，划出桥形压板的形体加工线。

（4）锯削 2×135°角度面的余料，并粗、精锉两个角度面，以保证（10±0.03）mm 尺寸、135°±5′角度等要求。

（5）按图划出孔加工线及钻孔检查线，并钻 $\phi 9$ 孔，倒角，同时保证钻孔精度。

（6）锯削半圆槽余料，并加工半圆槽，以达到图纸要求。

（7）去毛刺；进行精度检查。

（三）重点提示

（1）工件外形尺寸公差、垂直度误差、平行度误差应控制在最小范围内。

（2）在V形槽加工时，应利用正弦规、量块、百分表、芯棒进行测量，从而保证V形槽高度与90°的中心对称。

（3）螺纹孔的加工应保证孔位正确，并保证螺纹精度。

六、任务评价

任务评价如表 9-3-3 所示，教师、学生两人小组将压板组件加工的评分结果填入表中。

表 9-3-3　V 形铁组件制作的评分标准

班级：__________　姓名：__________　学号：__________　成绩：__________

评价内容	序号		技术要求	评分标准	配分	自检记录	交检记录	得分
操作技能评价	V 形铁	1	(60±0. 02 mm (2 处)	每超一处扣 4 分	8/2			
		2	(50±0. 02) mm	超差全扣	3			
		3	(34±0. 03) mm	超差全扣	3			
		4	90°±3′	超差全扣	3			
		5	8× ▱ 0.02	每超一处扣 0. 5 分	4/8			
		6	6× ⊥ 0.02 C	每超一处扣 0. 5 分	3/6			
		7	⊥ 0.02 A	超差全扣	3			
		8	⌯ 0.05 B	超差全扣	4			
		9	6×M8	每超一处扣 1 分	6/6			
		10	(42±0. 10) mm (3 处)	每超一处扣 2 分	6/3			
	桥形压板	11	*Ra*3. 2 μm (8 处)	每超一处扣 0. 5 分	4/8			
		12	(20±0. 03) mm	超差全扣	3			
		13	(10±0. 03) mm (2 处)	每超一处扣 2 分	4/2			
		14	(16±0. 03) mm	超差全扣	3			
		15	(55±0. 03) mm	超差全扣	3			
		16	135°±5′ (2 处)	每超一处扣 2 分	4/2			
		17	(42±0. 1) mm	超差全扣	2			
	装配	18	*Ra* 3. 2 μm (14 处)	每超一处扣 0. 5 分	7/14			
		19	桥形压板与 V 形铁配合间隙≤0. 1 mm (2 处)	不正确时酌情扣分	4/2			
		20	组件正确安装	不正确时酌情扣分	2			
素养评价	21		工量具使用规范		5			
	22		有团队协作意识，有责任心		5			
	23		学习态度端正，遵章守纪		5			
	24		安全文明操作、保持工作环境整洁		5			

*七、任务拓展

如图 9-3-10 所示，进行偏角 V 形铁加工。

偏角 V 形铁加工

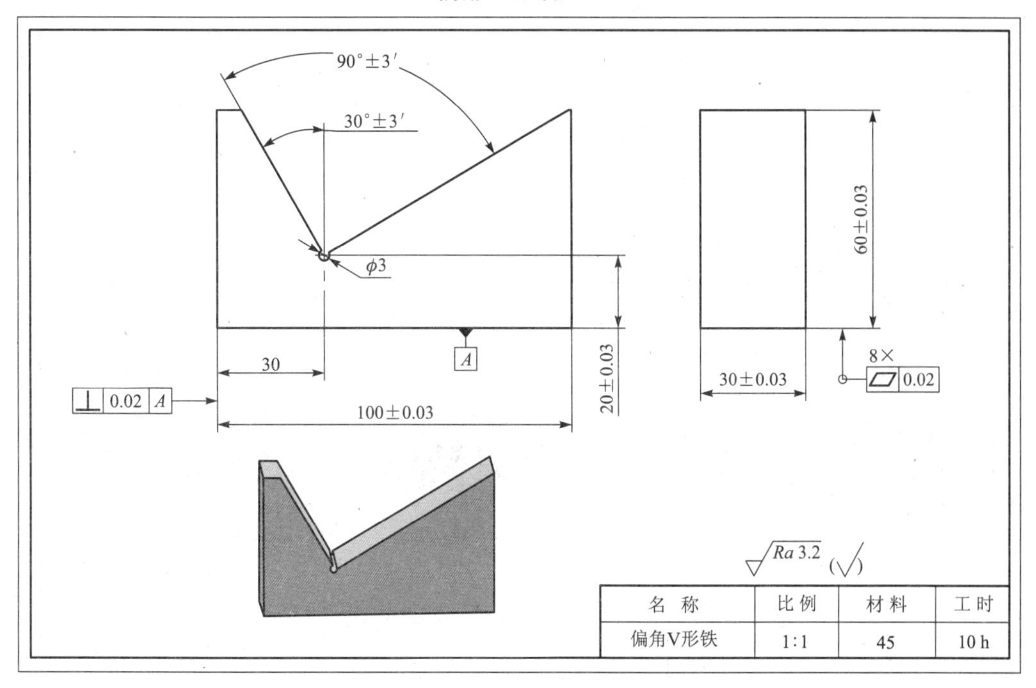

图 9-3-10　偏角 V 形铁加工的练习图

*八、任务拓展的评分标准

按表 9-3-4 对任务进行评价。

表 9-3-4　偏角 V 形铁加工的评分标准

班级：______		姓名：______		学号：______		成绩：______	
评价内容	序号	技术要求	评分标准	配分	自检记录	交检记录	得分
操作技能评价	1	（100±0. 03） mm	超差全扣	6			
	2	（60±0. 03） mm	超差全扣	6			
	3	（30±0. 03） mm	超差全扣	6			
	4	（20±0. 03） mm	超差全扣	10			
	5	30°±3′	超差全扣	8			
	6	90°±3′	超差全扣	8			
	7	8× ▱ 0.02	每超一处扣 3 分	24/8			
	8	⊥ 0.02 A	超差全扣	4			
	9	Ra≤3. 2 μm（8 处）	每超一处扣 2 分	8			

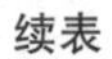

续表

评价内容	序号	技术要求	评分标准	配分	自检记录	交检记录	得分
素养评价	10	工量具使用规范		5			
	11	有团队协作意识，有责任心		5			
	12	学习态度端正，遵章守纪		5			
	13	安全文明操作、保持工作环境整洁		5			

任务四　激光打标夹具制作——团队合作

一、生产实习图纸

生产实习装配图如图 9-4-1 所示，各零件图如图 9-4-2 至图 9-4-7 所示。

二、任务分析

社会发展进入物联网时代，在汽车行业，主机厂对所装配的零件必须要求有身份识别码（二维码），通过此二维码能追溯到关于此零件的所有信息，从而便于主机厂对汽车关键零部件质量的把控及后期追溯，比如生产时间、加工设备信息、供应商信息等。本夹具为汽车发动机增压器中中间壳零件使用的激光打标夹具，由底板，定位座，压板，侧支撑座，支承销，压头，筋，支架，螺杆等装配组成，夹具安装到通用激光打标机上，能快速精准定位及锁紧中间壳零件，通过激光打标设备实现快速、精准打标，实现一物一码，保证激光打标精度，为产品物流追溯提供电子身份证（二维码），并可以通过更换或调整部分零件实现不同产品的兼容。

此夹具制造实训模式采用团队分工协作完成，六人一组，需要合作企业师傅协助一起参与实训教学，实训教师与组长依据组员个体综合能力进行任务的合理分配，组员领取任务，根据图纸要求按图加工完成 01 号件底板，03 号件压板（两件），04 号件侧支撑座，07 号件板，08 号件筋（2 件），12 号件支架折弯。企业提供 02 号件定位座、05 号件支承销、06 号件压头、09 号件调节支承、10 号件支承、11 号件螺杆以及装配用标准件。组员之间注意沟通，保证形位公差与尺寸精度，各加工零件完成后进行装配与调试，达到装配精度要求，完成制作任务。

三、任务准备

1. 材料准备：由企业提供。

2. 操作工具：常用扁锉、圆锉、什锦锉、手锯、划线工具、麻花钻、丝锥、铰杠、扳

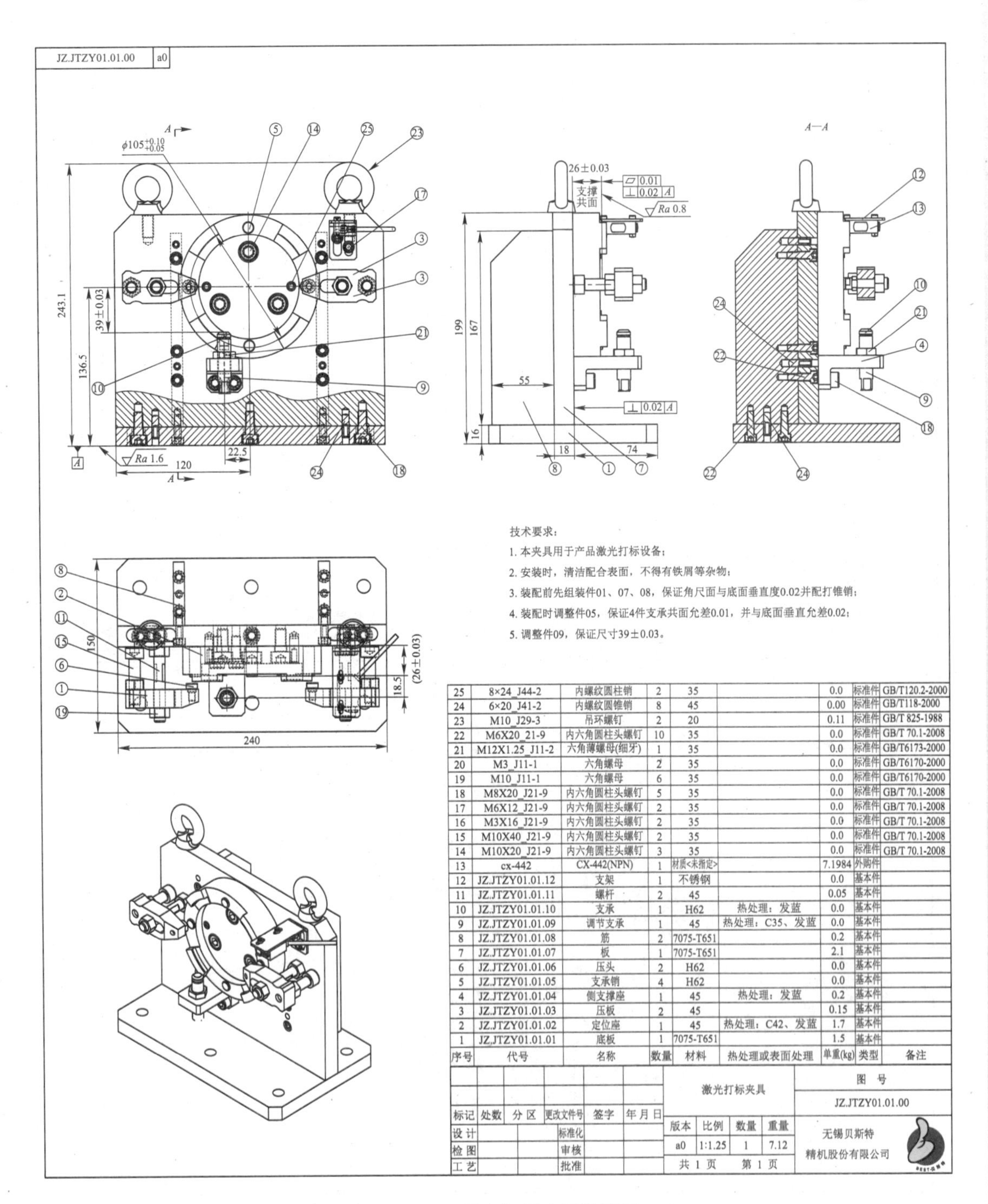

序号	代号	名称	数量	材料	热处理或表面处理	单重(kg)	类型	备注
25	8×24_J44-2	内螺纹圆柱销	2	35		0.0	标准件	GB/T120.2-2000
24	6×20_J41-2	内螺纹圆锥销	8	45		0.00	标准件	GB/T118-2000
23	M10_J29-3	吊环螺钉	2	20		0.11	标准件	GB/T 825-1988
22	M6X20_21-9	内六角圆柱头螺钉	10	35		0.0	标准件	GB/T 70.1-2008
21	M12X1.25_J11-2	六角薄螺母(细牙)	1	35		0.0	标准件	GB/T6173-2000
20	M3_J11-1	六角螺母	2	35		0.0	标准件	GB/T6170-2000
19	M10_J11-1	六角螺母	6	35		0.0	标准件	GB/T6170-2000
18	M8X20_J21-9	内六角圆柱头螺钉	5	35		0.0	标准件	GB/T 70.1-2008
17	M6X12_J21-9	内六角圆柱头螺钉	2	35		0.0	标准件	GB/T 70.1-2008
16	M3X16_J21-9	内六角圆柱头螺钉	2	35		0.0	标准件	GB/T 70.1-2008
15	M10X40_J21-9	内六角圆柱头螺钉	2	35		0.0	标准件	GB/T 70.1-2008
14	M10X20_J21-9	内六角圆柱头螺钉	3	35		0.0	标准件	GB/T 70.1-2008
13	cx-442	CX-442(NPN)	1	材质<未指定>		7.1984	外购件	
12	JZ.JTZY01.01.12	支架	1	不锈钢		0.0	基本件	
11	JZ.JTZY01.01.11	螺杆	2	45		0.05	基本件	
10	JZ.JTZY01.01.10	支承	1	H62	热处理：发蓝	0.0	基本件	
9	JZ.JTZY01.01.09	调节支承	1	45	热处理：C35、发蓝	0.0	基本件	
8	JZ.JTZY01.01.08	筋	2	7075-T651		0.2	基本件	
7	JZ.JTZY01.01.07	板	1	7075-T651		2.1	基本件	
6	JZ.JTZY01.01.06	压头	2	H62		0.0	基本件	
5	JZ.JTZY01.01.05	支承销	4	H62		0.0	基本件	
4	JZ.JTZY01.01.04	侧支撑座	1	45	热处理：发蓝	0.2	基本件	
3	JZ.JTZY01.01.03	压板	2	45		0.15	基本件	
2	JZ.JTZY01.01.02	定位座	1	45	热处理：C42、发蓝	1.7	基本件	
1	JZ.JTZY01.01.01	底板	1	7075-T651		1.5	基本件	

图 9-4-1 激光打标夹具装配图

手、铜棒、铜丝刷等。

3. 量具：钢皮尺、刀口角尺、万能角度尺、游标卡尺、高度划线尺、外径千分尺等。

4. 图纸识读：此为企业专用图纸，尺寸标注采用坐标法标注，以 0 点坐标为起点。

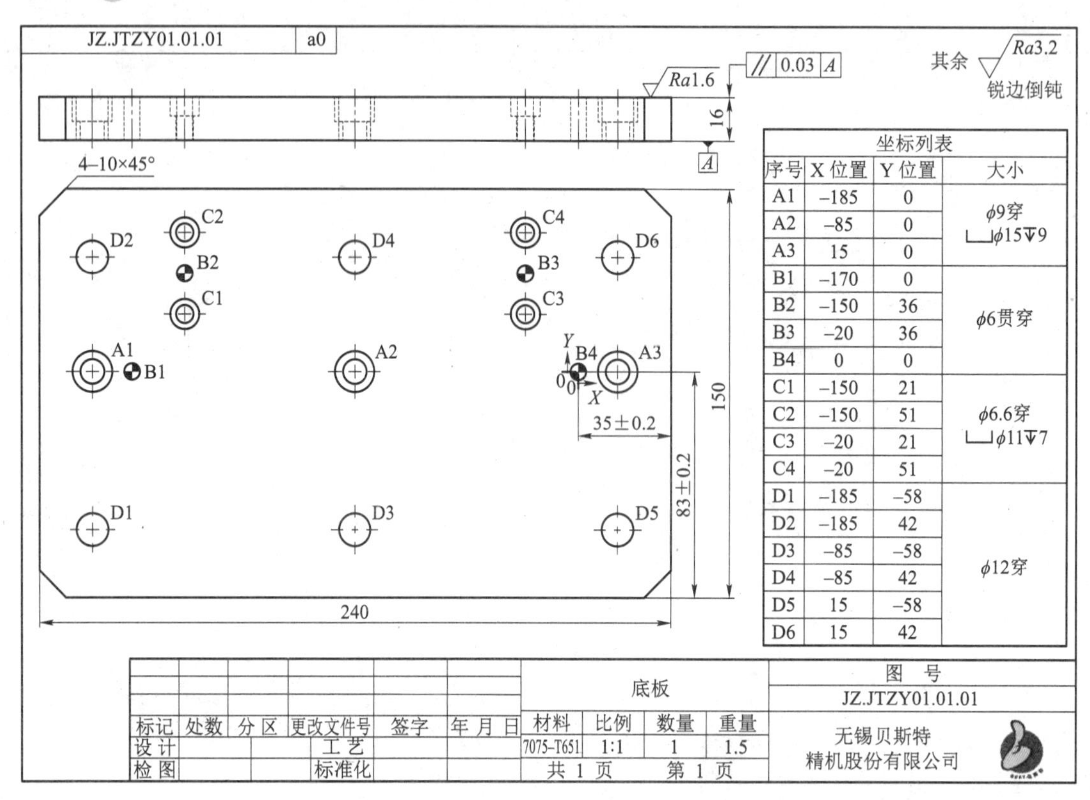

坐标列表			
序号	X 位置	Y 位置	大小
A1	–185	0	ϕ9穿 ⌴ϕ15↧9
A2	–85	0	
A3	15	0	
B1	–170	0	ϕ6贯穿
B2	–150	36	
B3	–20	36	
B4	0	0	
C1	–150	21	ϕ6.6穿 ⌴ϕ11↧7
C2	–150	51	
C3	–20	21	
C4	–20	51	
D1	–185	–58	ϕ12穿
D2	–185	42	
D3	–85	–58	
D4	–85	42	
D5	15	–58	
D6	15	42	

图 9–4–2　底板

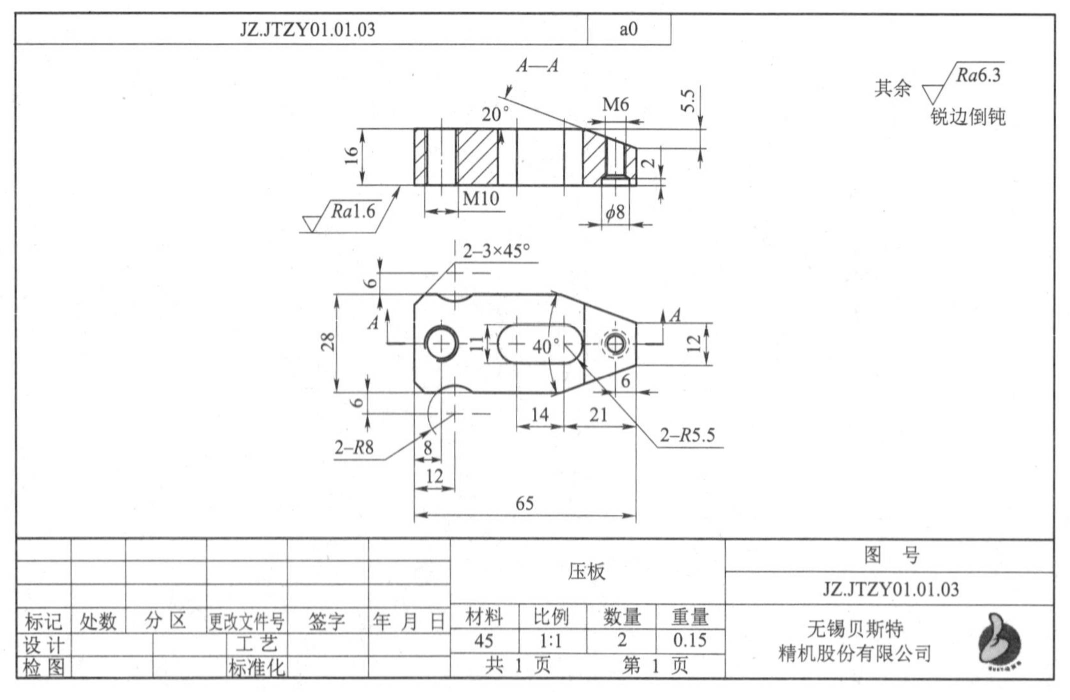

图 9–4–3　压板

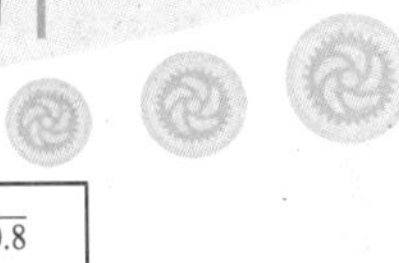

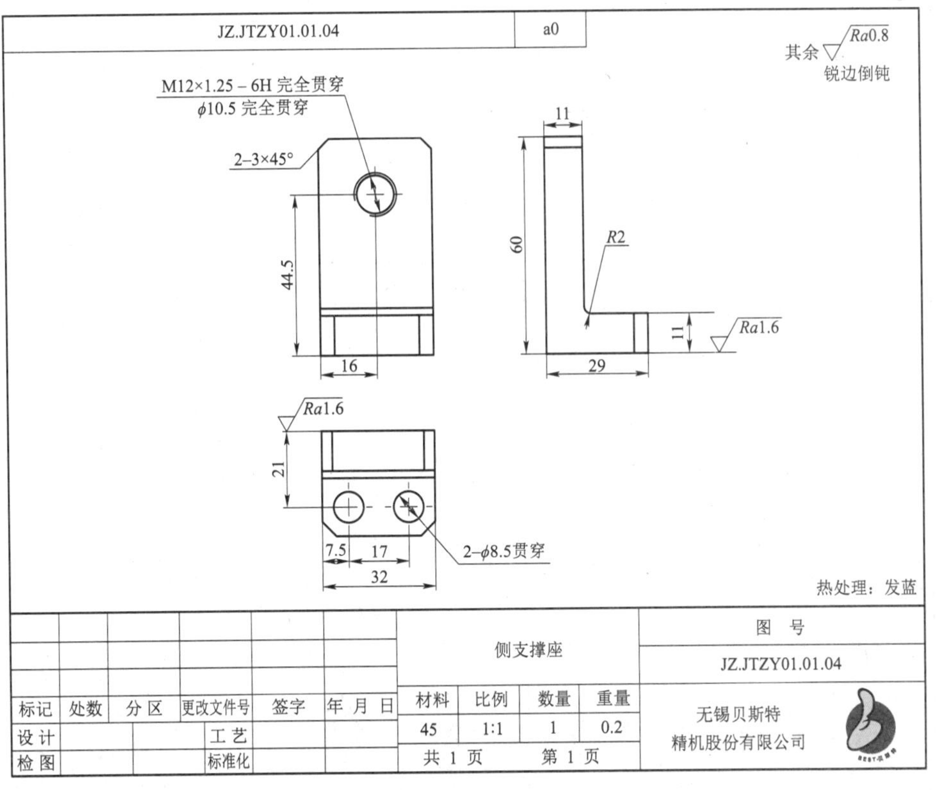

图 9–4–4　侧支撑座

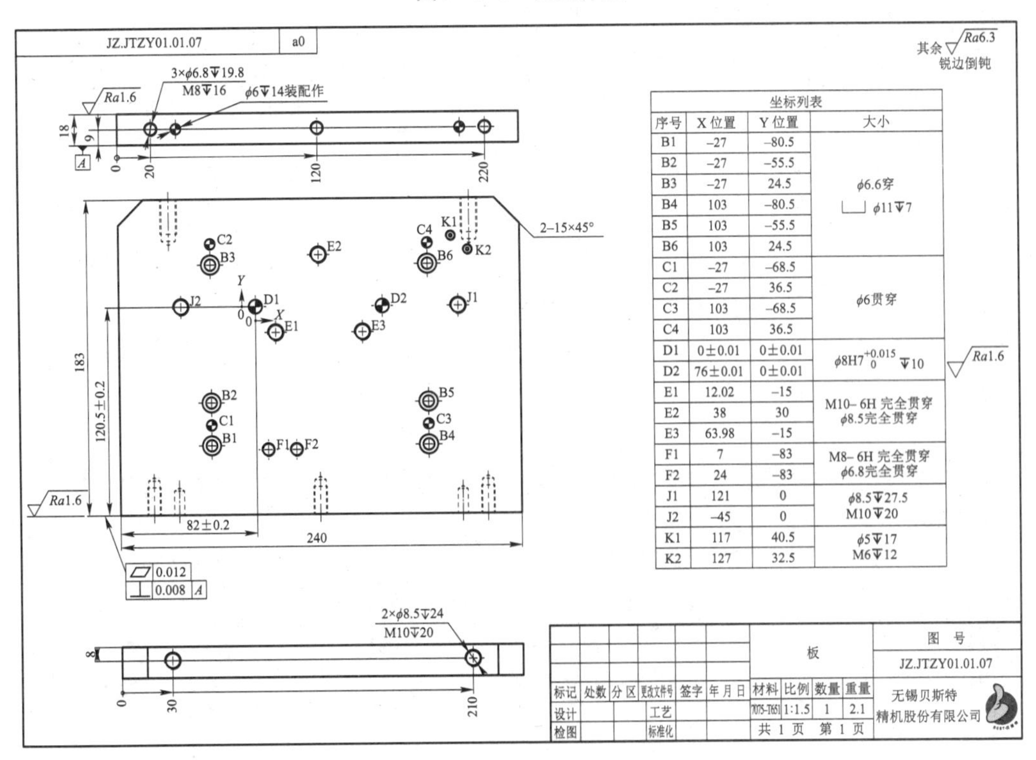

坐标列表

序号	X 位置	Y 位置	大小
B1	–27	–80.5	ϕ6.6穿 ⌴ ϕ11▽7
B2	–27	–55.5	
B3	–27	24.5	
B4	103	–80.5	
B5	103	–55.5	
B6	103	24.5	
C1	–27	–68.5	ϕ6贯穿
C2	–27	36.5	
C3	103	–68.5	
C4	103	36.5	
D1	0±0.01	0±0.01	ϕ8H7$^{+0.015}_{0}$ ▽10　Ra1.6
D2	76±0.01	0±0.01	
E1	12.02	–15	M10– 6H 完全贯穿 ϕ8.5完全贯穿
E2	38	30	
E3	63.98	–15	
F1	7	–83	M8– 6H 完全贯穿 ϕ6.8完全贯穿
F2	24	–83	
J1	121	0	ϕ8.5▽27.5 M10▽20
J2	–45	0	
K1	117	40.5	ϕ5▽17 M6▽12
K2	127	32.5	

图 9–4–5　板

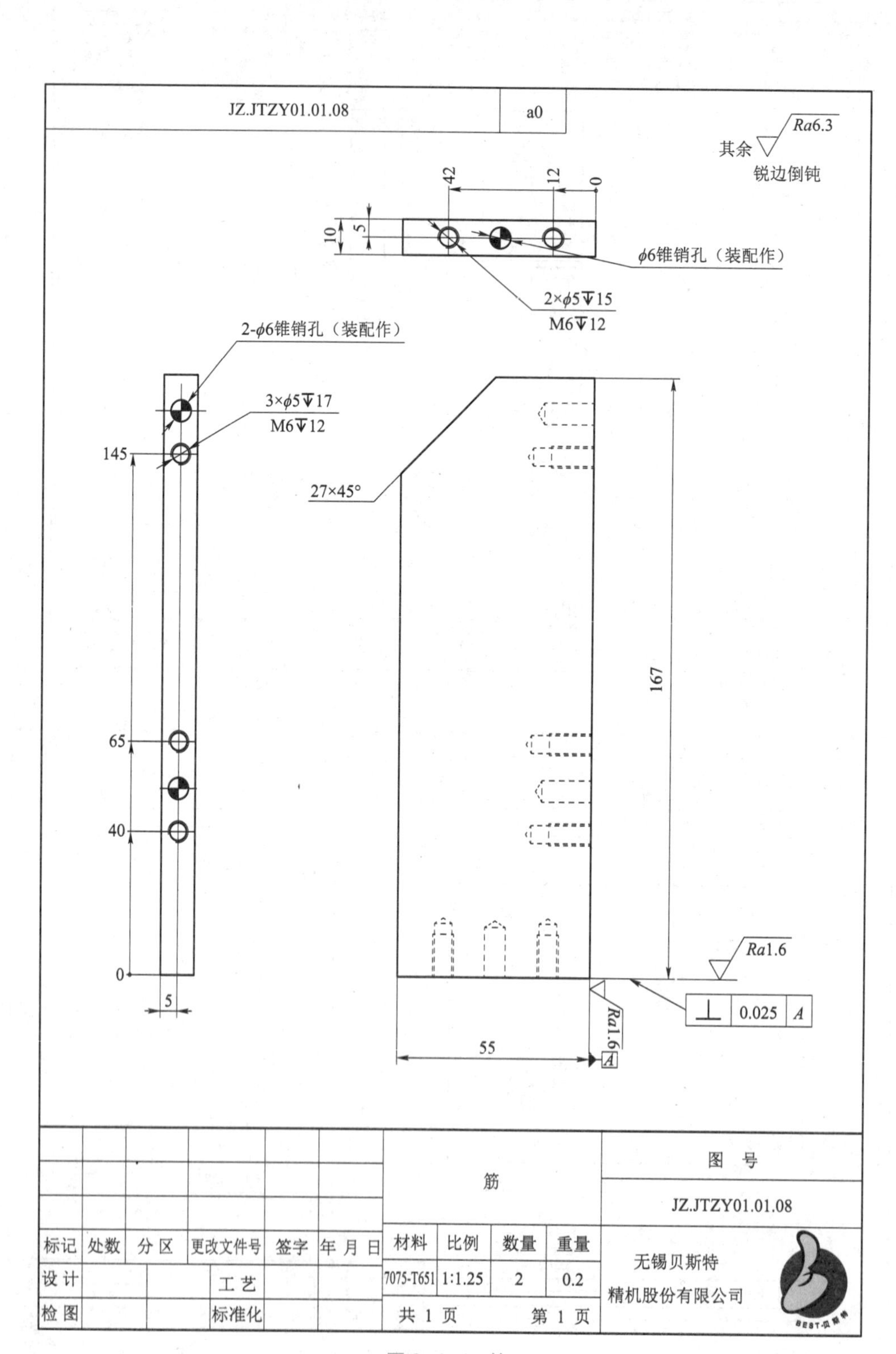
JZ.JTZY01.01.08
a0
其余 Ra6.3
锐边倒钝
42
12
0
10
5
ϕ6锥销孔（装配作）
2×ϕ5▼15
M6▼12
2-ϕ6锥销孔（装配作）
3×ϕ5▼17
M6▼12
145
27×45°
167
65
40
0
5
Ra1.6
Ra1.6
0.025 A
55
A
筋
图 号
JZ.JTZY01.01.08
标记 处数 分区 更改文件号 签字 年 月 日
材料 比例 数量 重量
设计
工艺
7075-T651 1:1.25 2 0.2
检图
标准化
共 1 页 第 1 页
无锡贝斯特
精机股份有限公司
BEST·贝斯特

图 9-4-6 筋

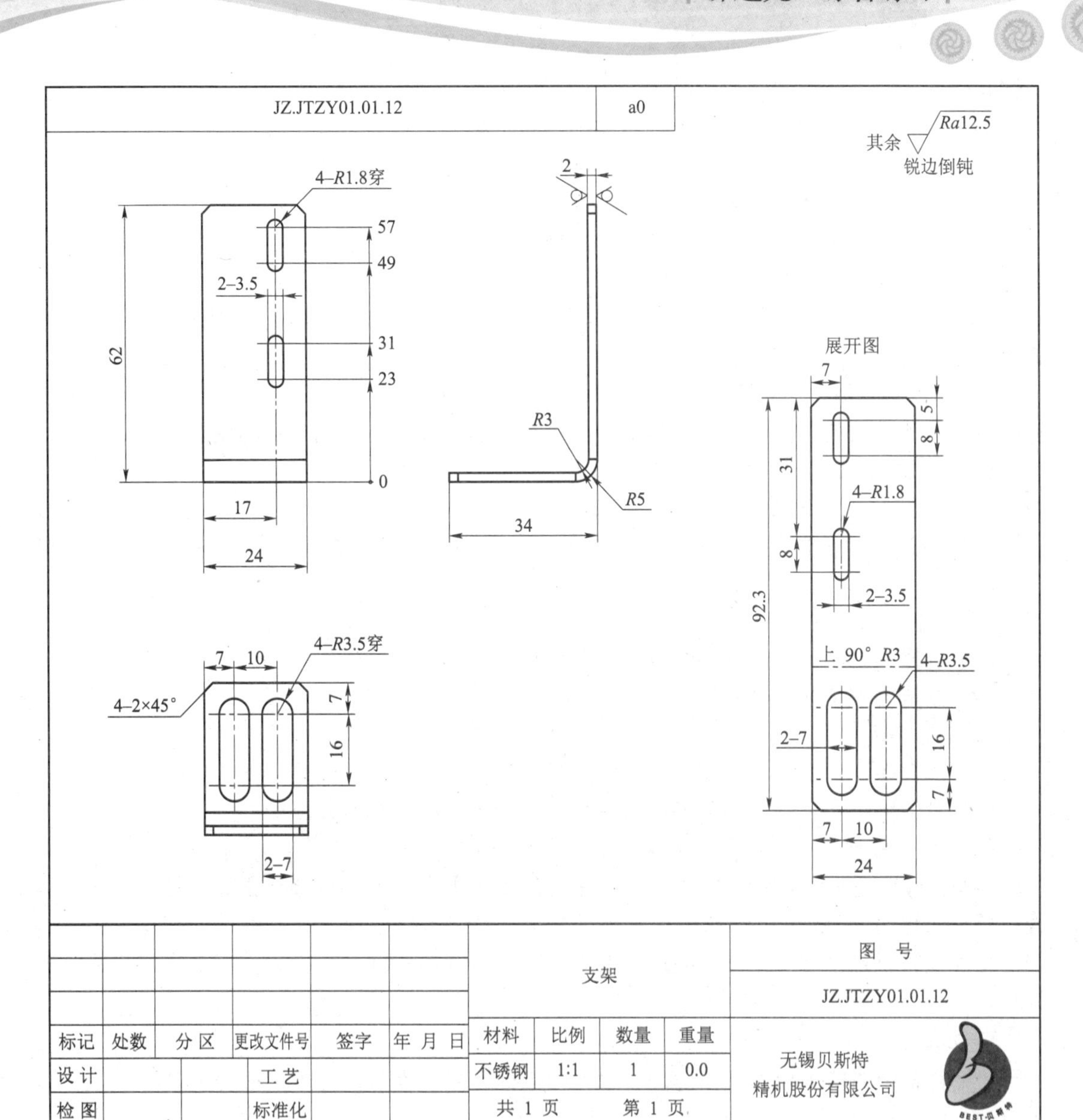

图 9–4–7 支架

5. 实训准备

1）工具准备。领用并清点工具，了解工具的使用方法及使用要求，实训结束时按工具清单清点交指导教师验收。

2）熟悉实训要求。要求复习有关理论知识，详细阅读本指导书。

四、相关工艺分析

一、装配基础知识

（一）装配

按照规定的技术要求，将若干个零件组装成部件或将若干个零件和部件组装成产品的过程。也就是：把已经加工好，并经检验合格的单个零件，通过各种形式，依次将零部件联接

或固在一起，使之成为部件或产品的过程，叫做装配。

装配分为组件装配、部件装配和总装配。整个装配过程要依次进行，根据产品设计要求和标准，使产品达到其使用说明书的规格和性能要求。

（二）装配工作的基本要求

（1）装配时，应检查零件与装配有关的形状和尺寸精度是否合格，检查有无变形、损坏等，并应注意零件上各种标记，防止错装。

（2）固定连接的零部件，不允许有间隙。活动的零件，能在正常的间隙下，灵活均匀地按规定方向运动，不应有跳动。

（3）各运动部件（或零件）的接触表面，必须保证有足够的润滑。应检查各个部件连接的可靠性和运动的灵活性，各零件安装是否在合适的位置，达到配合精度要求。

（三）装配的工艺过程

1. 制定装配工艺过程的步骤（准备工作）

（1）研究分析激光打标夹具装配图，了解夹具结构、各零件的作用、相互关系及联接方法。

（2）确定装配方法，确定装配顺序。

（3）选择准备装配时所需的工具、量具和辅具等。

（4）制定装配工艺卡片。

2. 装配过程

（1）部件装配：把零件装配成部件的过程叫部件装配。

（2）总装装配：把零件和部件装配成最终产品的过程叫总装装配。

3. 调整、精度检验

调整工作就是调节零件或机构部件的相互位置，配合间隙，结合松紧等，目的是使机构或机器工作协调（性能）。

精度检验就是用检测工具，对产品的工作精度、几何精度进行检验，直至达到技术要求为止。

二、联接

机器都是由各种零件装配而成的，零件与零件之间存在着各种不同形式的联接。

根据联接后是否可拆分为

（1）可拆连接：螺纹联接、销联接、键联接。

（2）不可拆连接：焊接、铆接、粘接。

在此激光打标夹具制造项目中，我们要用的联接主要是螺纹联接与销联接。

（一）螺纹联接

螺纹联接是利用螺纹零件工作的，它可以将若干个零件联接在一起，装拆方便、结构简单、工作可靠，在机械设备中应用广泛。

常用的螺纹联接件有：螺栓、双头螺柱、螺钉、螺母和垫片等。这些零件都是标准件，结构、形状、尺寸都制定有国家标准。

1. 螺纹联接的类型、特点和应用

1）螺栓联接

在被联接件上开有通孔，被联接件孔中不加工螺纹。结构简单，装拆方便，使用时不受被联接件材料的限制，应用极广。如图 9-4-8 所示。

2）双头螺柱联接

用两头均有螺纹的螺柱和螺母把被联接件联接起来，被联接件之一为光孔、另一个为螺纹孔。适用于被联接件之一厚度很大，而又不宜钻通孔，但又经常拆卸的地方。如图 9-4-9 所示。

3）螺钉联接

被联接件之一为光孔、另一个为螺纹孔。只用螺钉，不用螺母，直接把螺钉拧进被联接件的螺钉中。适用于载荷较轻，且不经常装拆的场合。如图 9-4-10 所示。

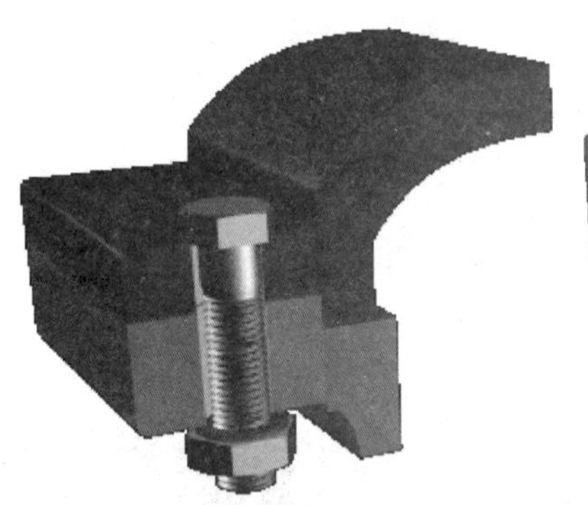

图 9-4-8　螺栓联接

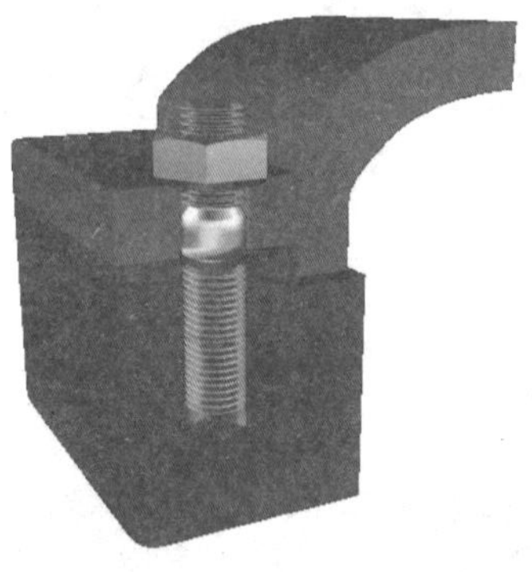

图 9-4-9　双头螺柱联接

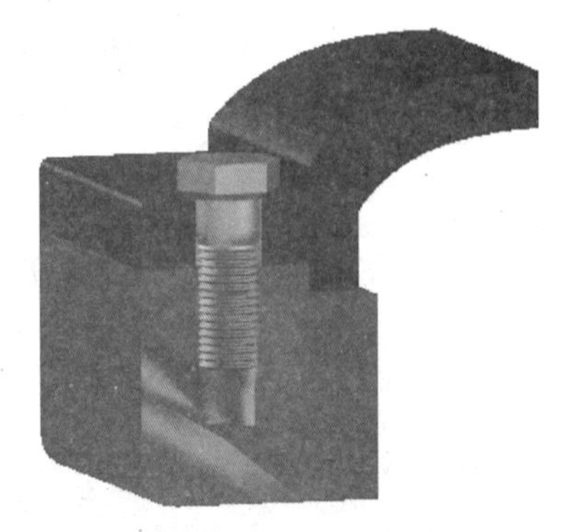

图 9-4-10　螺钉联接

4）紧定螺钉联接

利用拧入被联接件螺纹孔中的螺钉末端顶住另一零件的表面，以固定零件的相对位置，可传递不大的力或扭矩。如图 9-4-11 所示。

2. 标准螺纹联接件类型

螺栓、螺柱、螺钉联接件头部形状有圆头、扁圆头、六角头、圆柱头和沉头等。如图 9-4-12 所示。头部起子槽有一字槽、十字槽和内六角孔等形式。

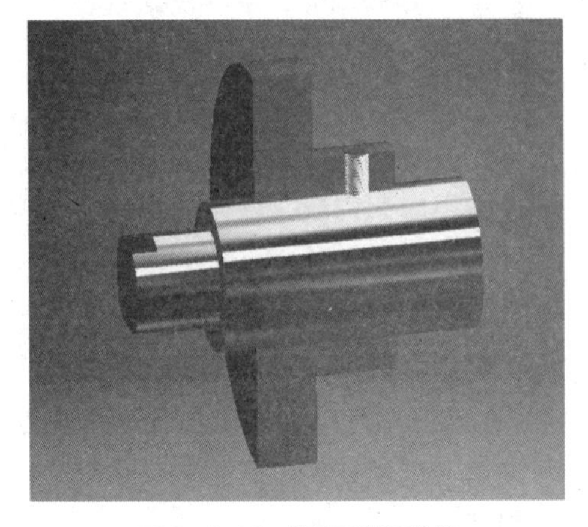

图 9-4-11　紧定螺钉联接

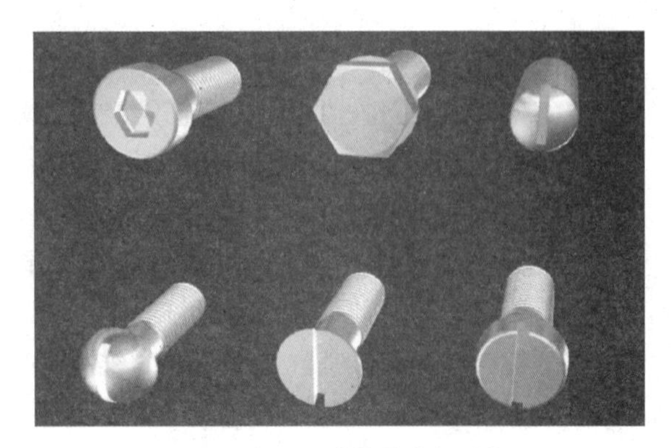

图 9-4-12　联接件头部形状

3. 螺纹联接使用工具

1）在装配过程中，利用活络扳手或呆扳手将螺母或螺栓头拧紧进行联接。如图 9-4-13 所示。

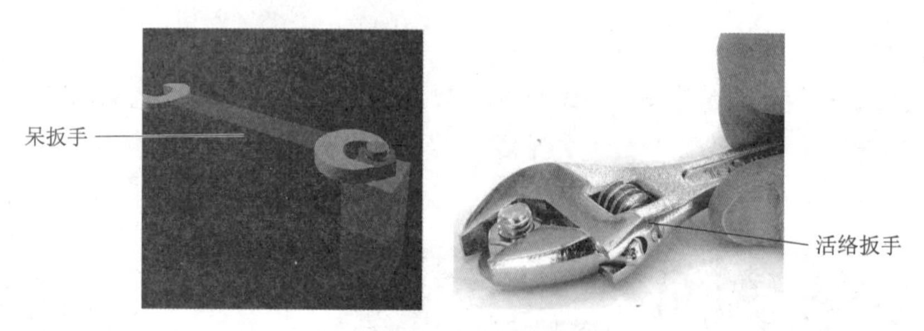

图 9-4-13　扳手拧紧联接

2）在装配过程中，利用螺丝刀将螺钉拧紧进行联接。如图 9-4-14 所示。

3）在装配过程中，利用内六角扳手将螺栓拧紧进行联接。如图 9-4-15 所示。

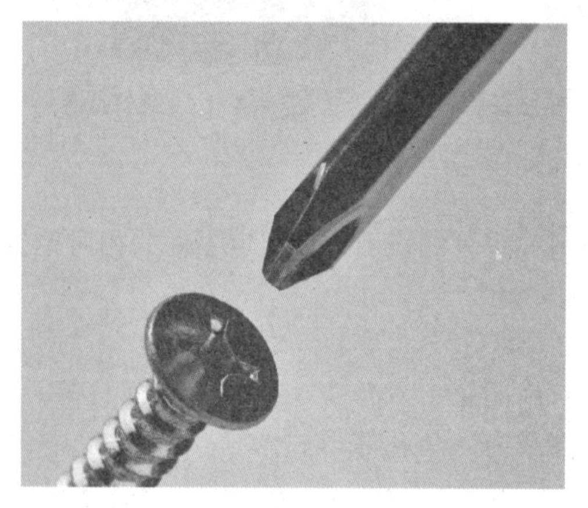

图 9-4-14　螺丝刀拧紧联接

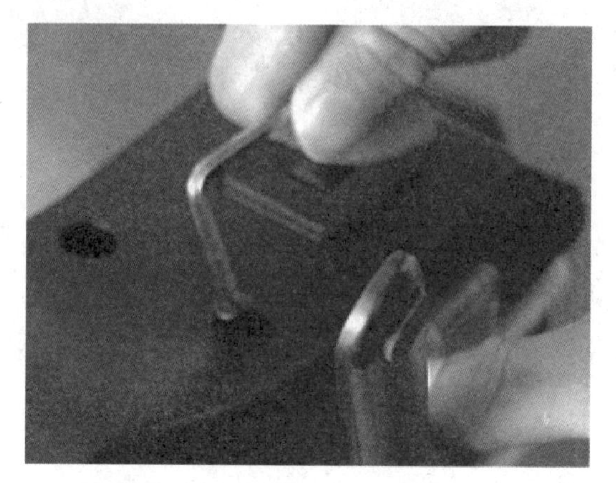

图 9-4-15　内六角扳手拧紧联接

（二）销联接

销通常用于定位，也可用于连接或锁定零件，还可作为安全装置中的过载剪断元件。

销联接装拆方便、结构简单、工作可靠，在机械设备中应用广泛，常用的销联接类型有圆柱销联接、圆锥销联接、开口销联接。

1）圆柱销：圆柱销利用微小过盈固定在铰制孔中，可以承受不大的载荷。为保证定位精度和联接的紧固性，不宜经常拆卸，主要用于定位，也用作联接销和安全销。

2）圆锥销：圆锥销具有 1∶50 的锥度，自锁性好，定位精度高，安装方便，多次装拆对定位精度的影响较小，主要用于定位，也可用作联接销。锥销孔加工时用钻头钻出直径为锥销小头直径的底孔后，再用相应的锥销铰刀铰孔铰制完成。

此夹具 24 号件与 25 号件分别为带内螺纹圆锥销与圆柱销标准件。圆柱销与圆锥销装配示意如图 9-4-16 所示，采用配钻配铰的加工加工艺，装配时用铜棒将销轻轻敲入。

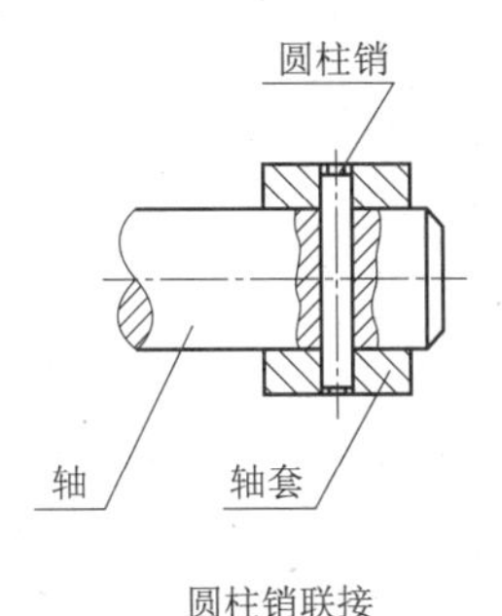

圆柱销联接　　圆锥销联接

图 9-4-16　圆柱销与圆锥销装配示意图

3）开口销：开口销主要应用于固定带孔的圆柱销或带槽螺母的装配操作，用手或钳子将开口销插入圆柱销内，用螺丝刀将开口销掰开，起到活动联接作用。如图 9-4-17、图 9-4-18 所示。

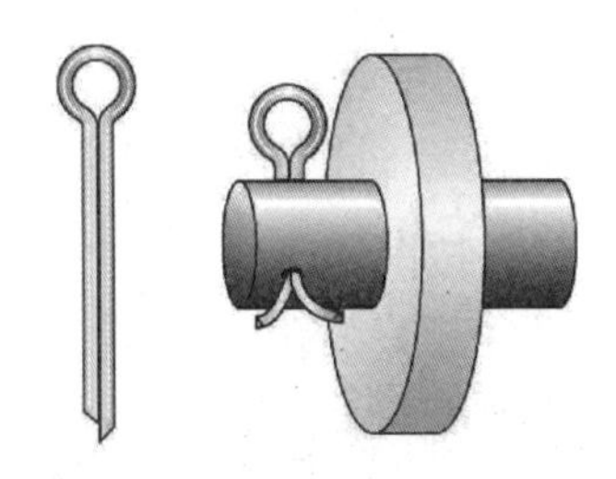

图 9-4-17　带孔圆柱开口销联接

图 9-4-18　带槽螺母开口销联接

（三）装配注意事项

1）进入装配的零件及部件（包括外购件、外协件），均必须具有检验部门的合格证方能进行装配。

2）零件在装配前必须清理和清洗干净，不得有毛刺、飞边、氧化皮、锈蚀、切屑、油污、着色剂和灰尘等。

3）装配前应对零、部件的主要配合尺寸，特别是过盈配合尺寸及相关精度进行复查。

4）装配过程中零件不允许磕、碰、划伤。

5）螺钉、螺栓和螺母紧固时，严禁打击或使用不合适的旋具和扳手。紧固后螺钉槽、螺母和螺钉、螺栓头部不得损坏。

6）规定拧紧力矩要求的紧固件，必须采用力矩扳手，并按规定的拧紧力矩紧固。

7）同一零件用多件螺钉（螺栓）紧固时，各螺钉（螺栓）需交叉、对称、逐步、均匀拧紧。

8）圆锥销装配时应与孔应进行涂色检查，其接触率不应小于配合长度的 60%，并应均匀分布。

9）夹具装配精度要用百分表进行检测，确保装配精度要求。

五、任务实施

（一）夹具零件钳工加工

一、加工底板

1. 检查来料尺寸。

2. 按图样要求锉削底板外形尺寸，达到240×150图样要求。

3. 以长度面、宽度面为基准，划出4×10×45°加工线，按图划出孔位线并检查。

4. 锯削、铧削，加工4×10×45°四面，达到图样要求。

5. 按图样要求钻孔，A1、A2、A3、B1、B2、B3、B4、C1、C2、C3、C4、D1、D2、D3、D4、D5、D6，达到孔径，孔深等相关精度要求。

6. 按图样加工螺纹孔，达到螺纹精度要求。

7. 按图样加工锪阶台孔，达到深度要求。

7. 倒角去毛刺，精度检查。

二、加工压板

1. 检查来料尺寸。

2. 按图样要求锉削压板外形尺寸，达到图样要求。

3. 以一长度面、端面及厚度面为基准，划出压板加工线，按图划出孔位线并检查。

4. 钻ϕ11两孔，用狭锯条锯去腰形孔内余料，按图样要求锉好腰孔。

5. 钻ϕ8.5、ϕ5螺纹底孔，攻M10、M6螺纹，保证螺纹精度。

6. 锉削压板角度面，达到图样要求。

7. 锉削压板侧面R8圆弧槽，达到图样要求。

8. 倒角去毛刺，精度检查。

三、加工侧支撑座

1. 检查来料尺寸。

2. 按图样要求锉削外形尺寸至图样要求。

3. 按图划出通孔与螺孔孔位线。

4. 钻ϕ8.5两孔。

5. 钻ϕ10.5螺纹底孔，攻M12螺纹，保证螺纹精度。

6. 锉削4×C3倒角，达到图样要求。

7. 倒角去毛刺，精度检查。

四、加工板

1. 检查来料尺寸。

2. 按图样要求锉削底板外形尺寸，达到240×130图样要求。

3. 以长度面、宽度面为基准，划出2×15×45°加工线，按图划出孔位线并检查。

4. 锯削、锉削，加工2×15×45°二面，达到图样要求。

5. 按图样要求钻孔，B1、B2、B3、B4、B5、B6、C1、C2、C3、C4、D1、D2、E1、E2、E3、F1、F2、J1、J2、K1、K2达到孔径，孔深等相关精度要求。

6. 按图样加工螺纹孔，达到螺纹精度要求。

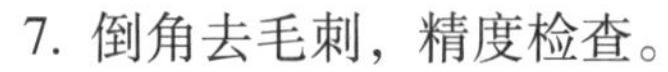

7. 倒角去毛刺，精度检查。

五、加工筋板

1. 检查来料尺寸。

2. 按图样要求锉削筋板外形尺寸，达到图样要求。

3. 根据外形基准，划 27×45°斜面加工线，按图划出孔位线并检查。

4. 钻 $\phi5$ 螺纹底孔，攻 M6 螺纹。

5. $\phi6$ 锥销孔不加工，待装配时配作。

6. 锉削压板角度面，达到图样要求。

7. 锉削压板侧面 $R8$ 圆弧槽，达到图样要求。

8. 倒角去毛刺，精度检查。

六、加工支架

1. 检查来料。

2 划出折弯位置线。

3. 在台虎钳上折弯，达到图样要求。

（二）夹具装配

1. 检查、清理和清洗干净零件，去除毛刺、飞边、油污等。

2. 对零、部件的主要配合尺寸等精度进行复查。

3. 拼合夹具体

1）按装配图所示，07 号板安装至 01 号底板，百分表、角尺检查，保证板的基准大面与底板保持垂直 0. 02mm；

2）安装 08 号件筋板至底板，用 M6 螺钉紧固，调整好位置后，配铰圆柱销孔，装入 $\phi6$ 圆柱销；配作筋板 $\phi6$ 锥销孔，装入锥销，保证垂直 0. 02mm；，

3）07 号板上依次安装侧支撑座、定位座、压板、支架，检查调整位置精度与尺寸精度至图纸要求。

4）装配时调整件 05，保证 4 件支承共面允差 0. 01mm，与底面垂直允差 0. 02mm；

5）调整件 09，保证尺寸 39+0. 03mm；

6）安装吊环螺钉；

7）装入工件试加工，验证合格后上油交检。

六、任务评价

1. 评价说明

1）本夹具涉及钳工加工零件多，装配零件多，装配精度要求高，实训项目采用过程考核的办法，以团队完成激光打标夹具结果为依据，考核团队成员操作技能能力、知识掌握与应用能力、分析问题与解决问题能力，职业素养等方面的内容。

2）遵循多元智能理论，依据学生不同智能特点，实行差异化考核，学生自评占 30%，组评占 30%，教师对学生个体进行评价占 40%。

2. 评价表

团队成员将自己制作的零件任务名称填至评价表括号中，评价表如表 9-4-1 所示。

（零件加工分+素养分+团队任务完成分=组员得分）

表 9-4-1　激光打标夹具制造任务评分标准

任务名称		激光打标夹具——（　　）				
班级			姓名		学号	
	评价项目	要求	自评（30%）	组评（30%）	师评（40%）	分项成绩
操作技能评价（55分）	工、量具使用（10分）	使用方法正确				
	加工工艺（10分）	加工工艺正确，流程合理				
	零件加工精度（25分）	加工精度达到设计要求				
	测量（10分）	量具使用熟练，检测准确				
素养评价（25分）	团队协作（10分）	有团队协作意识				
	安全生产（5分）	无事故、损毁，环境整洁				
	实习态度（5分）	很踏实、认真、刻苦、求实				
	文明礼貌劳动纪律（5分）	讲文明礼貌，遵守劳动纪律				
团队得分说明		（教师填写）		团队任务完成成绩（20分）		
教师签名			组长签名		总成绩	

七、任务拓展

一、键连接

键连接用来连接轴上零件并对它们起周向固定作用，以达到传递扭矩的一种机械零件。钳工应用最多的键连接有松键连接和紧键连接，键的分类如图 9-4-19 所示，键连接具有结构简单、装拆方便、工作可靠及标准化等特点，在机械中应用极为广泛。

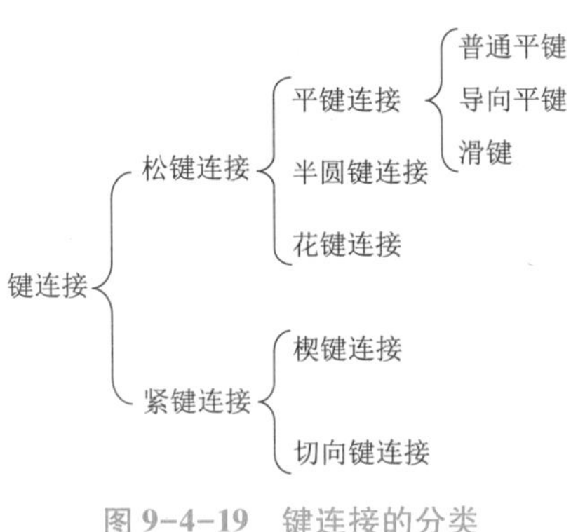

图 9-4-19　键连接的分类

1）平键连接特点：靠平键的两侧面传递转矩，键的两侧面是工作面，对中性好；键的上表面与轮毂上的键槽底面留有间隙，以便装配。

平键分为普通平键、导向平键、滑键三类。

普通平键，如图 9-4-20 所示，普通平键是标准件，只需根据用途、轴径、轮毂长度选取键的类型和尺寸。

导向平键，如图 9-4-21 所示，键用螺钉固定在轴槽中，键与毂槽为间隙配合，轴上零件能作轴向移动，为拆装方便有起键螺孔。

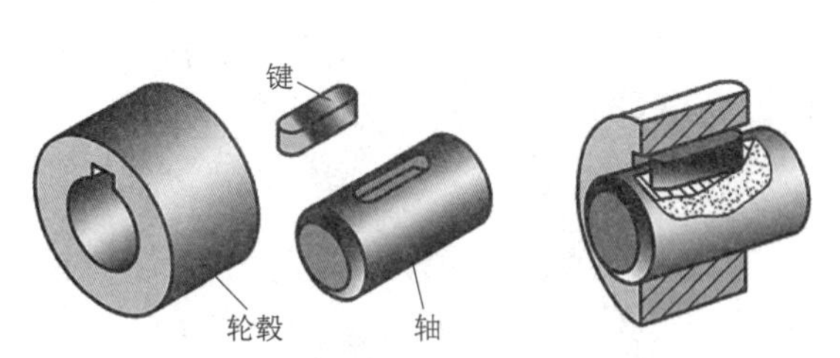

图 9-4-20　平键、轴、齿轮的装配连接图

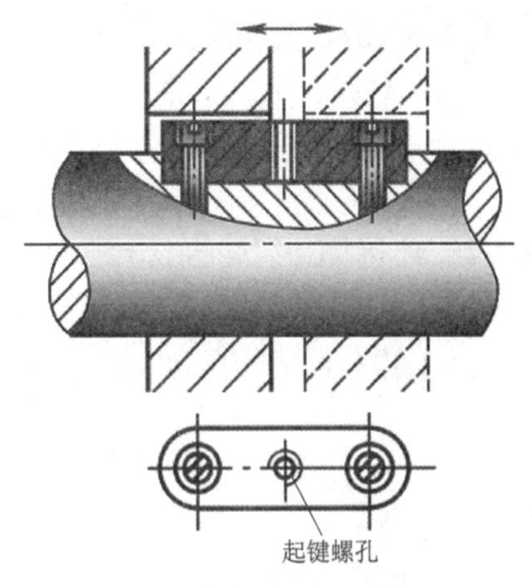

图 9-4-21　导向平键装配连接图

滑键、如图 9-4-22 所示，滑键固定的毂槽中，轴上零件能带着键作轴向移动，滑键用于轴上零件轴向移动量较大的场合。

2）半圆键连接特点：工作面为键的两侧面，有较好的对中性，可在轴上键槽中摆动以适应轮毂上键槽斜度，适用于锥形轴与轮毂的连接，键槽对轴的强度削弱较大，只适用于轻载连接，装配示意如图 9-4-23 所示。

3）花键连接特点：花键连接是由沿轴和轮毂孔周向均布的多个键齿相互啮合而成的连接，多齿承载，承载能力高，齿浅，对轴的强度削弱小，对中性及导向性能好。装配示意如图 9-4-24 所示。

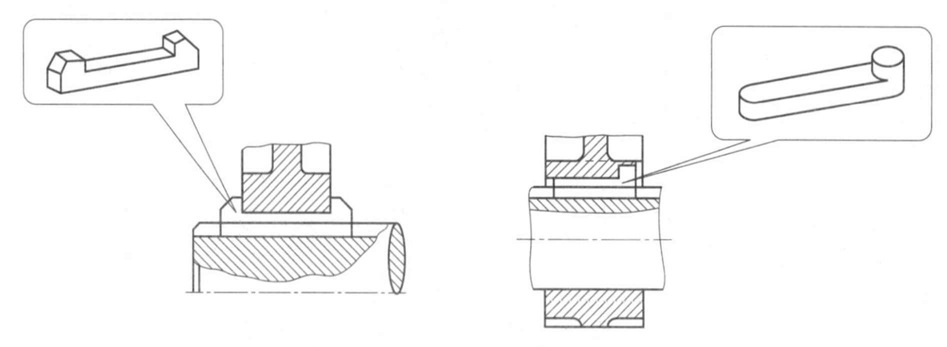

图 9-4-22　导向平键装配连接图

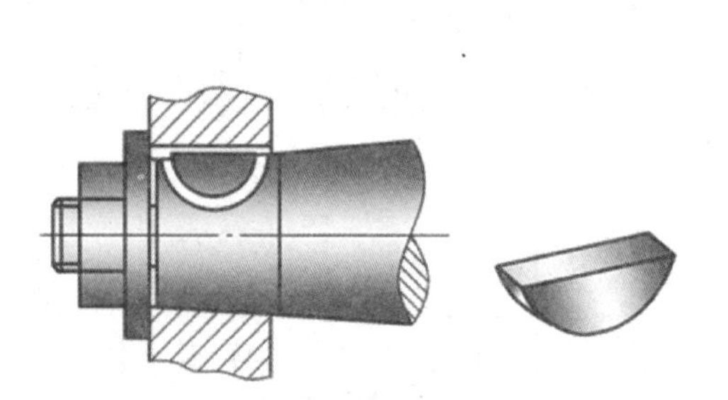

图 9-4-23　半圆键、轴、轮毂的装配连接图

图 9-4-24　花键轴、齿轮的装配连接图

4）楔键连接特点：键的上下两面是工作面，两个侧面为非工作面。键的上表面和毂槽的底面各有 1∶100 的斜度，装配时需敲击打入，靠楔紧作用传递转矩，用于定心精度要求不高，荷载平稳和低速的场合，装配示意如图 9-4-25 所示。

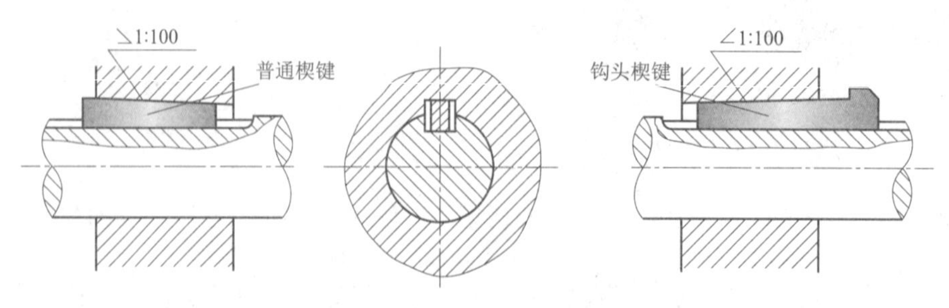

图 9-4-25　楔键的装配连接图

5）切向键连接特点：由一对具有 1∶100 斜度的楔键沿斜面拼合而成，上下两工作面互相平行，轴和轮毂上的键槽底面没有斜度。一组切向键只传递一个方向的转矩，传递双向转矩时，需用两组互成 120°～135°的切向键。装配示意如图 9-4-26 所示。

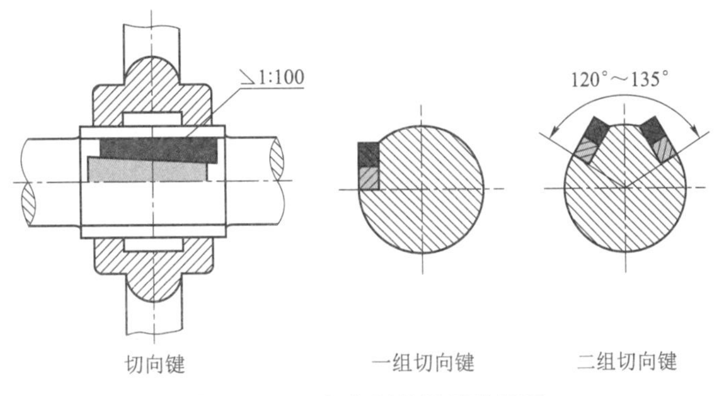

图 9-4-26　切向键的装配连接图

二、键连接装配注意事项

1）松键连接

1. 保证键与键槽的配合要求。

2. 键与键槽应具有较小的表面粗糙度。

3. 键装入轴槽中应与槽底贴紧，键长方向与轴槽有 0. 1 mm 的间隙，键的顶面与轮毂槽直接有 0. 3～0. 5 mm 的间隙。

4. 将键涂机油后压装在轴键槽中，使键底平面与槽底紧贴，压装时可用铜棒敲击或用虎钳垫铜皮后夹紧。

5. 轴键槽及内孔键槽轴心线应对称，勿发生倾斜和偏心，并符合国家标准。试配安装套件，装配后的套件在轴上不能摇动，否则容易引起冲击和振动。

6. 花键装配时，同时接触的齿数应不小于总齿数的 2/3，接触率在键的高度和宽度方向不应小于 50%。

2）紧键连接

1. 楔键的上下表面是工作面，键的上表面和键槽底面均具有 1∶100 的斜度，普通楔键与钩头楔键装配时，要保证楔键顶面与键槽紧密贴合（一般可用涂色法检查接触情况）。

2. 钩头楔键装配时，不应使钩头紧贴套件端面，必须留有一定距离，以便拆卸。

复习思考题

（1）量块的主要用途有哪些？试用 83 块一套的量块，分别组配 46. 436 mm、63. 315 mm、98. 645 mm、36. 645 mm、70. 725 mm 尺寸。

（2）试述正弦规、杠杆表的原理和主要用途。

（3）在图 9-3-10 偏角 V 形铁的练习图中，如何使用测量芯棒进行（20±0. 03）mm 的检测？进行相关计算。

如何使用正弦规、杠杆表、量块检测偏角角度是否正确？进行相关计算。

课题十
刮　　削

大国工匠案例七

【知识点】

Ⅰ　刮削原理、应用及刮削工具的使用、刃磨

Ⅱ　刮削方法及刮削精度的检查

Ⅲ　刮削的安全文明操作技术

【技能点】

Ⅰ　平面、曲面的刮削方法、要领

Ⅱ　原始平板的刮削步骤

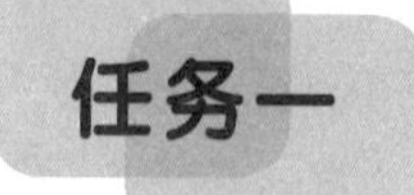

任务一　原始平板的刮削

一、生产实习图纸

生产实习图纸如图 10-1-1 所示。

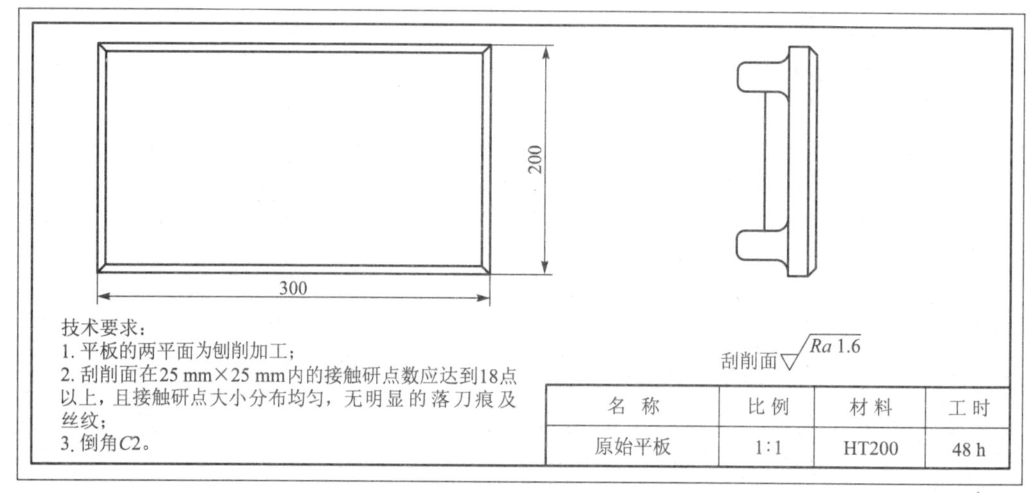

图 10-1-1　原始平板的刮削练习图

二、任务分析

原始平板的刮削是用 3 块平板按一定的规律互研互刮，并使平板达到一定的精度。练习的目的：主要是了解刮刀的材料、种类、结构，并掌握手刮和挺刮方法；理解原始平板的刮削原理和步骤。其中，正确的刮削姿势是练习的重点。只有通过不断的练习，才能掌握正确的动作要领。同时，还要重视刮刀的刃磨、修磨，因为刮刀的正确刃磨是提高刮削速度、保证刮削精度的重要条件。

在刮削中还要掌握粗刮、细刮、精刮的方法和要领，并能解决在平面刮削中产生的一般问题。接触研点在每 25 mm×25 mm 面积上为 18 点以上，是练习的关键。

三、实习准备

（1）材料准备：每组 3 块平板并四周倒角，去除毛刺；用油漆在平板的醒目处分别编号 1、2、3。

（2）工具及其他：粗、细、精平面刮刀，油石，机油，显示剂，毛刷等。

（3）实训准备：

① 小组人员分工。同组人员按刮削、研磨、观察等分工负责。

② 工具准备。领用工具，了解工具的使用方法及使用要求；将工具摆放整齐；在实训结束时，按工具清单清点工具，并交指导教师验收。

③ 熟悉实训要求。复习有关理论知识；详细地阅读本指导书，并对实训所要求的重点及难点内容在实训过程中认真掌握。

四、相关工艺分析

（一）刮刀的种类

刮刀头一般由 T12A 碳素工具钢或耐磨性较好的 GCr15 滚动轴承钢锻造，并经磨制和热处理淬硬而成。刮刀分平面刮刀和曲面刮刀两大类。如图 10-1-2 为平面刮刀，并用于平面刮削和在平面上刮花。曲面刮刀主要用来刮削曲面，例如滑动轴承的内孔等。

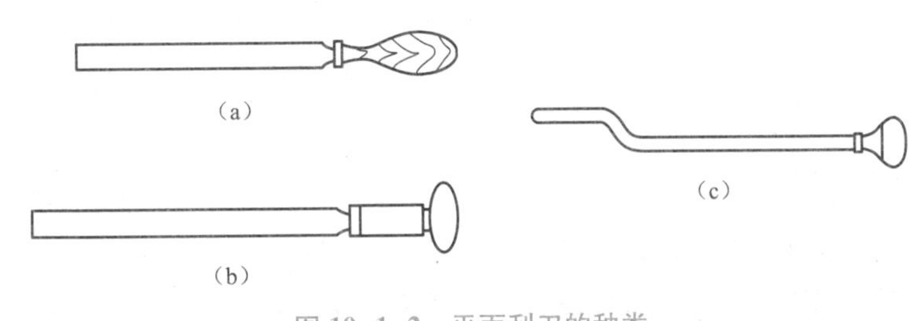

图 10-1-2　平面刮刀的种类

（a）、（b）直头刮刀；（c）弯头刮刀

（二）刮刀的刃磨

1. 平面刮刀的粗磨和细磨

如图 10-1-3（a）所示，先粗磨刮刀的两平面，即使刮刀在砂轮的两侧面磨削。再磨出刀头部分［见图 10-1-3（b）］。再按同样的方法在细砂轮上细磨刮刀。

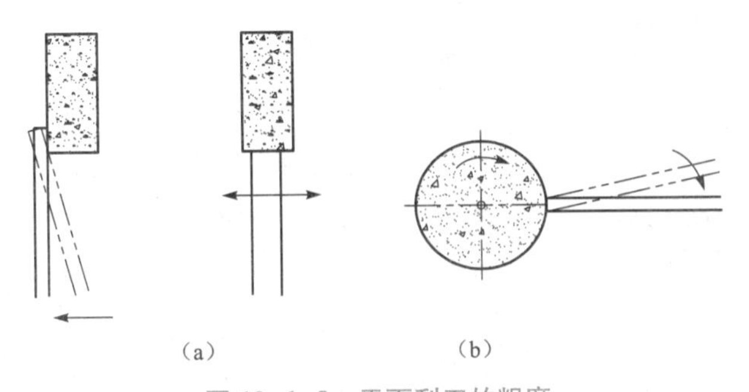

图 10-1-3　平面刮刀的粗磨

（a）粗磨刮刀平面；（b）粗磨刮刀的顶端面

2. 平面刮刀的精磨

精磨操作时，在油石上加适量机油，先磨两平面［见图 10-1-4（a）］，并按图中所示的箭头方向往复移动刮刀，直至平面磨平整为止。然后精磨端面［见图 10-1-4（b）］，且刃磨时左手扶住靠近手柄的刀身，右手紧握刀身，以使刮刀直立在油石上，并略向前倾（前倾角度根据刮刀 β 角的不同而定）地向前推移。在拉回时，刀身略微提起，以免损伤刃

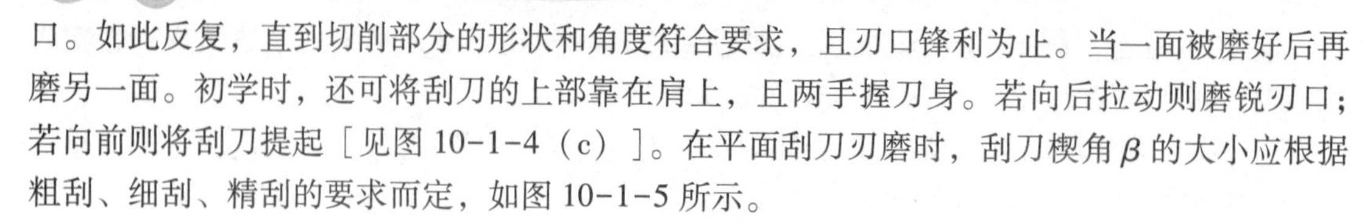

口。如此反复，直到切削部分的形状和角度符合要求，且刃口锋利为止。当一面被磨好后再磨另一面。初学时，还可将刮刀的上部靠在肩上，且两手握刀身。若向后拉动则磨锐刃口；若向前则将刮刀提起［见图 10-1-4（c）］。在平面刮刀刃磨时，刮刀楔角 β 的大小应根据粗刮、细刮、精刮的要求而定，如图 10-1-5 所示。

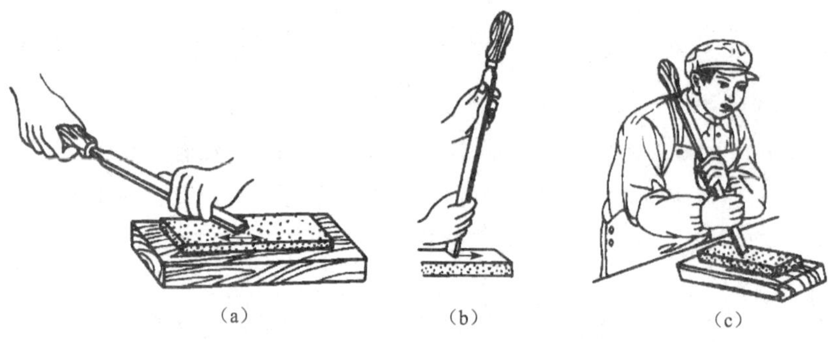

图 10-1-4　刮刀在油石上的精磨方法

（a）精磨两平面；（b）双手持刮刀以精磨顶端面；（c）靠肩且双手握持磨端面（初学时）

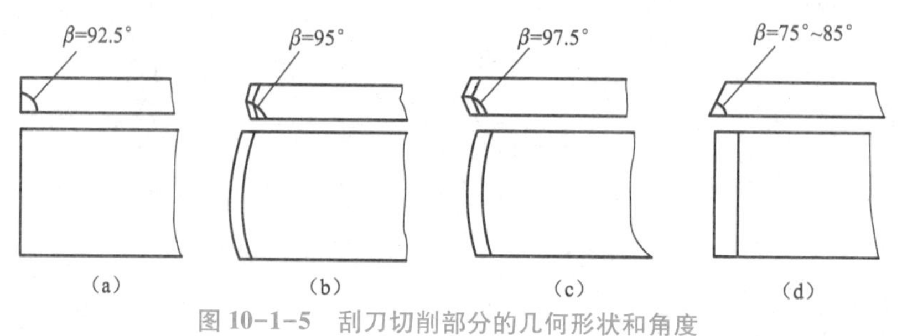

图 10-1-5　刮刀切削部分的几何形状和角度

（a）粗刮刀；（b）细刮刀；（c）精刮刀；（d）韧性材料刮刀

（三）平面刮削的姿势

平面刮削的姿势分手刮法和挺刮法两种。

1. 手刮法

手刮法的姿势为：右手握刀柄，且左手四指向下握住距刮刀的头部为 50～70 mm 处。左手靠小拇指的掌部贴在刀背上，并使刮刀与刮削面成 25°～30°角度。同时，左脚向前跨一步，且上身前倾，以使身体重心靠向左腿。在刮削时，让刀头找准研点。在身体的重心往前推的同时，右手跟进刮刀；左手下压，且落刀要轻，并引导刮刀的前进方向。左手随着研点被刮削的同时，以刮刀的反弹作用力迅速地提起刀头。刀头的提起高度为 5～10 mm，如此完成一个刮削动作，如图 10-1-6 所示。

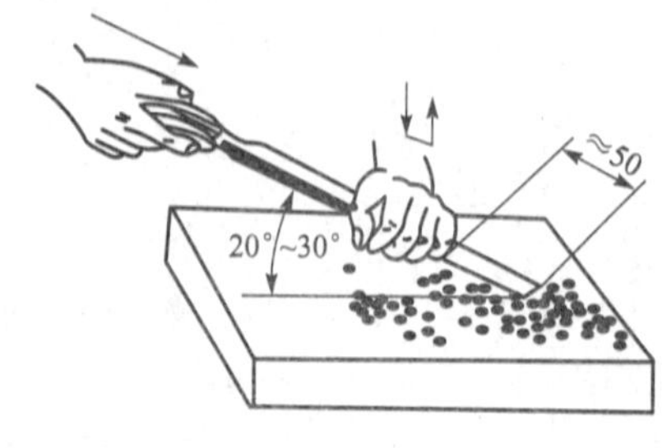

图 10-1-6　手刮法

2. 挺刮法

挺刮法的姿势为：将刮刀柄顶在小腹右下部的肌肉处，左手在前，且手掌向下；右手在后，且手掌向上。在距刮刀头部的 80 mm 左右处左手握住刀身。在刮削时，刀头对准研点，且左手下压，右手控制刀头方向；利用腿部和臂部的合力，往前推动刮刀；随着研点被刮削的瞬间，双手利用刮刀的反弹作用力，迅速地提起刀头。刀头的提起高度约为 10 mm，如图 10-1-7 所示。

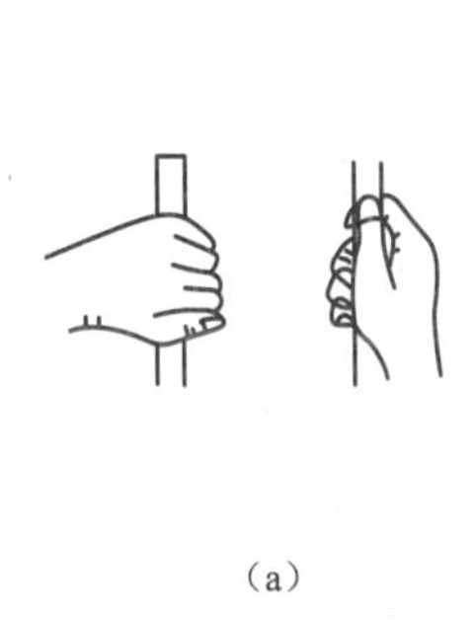

（a） （b）

图 10-1-7 挺刮法

（a）左、右手的握法；（b）姿势

（四）刮削精度的检查方法

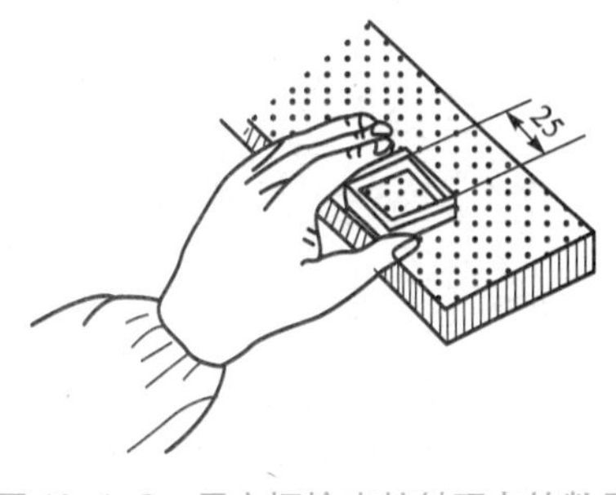

图 10-1-8 用方框检查接触研点的数目

（1）以接触点的数目检验接触精度。用边长为 25 mm 的正方形方框罩在被检查面上，并根据在方框内的接触研点数目的多少决定其接触精度，如图 10-1-8所示。

（2）用百分表检查平行度。如图 10-1-9 所示。

（3）用标准圆柱检查垂直度。如图 10-1-10 所示。

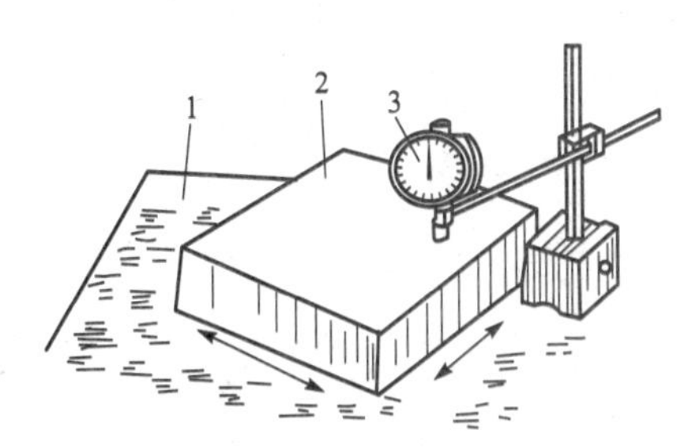

图 10-1-9 用百分表检查平行度

1—标准平板；2—工件；3—百分表

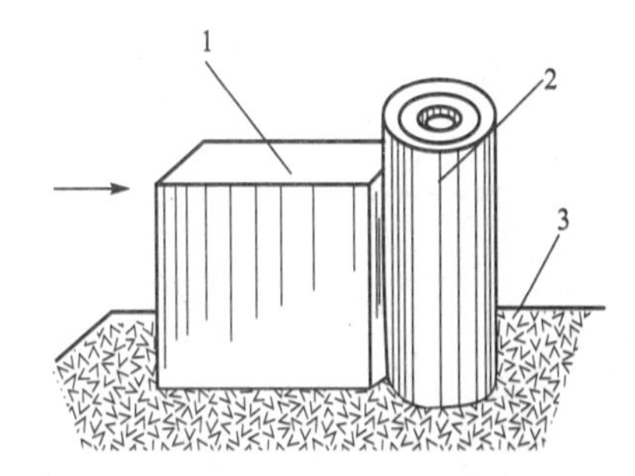

图 10-1-10 用标准圆柱检查垂直度

1—工件；2—标准圆柱；3—标准平板

（五）刮削方法

1. 粗刮

粗刮是用粗刮刀在刮削面上，均匀地铲去一层较厚的金属，以使其很快地去除刀痕、锈斑或过多的余量。方法是：用粗刮刀连续地推铲，且刀迹连成片。在整个刮削面上要均匀刮削，并根据测量情况，对凸凹不平的地方进行不同程度的刮削。当粗刮至每 25 mm×25 mm 内有 2～3 个研点时，粗刮即告结束。

2. 细刮

细刮是用细刮刀在刮削面上，刮去稀疏的大块研点，以使刮削面进一步改善。随着研点的增多，刀迹要逐步缩短。在一个方向刮完一遍后，再交叉刮削第二遍，以此消除原方向上的刀迹。在刮削过程中，要控制好刀头方向，以避免在刮削面上划出深刀痕。显示剂要涂抹得薄而均匀。在推研后的硬点应刮重些，而软点应刮轻些。直至显示出的研点硬软均匀。在整个刮削面上，当每 25 mm×25 mm 内有 12～15 个研点时，细刮即告结束。

3. 精刮

精刮用精刮刀，并采用点刮法，以增加研点，并进一步提高刮削面的精度。在刮削时，找点要准，且落刀要轻，起刀要快。在每个研点上只刮一刀，且不能重复；刮削方向要按交叉原则进行。最大、最亮的研点应全部刮去，而中等研点只刮去顶点的一小片，小研点留着不刮。当研点逐渐增多到每 25 mm×25 mm 内有 18 个以上研点时，就要在最后的几遍刮削中，让刀迹的大小交叉一致，并且排列整齐、美观，以结束精刮。

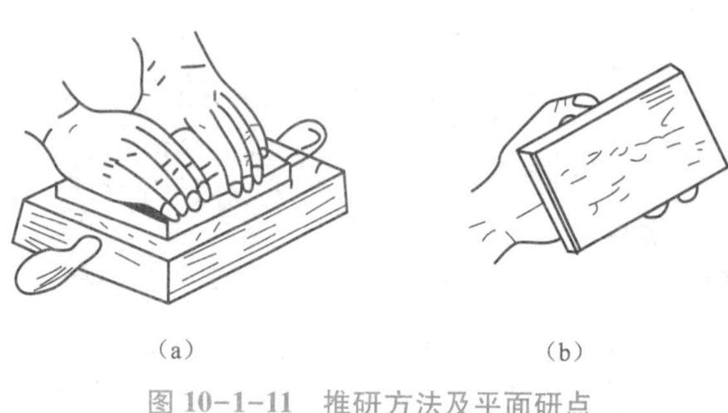

图 10-1-11 推研方法及平面研点

（a）推研；（b）平面研点

（六）研点方法

研点一般采用渐近法刮削，即：不用标准平板，而以 3 块（或 3 块以上）平板依次循环、互研互刮，直至达到要求。

推研方法如图 10-1-11 所示。先直研（纵、横面）以消除因纵横起伏而产生的平面度误差，如图 10-1-12（a）所示。通过几次循环，即达到各平板的研点一致。然后采用对角对研，以消除平面的扭曲误差，如图 10-1-12（b）所示。

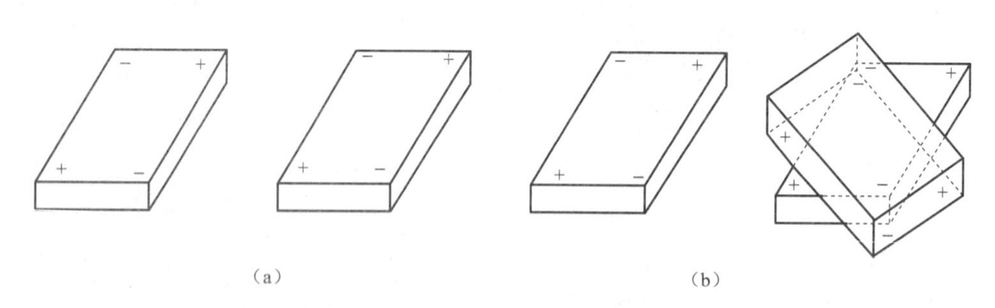

图 10-1-12 直研及对角对研的研点方法

（a）直研、研点一致；（b）对角对研

在刮削、推研时，要特别重视清洁工作。切不可让杂质留在研合面上，以免造成刮研面或标准平板的严重被划伤。不论是粗刮、细刮、精刮，对于小工件的显示研点，应当都是标准平板固定后，将工件在平板上推研。在推研时，要求压力均匀，以避免显示失真。

安全文明生产及注意事项如下：

（1）在研点研刮时，工件不可超出标准平板太多，以免工件掉下而被损坏。

（2）刮刀在砂轮上刃磨时，施加压力不能太大，且应缓慢地接近砂轮，以避免刮刀颤

抖过大或造成事故。

（3）刮刀柄要安装可靠，并防止木柄破裂，或使刮刀柄端穿过木柄伤人。

（4）在刮削工件边缘时，不可用力过猛，以免失控，或发生事故。

（5）在刮刀使用完毕后，刀头部位应用纱布包裹，并妥善放置。

（6）在标准平板使用完毕后，必须擦洗干净，并涂抹机油，妥善放置。

（7）应正确、合理地使用砂轮和油石，以防止出现局部凹陷，以致降低使用寿命。

五、任务实施

1. 任务实施的步骤

（1）将 3 块平板单独地进行粗刮，以去除机械加工的刀痕和锈斑。

（2）对 3 块平板分别编号为 1、2、3，并按编号次序进行刮削。刮削的循环步骤如图 10-1-13 所示。

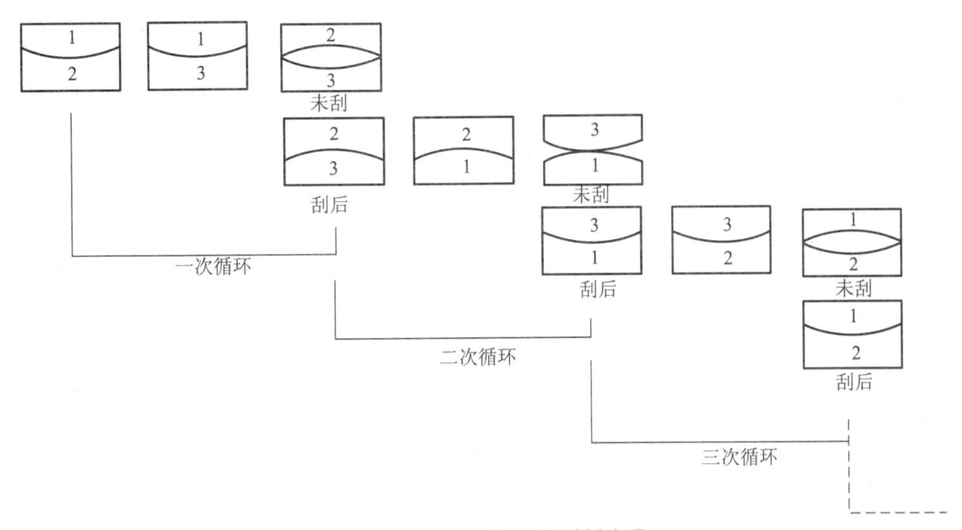

图 10-1-13　原始平板刮削步骤

① 第一次循环刮削：

a. 设 1 号平板为基准，并与 2 号平板互研、互刮，以使 1、2 号平板贴合。

b. 将 3 号平板与 1 号平板互研，并单刮 3 号平板，以使 1、3 号平板贴合。

c. 将 2、3 号平板互研、互刮。这时 2 号和 3 号平板的平面度略有提高。

② 第二次循环刮削：

a. 在上一次 2 号与 3 号平板互研、互刮的基础上，按顺序以 2 号平板为基准，且 1 号与 2 号平板互研。单刮 1 号平板，以使 2、1 号平板贴合。

b. 将 3 号与 1 号平板互研、互刮。这时 3 号和 1 号平板的平面度又有了提高。

③ 第三次循环刮削：

a. 在上一次 3 号与 1 号平板互研、互刮的基础上，按顺序以 3 号平板为基准：且 2 号与 3 号平板互研，并单刮 2 号平板，以使 3、2 号平板贴合。

b. 将1号与2号平板互研、互刮。这时1号和2号平板的平面度进一步提高。

（3）如此循环刮削，若次数越多，则平板越精密。直到在3块平板中，任取两块推研，不论是直研还是对角研都能得到相近的清晰研点，且在每块平板上任意的25 mm×25 mm内，均达到18～20个点以上，表面粗糙度 $Ra \leqslant 1.6$ μm，且刀迹的排列整齐美观，那么刮削即完成。

2. 重点提示

（1）操作姿势要正确。落刀和起刀应正确、合理，以防止梗刀。

（2）在涂色、研点时，平板必须放置稳定，且施力要均匀，以保证研点显示的真实。

（3）由于刮刀的正确刃磨是提高刮削速度和保证精度的基本，因此一定要注意刮刀的刃磨。

（4）要严格按照粗刮、细刮、精刮的步骤进行刮削，并且不达要求不进入下道工序。否则，既影响速度，又不易将平板刮好。

（5）从粗刮到细刮的过程中，研点的移动距离应逐渐缩短，且显示剂的涂层应逐步减薄。这样才能使研点真实、清晰。

六、任务评价

教师、学生按表10-1-1进行任务评价。

表10-1-1　原始平板的刮削的评分标准

班级：______		姓名：______		学号：______		成绩：______	
评价内容	序号	技术要求	评分标准	配分	自检记录	交检记录	得分
操作技能评价	1	站立姿势正确	不正确酌情扣分	6			
	2	两手握刮刀的姿势正确；用力得当	不正确酌情扣分	16			
	3	刀迹整齐、美观（3块平板）	不整齐、不美观酌情扣分	10			
	4	接触点每25 mm×25 mm内，均达到18个点以上（3块平板）	不正确时酌情扣分	18			
	5	点子清晰、均匀；在25 mm×25 mm内的研点数允差为6点（3块平板）	不符合要求不得分	15			
	6	无明显落刀痕，且无丝纹和振痕	有丝纹、振纹酌情扣分	15			

续表

评价内容	序号	技术要求	评分标准	配分	自检记录	交检记录	得分
素养评价	7	工量具使用规范		5			
	8	有团队协作意识，有责任心		5			
	9	学习态度端正，遵章守纪		5			
	10	安全文明操作、保持工作环境整洁		5			

*七、任务拓展

任务拓展长方体的刮削如图 10-1-14 所示。

长方体的刮削

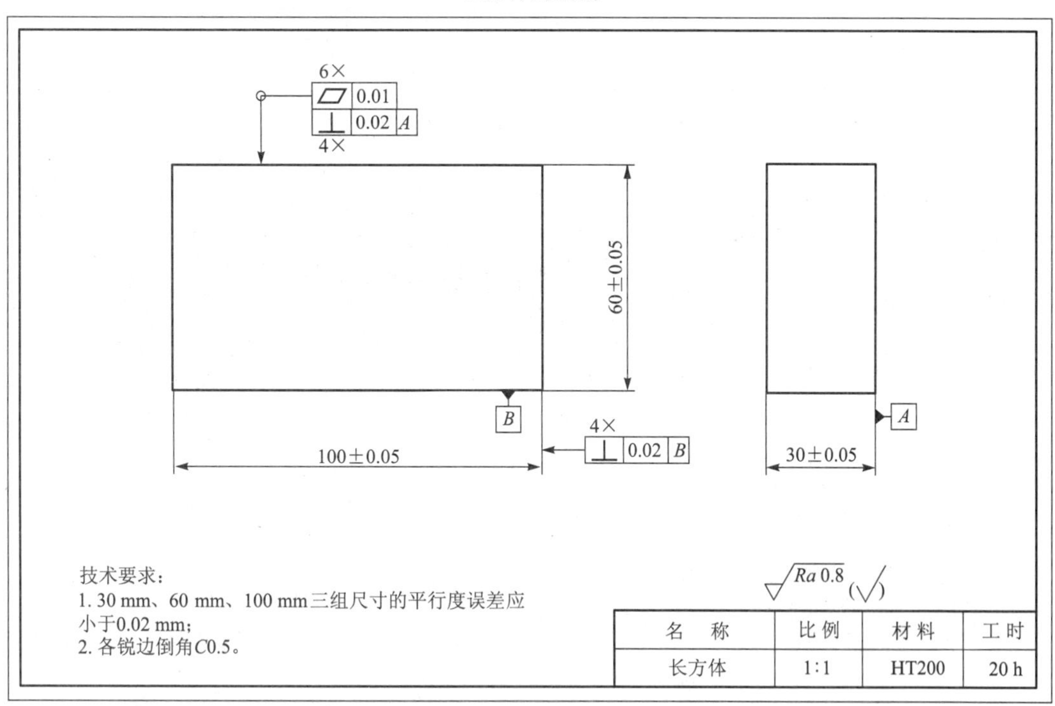

图 10-1-14　长方体的刮削练习图

*八、任务拓展的评分标准

教师、学生按表 10-1-2 对长方体的刮削进行评分。

表 10-1-2　长方体的刮削的评分标准

班级：＿＿＿＿＿＿　姓名：＿＿＿＿＿＿　学号：＿＿＿＿＿＿　成绩：＿＿＿＿＿＿

评价内容	序号	技术要求	评分标准	配分	自检记录	交检记录	得分
操作技能评价	1	（30±0.05）mm	超差全扣	4			
	2	（60±0.05）mm	超差全扣	4			
	3	（100±0.05）mm	超差全扣	4			
	4	平行度小于0.02 mm（3处）	每超一处扣4分	12/3			
	5	4× ⊥ 0.02 A	每超一处扣1分	4/4			
	6	4× ⊥ 0.02 B	每超一处扣1分	4/4			
	7	6× ▱ 0.01	每超一处扣2分	12/6			
	8	接触点每25 mm×25 mm内均达到20个点以上（6面）	每超一面扣3分	18/6			
	9	点子清晰、均匀，25 mm×25 mm点数允差6点（6面）	每超一面扣2分	12/6			
	10	无明显落刀痕，无丝纹和振痕	有丝纹、振纹酌情扣分	6			
素养评价	11	工量具使用规范		5			
	12	有团队协作意识，有责任心		5			
	13	学习态度端正，遵章守纪		5			
	14	安全文明操作、保持工作环境整洁		5			

任务二　曲面的刮削

一、生产实习图纸

生产实习图纸如图10-2-1所示。

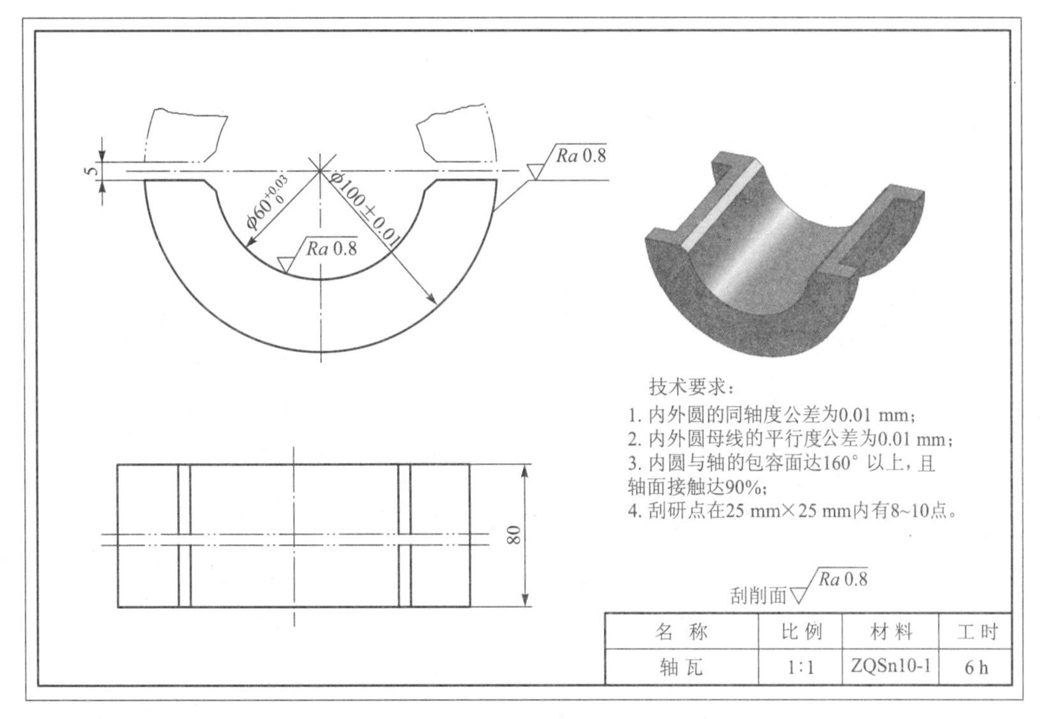

图 10-2-1　曲面（滑动轴承轴瓦）的刮削练习图

二、任务分析

曲面的刮削练习，主要是：掌握曲面刮刀的热处理和刃磨方法；掌握曲面刮削的姿势和操作要领；对曲面刮削中产生的问题会分析、处理，特别是使用三角刮刀时，要注意安全操作的要求。

同轴度 0.01 mm、平行度 0.01 mm 及在 25 mm×25 mm 内有 8～10 个研点等要求较高，并且是练习的重点。只有在练习中不断探索，掌握动作要领和用力技巧，提高刮点的准确性，才能达到精度要求。

三、任务准备

（1）材料准备：车削加工 ϕ60 mm，并留刮削余量；材料为 ZQSn10-1。

（2）工具及其他：三角刮刀、ϕ60 mm 标准轴、油石、机油、显示剂、毛刷等。

（3）实训准备：

① 熟悉实训要求。复习有关理论知识，并详细地阅读本指导书；对实训要求的重点及难点内容，在实训过程中认真掌握。

② 领用工具。了解工具的使用方法及使用要求；将工具摆放整齐；在实训结束时，按工具的清单清点工具，并交指导教师验收。

四、相关工艺分析

（一）曲面刮刀的种类

曲面刮刀主要用来刮削内曲面，例如滑动轴承的内孔等。曲面刮刀主要有三角刮刀、蛇头刮刀和柳叶刮刀3种，如图10-2-2所示。

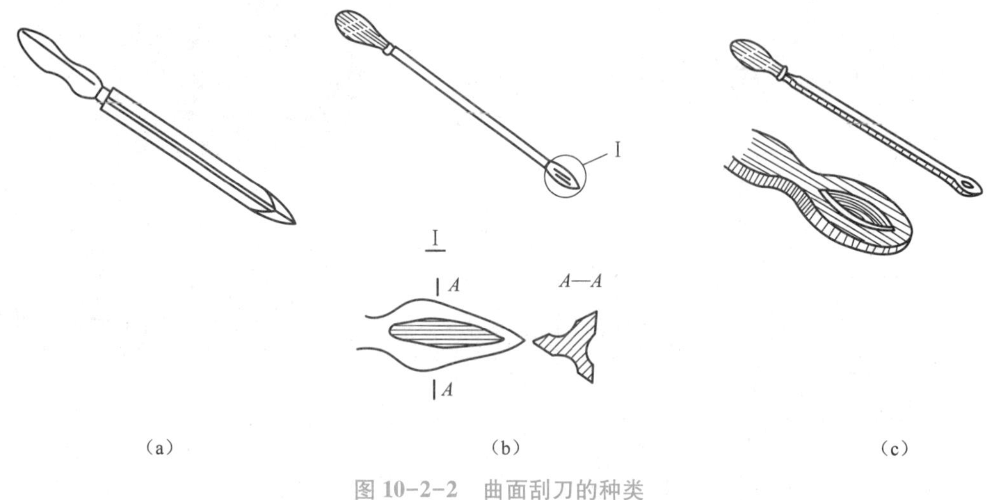

图10-2-2　曲面刮刀的种类

（a）三角刮刀；（b）柳叶刮刀；（c）蛇头刮刀

（二）曲面刮刀的刃磨

如图10-2-3所示，刮刀粗磨、细磨在砂轮上进行；刮刀精磨在油石上进行。

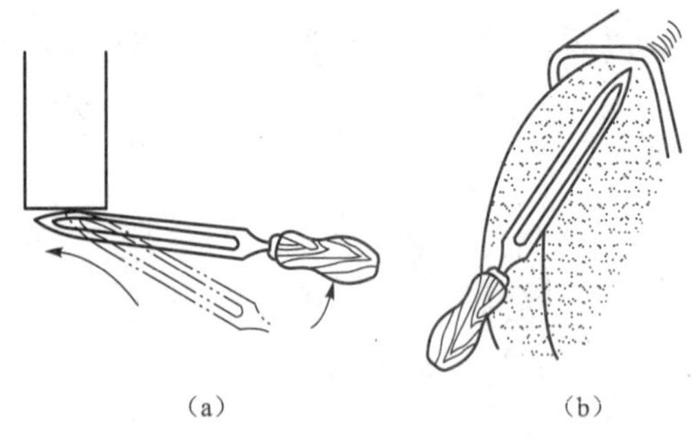

图10-2-3　三角刮刀的粗磨、细磨

（a）粗磨；（b）细磨

如图10-2-4所示，在三角刮刀淬火后，右手握柄，左手轻压切削刃，在油石上进行精磨。两切削刃边同时与油石接触，并且刮刀沿着油石的长度方向来回移动，并按切削刃的弧形做上下摆动。利用这种方法将3个弧形面全部刃磨光洁，并使刃口锋利。柳叶刮刀和蛇头刮刀两平面的粗磨、精磨方法与平面刮刀相同，而它们的刀头上两圆弧面的刃磨方法与三角刮刀相似。

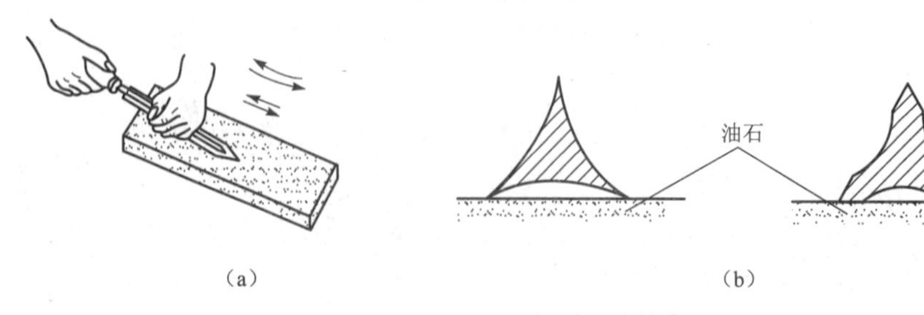

图10-2-4　三角刮刀的精磨

（a）精磨方法；（b）三角刮刀精磨前后的断面图

（三）内曲面刮削的姿势

如图 10-2-5（a）所示，右手握刀柄，且左手的掌心向下，同时四指在刀身的中部横握，拇指抵着刀身。在刮削时，右手做圆弧运动；左手顺着曲面的方向使刮刀做前推或后拉的螺旋形运动。刀迹与曲面的轴心线成 45°且交叉进行。

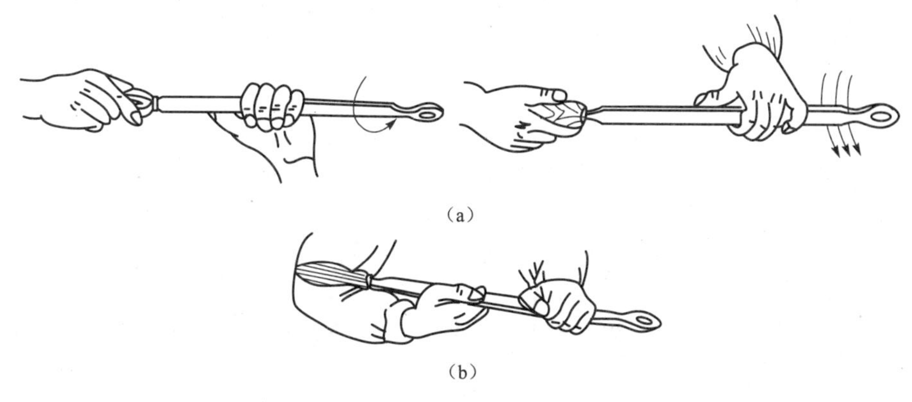

（a）

（b）

图 10-2-5 内曲面的刮削姿势

（a）姿势 1；（b）姿势 2

另一种姿势如图 10-2-5（b）所示。刮刀柄搁在右手臂上，且左手掌心向下并握在刀身的前端，而右手掌心向上握在刀身的后端。在刮削时，左手、右手的动作和刮刀运动的方向，与上一种姿势一样。

（四）内曲面刮削的要点

1. 研点

内圆面的刮削一般以校准轴（又称工艺轴）或相配合的零件轴，作为内圆面研点的校准工具。在研点时，将显示剂涂布在轴的圆周面上，并使轴在内曲面上来回旋转，以显示出研点，如图 10-2-6 所示。然后，根据研点进行刮削。显示剂一般选用蓝油，并且在精刮时可用蓝色或黑色油墨代替，以使研点色泽分明，如图 10-2-7 所示。

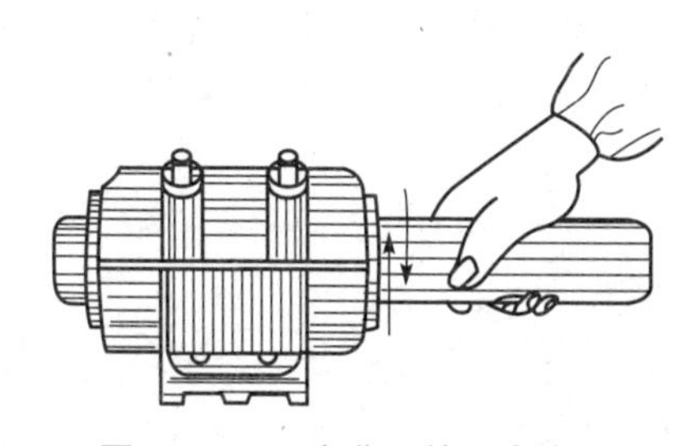

图 10-2-6 内曲面的研点方法

图 10-2-7 内曲面的研点

2. 曲面刮削的切削角度和用力方向

在粗刮时，前角大些；在精刮时，前角小些。蛇头刮刀的刮削是利用负前角进行切削，如图 10-2-8 所示。

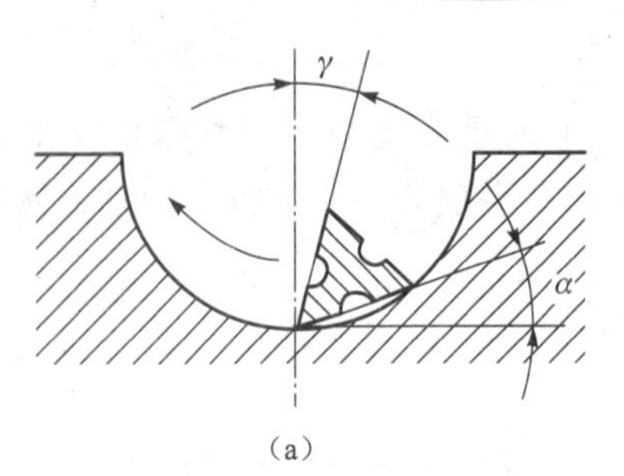

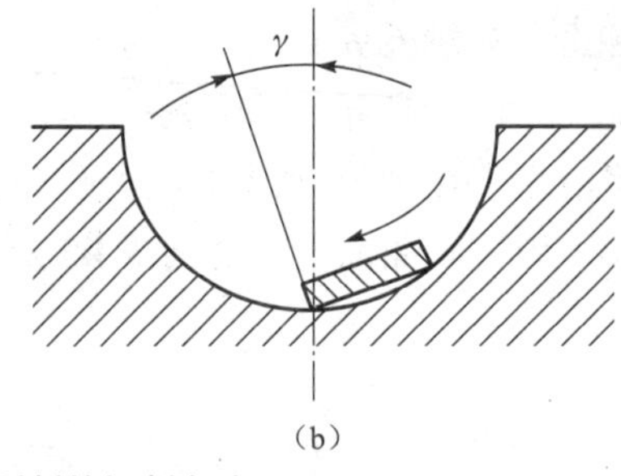

图 10-2-8　曲面刮削的切削角度

（a）三角刮刀的切削角度；（b）蛇头刮刀的切削角度

3. 内曲面刮削的精度检查

精度检查以 25 mm×25 mm 面积内的接触研点数而定。一般来说，若接触研点越细密、越多，则刮研难度也越大。内曲面刮削的应用场合以滑动轴承最多。在生产中，应根据轴承的工作条件来确定接触研点。表 10-2-1 所示为主轴滑动轴承用涂色法检验平均接触研点数的规定，并广泛在生产中采用。

表 10-2-1　主轴滑动轴承用涂色法检验平均接触研点数的规定

机床类别	平均接触点数/点	
	主轴轴颈 $d \leqslant 120$ mm 时	主轴轴颈 $d > 120$ mm 时
高精度机床	20	16
精密机床	16	12
普通机床	12	10

4. 安全文明生产及注意事项

（1）在曲面研点时，应沿曲面做来回转动；在精刮时，转动弧长应小于 25 mm，且不能沿轴线方向做直线研点。

（2）在粗刮时，用力不可太大，以防止发生抖动，或产生振痕；同时控制加工余量，以保证达到细刮和精刮的尺寸要求，并注意刮点的准确性。

（3）在使用三角刮刀时要注意安全，以防止伤人。

五、任务实施

1. 粗刮

粗刮选用合适的曲面刮刀。控制好刮刀与曲面的接触角度和压力，并使刮刀在曲面内做前推或后拉的螺旋运动。刀迹与孔的轴心线成 45°角。根据标准轴或配合轴颈的研点，做大切削量的刮削，以使接触点均匀，如图 10-2-9 所示。

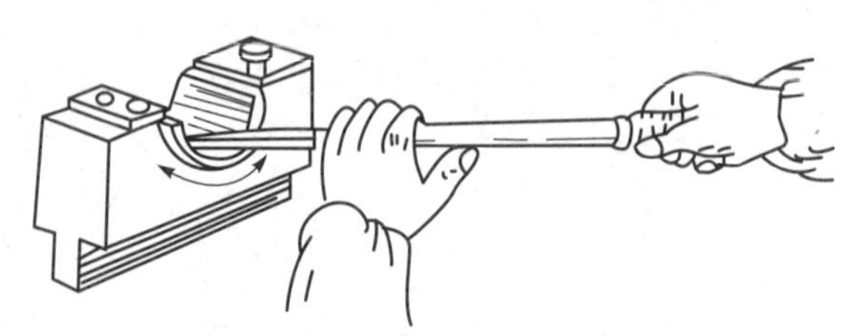

图 10-2-9　内曲面的粗刮方法

2. 细刮

细刮选标准轴或零件轴做标准工具进行配研，并且将显示剂涂在轴上。根据研点练习挑

点，并控制刀迹的长度、宽度及刮点的准确性，如图 10-2-10 所示。

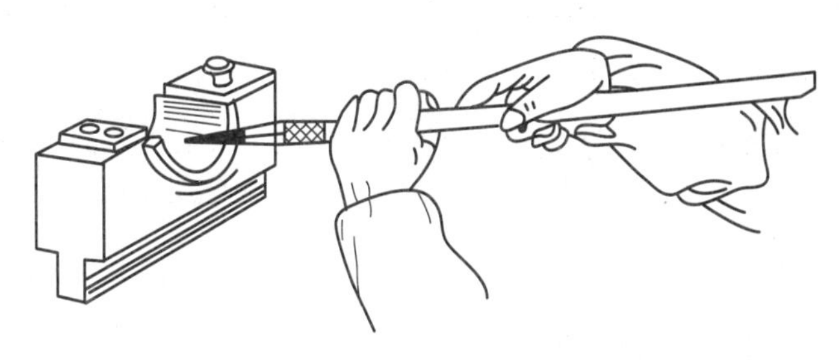

图 10-2-10 内曲面的细刮方法

3. 精刮、配研、挑点

在完成精刮、配研、挑点后，曲面应达到几何公差和尺寸公差的要求及配合接触研点数的要求，即在 25 mm×25 mm 面积上有 8 点以上。

4. 重点提示

（1）操作姿势要正确。

（2）在刮削中，要不断地探索并掌握好刮削动作要领、用力技巧，以达到不产生明显的振痕和起落刀印迹的水平。

六、任务评价

教师、学生按表 10-2-2 对任务进行评价。

表 10-2-2 曲面刮削的评分标准

班级：______		姓名：______		学号：______		成绩：______	
评价内容	序号	技术要求	评分标准	配分	自检记录	交检记录	得分
操作技能评价	1	刮削姿势正确	不正确时酌情扣分	15			
	2	刀迹整齐、美观	不达标时酌情扣分	5			
	3	研点清晰、均匀	不达标时酌情扣分	5			
	4	无明显落刀痕，并无丝纹和振痕	不达标时酌情扣分	5			
	5	接触研点在 25 mm×25 mm 内达到 8～10 点	少于 8 点不得分	20			
	6	内外圆的平行度为 0.01 mm	超差全扣	10			
	7	内外圆的同轴度为 0.01 mm	超差全扣	10			
	8	$\phi60^{+0.03}_{0}$ mm	超差合扣	10			

续表

班级：______ 姓名：______ 学号：______ 成绩：______							
评价内容	序号	技术要求	评分标准	配分	自检记录	交检记录	得分
素养评价	9	工量具使用规范		5			
	10	有团队协作意识，有责任心		5			
	11	学习态度端正，遵章守纪		5			
	12	安全文明操作、保持工作环境整洁		5			

复习思考题

（1）什么是刮削？简述刮削的原理。
（2）简述显示剂的种类与用法。
（3）简述刮削精度的检验方法。
（4）说明粗刮、细刮和精刮的不同点。
（5）简述曲面刮削方法及应注意的问题。

课题十一
研　　磨

大国工匠案例八

【知识点】

Ⅰ　研磨的基本知识、原理

Ⅱ　研磨剂的选用

【技能点】

研磨方法、要领

一、生产实习图纸

生产实习图纸如图11-1所示。

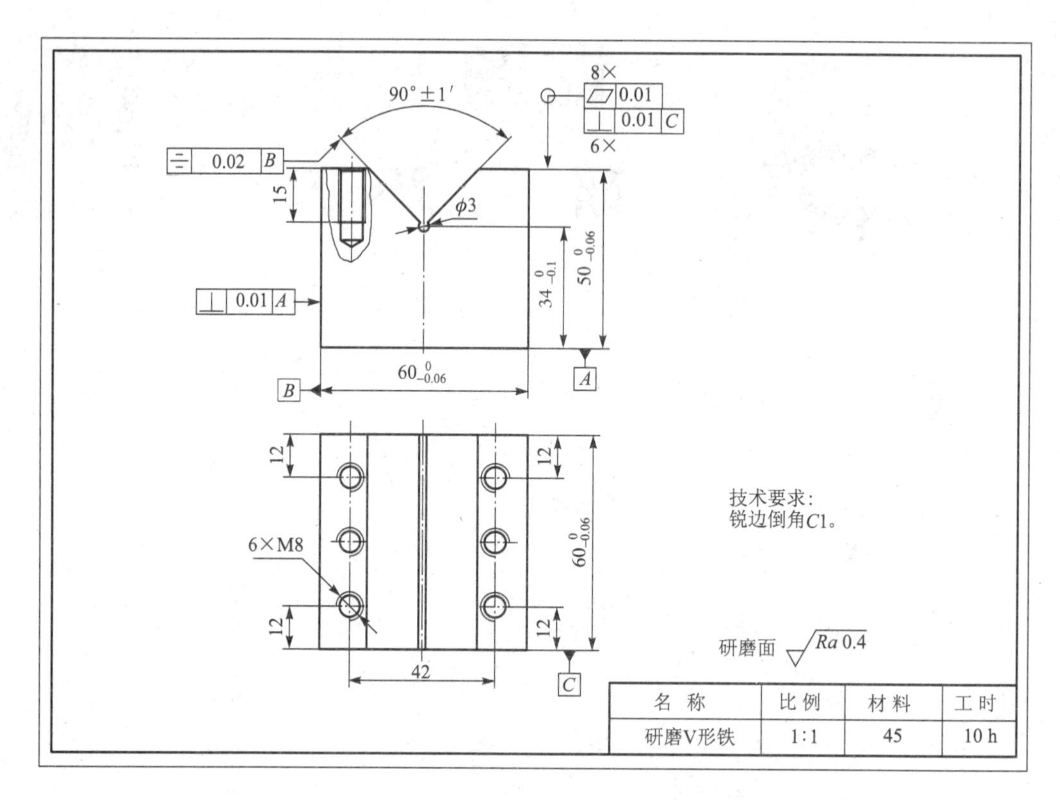

图11-1　研磨V形铁的练习图

二、任务分析

研磨是精密加工。由于研磨剂的正确选用和配制、平面研磨方法的正确直接影响到研磨质量，因此，掌握正确的研磨方法是练习的重点。同时，通过研磨，要了解研磨的特点及其使用的工具、材料，并且研磨后能使表面达到一定精度和表面粗糙度等要求。

三、任务准备

（1）材料准备：材料为从综合训练课题（制作V形铁组件）中转下。

（2）工具及其他：研磨平板、研磨剂、煤油、汽油、方铁导靠块、刀口尺、万能角度尺、千分尺、直角尺、正弦规（宽型）、量块（83块）、杠杆百分表及表架等。

（3）实训准备：

① 工具准备。领用工具；了解工具的使用方法及使用要求，并将工具摆放整齐；在实训结束时，按工具清单清点工具，并交指导教师验收。

② 熟悉实训要求。复习有关理论知识，并详细地阅读本指导书；对实训要求的重点及难点内容，在实训过程中认真掌握。

四、相关工艺分析

（一）研磨工具和研磨剂

1. 研磨工具

平面研磨通常采用标准平板。在粗研磨时，用有槽平板，以避免过多的研磨剂浮在平板上，并易使工件研平，如图 11－2（a）所示；在精研时，用精密光滑平板，如图 11－2（b）所示。研具材料要比工件软，以使磨料能嵌入研具而不嵌入工件内。常用的研具材料有灰铸铁、球墨铸铁（润滑性能好，耐磨、研磨效率较高，应用较广）、低碳钢（研磨螺纹和小直径工具）、铜（研磨余量大的工件）等。

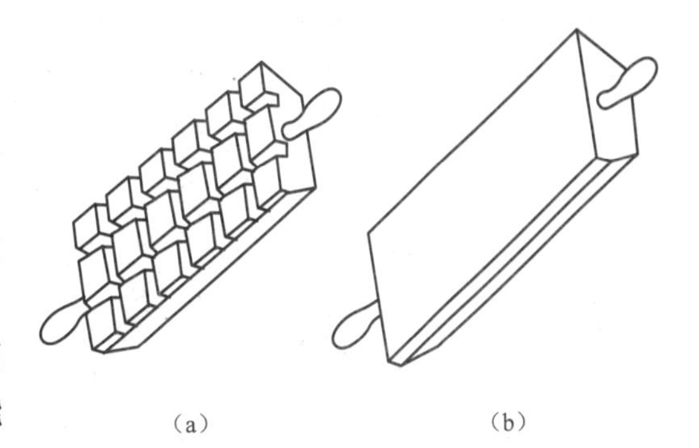

图 11－2 研磨平板

（a）有槽平板；（b）光滑平板

2. 研磨剂

研磨剂是由磨料和研磨液混合而成的一种混合剂。

（1）磨料。

磨料的作用是研削工件表面，并且其种类很多，并根据工件材料和加工精度来选择。在钢件或铸铁件粗研时，可选用刚玉或白刚玉；在精研时，可用氧化铬。磨料粗细的选用：在粗研磨且表面粗糙度值 $Ra>0.2$ μm 时，可用研磨粉，且粒度在 100# ～280#范围内选取；在精研磨时，且表面粗糙度值 $Ra=0.2\sim0.1$ μm 时，可用微粉，且粒度可用 W40～W20；在 $Ra=0.1\sim0.05$ μm 时，可用 W14～W7；在 $Ra<0.05$ μm 时，可用 W5 以下。

（2）研磨液。

研磨液在研磨过程中，起调和磨料、润滑、冷却、促进工件表面的氧化、加速研磨的作用。在粗研钢件时，可用煤油、汽油或机油；在精研时，可用机油与煤油混合的混合液。

（3）研磨膏。

在磨料和研磨液中再加入适量的石蜡、蜂蜡等填料和黏性较大、氧化作用较强的油酸、脂肪酸等，即可配制成研磨膏。在使用时，将研磨膏加机油稀释，即可进行研磨。研磨膏分粗、中、精三种，并可按研磨精度的高低选用。

（二）研磨要点

1. 研磨运动

为使工件能达到理想的研磨效果，根据工件形体的不同，可采用不同的研磨运动轨迹。

（1）直线往复式。

直线往复式常用于研磨有台阶的狭长平面等，并能获得较高的几何精度，如图 11－3（a）所示。

（2）直线摆动式。

直线摆动式用于研磨某些圆弧面，例如样板角尺、双斜面直尺的圆弧测量面，如图 11－3（b）所示。

（3）螺旋式。

螺旋式用于研磨圆片或圆柱形工件的端面，并能获得较好的表面粗糙度和平面度，如图 11-3（c）所示。

（4）8 字形或仿 8 字形式。

8 字形或仿 8 字形式常用于研磨小平面工件，例如量规的测量面等，如图 11-3（d）所示。

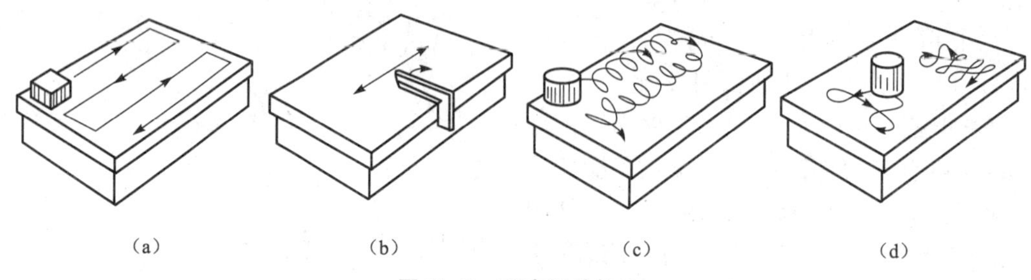

（a）　（b）　（c）　（d）

图 11-3　研磨活动轨迹

（a）直线往复式；（b）直线摆动式；（c）螺旋式；（d）8 字形或仿 8 字形式

2. 平面研磨的方法

（1）一般平面研磨：工件沿平板全部表面，按 8 字形、仿 8 字形或螺旋式运动轨迹进行研磨，如图 11-4 所示。

（2）狭窄平面研磨：为防止被研磨平面产生倾斜和圆角，在研磨时用金属块做成导靠，并采用直线往复式研磨轨迹，如图 11-5 所示。

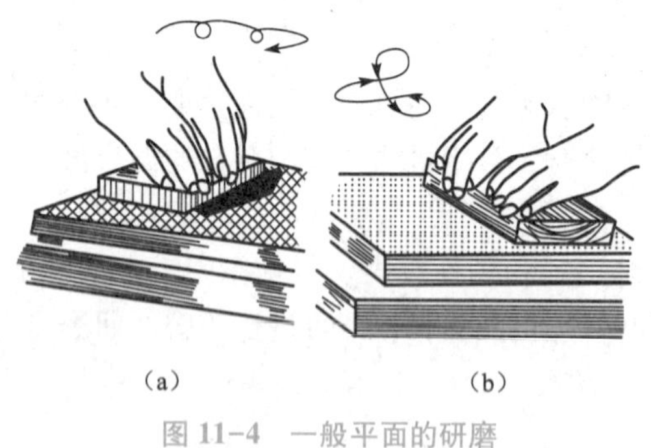

（a）　（b）

图 11-4　一般平面的研磨

（a）螺旋式；（b）仿 8 字形式

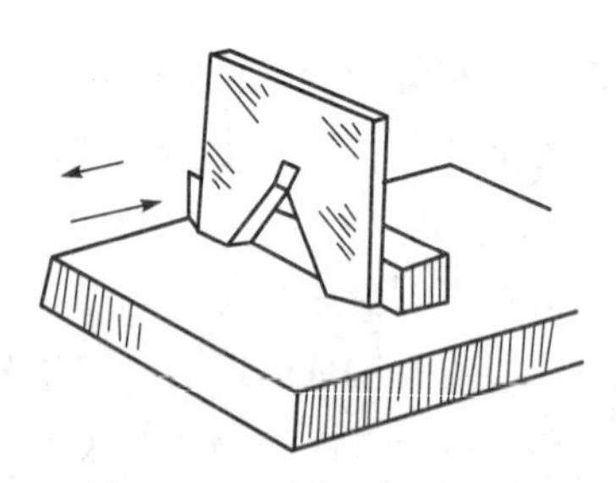

图 11-5　狭窄平面的研磨

3. 研磨时的上料

研磨时的上料方法有两种。

（1）压嵌法。

压嵌法有两种。其一：用三块平板并在上面加上研磨剂，用原始研磨法轮换嵌砂，以使砂粒均匀地嵌入平板内，为进行研磨工作做准备。其二：用淬硬压棒将研磨剂均匀地压入平板，以进行研磨工作。

(2) 涂敷法。

涂敷法为：在研磨前，将研磨剂涂敷在工件或研具上，其加工精度不及压嵌法高。

4. 研磨速度和压力

在研磨时，压力和速度对研磨效率和研磨质量有很大影响。若压力太大，则研磨的切削量大，但表面粗糙度差，且容易把磨料压碎并使表面被划出深痕。在一般情况的粗磨时，压力可大些；在精磨时，压力应小些，速度也不应过快。否则会引起工件的发热变形。尤其是研磨薄形工件和形状规则的工件时，更应注意避免工件的发热变形。在一般情况下，粗研磨的速度为 40～60 次/min；精研磨的速度为 20～40 次/min。

5. 研磨精度

通过研磨可获得高精度的尺寸、几何公差及较小的表面粗糙度。尺寸误差一般可控制在 0.001 mm 以内，锥度和圆度可控制在 0.001～0.002 mm 以内，表面粗糙度 $Ra<0.16$ μm。

(三) 安全文明生产及注意事项

(1) 粗、精研磨工作要分开进行。研磨剂每次上料不宜太多，并要分布均匀，以免造成工件边缘被研坏。

(2) 在研磨时，应特别注意清洁工作，不要在研磨剂中混入杂质，以免在反复研磨时划伤工件表面。

(3) 在研磨窄平面时，要采用导靠块，且应使工件紧靠，以保持研磨平面与侧面垂直，可避免产生倾斜和圆角。

(4) 在研磨工具与被研工件中，需要相对固定其中一个。否则，会造成移动或晃动现象，甚至出现研磨工具与工件损坏及伤人事故。

五、任务实施

1. 任务实施的步骤

(1) 粗研磨选用 W100～W50 的研磨粉（或选用粗型研磨膏），并均匀地涂在有槽平板的研磨面上，握持 V 形样板，按图样顺序标注 A、B、C、D、E、F、G、H。分别研磨各面，并保证角度公差±1′。

(2) 精研磨采用光滑平板，选用 W40～W20 的研磨粉（或选用细型研磨膏）均匀地涂在光滑平板的研磨面上。握持 V 形样板，并利用工件的自重进行精研磨，以使表面粗糙度值达到 $Ra \leqslant 0.4$ μm。

(3) 质量检验。用直角尺及刀口尺检验工件的垂直度及直线度；用正弦规检测工件的角度及对称度的准确性；用千分尺检测尺寸精度。

2. 重点提示

(1) V 形铁在研磨时不可左右晃动，要保持平稳。

(2) 在研磨时，要经常调头研磨，不可在同一位置一直研磨，以防止平板产生局部凹隙。

(3) 在粗研与精研时，尽量不使用同一块研磨平板。若用同一块研磨平板，则必须在用汽油将粗研磨料清洗干净后，再进行精研磨。

六、任务评价

教师、学生按表 11-1 对任务进行评价。

表 11-1　V 形铁的研磨的评分标准

班级：		姓名：		学号：		成绩：	
评价内容	序号	技术要求	评分标准	配分	自检记录	交检记录	得分
操作技能评价	1	（$60_{-0.06}^{0}$） mm（2）	每超一处扣 4 分	8/2			
	2	（$50_{-0.06}^{0}$） mm	超差不得分	6			
	3	（$34_{-0.1}^{0}$） mm	超差不得分	6			
	4	90°±1′	超差不得分	6			
	5	⊥ 0.01 A	超差不得分	5			
	6	6× ⊥ 0.01 C	每超一处扣 2 分	12/6			
	7	8× ▱ 0.01	每超一处扣 2 分	16/8			
	8	⌯ 0.02 B	超差不得分	8			
	9	*Ra* 0.4 μm（8 处）	每超一处扣 1 分	8			
	10	操作方法正确	不正确时酌情扣分	5			
素养评价	11	工量具使用规范		5			
	12	有团队协作意识，有责任心		5			
	13	学习态度端正，遵章守纪		5			
	14	安全文明操作、保持工作环境整洁		5			

*七、任务拓展

任务拓展刀口角尺的研磨如图 11-6 所示。

刀口角尺的研磨

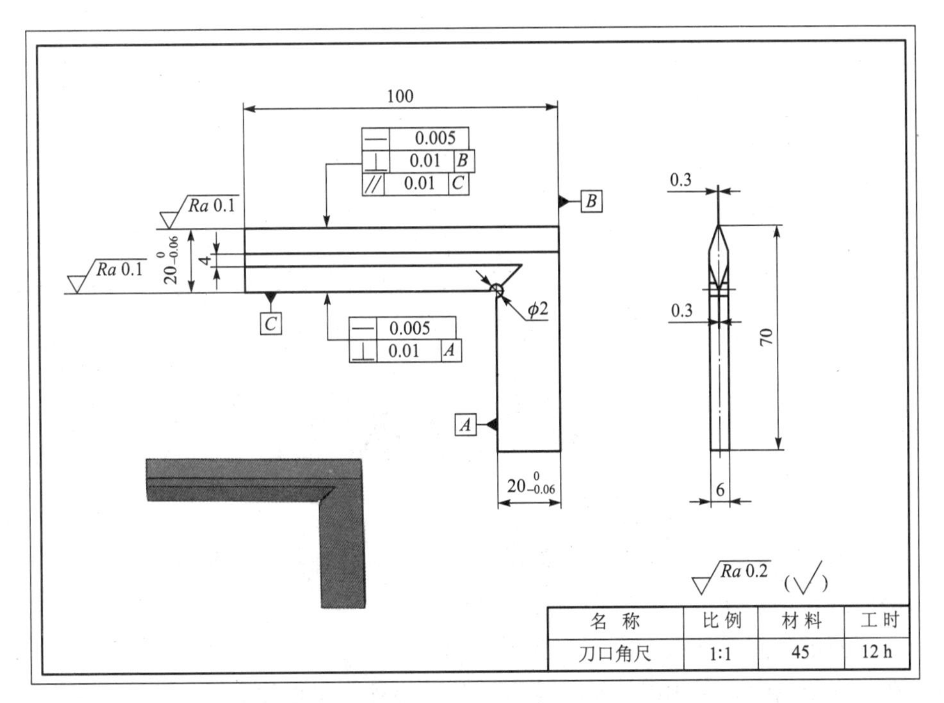

图 11-6 刀口角尺的研磨练习图

八、评分标准

教师、学生按表 11-2 对任务进行评价。

表 11-2 刀口角尺的研磨的评分标准

班级：__________ 姓名：__________ 学号：__________ 成绩：__________

评价内容	序号	技术要求	评分标准	配分	自检记录	交检记录	得分
操作技能评价	1	$(20_{-0.06}^{0})$ mm（2 处）	每超一处扣 6 分	12/2			
	2	尺座测量面平面度 0.005 mm（2 处）	每超一处扣 6 分	12/2			
	3	尺瞄刀口面直线度 0.005 mm（2 处）	每超一处扣 6 分	12/2			
	4	外直角垂直度 0.01 mm	超差不得分	8			
	5	内直角垂直度 0.01mm	超差不得分	8			
	6	测量面 *Ra*0.1 μm（4 处）	每超一处扣 4 分	16/4			
	7	大平面 *Ra*0.2 μm（2 处）	每超一处扣 6 分	12/2			

续表

评价内容	序号	技术要求	评分标准	配分	自检记录	交检记录	得分
素养评价	8	工量具使用规范		5			
	9	有团队协作意识，有责任心		5			
	10	学习态度端正，遵章守纪		5			
	11	安全文明操作、保持工作环境整洁		5			

复习思考题

（1）研具所使用的材料有何要求？常用的研具材料有哪几种？各应用于什么场合？

（2）磨料的作用是什么？各应用于什么场合？

（3）研磨液的作用是什么？常用的有哪几种？

（4）在平面研磨时，采用的运动轨迹有哪几种？各应用于什么场合？

（5）简述研磨的上料方法及应用场合。

课题十二

矫正、弯形与铆接

大国工匠案例九

【知识点】

Ⅰ 矫正工具及矫正方法

Ⅱ 弯形落料长度的计算，弯形方法

Ⅲ 铆接知识及铆接方法

【技能点】

Ⅰ 薄板料的矫正和弯形方法

Ⅱ 沉头和半圆头的铆接方法

任务一　矫正与弯形的练习

一、生产实习图纸

生产实习图纸如图 12-1-1 所示。

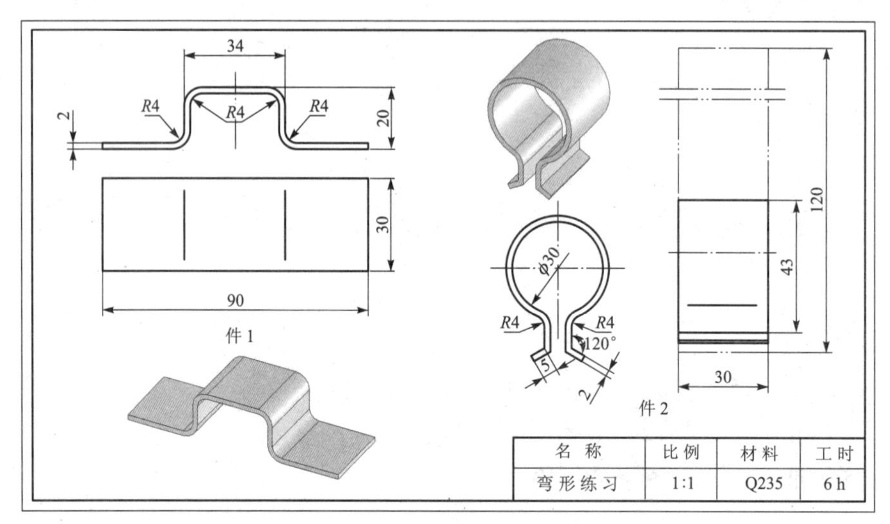

图 12-1-1　矫正与弯形练习图

二、任务分析

通过矫正与弯形练习，主要掌握：常用材料的矫正与弯形方法，特别是能在平板上对薄板料进行矫正；能根据图纸对弯形的坯料长度进行计算；能用弯形工具对工件进行正确的弯形，以达到图纸要求。

三、实习准备

（1）材料准备：65 mm×120 mm×2 mm 的板料，材料为 Q235。

（2）工具准备：常用锉刀、手锯、软硬手锤、平板、划线工具、衬垫、活络扳手、游标卡尺、直尺、90°直角尺、高度划线尺等。

（3）实训准备：领用工具；了解工具的使用方法及使用要求；熟悉实训要求，并复习有关理论知识，且详细阅读本指导书；对实训要求的重点及难点内容，在实训过程中认真掌握。

四、相关工艺分析

（一）矫正方法

消除材料或制件的弯曲、翘曲、凸凹不平等缺陷的加工方法，被称为矫正。

1. 手工矫正的工具

（1）支承工具。

支承工具是矫正板材和型材的基座，要求表面平整。常用的有平板、铁砧、台虎钳和V形架等。

（2）施力工具。

常用的施力工具有软手锤、硬手锤和压力机等。

① 软手锤、硬手锤。矫正一般材料通常使用钳工手锤和方头手锤；矫正已加工过的表面、薄钢件或有色金属制件，应使用铜锤、木槌、橡皮锤等软手锤。如图 12-1-2（a）所示为木槌矫正板料。

② 抽条和拍板。抽条是采用条状薄板料所弯成的简易工具，用于抽打较大面积的板料，如图 12-1-2（b）所示；拍板是用质地较硬的檀木所制成的专用工具，用于敲打板料，如图 12-1-2（c）所示。

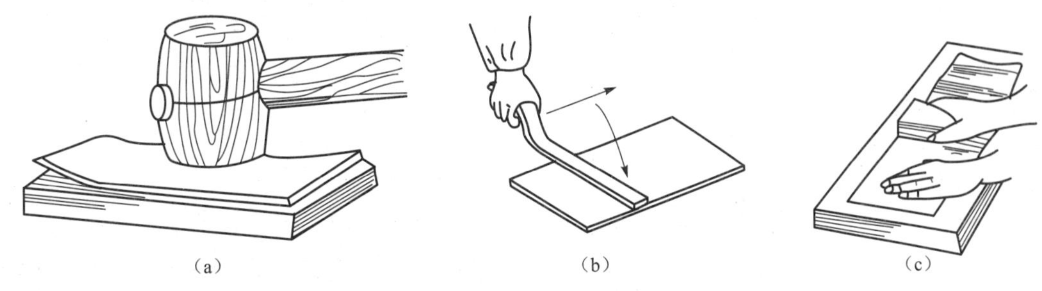

图 12-1-2　手工矫正的工具

（a）木槌矫正；（b）抽条矫正；（c）拍板矫正

（3）检验工具。

检验工具包括平板、90°直角尺、直尺和百分表等。

2. 手工矫正的方法

手工矫正是在平板、铁砧或台虎钳上用手锤等工具进行操作的，分为以下方法。

（1）扭转法。

如图 12-1-3 所示，扭转法是用来矫正条料的扭曲变形的。一般将条料夹持在台虎钳上，并用扳手把条料扭转到原来的形状。

（2）伸张法。

如图 12-1-4 所示，伸张法是用来矫正各种细长线材的。方法比较简单，只要将线材的一头固定，然后在固定处开始，将弯曲线材绕圆木一周，并紧捏圆木向后拉，以使线材在拉力作用下绕过圆木并得到伸长矫直。

（3）弯形法。

如图 12-1-5 所示，弯形法是用来矫正各种弯曲的棒料、在厚度方向上弯曲的条料。一般可用台虎钳在靠近弯曲处夹持，并用活动扳手把弯曲部分扳直，如图 12-1-5（a）所示；或用台虎钳将弯曲部分夹持在钳口内，并利用台虎钳把它初步压直，如图 12-1-5（b）所示；再放在平板上用手锤矫直，如图 12-1-5（c）所示。直径大的棒料和厚度尺寸大的条料，常采用压力机矫直。

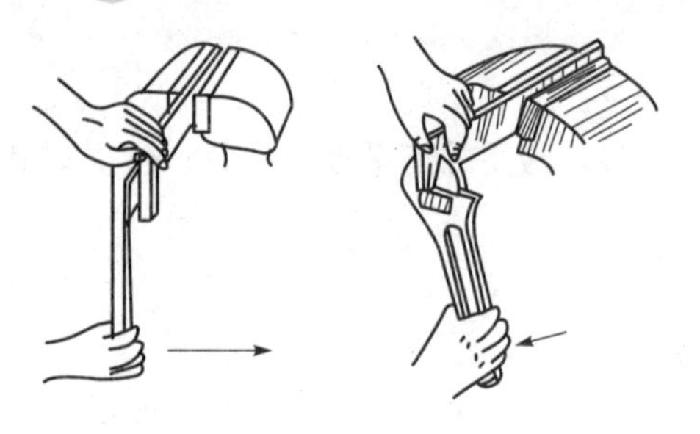

图 12-1-3　扭转法

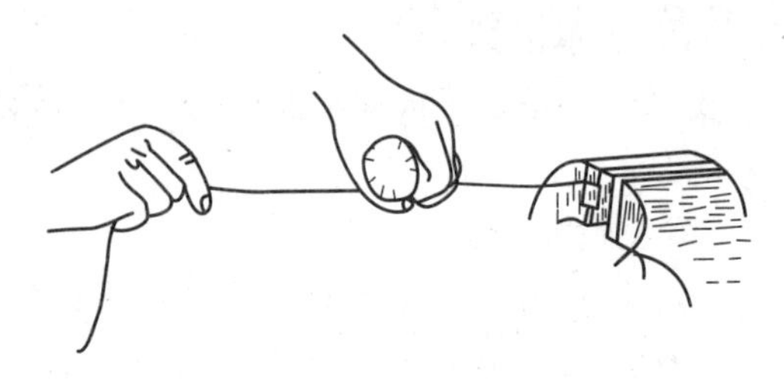

图 12-1-4　伸张法

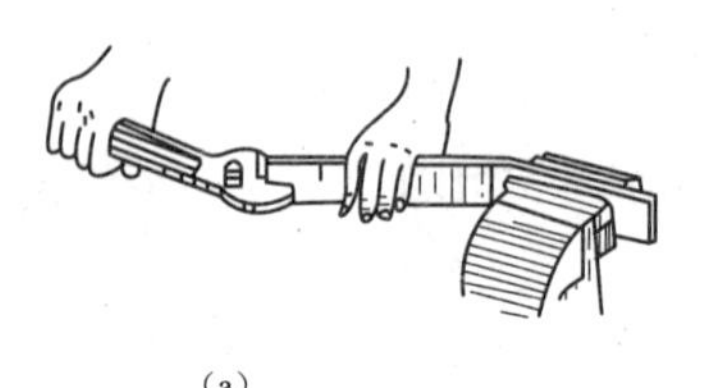

（a）

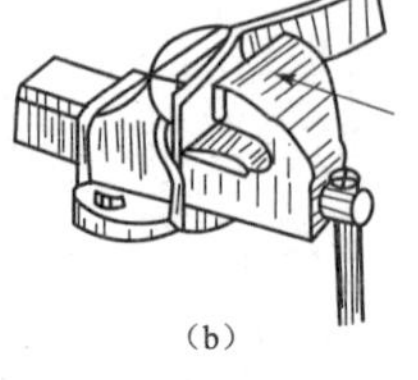

（b）

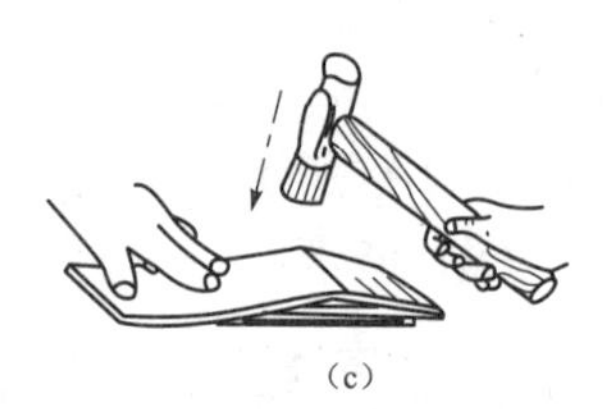

（c）

图 12-1-5　弯形法

（a）扳直；（b）初步压直；（c）用手锤矫直

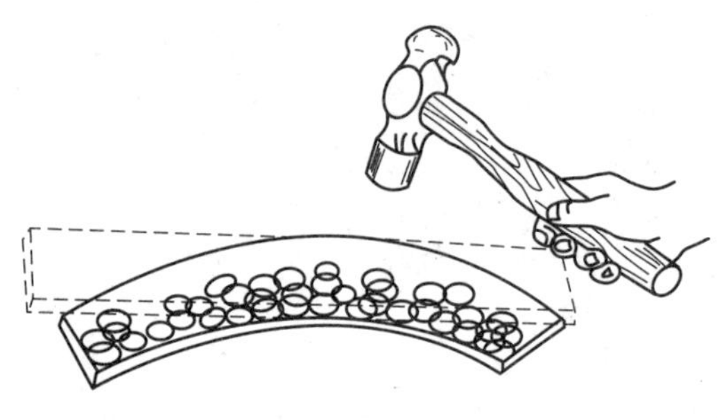

图 12-1-6　延展法

（4）延展法。

延展法是用手锤敲击材料，使它延展伸长，以达到矫正的目的，所以通常又叫锤击矫正法。如图 12-1-6 所示为在宽度方向上弯曲的条料。如果利用弯形法矫直，就会发生裂痕或折断。此时可用延展法来矫直，即锤击弯曲里边的材料，以使里边的材料延展伸长而得到矫直。

3. 薄板变形的原因分析及矫正方法

金属薄板最容易产生中部凸凹、边缘呈波浪形、翘曲等变形。矫正方法采用延展法矫正，如图 12-1-7 所示。

薄板中间凸起，是变形后中间材料变薄引起的。在矫正时，可锤击板料的边缘，并使边缘材料延展变薄，若厚度与凸起部位的厚度愈趋近，则愈平整，图 12-1-7（a）中的箭头所示方向，即为锤击位置。在锤击时，由里向外逐渐由轻到重、由稀到密。如果直接锤击凸起部位，则会使凸起的部位变得更薄。这样不但达不到矫平的目的，反而使凸起更为严重。如果在薄板的表面有相邻几处凸起，则应先在凸起的交界处轻轻锤击，以使几处凸起合并成一处，然后再锤击四周而矫平。

如果薄板四周呈波纹状，那么说明板料的四边变薄而伸长了。如图 12-1-7（b）所示，锤击点应从中间向四周，并按图中箭头所示方向，密度应逐渐变稀，且力量逐渐减小。经反复多次锤打，板料达到平整。

如果薄板发生对角翘曲时，那么就应沿另外没有翘曲的对角线锤击，以使其延展而矫平，如图 12-1-7（c）所示。

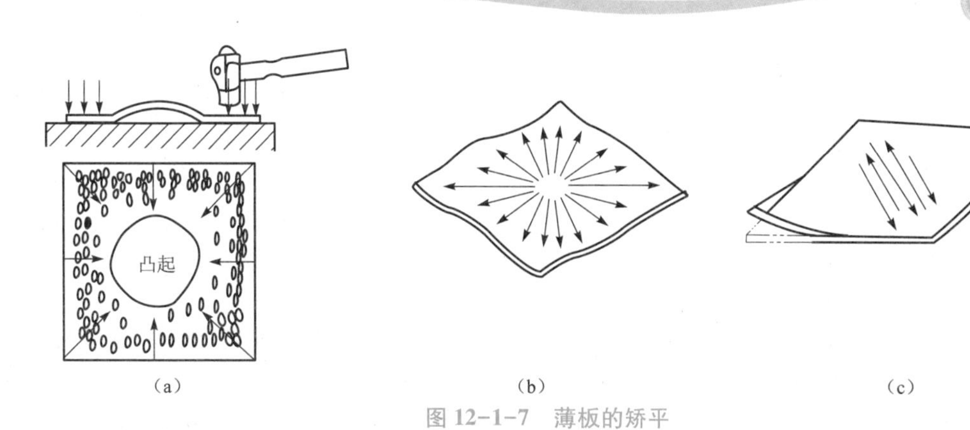

（a）（b）（c）

图 12-1-7 薄板的矫平

（a）中间凸起时的锤击点和方向；（b）四周波纹状时的锤击；（c）对角翘曲时的锤击方向

如果板料是铜箔、铝箔等薄而软的材料，那么可用平整的木块，在平板上推压材料的表面，如图 12-1-2（c）所示，可使其达到平整，也可用木槌或橡皮锤锤击。

当薄板有微小扭曲时，可用抽条从左到右的顺序抽打平面，如图 12-1-2（b）所示。因为抽条与板料的接触面积较大，且受力均匀，所以容易达到平整。

（二）弯形方法

由于弯形是使材料产生塑性变形，因此只有塑性好的材料，才能进行弯形。在钢板弯形后，外层材料伸长，而内层材料缩短，中间有一层材料在弯形后长度不变，被称为中性层。若弯形工件越靠近材料表面，则金属变形越严重，也就越容易出现拉裂或压裂现象。

对于相同材料的弯形，工件外层材料变形的大小，决定于工件的弯形半径。若弯形半径越小，则外层材料变形越大。为了防止弯形件拉裂（或压裂），必须限制工件的最小弯形半径，以使它大于导致材料开裂的临界弯形半径。

1. 在弯形前落料长度的计算

在对工件进行弯形前，要做好坯料长度的计算。否则，若落料长度太长，则会导致材料的浪费；若落料长度太短，则不够弯形尺寸。在工件弯形后，只有中性层的长度不变，因此计算弯形工件的毛坯长度时，可以按中性层的长度计算。应该注意：在材料弯形后，中性层一般不在材料的正中，而是偏向内层材料一边。经实验证明，中性层的实际位置与材料的弯形半径 r 和材料厚度 t 有关。

表 12-1-1 为中性层位置系数 x_0 的数值。从表中的 r/t 比值可知，当内弯形半径 $r/t \geqslant 16$ 时，中性层在材料中间（即中性层与几何中心层重合）。在一般情况下，为简化计算，当 $r/t \geqslant 8$ 时，即可按 $x_0=0.5$ 进行计算。

表 12-1-1 弯形的中性层位置系数 x_0

$\frac{r}{t}$	0.25	0.5	0.8	1	2	3	4	5	6	7	8	10	12	14	≥16
x_0	0.2	0.25	0.3	0.35	0.37	0.4	0.41	0.43	0.44	0.45	0.46	0.47	0.48	0.49	0.5

内边带圆弧制件的毛坯长度，等于直线部分（不变形部分）的长度和圆弧的中性层长度（弯形部分）之和。圆弧部分的中性层长度，可按下列公式计算：

$$A=\pi(r+x_0\cdot t)\cdot\frac{\alpha}{180}$$

式中 A——圆弧部分的中性层长度，mm；

r——内弯形半径，mm；

x_0——中性层位置系数；

t——材料厚度，mm；

α——弯形角，即弯形中心角，单位（°），如图 12-1-8 所示。

若内边弯形成直角不带圆弧的制件，则求毛坯长度时，可按弯形前后毛坯体积不变的原理计算。一般采用经验公式计算，并取 $A=0.5t$。

由于材料本身性质的差异，弯形工艺、操作方法的不同，因此上述毛坯长度计算结果，还会与实际弯形工件的毛坯长度之间有误差。因此，在成批生产时，一定要用试验的方法，并反复确定坯料的准确长度，以免造成成批废品。

2. 计算图 12-1-9 所示件 1 的落料长度

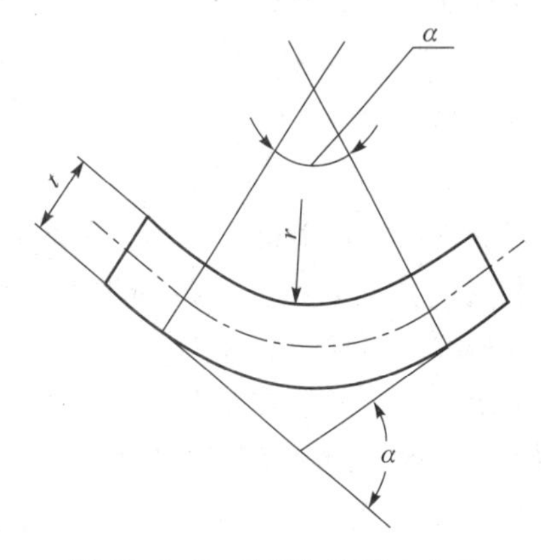

图 12-1-8 弯形与弯形中心角

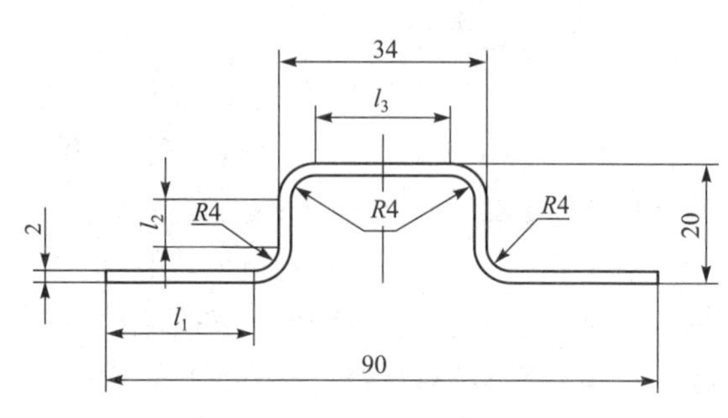

图 12-1-9 件 1 落料长度的计算

解： $\frac{r}{t}=\frac{4}{2}=2$，取 $x_0=0.37$

$l_1=24$ mm、$l_2=8$ mm、$l_3=22$ mm

$$A=\pi(r+x_0\cdot t)\cdot\frac{\alpha}{180}$$

$$=3.14\times(4+0.37\times2)\times\frac{90}{180}\approx7.44\ (\text{mm})$$

$L=4A+2l_1+2l_2+l_3=4\times7.44+2\times24+2\times8+22=115.76(\text{mm})\approx116\ (\text{mm})$

答： 件 1 落料长度约为 116 mm。

3. 弯形方法

弯形方法有冷弯和热弯两种。在常温下进行的弯形叫冷弯；对于厚度大于 5 mm 的板料以及直径较大的棒料和管子等，通常要将工件加热后，再进行弯形，被称为热弯。弯形虽然是塑性变形，但也有弹性变形存在。为抵消材料的弹性变形，在弯形过程中应多弯些。

（1）板料在厚度方向上的弯形方法。

小的工件可在台虎钳上进行。先在弯形的地方划好线，然后把工件夹在台虎钳上，并使弯形线和钳口平齐，在接近划线处锤击，或用木垫与铁垫垫住，再敲击垫块，如图 12-1-10（a）所示。如果台虎钳的钳口比工件短，那么可用角铁制作的夹具来夹持工件，如图 12-1-10（b）所示。

（2）板料在宽度方向上的弯形。

如图 12-1-11（a）所示，利用金属材料的延伸性能，在弯形的外弯部分进行锤击，以使材料向一个方向渐渐延伸，并达到弯形的目的。较窄的板料可在 V 形铁或特制弯形模上，用锤击法，以使工件变形而弯形，如图 12-1-11（b）所示。另外，还可在简单的弯形工具上进行弯形，如图 12-1-11（c）所示。弯形工具由底板、转盘和手柄等组成，在两只转盘的圆周上都有按工件厚度而车制的槽。固定转盘的直径与弯形圆弧一致。使用固定转盘时，将工件插入两转盘的槽内，并移动活动转盘手柄，使工件达到所要求的弯形形状。

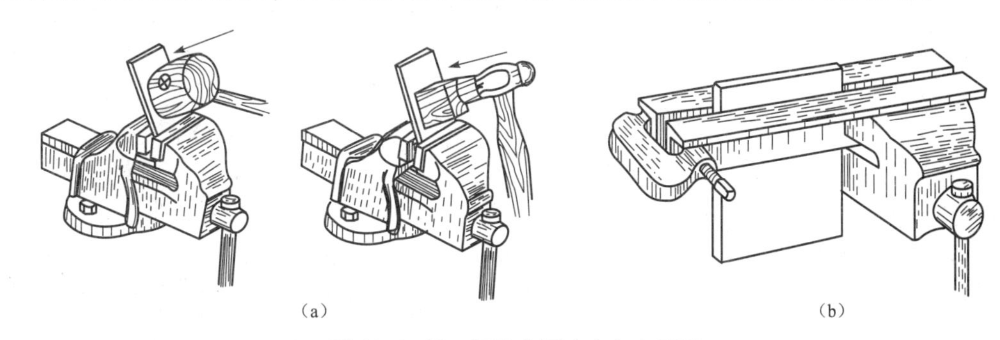

图 12-1-10　板料在厚度方向上弯形

（a）在台虎钳上敲击或在台虎钳上垫住再敲击；（b）换用角铁制作的夹具

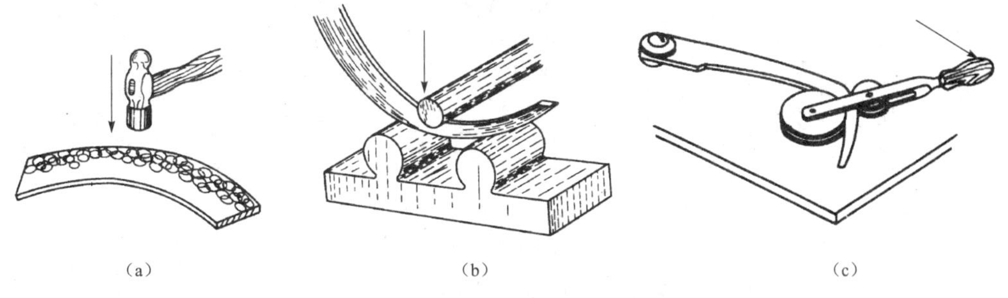

图 12-1-11　板料在宽度方向上的弯形

（a）锤击外弯部分；（b）在特制的弯形模上弯形；（c）在弯形工具上弯形

（3）管子的弯形。

若管子直径在 ϕ12 mm 以下，则可以用冷弯方法；若直径大于 ϕ12 mm，则采用热弯方法。管子弯形的临界半径必须是管子直径的 4 倍以上。当管子直径在 ϕ10 mm 以上时，为防止管子被弯瘪，必须在管内灌满、灌实干沙，且两端用木塞塞紧。冷弯管子一般在弯管工具上进行，且结构如图 12-1-12 所示。

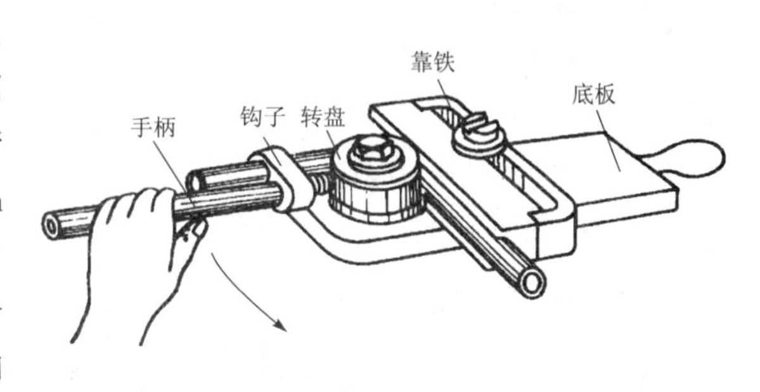

图 12-1-12　管子的弯形

五、任务实施

1. 任务实施的步骤

（1）检查备料，确定落料尺寸。

（2）件1、件2按图样下料，并锉外形尺寸（注意在宽度30 mm处留有0.5 mm余量），然后按图划线。

（3）先将件1按划线夹入角铁衬内弯*A*角，如图12－1－13（a）所示。再用衬垫①夹持，并弯*B*角，如图12-1-13（b）所示。最后用衬垫②夹持，并弯*C*角，如图12-1-13（c）所示。

（4）用衬垫将件2夹在台虎钳内，将两端的*A*、*B*处弯好，如图12-1-14（a）所示。最后在圆钢上弯件2的圆，如图12-1-14（b）所示，以达到图样要求。

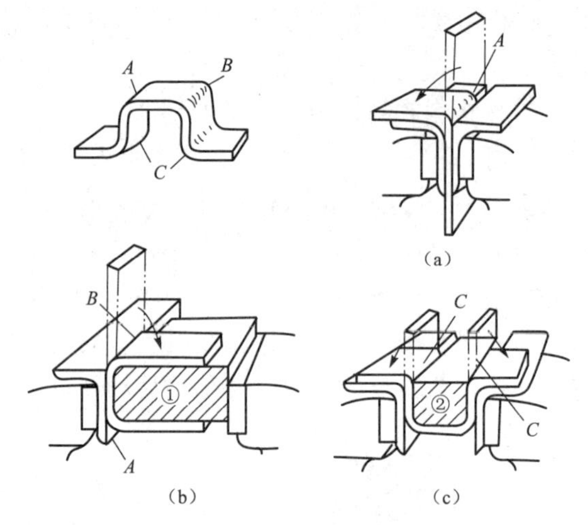

图12-1-13　弯件1的制作顺序

（a）弯*A*角；（b）被①夹持后弯*B*角；（c）被②夹持后弯*C*角

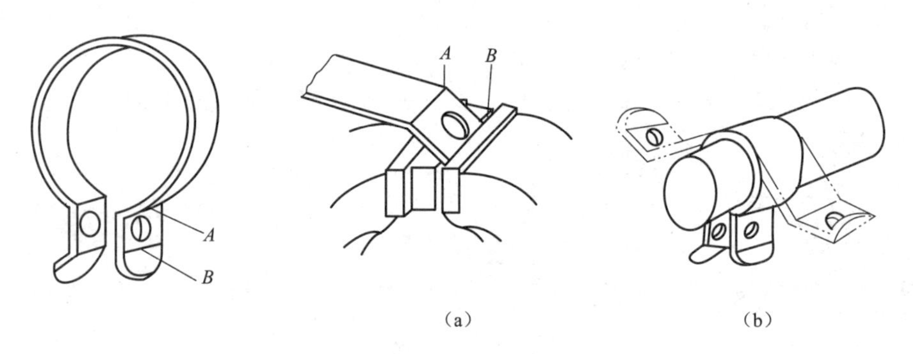

图12-1-14　弯件2的制作顺序

（a）弯两端的*A*、*B*处；（b）弯圆弧

（5）对件1、件2的30 mm宽度进行锤击矫平，并锉修30 mm宽度尺寸。

（6）检查，并对各边进行倒角或倒棱。

2. 重点提示

（1）在薄板料矫平时，应首选用木槌敲击。若采用钢制手锤时，则必须将锤端平，以免将工件敲出印痕。

（2）由于落料的计算尺寸与实际弯形工件的毛坯长度之间有误差，因此毛坯长度应适当留有修正余量。

六、任务评价

教师、学生按表12-1-2对任务进行评价。

表 12-1-2　弯形练习的评分标准

班级：__________　姓名：__________　学号：__________　成绩：__________

评价内容	序号	技术要求	评分标准	配分	自检记录	交检记录	得分
操作技能评价	1	件 1、件 2 按图加工	不达标时酌情扣分	16			
	2	件 1 尺寸［90、34、20、*R*4（mm）］±0.5 mm	尺寸超差酌情扣分	12			
	3	件 1 圆弧 R4 正确（4 处）	超一处扣 3 分	12/4			
	4	件 2 尺寸［5、ϕ30、43、*R*4（mm）］±0.5 mm	尺寸超差酌情扣分	12			
	5	件 2 圆弧 *R*4 正确（2 处）	超一处扣 5 分	10/2			
	6	件 2 的角度 120° 正确（2 处）	超一处扣 4 分	8			
	7	工件无伤痕	不达标时酌情扣分	10			
素养评价	8	工量具使用规范		5			
	9	有团队协作意识，有责任心		5			
	10	学习态度端正，遵章守纪		5			
	11	安全文明操作、保持工作环境整洁		5			

任务二　内卡钳的制作

一、生产实习图纸

生产实习图纸如图 12-2-1 所示。

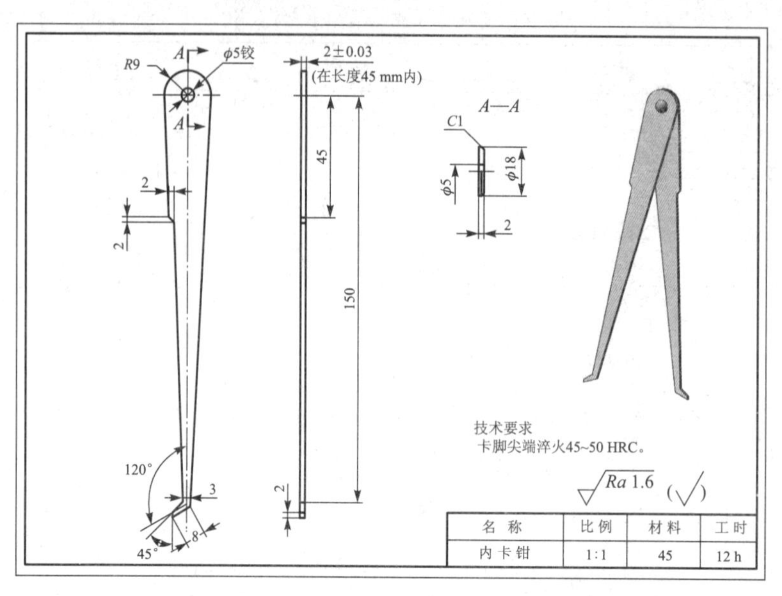

名称	比例	材料	工时
内卡钳	1:1	45	12 h

图 12-2-1　内卡钳的制作练习图

二、任务分析

内卡钳的制作是典型的矫正、弯形和铆接课题。通过练习，主要掌握：薄板材料的锉削方法和钻孔方法；能熟练消除薄板材料或制件的弯曲、翘曲和凹凸不平等缺陷；熟练掌握薄板材料的弯形方法；会计算铆钉尺寸的长度，并掌握半圆头的铆接方法，以达到图纸要求。练习的重点是薄板材料的弯形和半圆头铆接。

三、任务准备

（1）材料准备：200 mm×20 mm×2.5 mm 的 Q235 薄板，每人 2 块。

（2）工、量、刃具准备：常用锉刀、划线工具、手锤、手锯、ϕ4.9 钻头、ϕ5 手铰刀、木板、木钉、半圆头铆钉、高度划线尺、游标卡尺、千分尺、刀口角尺、万能角度尺等。

（3）实训准备：

① 工具准备。领用工具；了解工具的使用方法及使用要求，并将工具摆放整齐；在实训结束时，按工具清单清点工具，并交指导教师验收。

② 熟悉实训要求。复习有关理论知识，并详细地阅读本指导书；对实训要求的重点及难点内容，在实训过程中认真掌握。

四、相关工艺分析

（一）铆接方法

用铆钉连接两个或两个以上的零件或构件的操作方法，被称为铆接。

目前，在很多零件连接中，虽然铆接已被焊接代替，但因铆接具有操作简单、连接可靠、抗振和耐冲击等特点，所以在机器和工具制造等方面，仍有较多地使用。

1. 铆接的过程

如图 12-2-2 所示，铆接的过程是：先将铆钉插入被铆接工件的孔内，并且铆钉原头紧贴工件的表面，再将铆钉杆的一端镦粗而成为铆合头。

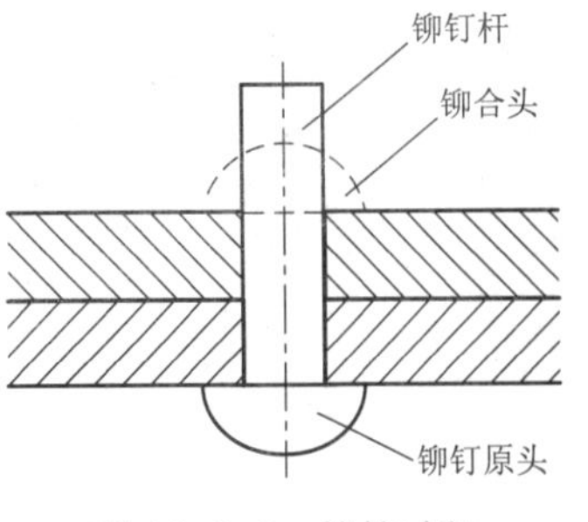

图 12-2-2　铆接过程

2. 铆接种类

（1）按铆接的使用要求不同分类。

① 活动铆接。活动铆接的结合部分可以相互转动，例如内外卡钳、划规等。

② 固定铆接。固定铆接的结合部分是固定不动的。这种铆接按用途和要求不同，还可分为强固铆接、强密铆接和紧密铆接。

（2）按铆接方法不同分类。

① 冷铆。冷铆是指在铆接时，铆钉不需加热，即直接镦出铆合头。直径在 ϕ8 mm 以下的钢制铆钉都可以用冷铆方法铆接。在采用冷铆时，铆钉的材料必须具有较高的塑性。

② 热铆。热铆是指把整个铆钉加热到一定温度，然后再铆接。因铆钉受热后塑性好，容易成型，而且冷却后铆钉杆收缩，还可加大结合强度。在热铆时，要把铆钉孔直径放大 0.5～1 mm，以使铆钉在热态时容易插入。直径大于 ϕ8 mm 的钢铆钉多用热铆。

③ 混合铆。混合铆是指在铆接时，只把铆钉的铆合头端部加热。对于细长的铆钉，若采用这种方法，则可以避免铆接时铆钉杆的弯曲。

3. 铆钉种类

如图 12-2-3 所示，铆钉按形状、用途和材料不同可分为：半圆头铆钉、沉头铆钉、平头铆钉、半圆沉头铆钉、空心铆钉和皮带铆钉等。

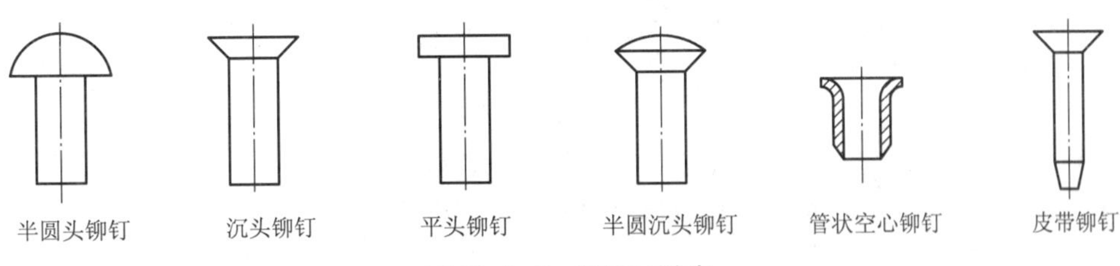

图 12-2-3　铆钉的种类

制造铆钉的材料要有好的塑性。常用的铆钉材料有钢、黄铜、紫铜和铝等。选用铆钉材料应尽量和被铆接件的材料相近。

4. 铆接工具

在铆接时，所用的主要工具有以下几种：锤子、压紧冲头［见图 12-2-4（a）］、罩模［见图 12-2-4（b）］和顶模［见图 12-2-4（c）］。锤头多数用圆头。压紧冲头用于当铆钉插入孔内后，压紧被铆工件。罩模和顶模都有半圆形的凹球面，并经淬火和抛光，且按照铆钉的半圆头尺寸制成。罩模是罩制半圆头的；顶模夹在台虎钳内，作铆钉原头的支承。

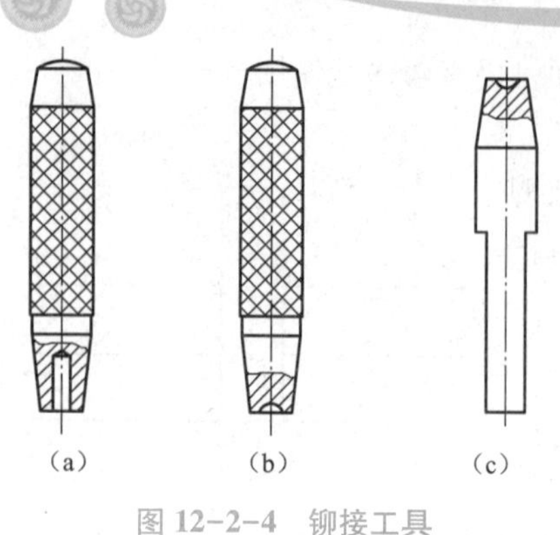

图 12-2-4 铆接工具

(a) 压紧冲头；(b) 罩模；(c) 顶模

5. 铆钉长度的确定

为了保证铆接的质量，还要进行铆钉尺寸的计算，如图 12-2-5 所示。由于铆钉在工作中承受剪力，因此它的直径是由铆接强度决定的，且一般采用被连接板厚的 1.8 倍。标准铆钉的直径可参考有关手册。

在铆接时，铆钉所需长度除了被铆接件的总厚度（s）外，还要为铆合头留出足够的长度（l）。半圆头铆钉的铆合头所需长度，应为经圆整后铆钉直径的 1.25～1.5 倍；沉头铆钉的铆合头所需长度，应为经圆整后铆钉直径的 0.8～1.2 倍。

6. 半圆头铆钉的铆接方法

把铆合件彼此贴合，按划线钻铰孔、倒角，并去毛刺，然后插入铆钉。把铆钉原头放在顶模内，用压紧冲头压紧板料［见图 12-2-6（a）］，再用手锤镦粗铆钉的伸出部分［见图 12-2-6（b）］。将四周锤打成型［见图 12-2-6（c）］。最后用罩模修整［见图 12-2-6（d）］。

在活动铆接时，要经常检查活动情况，如发现太紧，可把铆钉原头垫在有孔的垫铁上，锤击铆合头，使其活动。

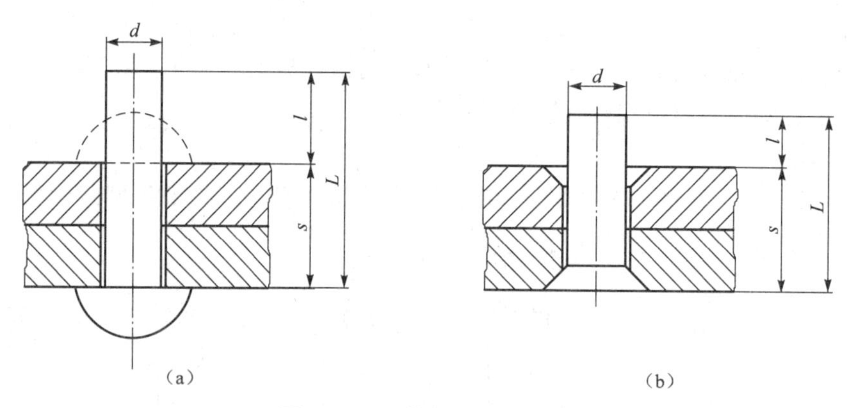

图 12-2-5 铆钉尺寸的计算

(a) 半圆头铆钉；(b) 沉头铆钉

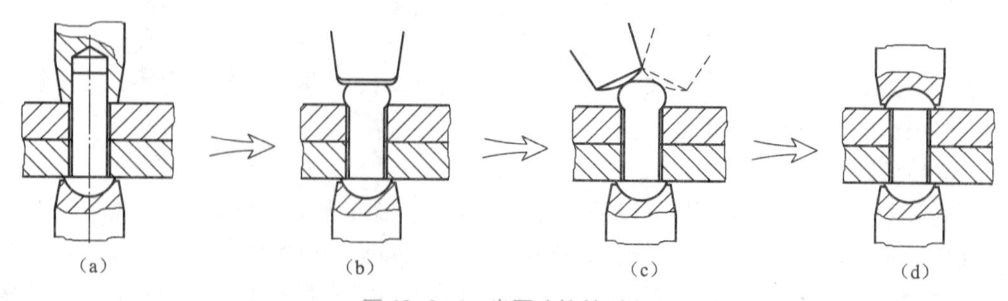

图 12-2-6 半圆头铆接过程

(a) 用压紧冲头压紧；(b) 用手锤镦粗；(c) 锤打成型；(d) 用罩模修整

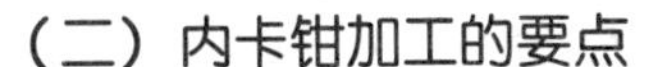

（二）内卡钳加工的要点

（1）因卡钳脚是薄板料，故在矫平时须用木槌敲击。若采用钢制手锤，则须将锤面端平，以防止敲击时将工件敲出印痕。

（2）在薄板料锉削时，必须用圆钉将薄板料固定在木板上，如图 12-2-7 所示。然后把薄板料装夹在钳口内，粗、精锉两平面，且留下 0.05～0.1 mm 的打光余量。

（3）内卡钳两脚的弯形方法如图 12-2-8 所示，尺寸应达到图纸要求。在铆接后，再按图纸尺寸修整外形，并锉好两脚处斜面，两脚的尺寸形状要求相同。

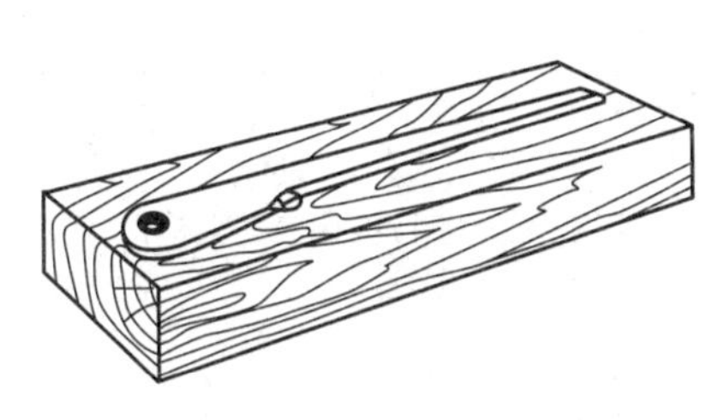

图 12-2-7 薄板料在木板上的装夹

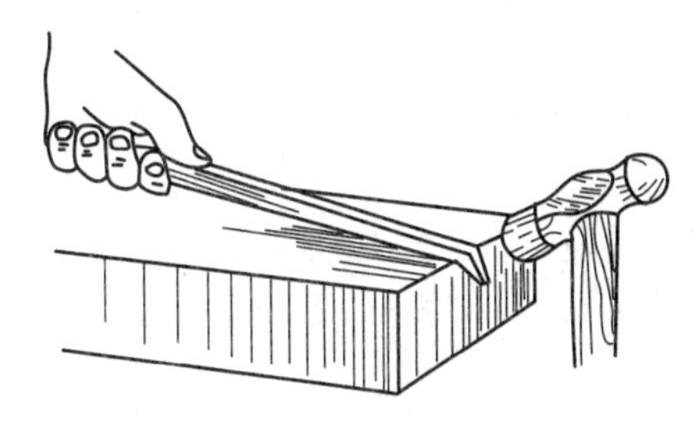

图 12-2-8 在平板上锤击弯形

（4）铆钉的长度要正确。若伸出部分太短，则铆不成半圆；若太长，则会使被铆接的半圆头产生涨边现象。

（5）在半圆头铆接时，必须将铆钉放入顶模的凹圆内后再敲击，防止未放好就敲击，造成铆钉原头的圆面损坏。

五、任务实施

1. 任务实施的步骤

（1）检查来料。

（2）用扭转法与弯形法矫平来料，使其在平板上能贴平。

（3）按图 12-2-7 所示的方法装夹。锉削两平面，并留打光余量。

（4）按展开尺寸划线。

（5）当两件贴合后，钻、铰 ϕ5 mm 孔，且在孔口倒角 C0.5，并保证与铆钉紧配。

（6）将两件合并，并用 M5 螺钉与螺母拧紧后，按划线粗锉外形。

（7）卡脚按图 12-2-8 弯形，并达到要求。形状做一定的修整。

（8）精锉两平面，并达到尺寸、几何及粗糙度等要求。

（9）用铆钉将工件串叠在一起，同时在两侧套上垫片进行半圆头铆接。要求：半圆头光滑，且平贴在垫片上；两脚在活动时松紧均匀。

（10）精锉两大平面，并达到尺寸公差为 2±0.03 mm，两面平行度为 0.03 mm，表面粗糙度 $Ra \leqslant 16$ μm；修整内卡钳外形，要求两脚的尺寸形状相同；接着，将脚尖淬火至 45～50 HRC；最后用砂纸把卡钳全部打光。

2. 重点提示

（1）因为卡钳脚是薄板料，所以在矫正时最好用木槌敲击，以防止钢锤的敲击敲出印痕。

（2）在两内卡脚弯曲时，要注意保证卡脚一致、对称。

（3）在半圆头铆接时，铆钉的长度要确定正确。否则，半圆的铆接会造成缺陷。

（4）在半圆头铆接时，必须将铆钉原头放入顶模的凹圆内，再敲击，防止未放好就锤击，而造成铆钉原头面损坏。用罩模铆合时，必须将罩模放正，防止罩模因接触垫片表面，而敲出印痕，并破坏外形。

（5）铆接的接触面必须平直。两卡脚的平行度必须被控制在最小范围内。这样才能使在铆接后松紧一致。

六、任务评价

教师、学生按表12-2-1进行任务评价。

表12-2-1　内卡钳的制作的评分标准

班级：＿＿＿＿		姓名：＿＿＿＿		学号：＿＿＿＿		成绩：＿＿＿＿	
评价内容	序号	技术要求	评分标准	配分	自检记录	交检记录	得分
操作技能评价	1	（2±0.03）mm（2个）	超一处扣3分	6/2			
	2	$R9$圆弧正确、光滑	不达标时酌情扣分	6			
	3	铆钉头光滑（2个）	超一处扣6分	12/2			
	4	铆接松紧均匀	不达标时酌情扣分	10			
	5	卡脚的弯形正确（2个）	超一处扣7分	14/2			
	6	两卡脚形状一致，脚尖对齐	不达标时酌情扣分	10			
	7	卡脚外形尺寸允差为±0.2 mm（2个）	超一处扣5分	10/2			
	8	Ra 1.6 μm（4大面）	超一处扣3分	12/4			
素养评价	9	工量具使用规范		5			
	10	有团队协作意识，有责任心		5			
	11	学习态度端正，遵章守纪		5			
	12	安全文明操作、保持工作环境整洁		5			

*七、任务拓展

任务拓展外卡钳的制作如图12-2-9所示。

外卡钳的制作

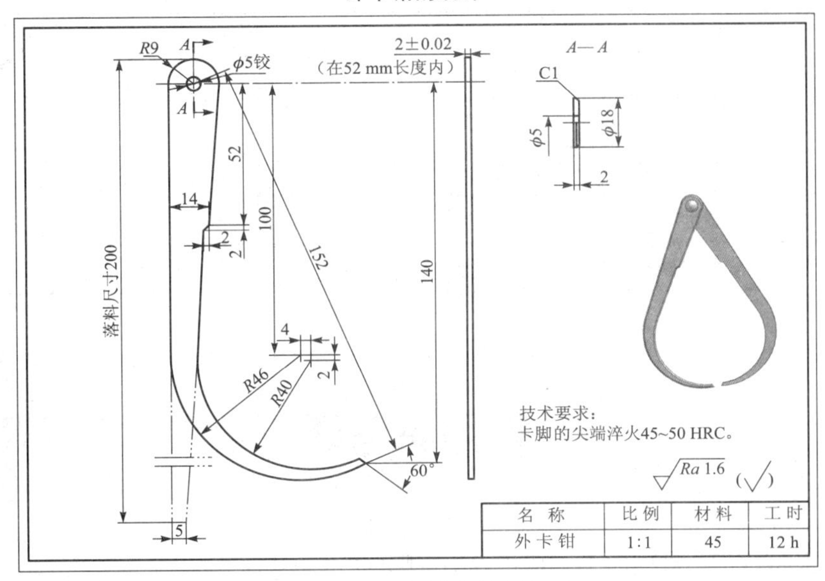

图 12-2-9　外卡钳的制作练习图

八、评分标准

在完成外卡钳的加工后，教师、学生按表 12-2-2 进行任务评价。

表 12-2-2　外卡钳的制作的评分标准

班级：________　姓名：________　学号：________　成绩：________

评价内容	序号	技术要求	评分标准	配分	自检记录	交检记录	得分
操作技能评价	1	（2±0. 02 ）mm（2 个）	超一处扣 3 分	6/2			
	2	*R*9 圆弧正确、光滑	不达标时酌情扣分	6			
	3	铆钉头光滑（2 个）	超一处扣 6 分	12/2			
	4	铆接松紧均匀	不达标时酌情扣分	10			
	5	卡脚的弯形 *R*40、*R*46 正确（2 个）	超一处扣 7 分	14/2			
	6	两卡脚形状一致，脚尖对齐	不达标时酌情扣分	10			
	7	卡脚外形尺寸 152 mm、140 mm 的允差为 ± 0. 2 mm（2 个）	超一处扣 5 分	10/2			
	8	*Ra* 1. 6 μm（4 大面）	超一处扣 3 分	12/4			

续表

评价内容	序号	技术要求	评分标准	配分	自检记录	交检记录	得分
素养评价	9	工量具使用规范		5			
	10	有团队协作意识，有责任心		5			
	11	学习态度端正，遵章守纪		5			
	12	安全文明操作、保持工作环境整洁		5			

复习思考题

活络角尺的加工

（1）什么叫矫正？常用的手工矫正方法有哪些？

（2）常用的手工矫正工具有哪些？

（3）什么叫弯形？什么样的材料才能进行弯形？弯形后钢板内外层的材料如何变化？

（4）什么叫中性层？在弯形时，中性层的位置与哪些因素有关？

（5）用半圆头铆钉搭接连接板厚为2 mm和6 mm的两块钢板，试选择铆钉直径、长度和直径。

（6）用沉头铆钉铆接板厚都为5 mm的两块钢板。试选择铆钉的直径和长度。

课题十三
锉　　配

大国工匠案例十

【知识点】

Ⅰ　锉配的基本原则及锉配的基准选择原则

Ⅱ　对称度、错位量误差的概念及测量

Ⅲ　平面精锉及间隙的保证方法

【技能点】

Ⅰ　百分表、V 形铁、正弦规、测量圆柱的间接测量方法

Ⅱ　各种形状工件的划线、加工与精度保证的方法

Ⅲ　提高锉削、锯割、钻孔的技能，并掌握误差检查的方法

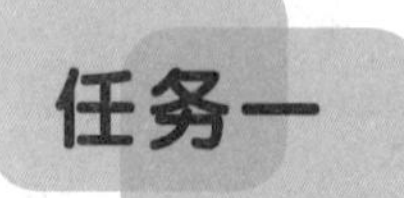

任务一 四方开口的锉配

一、生产实习图纸

生产实习图纸如图 13-1-1 所示。

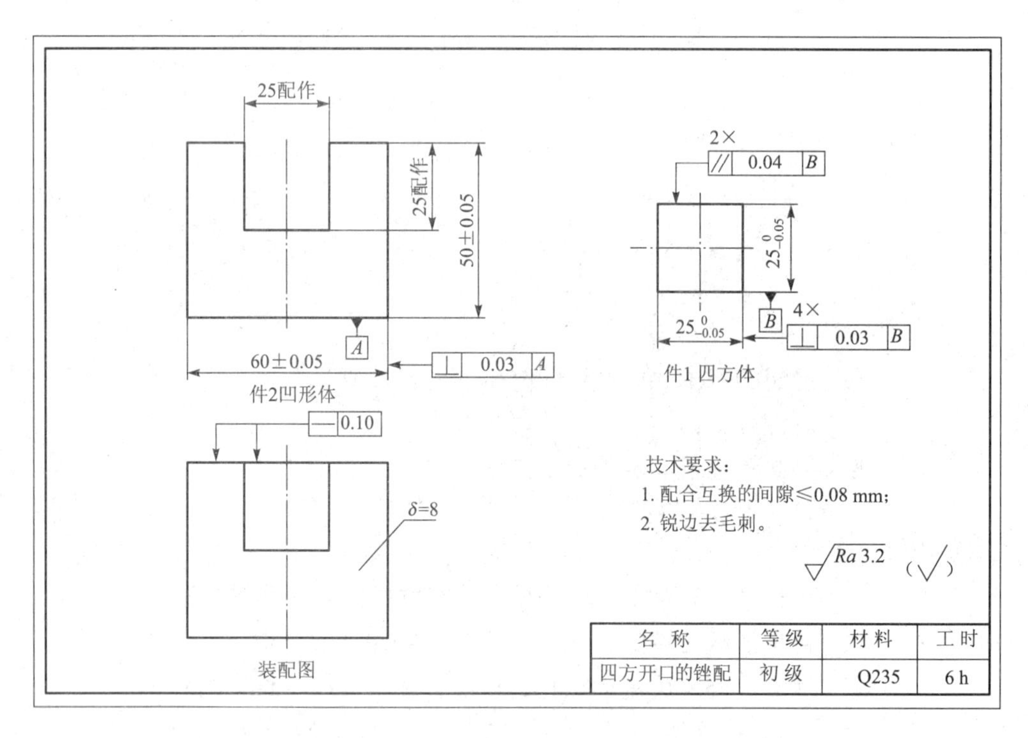

图 13-1-1 四方开口的锉配的练习图

二、任务分析

四方开口的锉配是简单的锉配练习。目的是：通过练习初步掌握四方锉配的方法；了解四方体误差对锉配精度的影响；掌握检验及修正的方法，能分析、处理在四方锉配中产生的问题；在加工中，尺寸、几何公差的控制是练习的重点。

三、任务准备

（1）材料准备：80 mm×61 mm×8 mm 的 Q235 钢板，两平面已被磨削加工。

（2）工、量、刃具的准备：见表 13-1-1。

表 13-1-1 工、量、刃具

名 称	规 格	精 度（读数值）	数量/件	名 称	规 格	精 度（读数值）	数量/件
高度划线尺	0～300 mm	0. 02 mm	1	锉刀	250 mm	1 号纹	1
游标卡尺	0～150 mm	0. 02 mm	1		200 mm	2 号纹	1
千分尺	0～25 mm	0. 01 mm	1		150 mm	3 号纹	1
	25～50 mm	0. 01 mm	1	方锉	10 mm×10 mm	2 号纹	1
刀口角尺	100 mm×63 mm	0 级	1	锯弓			1
塞尺	0. 02～0. 5 mm		1	锯条			若干
钻头	ϕ5 mm		1	划线工具			1 套
	ϕ12 mm		1	软钳口			1 副
整形锉	ϕ5 mm		1 套	铜丝刷			1
手锤			1				

四、相关工艺分析

1. 锉配

定义：通过锉削，使一个零件（基准件）能放入另一个零件（配合件）的孔或槽内，且配合精度符合要求。

应用：广泛地应用在机器装配、修理以及工模具的制造上。

2. 锉配原则

锉配工作是先把镶配的两个零件中的一件加工至符合图样要求，再根据已加工好的零件锉配另一件。因为一般外表面容易加工和测量，所以应先锉好外表面的零件，然后锉配内表面的零件，但在有些情况下，也有相反的情况，要注意分析误判。

3. 锉配基准的选择原则

（1）选用已加工的最大平整面做锉削基准。

（2）选用锉削量最少的面做锉削基准。

（3）选用划线基准、测量基准做锉削基准。

（4）选用加工精度最高的面做锉削基准。

4. 四方体的锉配方法

（1）在锉配时，由于外表面比内表面更容易加工和测量，且易于达到较高精度，因此一般先加工凸件，后锉配凹形件。在本课题中，应先锉准外四方体，再锉配内四方体。

（2）在内表面的加工时，为了便于控制，一般均应选择有关的外表面做测量基准。因此，内四方体的外形基准面加工，必须达到较高的精度要求。

（3）虽然凹形体内表面间的垂直度无法直接测量，但可采用自制内直角样板检测。此外，内直角样板还可用来检测内表面的直线度。

（4）在锉削内四方体时，为获得内棱清角，锉刀一侧的棱边必须修磨至略小于 90°。在锉削时，修磨边应紧靠内棱角进行直锉。

5. 四方体的尺寸、几何误差对锉配的影响

（1）尺寸误差对锉配的影响。

如图 13-1-2（a）所示，若四方体的一组尺寸加工至 25 mm，另一组尺寸加工至 24.95 mm，则认面锉配在一个位置可得到零间隙；在转位 90°后，如图 13-1-2（b）所示，则出现一组尺寸存在 0.05 mm 的间隙，另一组尺寸出现 0.05 mm 的错位量误差。做修整配入后，配合间隙值达 0.05 mm 以上。

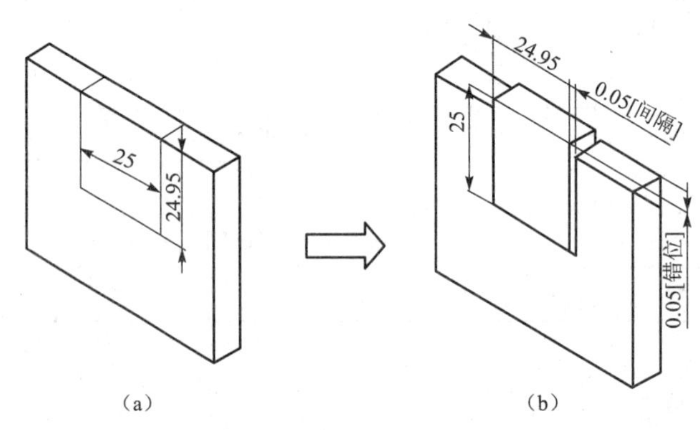

图 13-1-2　尺寸误差对锉配的影响

（a）认面配合；（b）转位 90°配合

（2）垂直度误差对锉配的影响。

如图 13-1-3 所示，若四方体的一面有垂直度误差，且在一个位置锉配后得到零间隙，则在转位 180°做配入修整后，将产生附加间隙 Δ，并将使内四方成平行四边形。

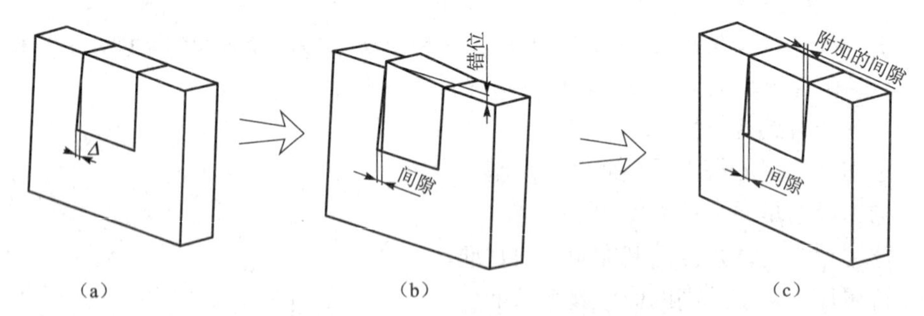

图 13-1-3　垂直度误差对锉配的影响

（a）认面配合；（b）转位 90°配合；（c）转位 180°配合

（3）平行度误差对锉配的影响。

如图 13-1-4 所示，当四方体有平行度误差时，在一个位置锉配后，能得到零间隙，那么在转位 90°或 180°做配入修整后，会在内四方体的小尺寸处产生间隙 Δ_1 和 Δ_2。

（4）平面度误差对锉配的影响。

当四方体的加工面出现平面度误差后，四方体将出现局部间隙或喇叭口。

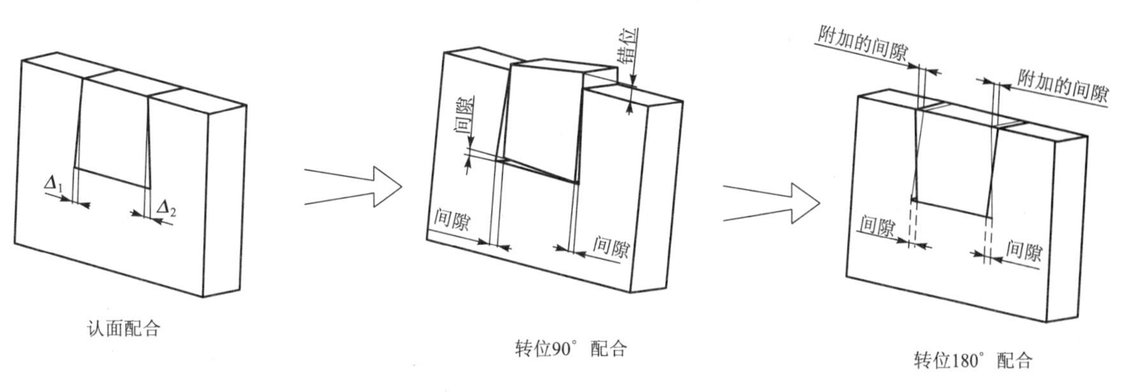

图 13-1-4　平行度误差对锉配的影响

五、任务实施

1. 任务实施的步骤

（1）检查来料的尺寸是否符合加工要求。

（2）划线、锯割分料。

（3）按四方体的加工方法加工四方，达到精度要求。

（4）锉配凹形体。

① 锉削凹形体的外形面，并保证外形尺寸及几何要求。

② 划出凹形体各面的加工线，并用加工好的四方体校对划线的正确性。

③ 如图 13-1-5 所示，钻 ϕ12 孔，并用修磨好的狭锯条锯去凹形面余料，然后用锉刀粗锉至接近线，单边留 0.1～0.2 mm 余量做锉配用。

④ 精锉凹形体的两侧面，并控制两侧的尺寸相等。用凸件试配，如图 13-1-6 所示，以达到配合间隙要求。

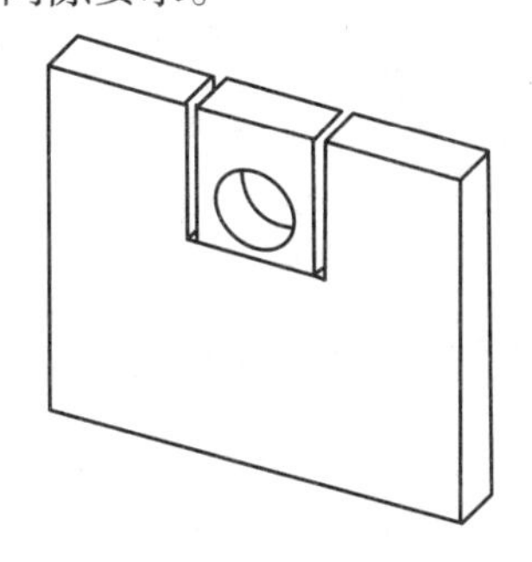

图 13-1-5　锯余料方法

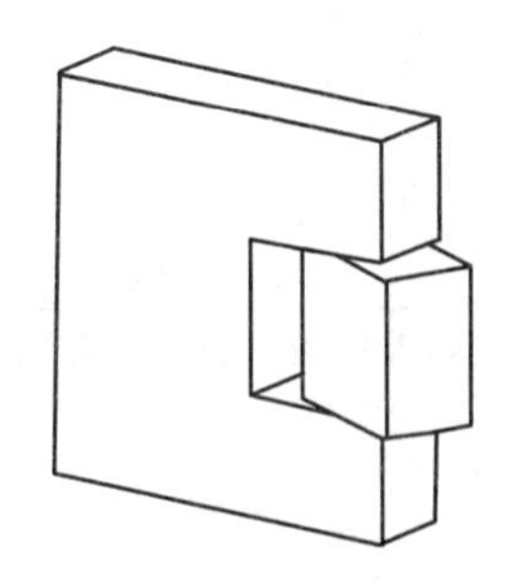

图 13-1-6　凸件试配方法

⑤ 以凸件为基准，以凹形体的两侧为导向，锉配凹形体的底面，并保证配合间隙及配合直线度达到要求。

（5）全面检查，并作必要修整。锐边去毛刺、倒棱。

2. 重点提示

（1）由于凸件是基准件，因此尺寸、几何误差应控制在最小范围内，并且尺寸尽量加

工至上限，以使锉配时有修整的余地。

（2）凹形体外形的基准面要相互垂直，以保证划线的准确性及锉配时有较好的测量基准。

（3）应在涂色或透光检查后，再从整体情况考虑锉配部位的确定，以避免造成局部间隙过大。

（4）在修锉凹形体的清角时，锉刀一定要修磨好，并且锉削时要适当掌握用力，以防止修成圆角或锉坏相邻面。

（5）在试配过程中，不能用锄头敲击；退出时，也不能直接敲击工件，避免使工件出现配合面咬毛、变形及表面敲毛等问题。

六、任务评价

按表13-1-2进行任务评价。

表13-1-2　四方开口的锉配的评分标准

班级：______	姓名：______		学号：______		成绩：______			
评价内容	序号		技术要求	评分标准	配分	自检记录	交检记录	得分
操作技能评价	凸件	1	$(25_{-0.05}^{0})$ mm（2处）	每超一处扣6分	12/2			
		2	2× // 0.04 B	每超一处扣3分	6/2			
		3	4× ⊥ 0.03 B	每超一处扣3分	12/4			
		4	锉面 *Ra*3.2 μm（4个面）	每超一处扣1分	4/4			
	凹件	5	（60±0.05）mm	超差全扣	5			
		6	（50±0.05）mm	超差全扣	5			
		7	⊥ 0.03 A	超差全扣	4			
		8	锉面 *Ra*3.2（8个面）	每超一处扣1分	8/8			
	配合	9	间隙≤0.08（12处）	每超一处扣2分	24/12			
		10	— 0.10（4处）	每超一处扣3分	12/4			
素养评价	11		工量具使用规范		2			
	12		有团队协作意识，有责任心		2			
	13		学习态度端正，遵章守纪		2			
	14		安全文明操作、保持工作环境整洁		2			

*七、任务拓展

任务拓展四方内配如图 13-1-7 所示。

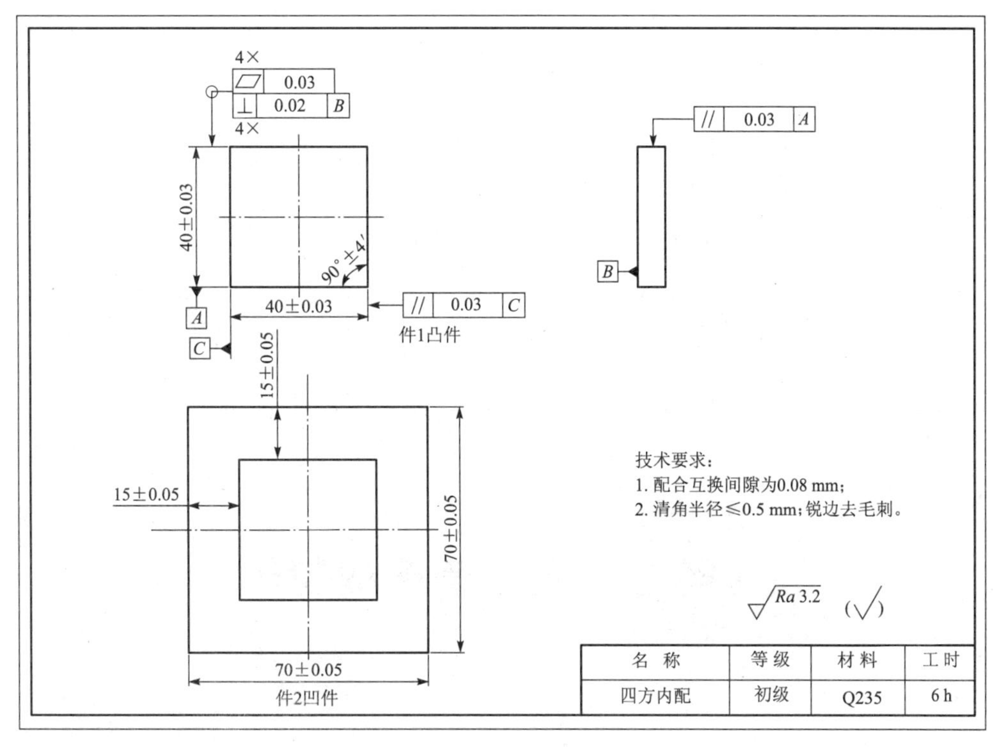

图 13-1-7 四方内配的练习图

八、评分标准

评分标准如表 13-1-3 所示。

表 13-1-3 四方内配的评分标准

班级:______		姓名:______		学号:______		成绩:______		
评价内容	序号		技术要求	评分标准	配分	自检记录	交检记录	得分
操作技能评价	凸件	1	(40±0.03) mm(2 处)	每超一处扣 3 分	6/2			
		2	90°±4′(4 处)	每超一处扣 3 分	12			
		3	4× ▱ 0.03	每超一处扣 2 分	8/4			
		4	// 0.03 A, // 0.03 B	每超一处扣 4 分	8/2			
		5	4× ⊥ 0.02 B	每超一处扣 2 分	8/4			
		6	*Ra*3. 2 μm(4 个面)	每超一处扣 1 分	4/4			

续表

评价内容	序号		技术要求	评分标准	配分	自检记录	交检记录	得分
操作技能评价	凹件	7	（70±0.05）mm（2处）	每超一处扣3分	6/2			
		8	（15±0.05）mm（2处）	每超一处扣2分	4/2			
		9	*Ra*3.2 μm（4个面）	每超一处扣1分	4/4			
	配合	10	配合间隙≤0.08 mm(4处)	每超一处扣3分	12/4			
		11	互换间隙≤0.08 mm(4处)	每超一处扣3分	12/4			
		12	清角≤0.5 mm（4处）	每超一处扣2分	8/4			
素养评价	13		工量具使用规范		2			
	14		有团队协作意识，有责任心		2			
	15		学习态度端正，遵章守纪		2			
	16		安全文明操作、保持工作环境整洁		2			

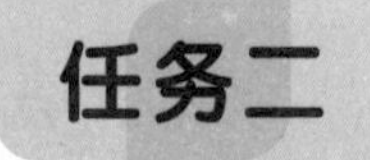

任务二　凹凸盲配的制作

一、生产实习图纸

生产实习图纸如图13-2-1所示。

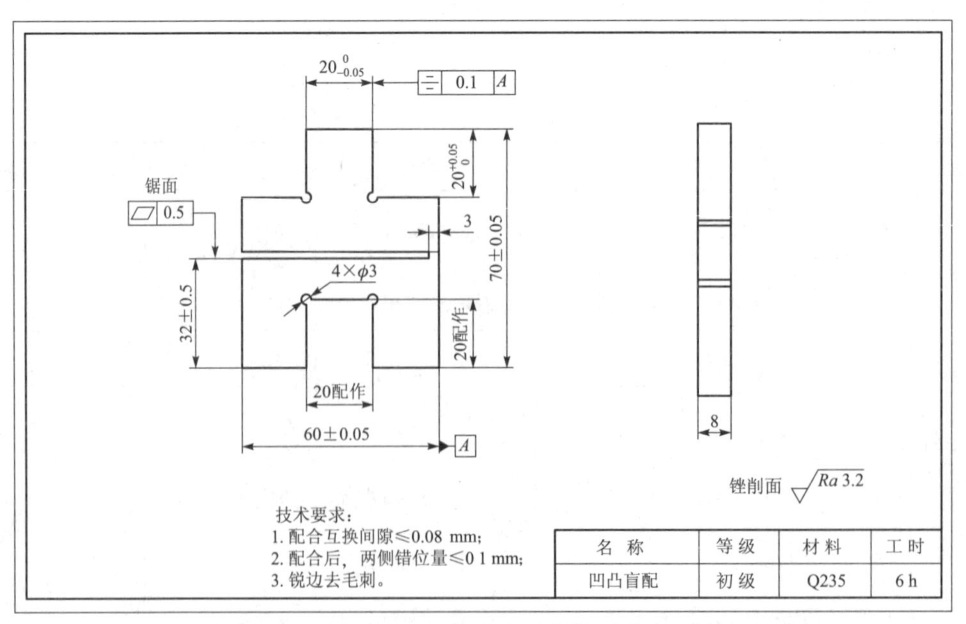

图13-2-1　凹凸盲配的练习图

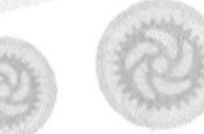

二、任务分析

凹凸盲配练习是具有对称度要求的典型课题，对锉削的技能及测量要求较高。通过练习主要需掌握：具有对称度要求的工件划线和加工方法；初步掌握具有对称度要求的工件测量方法，特别是会根据工件的具体加工情况，进行间接尺寸的计算和测量。通过对本任务的学习为以后加工复杂的锉配零件打下必要的基础。

三、任务准备

（1）材料准备：71 mm×61 mm×8 mm 的板料，两平面磨削加工，材料为 Q235。

（2）工、量、刃具的准备：见表 13-2-1。

表 13-2-1 工、量、刃具的准备

名 称	规 格	精 度（读数值）	数量/件	名 称	规 格	精 度（读数值）	数量/件
高度划线尺	0～300 mm	0. 02 mm	1	锉刀	250 mm	1 号纹	1
游标卡尺	0～150 mm	0. 02 mm	1		200 mm	2 号纹	1
千分尺	0～25 mm	0. 01 mm	1		150 mm	3 号纹	1
	25～50 mm	0. 01 mm	1	方锉	10 mm×10 mm	2 号纹	1
	50～75 mm	0. 01 mm	1	整形锉	ϕ5 mm		1 套
刀口角尺	100 mm×63 mm	0 级	1	锯弓			1
塞尺	0. 02～0. 5 mm		1	锯条			1
钻头	ϕ3 mm		1	划线工具			1 套
	ϕ12 mm		1	软钳口			1 付
手锤			1	铜丝刷			1

四、相关工艺分析

1. 对称度

（1）对称度的概念。

对称度误差是指，被测表面的对称平面与基准表面的对称平面间的最大偏移距离 Δ，如图 13-2-2（a）所示；对称度公差带是指，相对于基准中心平面所对称配置的两个平行平面之间的区域，这两平行面间的距离 t 即为公差值，如图 13-2-2（b）所示。

（2）对称度的测量方法。

分别测量被测表面与基准表面的尺寸 A 和 B，其差值之半即为对称度误差值，如图 13-2-3 所示。

（3）对称形体工件的划线。

平面对称形体工件的划线，应对形成对称中心平面的两个基准面精加工后进行。划线基

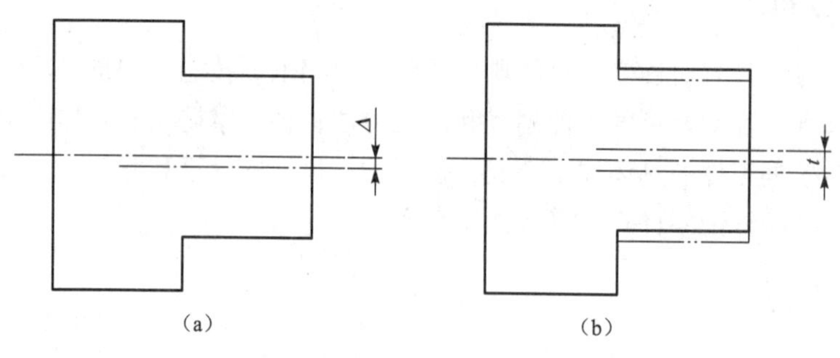

图 13-2-2　对称度概念

（a）对称度误差；（b）对称度公差带

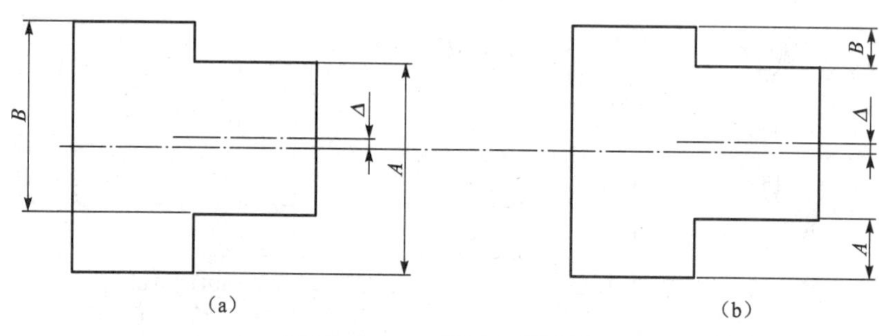

图 13-2-3　对称度测量方法

（a）方法 1；（b）方法 2

准与两基准面重合；划线尺寸按两个对称基准平面间的实际尺寸、对称要素所要求的尺寸计算得出。

2. 对称度误差对转位互换精度的影响

设凹、凸件都有对称度误差为 0.05 mm。在同一个方向位置配合并达到间隙要求后，得到两侧面平齐的结果。当转位 180°配合后，就会产生两侧面的错位误差，且其误差值为0.1 mm，如图 13-2-4 所示。

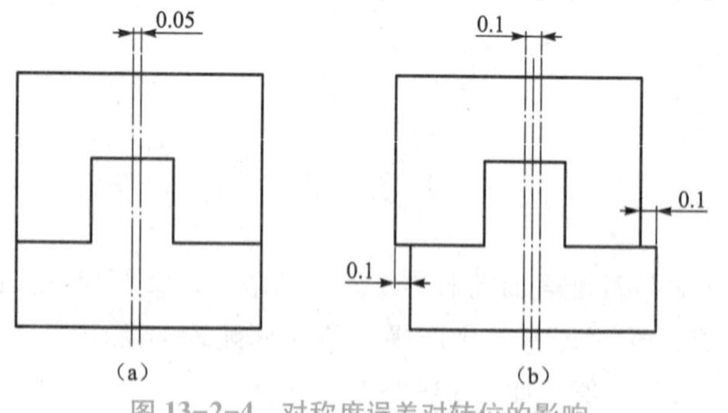

图 13-2-4　对称度误差对转位的影响

（a）同方向位置配合；（b）转位 180°后配合

3. 垂直度误差对配合间隙的影响

由于凹、凸件各面的加工是以外形为测量基准，因此外形的垂直度要控制在最小范围内。同时，为保证配合的互换精度，凹、凸件的各型面间也要控制好垂直度误差，并包括与大平面的垂直度，否则，在互换配合后就会出现很大的间隙，如图 13-2-5 所示。

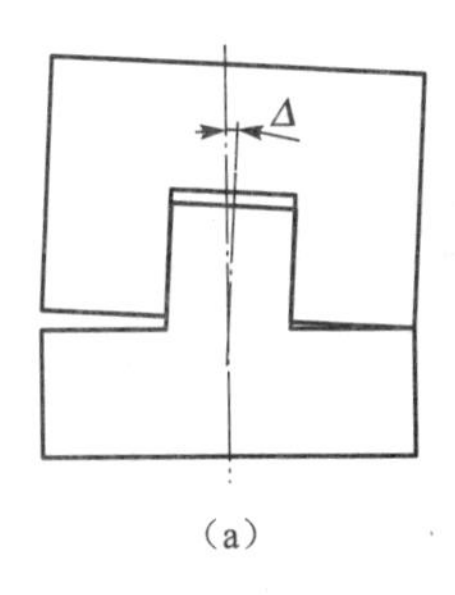
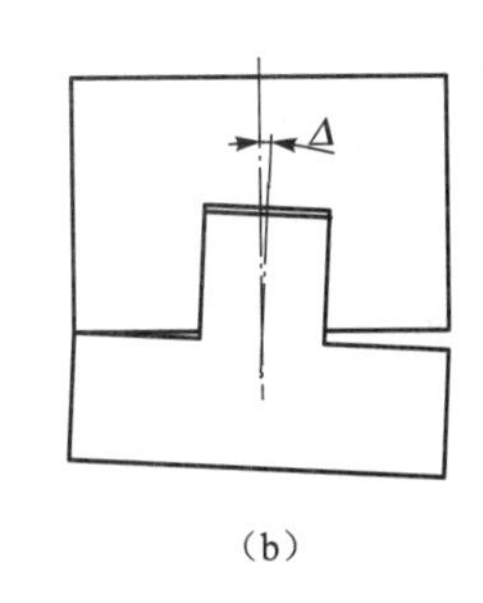
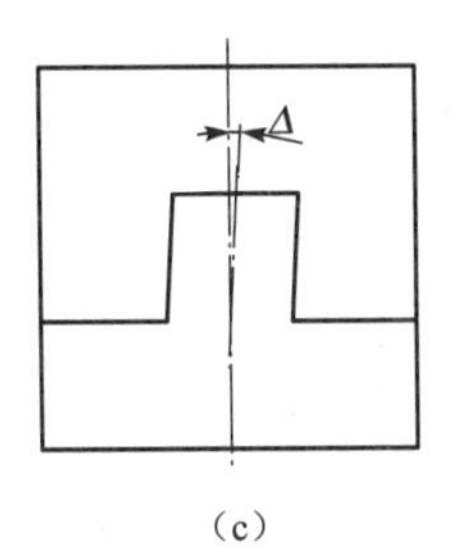
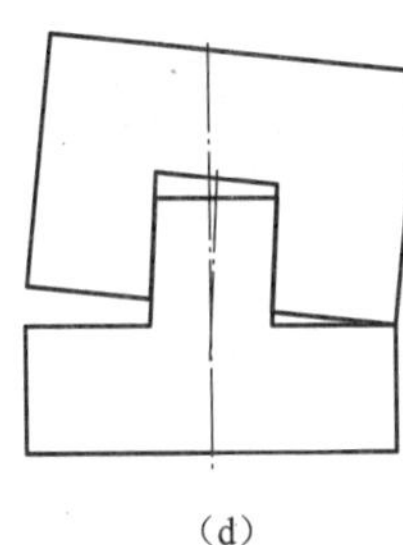

图 13-2-5　垂直度误差对配合的影响

(a) 凸形面垂直度误差的影响；(b) 凹形面垂直度误差的影响；

(c)、(d) 凹凸形面同向垂直度误差转位后的影响

4. 凸台的 20 mm 尺寸对称度的控制

必须采用间接测量方法来控制有关的工艺尺寸。具体说明如图 13-2-6 所示：(a) 图为凸台的最大与最小控制尺寸；(b) 图为在最小控制尺寸下，取得的尺寸为 19.95 mm，这时对称度误差最大的左偏值为 0.05 mm；(c) 图为在最大控制尺寸下，取得的尺寸为20 mm，这时对称度误差最大的右偏值为 0.05 mm。

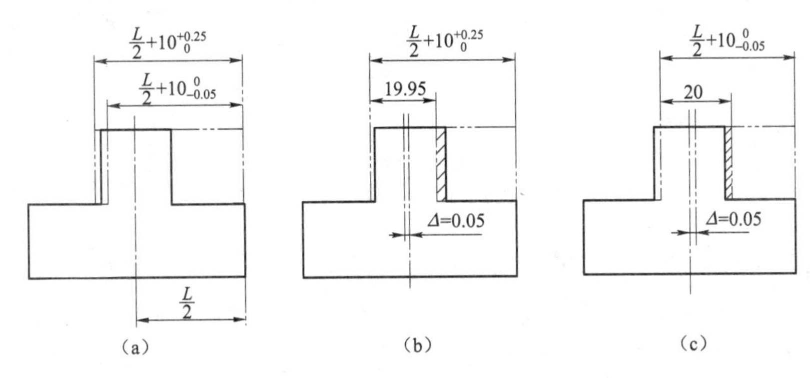

图 13-2-6　尺寸对称度控制后的尺寸

(a) 最大与最小尺寸；(b) 最小控制尺寸下；(c) 最大控制尺寸下

五、任务实施

1. 任务实施的步骤

任务实施的步骤如图 13-2-7 所示。

(1) 检查来料的尺寸是否符合加工要求。

(2) 粗、精锉外形面，并达到 (60±0.05) mm×(70±0.05) mm 尺寸及垂直、平行等要求。

(3) 按图划出凹凸形体所有加工线。

(4) 钻 4×ϕ3 工艺孔及去余料孔。

(5) 加工凸形面。

① 按线锯去凸台的一个角，并粗、精锉垂直面。通过间接控制 50 mm 尺寸［本处尺寸

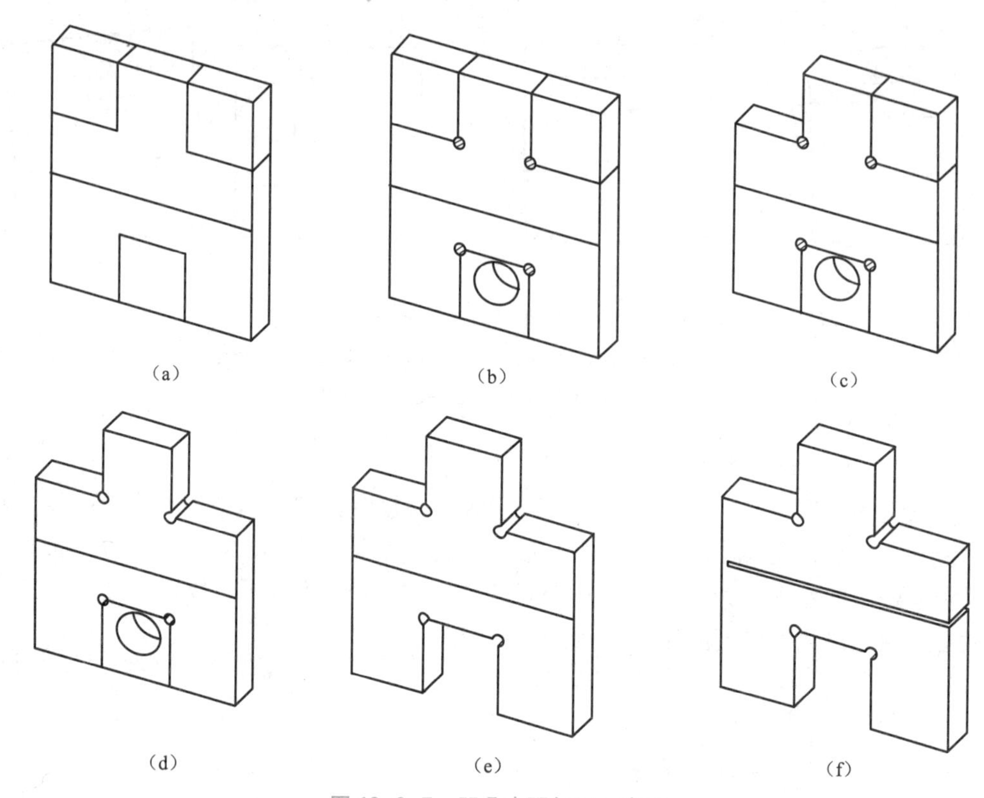

图 13-2-7　凹凸盲配加工示意图

(a) 划线；(b) 钻工艺孔与去余料孔；(c) 加工一个直角面；
(d) 加工另一个直角面；(e) 加工凹形面；(f) 锯割

应控制为：(70 mm 实际尺寸 $-20^{+0.05}_{0}$ mm)]，来保证 $20^{+0.05}_{0}$ mm 尺寸的要求；通过间接控制 40 mm 尺寸［本处尺寸应控制为：(60 mm 实际尺寸的一半 $+10^{+0.025}_{-0.05}$ mm)］，来间接保证 $20^{0}_{-0.05}$ mm 凸台尺寸的要求及对称度在 0.1 mm 内。

② 按线锯去凸台的另一角，并粗、精锉另一组垂直面。用上述方法控制 $20^{+0.05}_{0}$ mm 尺寸的要求，并直接测量 $20^{0}_{-0.05}$ mm 凸台尺寸。

(6) 加工凹形面。

① 锯去凹形面余料，并粗锉至接近线，留精锉余量。

② 根据凸台形面尺寸，精锉凹形面各尺寸。凹形面的顶端面，同样通过间接控制50 mm 尺寸（与凸台 50 mm 间接尺寸一致）来保证；凹形面的两侧面，通过间接控制 20 mm 尺寸［此处尺寸控制为：60 mm 实际尺寸的一半减去（20 mm 凸台实际尺寸的一半减去间隙值）］来保证。

(7) 全面检查。做必要修整，并且锐边去毛刺、倒棱。

2. 重点提示

(1) 外形 60 mm、70 mm 的实际尺寸的测量必须正确，并取各点实测值的平均数值。在外形加工时，尺寸公差应尽量控制到零位，以便于计算；垂直度、平行度的误差应控制在最小范围内。

（2）由于受测量工具的限制，在 20 mm 的凸台加工时，只能先加工一个直角面，至尺寸达到要求后，再加工另一直角面。否则，无法保证对称度要求。

（3）凹形面的加工必须根据凸形尺寸来控制公差，且间隙值一般在 0. 05 mm 左右。

六、任务评价

按表 13-2-2 进行任务评价。

表 13-2-2　凹凸盲配的加工的评分标准

班级：＿＿＿＿＿＿　姓名：＿＿＿＿＿＿　学号：＿＿＿＿＿＿　成绩：＿＿＿＿＿＿

评价内容	序号	技术要求	评分标准	配分	自检记录	交检记录	得分
操作技能评价	1	（70±0. 05） mm	超差全扣	6			
	2	（60±0. 05） mm	超差全扣	6			
	3	$(20_{-0.05}^{\ 0})$ mm	超差全扣	6			
	4	$(20_{\ 0}^{+0.05})$ mm（2 处）	每超一处扣 7 分	14/2			
	5	⌯ 0.1 A	超差全扣	8			
	6	（32±0. 5） mm	超差全扣	6			
	7	▱ 0.5	超差全扣	4			
	8	*Ra*3. 2 μm（12 处）	每超一处扣 1 分	12/12			
	9	间隙≤0. 08 mm（10 处）	每超一处扣 2 分	20/10			
	10	错位量≤0. 1 mm（2 处）	每超一处扣 5 分	10/2			
素养评价	11	工量具使用规范		2			
	12	有团队协作意识，有责任心		2			
	13	学习态度端正，遵章守纪		2			
	14	安全文明操作、保持工作环境整洁		2			

*七、任务拓展

任务拓展工形体的锉配如图 13-2-8 所示。

工形体的锉配

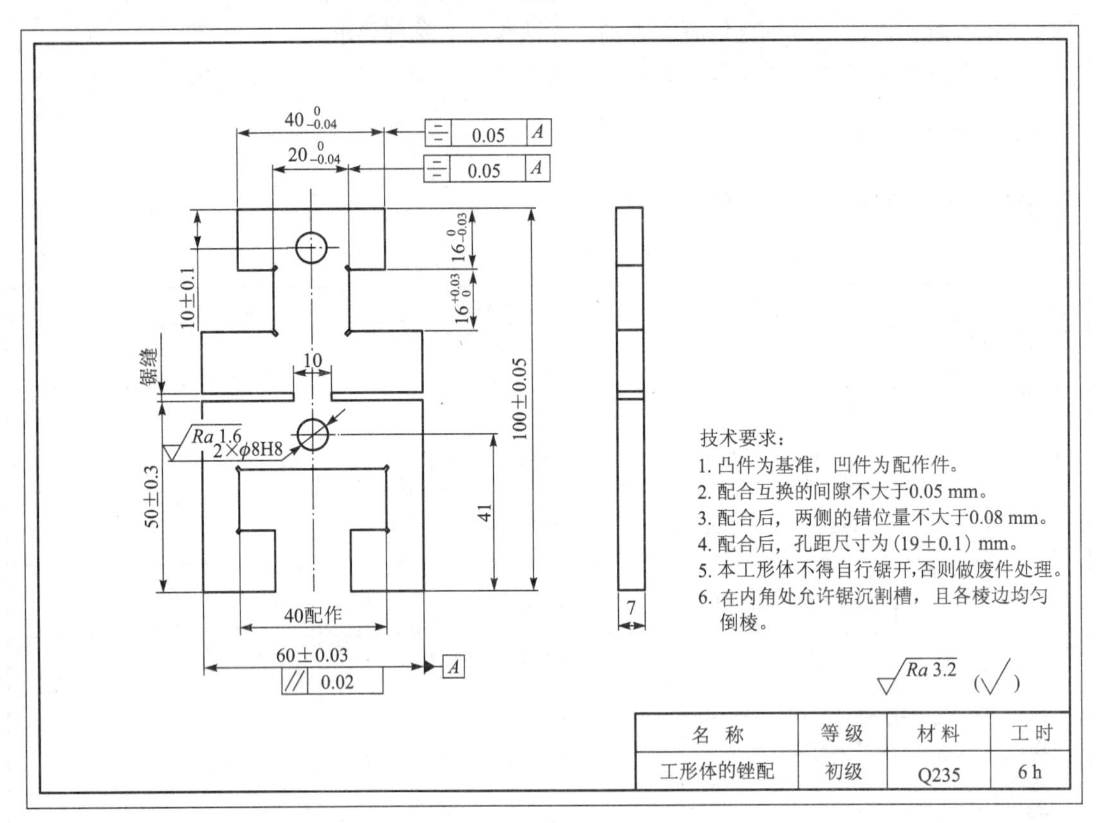

图 13-2-8　工形体的锉配练习图

八、评分标准

按表 13-2-3 对工形体的锉配进行评分。

表 13-2-3　工形体的锉配的评分标准

班级：______	姓名：______		学号：______		成绩：______		
评价内容	序号	技术要求	评分标准	配分	自检记录	交检记录	得分
操作技能评价	1	$(40_{-0.04}^{\ 0})$ mm	超差全扣	4			
	2	$(20_{-0.04}^{\ 0})$ mm	超差全扣	4			
	3	$(16_{-0.03}^{\ 0})$ mm（2 处）	每超一处扣 4 分	8/2			
	4	$(16_{\ 0}^{+0.03})$ mm（2 处）	每超一处扣 4 分	8/2			
	5	（10±0.10）mm	超差全扣	2			
	6	（2 处）	每超一处扣 4 分	8/2			
	7	⌯ 0.50 A（60±0.03）mm	超差全扣	3			
	8	// 0.02	超差全扣	2			

续表

评价内容	序号	技术要求	评分标准	配分	自检记录	交检记录	得分
操作技能评价	9	(50±0.30) mm	超差全扣	5			
	10	Ra3.2 μm (20 处)	每超一处扣 0.5 分	10/20			
	11	ϕ8H8, Ra1.6 μm (各 2 处)	每超一处扣 1 分	4/4			
	12	技术要求 2 (18 处)	每超一处扣 1 分	18/18			
	13	技术要求 3 (2 组)	超差一处扣 4 分	8/2			
	14	技术要求 4 (2 处)	超差一处扣 4 分	8/2			
素养评价	15	工量具使用规范		2			
	16	有团队协作意识，有责任心		2			
	17	学习态度端正，遵章守纪		2			
	18	安全文明操作、保持工作环境整洁		2			

任务三　单燕尾的锉配

一、生产实习图纸

生产实习图纸如图 13-3-1 所示。

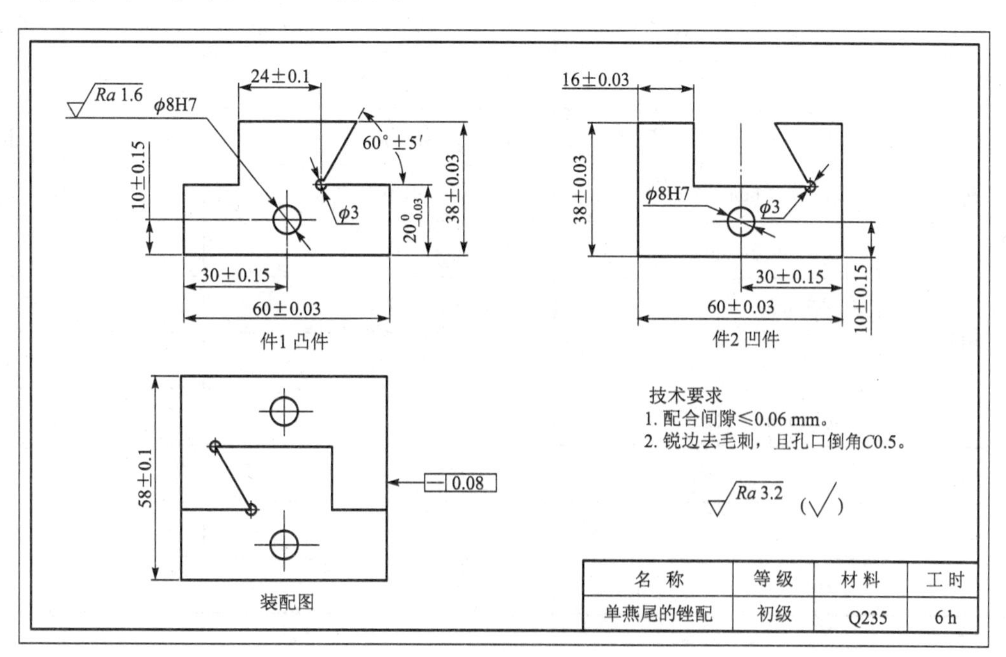

图 13-3-1　单燕尾的锉配练习图

二、任务分析

单燕尾锉配的练习目的是：初步掌握角度锉配和误差的检查方法，孔距与孔粗糙度的保证方法；熟练掌握用测量芯棒的间接测量来保证角度尺寸的方法；了解影响锉配精度的因素，并学会举一反三，分析与解决锉配中产生的问题。

单燕尾锉配的练习重点是：尺寸精度的控制及配合要求的保证，角度精度以及孔距精度的保证。只有不断地掌握、积累锉配方法，并提高操作技能水平，为掌握钳工中、高级技能打下扎实的基础。

三、任务准备

（1）材料准备。

80 mm×61 mm×8 mm 的 Q235 钢板，并且两平面磨削加工。

（2）工、量、刃具的准备见表 13-3-1。

表 13-3-1　工、量、刃具的准备

名　称	规　格	精　度（读数值）	数量/件	名　称	规　格	精　度（读数值）	数量/件
高度划线尺	0～300 mm	0.02 mm	1	锉刀	250 mm	1 号纹	1
游标卡尺	0～150 mm	0.02 mm	1		200 mm	2、3 号纹	各 1
千分尺	0～25 mm	0.01 mm	1		150 mm	3 号纹	1
	25～50 mm	0.01 mm	1	三角锉	150 mm	2、3 号纹	各 1
	50～75 mm	0.01 mm	1	整形锉	ϕ5 mm		1 套
万能角度尺	0°～320°	2′	1	划线靠铁			1
刀口角尺	100×63 mm	0 级	1	锯弓			1
塞尺	0.02～0.5 mm		1	锯条			1
钻头	ϕ3 mm		1	手锤			1
	ϕ6 mm		1	划线工具			1 套
	ϕ7.8 mm		1	软钳口			1 副
	ϕ12 mm		1	铜丝刷			1
手用铰刀	ϕ8	H7	1				
塞规	ϕ8	H7	1				
测量圆柱	ϕ10×15 mm	h6	1				

四、相关工艺分析

1. 用圆柱测量尺寸 *M* 的计算

如图 13-3-2（a）所示，单燕尾角度尺寸（24±0.1）mm 的测量，应采用测量芯棒（圆柱）间接测量 M 的尺寸来保证，其测量尺寸 M 与尺寸 24、圆柱直径 d 之间的关系如下：

$$M=24+x+\frac{d}{2},\quad x=\frac{d}{2}\cdot\cot\frac{\alpha}{2}=5\times\cot30^\circ=8.66\ (\text{mm})$$

式中　M——圆柱测量尺寸；

d——圆柱直径（10 mm）；

α——斜面的角度值（60°）。

所以，

$$\begin{aligned}M&=24+5\times\cot30^\circ+5\\&=24+8.66+5\\&=37.66\ (\text{mm})\end{aligned}$$

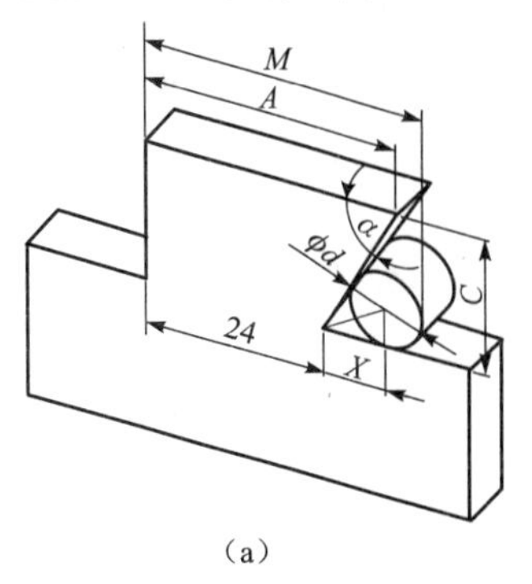

（a）

2. 圆柱测量尺寸 *D* 的计算

如图 13-3-2（b）所示，凹件的角度测量尺寸 F，可采用测量芯棒（圆柱）间接测量 D 的尺寸来保证：

$$D=F+x+\frac{d}{2},\quad x=\frac{d}{2}\cdot\cot\frac{\alpha}{2}$$

先求出 F 尺寸值：
$$\begin{aligned}F&=60-16-24-\frac{18}{\tan\alpha}\\&=20-18/\tan60^\circ\\&=20-10.4\\&=9.6\ (\text{mm})\end{aligned}$$

再求出 D 尺寸值：
$$\begin{aligned}D&=F+8.66+5\\&=9.6+13.66\\&=23.26\ (\text{mm})\end{aligned}$$

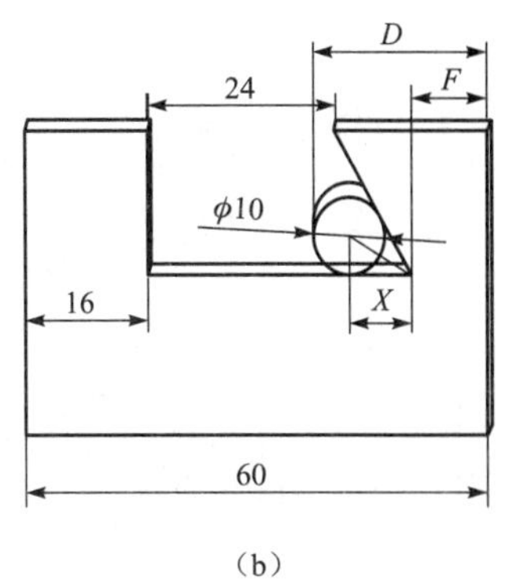

（b）

图 13-3-2　划线与测量尺寸

3. 划线尺寸 *A* 的计算

$$A=24+\frac{C}{\tan\alpha}$$

已知 $C=18$（mm），则：

$$\begin{aligned}A&=24+18/\tan60^\circ\\&=24+10.4\\&=34.4\ (\text{mm})\end{aligned}$$

4. 锉配方法，精度控制分析

（1）先加工凸件，再以凸件为基准，进行凹件的锉配。为保证配合后直线度≤0.08 mm 的要求，凸件 16 mm 尺寸应通过尺寸链，计算间接控制 B 尺寸［B 尺寸=60 实际尺寸减（16±0.03）mm］。如图 13-3-3（a）所示。

（2）在内表面加工的时候，要选择有关外表面作为测量基准，因此，外形几何公差

（平面度、垂直度、侧面垂直度）的控制非常重要。在锉配内角度面时，应先加工好底面，且60°斜面先通过圆柱间接控制角度尺寸 D，再用凸件修配，如图13-3-3（b）所示。

（3）在加工60°角度面时，要学会刃磨锉刀。将三角锉或平锉的一边修磨至小于60°，从而防止在锉削时碰坏相邻面。

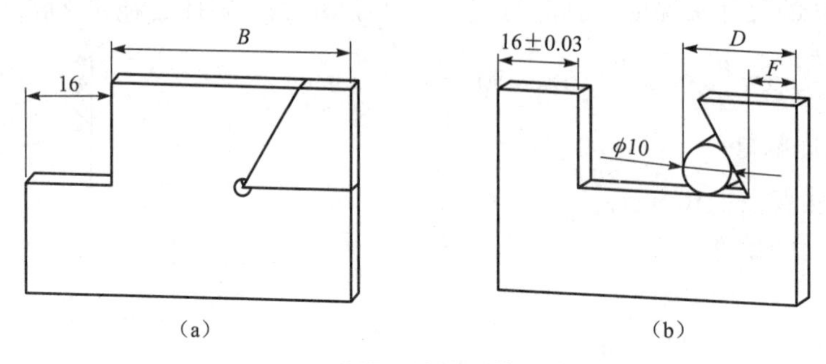

图13-3-3　单燕尾零件锉配精度的控制方法

（a）凸件及间接控制 B 尺寸；（b）凹件及间接控制角度及尺寸

五、任务实施

加工示意及步骤如图13-3-4所示。

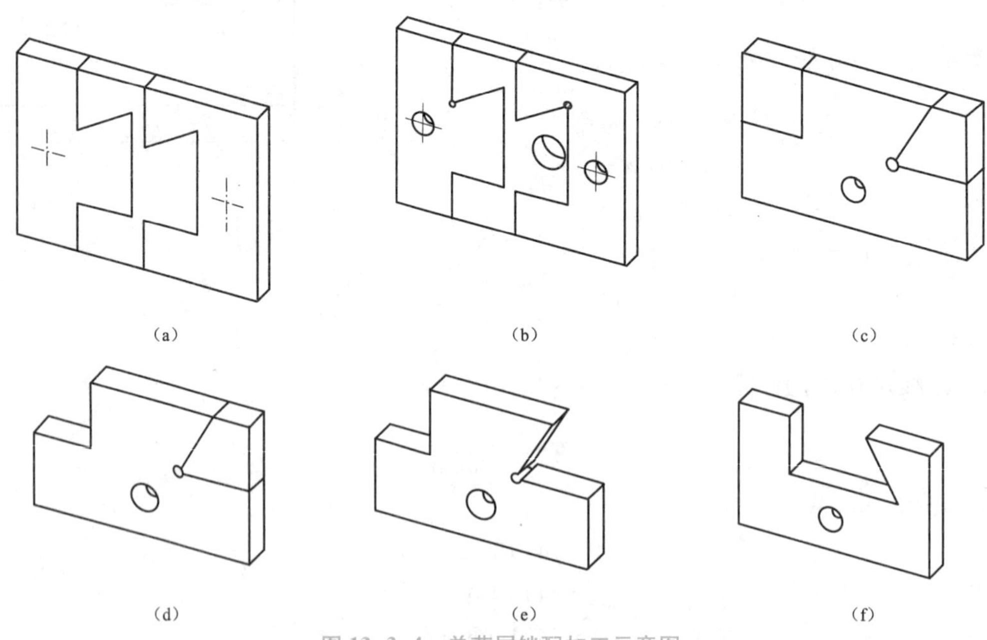

图13-3-4　单燕尾锉配加工示意图

（a）划线；（b）钻工艺孔、去余料孔及钻2×ϕ8H7孔；（c）加工凸件外形；（d）加工直角面；（e）加工斜面；（f）加工凹件（以凸件锉配）

1. 任务实施的步骤

（1）检查来料的尺寸。

（2）粗、精锉外形的一侧面与两端面，以作为划线基准。

（3）按图划出凹凸件所有的加工线。

（4）钻 $\phi3$ 工艺孔、凹件去余料孔、$\phi7.8$ 孔，倒角，铰孔，达到 $\phi8H7$ 孔径、孔距和孔粗糙度要求，并保证孔距要求。

（5）锯割分料，分别加工凸、凹件的外形面，达到（60±0.03）mm×（38±0.03）mm 尺寸、几何公差等要求。

（6）加工凸件：

① 锯去直角面的余料，并粗、精锉直角面，以保证（16±0.03）mm 及（20±0.03）mm 尺寸的要求[（16±0.03）mm 尺寸通过测量 B 尺寸来间接保证]。

② 锯去角度面的余料，并粗、精锉角度面，以保证（24±0.1）mm、（20±0.03）mm 尺寸及 60°±5′等要求[（24±0.1）mm 尺寸通过圆柱间接控制尺寸 M 来保证]。

③ 进行凸件的精度检查，并做必要的修整。锐边去毛刺。

（7）锉配凹件：

① 锯去凹件的余料，粗锉至接近线，单边留 0.2～0.3 mm 的余量。

② 精锉（16±0.03）mm 尺寸面与底面，且保证尺寸要求及与外形平行的要求。

③ 以凸件为基准，锉配凹件的角度面，并达到配合间隙要求。

（8）进行全部精度的复检。锐边去毛刺，交件待检。

2. 重点提示

（1）外形 60 mm 的实际尺寸测量必须正确，并取各点实测值的平均数值。在外形加工时，尺寸公差应尽量控制到零位，以便于计算；垂直度、平行度的误差应控制在最小范围内。

（2）先加工凸件，再加工凹件。在单燕尾的凸台加工时，只能先加工一个直角面，至尺寸达到要求后，再加工另一个斜面。否则，无法保证配合后的直线度要求。

（3）凹形面的加工，必须根据凸形尺寸来控制公差，且间隙值一般在 0.05 mm 左右。

六、任务评价

按表 13-3-2 进行任务评价。

表 13-3-2 单燕尾锉配的评分标准

班级：______		姓名：______		学号：______		成绩：______		
评价内容	序号		技术要求	评分标准	配分	自检记录	交检记录	得分
操作技能评价	凸件	1	（60±0.03）mm	超差全扣	4			
		2	（38±0.03）mm	超差全扣	4			
		3	$20_{-0.03}^{0}$ mm（2 处）	每超一处扣 4 分	8/2			
		4	（24±0.1）mm	超差全扣	4			
		5	60°±5′	超差全扣	4			
		6	（10±0.15）mm	超差全扣	3			
		7	（30±0.15）mm	超差全扣	3			

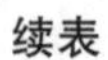

续表

评价内容	序号		技术要求	评分标准	配分	自检记录	交检记录	得分
操作技能评价	凸件	8	ϕ8H7，*Ra*1.6 μm	超差全扣	2			
		9	锉面 *Ra*3.2 μm（8处）	每超一处扣1分	8/8			
	凹件	10	（60±0.03）mm	超差全扣	4			
		11	（38±0.03）mm	超差全扣	4			
		12	（16±0.03）mm	超差全扣	4			
		13	（10±0.15）mm	超差全扣	3			
		14	（30±0.15）mm	超差全扣	3			
		15	ϕ8H7　*Ra*1.6 μm	超差全扣	2			
		16	锉面 *Ra*3.2 μm（8处）	每超一处扣1分	8/8			
	配合	17	间隙≤0.06（5处）	每超一处扣3分	15/5			
		18	（58±0.1）mm	超差全扣	4			
		19	⏥ 0.08	超差全扣	5			
素养评价	13		工量具使用规范		2			
	14		有团队协作意识，有责任心		2			
	15		学习态度端正，遵章守纪		2			
	16		安全文明操作、保持工作环境整洁		2			

*七、任务拓展

任务拓展燕尾盲配如图13-3-5所示。

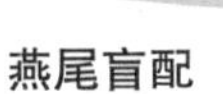

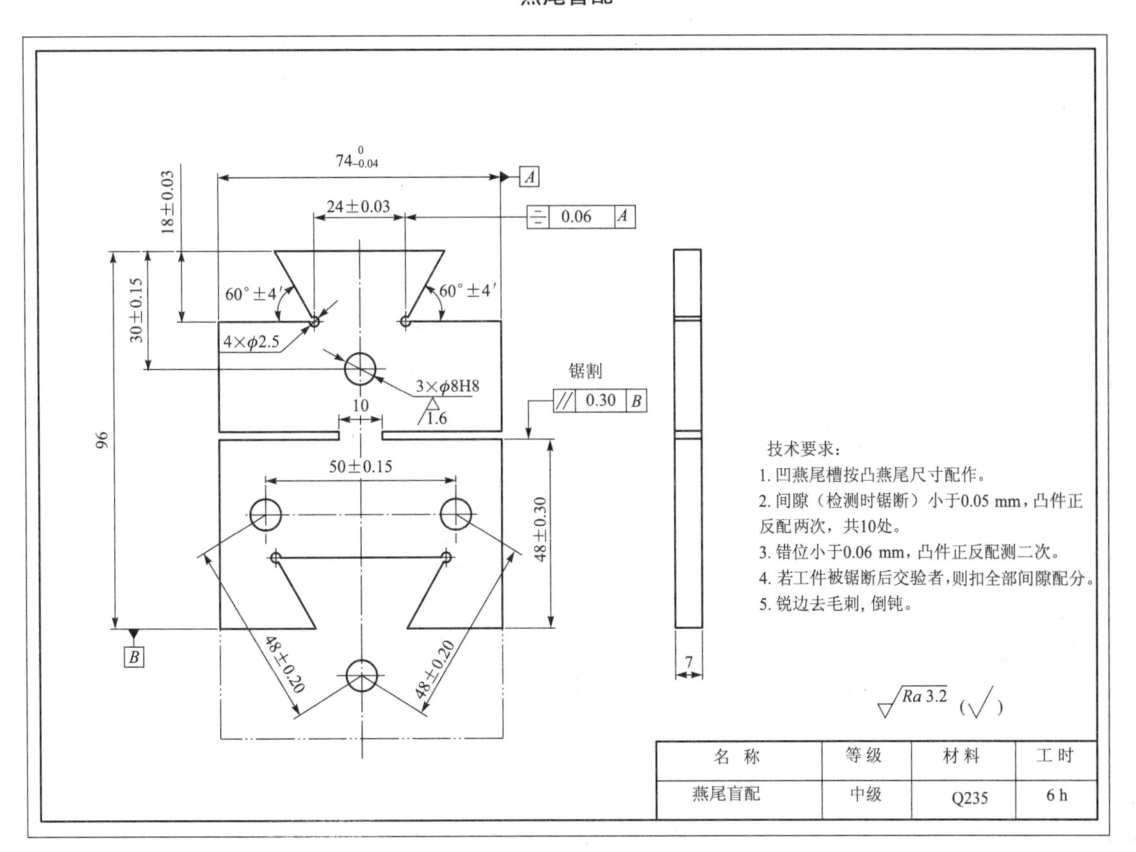

图 13-3-5　燕尾盲配练习图

八、评分标准

学生、教师按表 13-3-3 对任务拓展进行评分。

表 13-3-3　燕尾盲配的评分标准

班级：＿＿＿＿＿＿　姓名：＿＿＿＿＿＿　学号：＿＿＿＿＿＿　成绩：＿＿＿＿＿＿

评价内容	序号		技术要求	评分标准	配分	自检记录	交检记录	得分
操作技能评价	锉削	1	(18±0. 03) mm (2 处)	每超一处扣 3 分	6/2			
		2	(24±0. 03) mm	超差全扣	4			
		3	($74_{-0.04}^{0}$) mm	超差全扣	5			
		4	60°±4′ (2 处)	每超一处扣 3 分	6/2			
		5	⌯ 0.06 A	超差全扣	6			
		6	锉面 Ra3. 2 μm (12 处)	每超一处扣 0. 5 分	6/12			

续表

评价内容	序号		技术要求	评分标准	配分	自检记录	交检记录	得分
操作技能评价	凹件	7	（30±0.15）mm	超差全扣	4			
		8	（50±0.15）mm	超差全扣	4			
		9	ϕ8H8（3处）	每超一处扣2分	6/3			
		10	*Ra*1.6 μm（3处）	每超一处扣1分	3/3			
		11	（48±0.30）mm	超差全扣	6			
		12	∥ 0.30 *B*	超差全扣	4			
	配合	13	间隙≤0.05（10处）	每超一处扣2分	20/10			
		14	（48±0.20）mm（4处）	每超一处扣2分	8/4			
		15	错位≤0.06 mm（2处）	每超一处扣2分	4/2			
素养评价	16		工量具使用规范		2			
	17		有团队协作意识，有责任心		2			
	18		学习态度端正，遵章守纪		2			
	19		安全文明操作、保持工作环境整洁		2			

任务四　斜角对配的制作

一、生产实习图纸

生产实习图纸如图13-4-1所示。

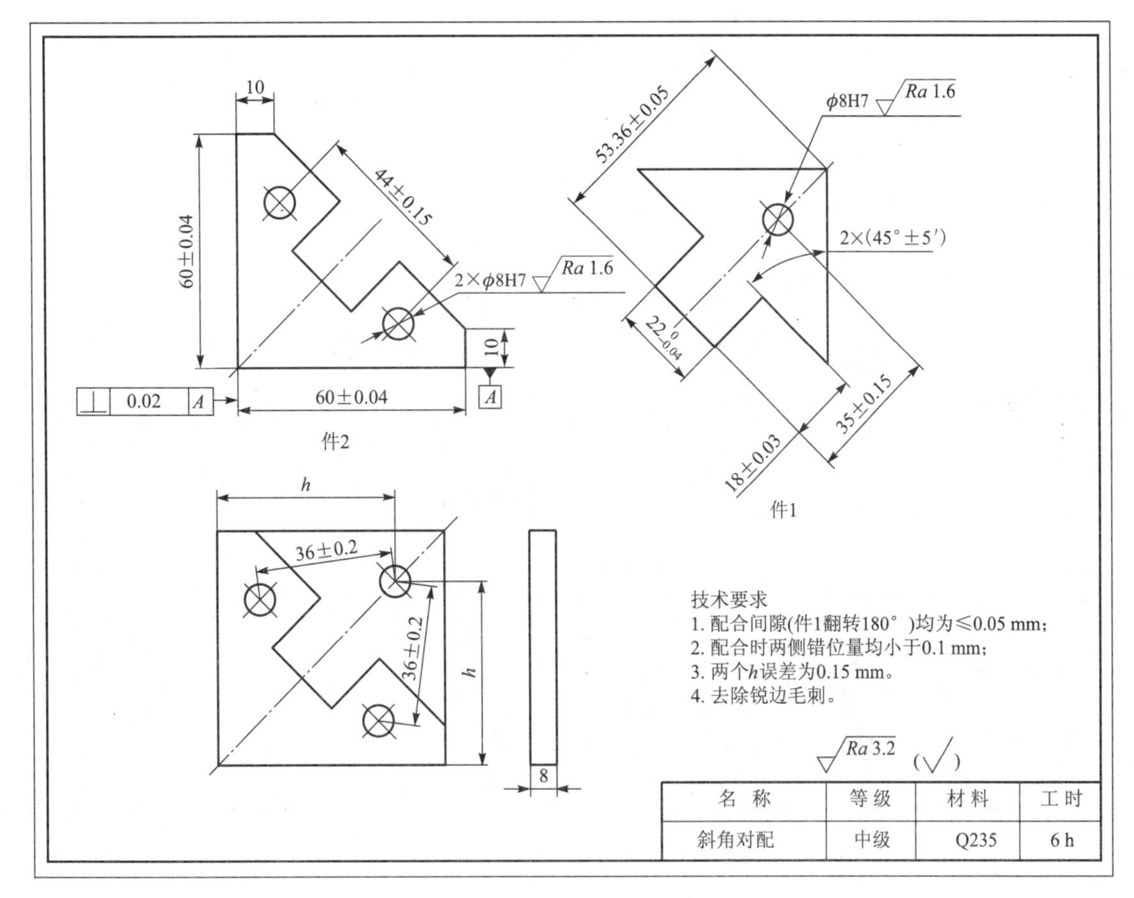

图 13-4-1 斜角对配的加工练习图

二、任务分析

通过练习，进一步掌握角度零件的加工方法。因为45°方向配合的锉配零件作为整班课题的练习件，要准备那么多正弦规、百分表、量块难度也较大，且精密量具容易被损坏，所以，本课题教学使用V形铁组件进行尺寸的间接测量。正弦规、百分表、量块的测量方法以演示为主。

斜角对配练习的重点是：间接测量尺寸精度，进行几何公差精度的控制、配合精度要求的保证、孔加工精度的保证。难点是测量方法。

三、任务准备

（1）材料准备：61 mm×100 mm×8 mm 的 Q235 钢板，且两平面磨削加工。

（2）工、量、刃具的准备：见表 13-4-1。

表 13-4-1　工、量、刃具

名　称	规　格	精　度（读数值）	数量/件	名　称	规　格	精　度（读数值）	数量/件
高度划线尺	0～300 mm	0. 02 mm	1	活络铰杠	中号		1
游标卡尺	0～150 mm	0. 02 mm	1	塞尺	0. 02～0. 5 mm		1
千分尺	0～25 mm	0. 01 mm	1	塞规	ϕ8	H7	1
	25～50 mm	0. 01 mm	1	平锉	250 mm	1 号纹	1
	50～75 mm	0. 01 mm	1		200 mm	2、3 号纹	各 1
	75～100 mm	0. 01 mm	1		150 mm	3 号纹	1
万能角度尺	0°～320°	2′	1	三角锉	150 mm	2、3 号纹	各 1
刀口角尺	100 mm×63 mm	0 级	1	整形锉	ϕ5 mm		1 套
塞尺	0. 02～0. 5 mm		1	划线靠铁			1
钻头	ϕ3 mm		1	锯弓			1
	ϕ7 mm		1	锯条			1
	ϕ7. 8 mm		1	手锤			1
	ϕ12 mm		1	划线工具			1 套
手用铰刀	ϕ8	H7	1	软钳口			1 副
V 形铁	标准	1 级	1	铜丝刷			1
百分表	0～0. 8 mm	0. 01 mm	1				
表架			1				

四、相关工艺分析

（1）利用 V 形铁划线与测量尺寸 L_1 的计算（见图 13-4-2）。

在直角三角形 oab 中，$ab=60$ mm，则：

$$oa=\frac{60\sqrt{2}}{2}=42.43\ (\text{mm})$$

$$A=oa+\frac{22}{2}=53.43\ (\text{mm})$$

$$L_1=A+L_V$$

（2）V 形铁测量尺寸 L_2、L_3 的计算（见图 13-4-3）。

在直角三角形 ocd 中，$cd=50$ mm，则：

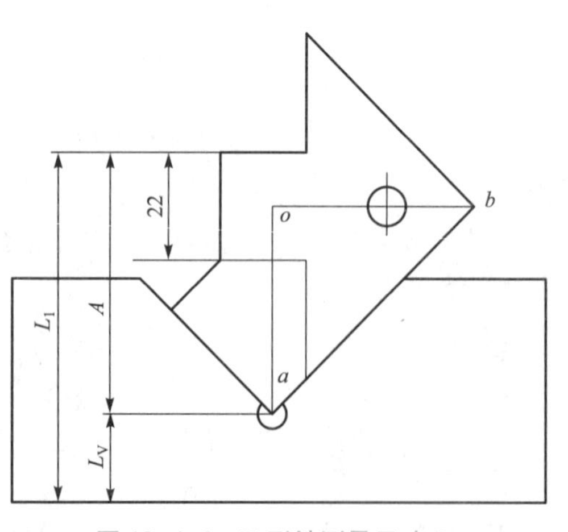

图 13-4-2　V 形铁测量尺寸 L_1

$$oc=\frac{50\sqrt{2}}{2}=35.36\ (\text{mm})$$

$$L_2=oc+L_V$$

$$L_3=53.36+L_V$$

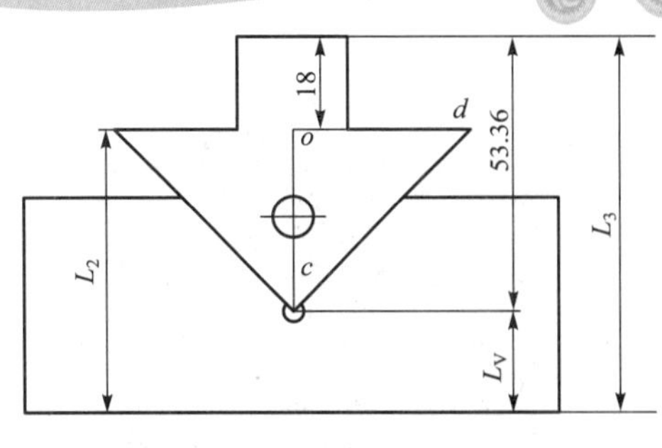

图 13-4-3　V 形铁测量尺寸 L_2、L_3

（3）V 形铁测量尺寸 L_4 的计算（见图 13-4-4）。

在直角三角形 *oef* 中，*ef*=60 mm，则：

$$of=\frac{60\sqrt{2}}{2}=42.43\ (\text{mm})$$

$$C=of-\frac{22}{2}=31.43\ (\text{mm})$$

$$L_4=C+L_V$$

（4）将工件放置在 V 形铁组件（由 V 形铁、底板、固定螺栓装配而成）上，并用千分尺测量，如图 13-4-5 所示。

注：L_V 是 V 形铁高度，且高度可用测量芯棒测量后确定。

V 形铁的来源方式如下：

① 用工具钢板材，进行线切割加工而成。

② 学生实习加工 V 形铁，但注意一定要保证精度。

③ 直接从厂家采购标准的 V 形铁。

（5）将工件放置在正弦规上，并用量块、百分表用比较测量法进行测量。如图 13-4-6 所示（正弦规的高度尺寸参考附录 2，$L_{正}$=28.385 mm）。

（6）锉配方法。

① 锉配应以凸件为基准。外形加工一定要控制好几何公差。先加工一个直角面，利用 V 形铁组件、千分尺测量尺寸及保证几何公差精度，再加工另一直角面及 53.36 mm 尺寸面。V 形铁测量尺寸如图 13-4-2、图 13-4-3 所示。

② 在凹件的内表面加工前，外形加工也应控制好几何公差。通过 V 形铁、百分表间接测量尺寸及保证平直度。*C* 尺寸处通过尺寸链计算以间接控制，再用凸件修配，如图 13-4-4 所示。

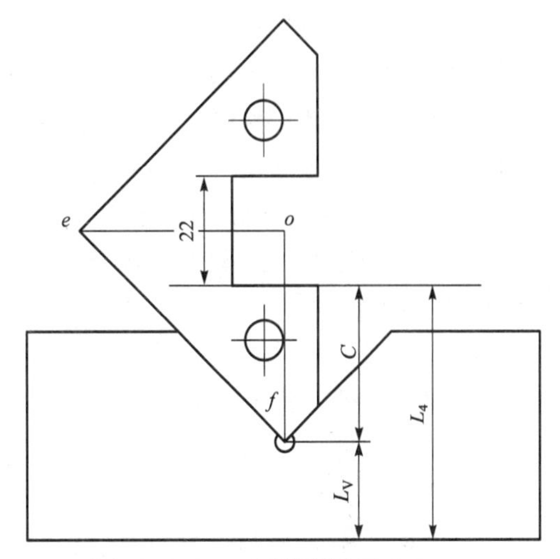

图 13-4-4　V 形铁测量尺寸 L_4

五、任务实施

1. 任务实施的步骤

（1）检查来料的尺寸。

（2）粗、精锉外形的一个侧面与两个端面，作为划线基准。

（3）按图划出凹凸件所有的加工线。

（4）划件 2（凹件）孔位线，钻铰 $\phi8$ 孔，保证孔距尺寸（44±0.15）mm。在凹件处钻 $\phi12$

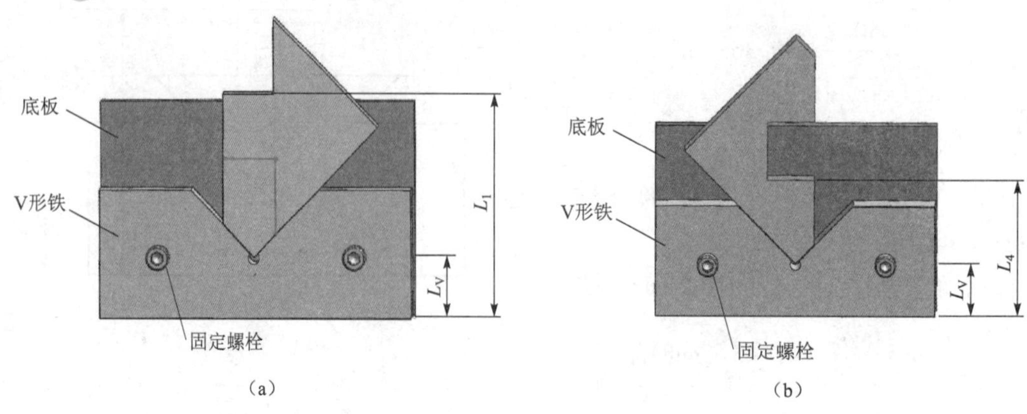

图 13-4-5　将工件放置在 V 形铁组件上的测量示意图

（a）测 L_1 尺寸；（b）测 L_4 尺寸

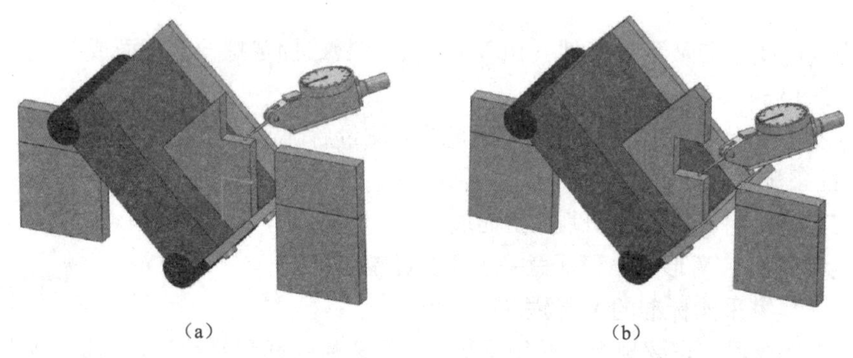

图 13-4-6　工件用正弦规、百分表、量块用比较测量法测量的示意图

（a）测 L_1 尺寸；（b）测 L_4 尺寸

去余料孔。

（5）锯割斜面分料。

（6）加工凸件：

① 锯去斜面一个直角的余料，并粗、精锉 1、2 面，以保证利用 V 形铁测量 L_1 尺寸、L_2 尺寸、(18±0.03)mm 及角度 45°±5′的要求。

② 锯去斜面另一个直角余料，并粗、精锉 3、4 面，以保证凸台尺寸（$22_{-0.04}^{\ 0}$）mm、(18±0.03)mm 及角度 45°±5′的要求。

③ 粗、精锉第 5 面，并保证尺寸（53.36±0.05)mm（利用 V 形铁测量）。

④ 进行精度检查，作必要的修整。锐边去毛刺。

（7）锉配凹件：

① 粗、精锉凹件斜面 1，并保证利用 V 形铁测量尺寸 L 及角度 45°±5′要求。

② 粗、精锉 2 面，并保证尺寸（60±0.04)mm。

③ 锯去凹件余料，并粗锉至接近线，单边留 0.2～0.3 mm 余量。

④ 以凸件为基准，锉配凹件的 3、4、5 面，达到配合要求。

⑤ 在两件配合好后，划件 1（凸件）的孔位线，钻铰 ϕ8 孔，保证孔距尺寸（36±0.2)mm。

（8）进行全部精度复检。锐边去毛刺，交件待检。

斜角对配加工的示意图如图 13-4-7 所示。

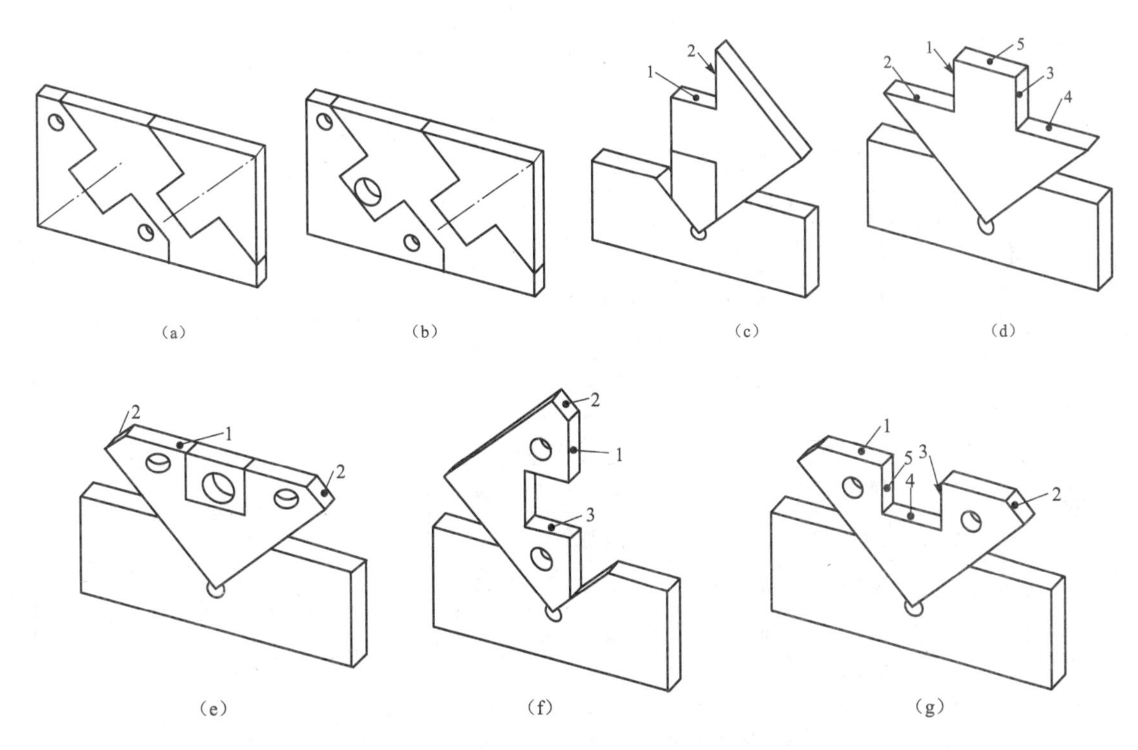

图 13-4-7 斜角对配加工的示意图

（a）划线件 1、件 2 加工线；（b）钻铰件 1 的两个 $\phi 8$ 孔，钻件 2 的余料孔；（c）分料，加工件 1 的第 1、第 2 面；（d）加工件 1 第 3、第 4、第 5 面；（e）加工件 2 的 1 面；（f）去余料，加工件 2 的第 2、第 3 面；（g）利用件 1 锉配件 2 的 4、5 面

2. 重点提示

（1）外形 60 mm 的实际尺寸的测量必须正确，并取各点实测值的平均数值。在外形加工时，尺寸公差尽量控制到零位，以便于计算；垂直度误差、平行度误差应控制在最小范围内。

（2）先加工凸件，再加工凹件。在斜面凸台加工时，只能先加工一个直角面，至尺寸达到要求后，再加工另一个直角面，并利用 V 形铁间接测量尺寸以达到一致。否则，无法保证配合后的直线度要求。

（3）凹形面的加工，必须根据凸形尺寸来控制公差，利用 V 形铁间接测量相关各面尺寸，配合间隙值一般在 0.05 mm 左右。

六、任务评价

按表 13-4-2 对任务评价。

表 13-4-2　斜角对配的制作的评分标准

班级：＿＿＿＿＿＿　姓名：＿＿＿＿＿＿　学号：＿＿＿＿＿＿　成绩：＿＿＿＿＿＿

评价内容	序号		技术要求	评分标准	配分	自检记录	交检记录	得分
操作技能评价	件1	1	（$22^{0}_{-0.04}$） mm	超差全扣	4			
		2	（18±0.03） mm（2处）	每超一处扣3分	6/2			
		3	45°±5′（2处）	每超一处扣3分	6/2			
		4	（35±0.15） mm	超差全扣	2			
		5	ϕ8H7，Ra1.6 μm	超差全扣	2			
		6	Ra3.2 μm（5处）	每超一处扣0.5分	2.5/5			
		7	（53.36±0.05） mm	超差全扣	4			
	件2	8	（60±0.04） mm（2处）	每超一处扣3分	6/2			
		9	⊥ 0.02 A	超差全扣	3			
		10	2×ϕ8H7，Ra1.6 μm	每超一处扣1分	4/4			
		11	（44±0.15） mm	超差全扣	3			
		12	Ra3.2 μm（7处）	超差一处0.5分	3.5/7			
	配合	13	配合间隙≤0.05mm（5处）	超差一处扣3分	15/5			
		14	互换间隙≤0.05 mm（5处）	超差一处扣3分	15/5			
		15	配合错位量≤0.1 mm（4处）	超差一处扣2分	8/4			
		16	（36±0.2） mm（2处）	超差一处扣2分	4/2			
		17	两个h误差≤0.15 mm（4处）	超差一处扣1分	4/4			
素养评价	18		工量具使用规范		2			
	19		有团队协作意识，有责任心		2			
	20		学习态度端正，遵章守纪		2			
	21		安全文明操作、保持工作环境整洁		2			

*七、任务拓展

任务拓展变角板练习如图 13-4-8 所示。

变角板

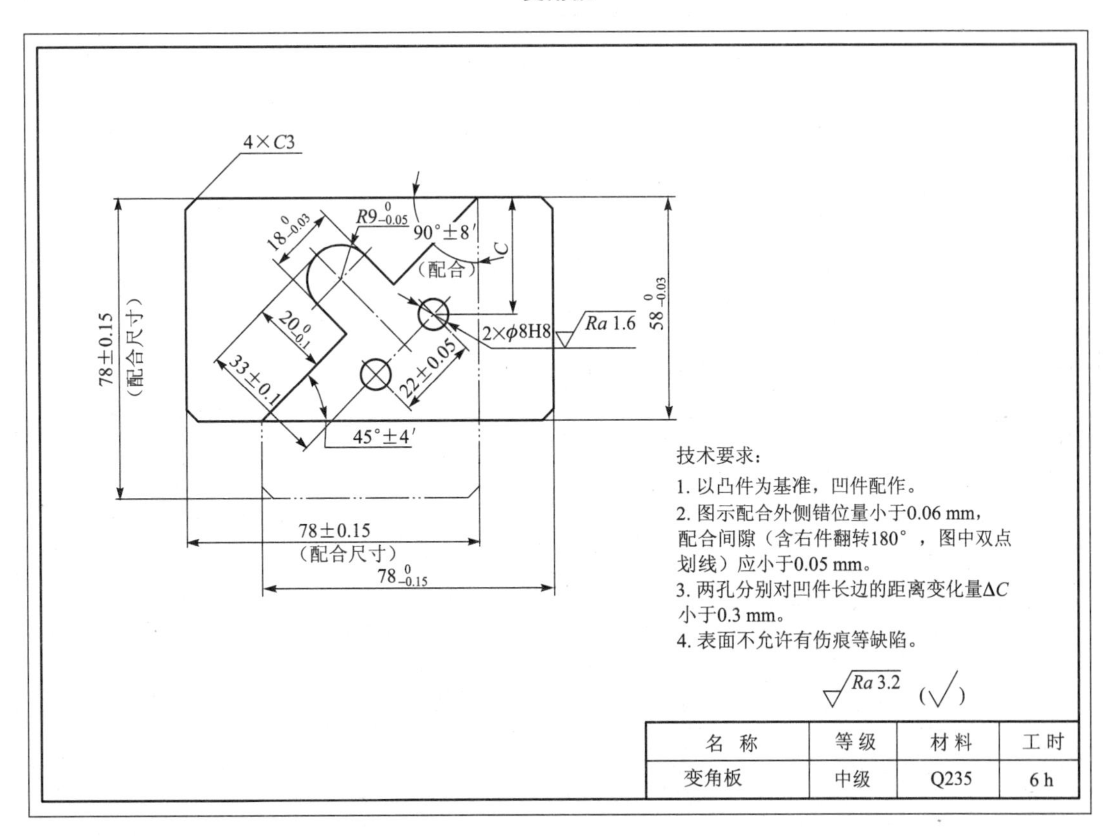

图 13-4-8　变角板练习图

八、任务拓展的任务评价

按表 13-4-3 进行任务评价。

表 13-4-3　变角板的评分标准

班级：______		姓名：______		学号：______		成绩：______		
评价内容	序号		技术要求	评分标准	配分	自检记录	交检记录	得分
操作技能评价	件1	1	$58_{-0.03}^{0}$ mm（2 处）	超差一处扣 5 分	10/2			
		2	$18_{-0.03}^{0}$ mm	超差全扣	4			
		3	$21_{-0.10}^{0}$ mm	超差全扣	4			
		4	$78_{-0.15}^{0}$ mm	超差全扣	4			
		5	$R9_{-0.05}^{0}$ mm	超差全扣	4			
		6	45°±4′	超差全扣	4			

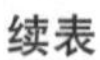

评价内容	序号		技术要求	评分标准	配分	自检记录	交检记录	得分
操作技能评价	件1	7	$Ra3.2\ \mu m$（14处）	超差一处扣0.5分	7/14			
	件2	8	$2\times\phi8H8$，$Ra1.6\ \mu m$	超差全扣	4			
		9	（22±0.05）mm	超差全扣	4			
		10	（33±0.10）mm	超差全扣	4			
		11	（78±0.15）mm（2处）	超差一处扣5分	10/2			
		12	错位量≤0.06 mm	超差全扣	5			
	配合	13	配合间隙≤0.05 mm（5处）	超差一处扣2分	10/5			
		14	翻转间隙≤0.05 mm（5处）	超差一处扣2分	10/5			
		15	90°±8′（2处）	超差一处扣2分	4/2			
		16	$\Delta C\leqslant0.3$ mm（4处）	超差一处扣1分	4/4			
		17	$4\times C3$	一处不合格倒扣一分	扣分			
素养评价	18		工量具使用规范		2			
	19		有团队协作意识，有责任心		2			
	20		学习态度端正，遵章守纪		2			
	21		安全文明操作、保持工作环境整洁		2			

任务五　燕尾三角组合的镶配

一、生产实习图纸

生产实习图纸如图13-5-1所示。

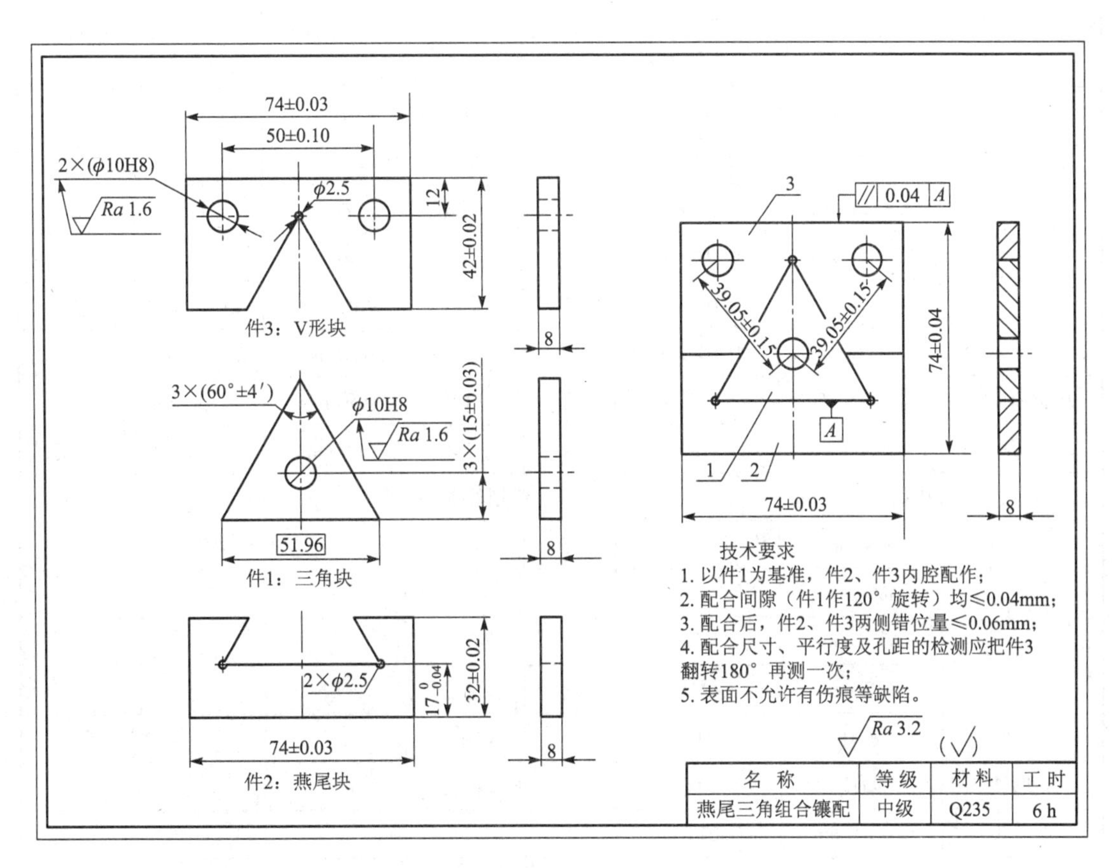

名 称	等 级	材 料	工 时
燕尾三角组合镶配	中级	Q235	6 h

图 13-5-1 燕尾三角组合镶配练习图

二、任务分析

通过练习掌握使用百分表、量块以孔为基准测量边距尺寸的方法。掌握多角度零件加工工艺。关于三角函数计算本课题不再做详细说明。

燕尾三角组合镶配练习的重点是：孔到边距的尺寸保证、三件配合间接测量尺寸精度、几何公差精度的控制、配合精度要求的保证、孔加工精度的保证。难点是测量方法。

三、任务准备

（1）材料准备：80 mm×74 mm×8 mm 的 Q235 材料一块，ϕ60 mm×8 mm Q235 材料一块，且两平面磨削加工。

（2）工、量、刃具准备：见表 13-5-1。

表 13-5-1　工、量、刃具

名称	规格	精度（读数值）	数量/件	名称	规格	精度（读数值）	数量/件
高度划线尺	0～300 mm	0.02 mm	1	活络铰杠	中号		1
游标卡尺	0～150 mm	0.02 mm	1	塞尺	0.02～0.5 mm		1
千分尺	0～25 mm	0.01 mm	1	塞规	ϕ10	H8	1
	25～50 mm	0.01 mm	1	平锉	250 mm	1 号纹	1
	50～75 mm	0.01 mm	1		200 mm	2、3 号纹	各 1
	75～100 mm	0.01 mm	1		150 mm	3 号纹	1
万能角度尺	0°～320°	2′	1	三角锉	150 mm	2、3 号纹	各 1
刀口角尺	100 mm×63 mm	0 级	1	整形锉	ϕ5 mm		1 套
塞尺	0.02～0.5 mm		1	划线靠铁			1
钻头	ϕ3 mm		1	锯弓			1
	ϕ6 mm		1	锯条			1
	ϕ9.8 mm		1	手锤			1
	ϕ12 mm		1	划线工具			1 套
手用铰刀	ϕ10	H8	1	软钳口			1 副
V 形铁	偏角	1 级	1	铜丝刷			1
百分表	0～0.8 mm	0.01 mm	1				
表架			1				

四、相关工艺分析

（1）三角块加工工艺分析，孔到边（15±0.03）mm 精度的保证方法，如图 13-5-2 所示。

（2）V 形块划线尺寸、测量尺寸的计算。

（1）划线尺寸计算提示，如图 13-5-3 所示，添加辅助线 gf、af，成为直角三角形 afg，然后进行相关计算。

（2）V 形面测量尺寸的计算。如图 13-5-3 所示，再添加辅助线 ad、ed，并成为直角三角形 abc、ced。然后进行相关计算。

（3）量块组尺寸的计算。量块组 1 尺寸 = $L \cdot \sin 60°$，量块组 2 尺寸 = $L_{正}+ad$（$L_{正}$ 数值见附录 2 所示）。

3. 利用偏角 *V* 形铁组件测量

正弦规、百分表、量块来测量 V 形面的演示，如图 13-5-4 所示。

4. 燕尾块划线尺寸、测量尺寸的计算

燕尾划线与测量尺寸的计算方法已在课题二进行详细讲解。其示意如图 13-5-5 所示。

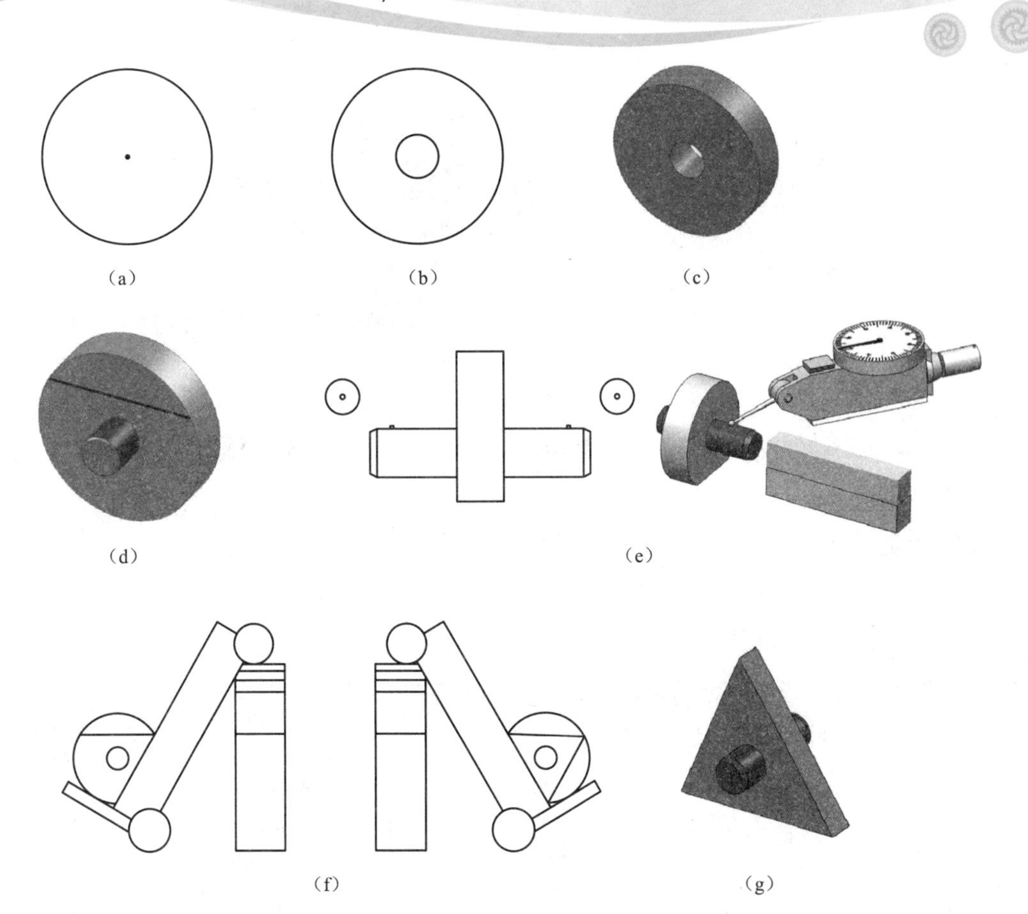

图 13-5-2 三角形加工工艺分析

(a) 确定三角孔中心，样冲定位；(b) 钻铰 ϕ10H8 孔；(c) 立体示意图；(d) 装入测量芯棒以孔为准划出第一个平面加工线；(e) 锯割去废料，装入芯棒用百分表和量块比对加工第一个平面，并保证 (15±0.03)mm 精度（加工时注意侧面垂直度，芯棒前后都要用百分表测量）；(f) 以第一个平面和外圆母线为支撑，装入测量芯棒，并以孔为准在正弦规上划出其余两个面的加工线；(g) 锯割去除另两面废料，并分别加工。装入测量芯棒，并用百分表和量块比对后，加工第 2、3 平面，用万能角度尺控制角度

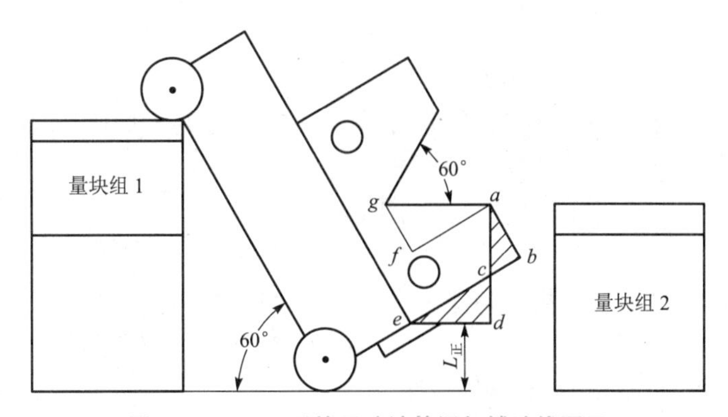

图 13-5-3 V 形件尺寸计算添加辅助线图示

（a）

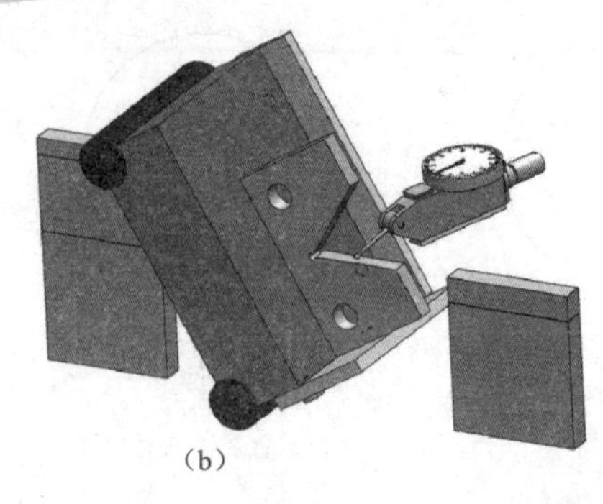

（b）

图 13-5-4　V 形块测量的示意图

（a）用偏角 V 形铁组件测量工件示意图；（b）用正弦规、百分表、量块测量工件示意图

五、任务实施

1. 任务实施的步骤

（1）检查来料的尺寸。

（2）粗、精锉外形一侧面与两端面，作为划线基准。

（3）按图划出件 2、件 3 所有加工线，如图 13-5-6 所示。

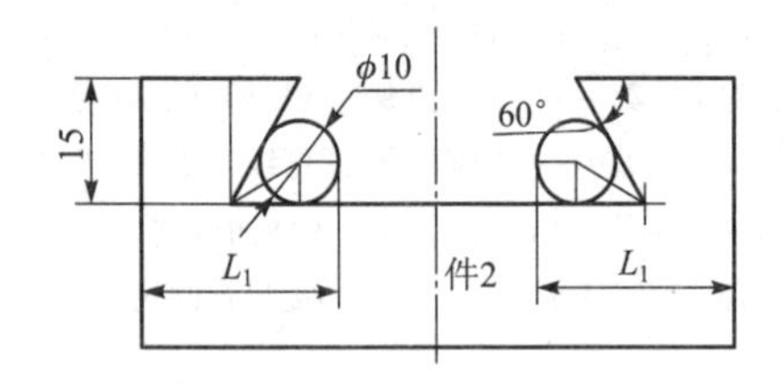

图 13-5-5　燕尾块划线尺寸与测量示意图

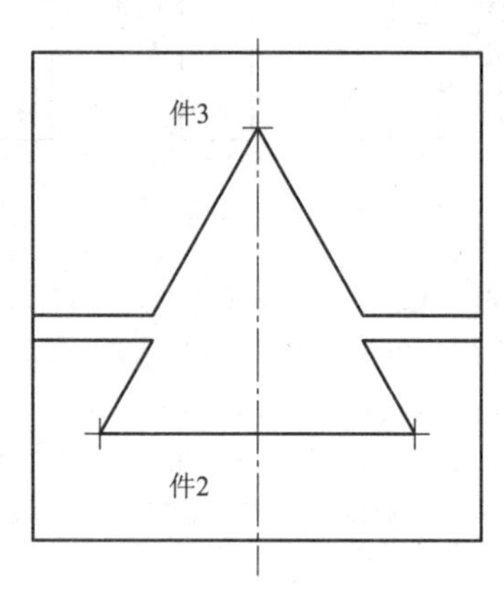

图 13-5-6　件 2、件 3 划线示意图

（4）钻件 2、件 3 工艺孔，去余料孔。

（5）锯割分料。分别加工件 2、件 3 外形面，达到（74±0.03）mm×（42±0.02）mm、（74±0.03）mm×（32±0.02）mm 的尺寸、几何公差精度要求。

（6）加工件 1（三角件）。加工工艺如图 13-5-2 所示。

（7）加工件 2。

① 锯削去除燕尾处余料，粗、精锉燕尾底面，并达到 $17_{-0.04}^{\ 0}$ mm。

② 粗、精锉二个燕尾斜面。用测量芯棒间接测量尺寸，以保证 L_1 尺寸相等，并用件 1 作为基准件进行锉配，以达到配合间隙要求。

（8）加工件 3。

① 锯 V 形废料，粗锉至接近线，留单边 0.2～0.3 mm 的精锉余量。

② 精锉 V 形面。为保证 V 形对称与配合精度，用偏角 V 形铁进行测量。计算与测量方

法分别如图 13-5-3、图 13-5-4 所示。

（9）配合间隙检查，并做必要的修整，锐边去毛刺。

（10）在三件配合好后，划件 3 的孔位线，并钻铰两个 ϕ10H8 孔，保证孔距尺寸（39.05±0.15）mm。

（11）全部精度复检。锐边去毛刺，并交件待检。

2. 重点提示

（1）外形 74 mm 的实际尺寸测量必须正确，并取各点实测值的平均数值。外形加工时，尺寸公差尽量控制到零位，以便于计算；垂直度、平行度误差应控制在最小范围内。

（2）先加工件 1，再加工件 2。当件 1 与件 2 配合好后，再加工件 3。件 2 利用芯棒间接测量尺寸的同时，还要注意保证侧面垂直度。件 3 利用偏角 V 形铁或正弦规、量块、百分表间接测量尺寸时，应保证 V 形面达到对称，否则无法保证配合后的直线度要求。

（3）凹形面的加工，必须根据凸形尺寸来控制公差。间接测量相关各面尺寸时，注意尺寸公差的计算。配合间隙值一般在 0.05 mm 左右。

六、任务评价

按表 13-5-2 进行任务评价。

表 13-5-2　三角燕尾组合镶配的评分标准

班级：________		姓名：________		学号：________		成绩：________	
评价内容	序号		技术要求	评分标准	配分	自检记录	交检记录	得分
操作技能评价	件1	1	（15±0.03）mm（3 处）	超差一处扣 3 分	9/3			
		2	60°±4′（3 处）	超差一处扣 3 分	9/3			
		3	ϕ10H8、*Ra*1.6 μm	超差全扣	2			
	件2	4	*Ra*3.2 μm（3 处）	超差一处扣 0.5 分	1.5/3			
		5	（74±0.03）mm	超差全扣	3			
		6	（32±0.02）mm	超差全扣	3			
		7	（$17^{0}_{-0.04}$）mm	超差全扣	3			
	件3	8	*Ra*3.2 μm（8 处）	超差一处扣 0.5 分	4/8			
		9	（74±0.03）mm	超差全扣	3			
		10	（42±0.02）mm	超差全扣	4			
		11	（50±0.10）mm	超差全扣	4			
		12	ϕ10H8、*Ra*1.6 μm（2 处）	超差一处扣 1 分	4/2			
		13	*Ra*3.2 μm（7 处）	超差一处扣 0.5 分	3.5/7			

续表

评价内容	序号		技术要求	评分标准	配分	自检记录	交检记录	得分
操作技能评价	配合	14	配合间隙≤0.04 mm（7处）	超差一处扣1分	7/7			
		15	换向间隙≤0.04 mm（14处）	超差一处扣1分	14/14			
		16	错位量≤0.06 mm（2处）	超差一处扣2分	4/2			
		17	（74±0.04）mm（2处）	超差一处扣2分	4/2			
		18	// 0.04 A（2处）	超差一处扣1分	2/2			
		19	（39.05±0.15）mm（4处）	超差一处扣2分	8/4			
素养评价	20		工量具使用规范		2			
	21		有团队协作意识，有责任心		2			
	22		学习态度端正，遵章守纪		2			
	23		安全文明操作、保持工作环境整洁		2			

*七、任务拓展

任务拓展六方转位组合练习如图13-5-7所示。

六方转位组合

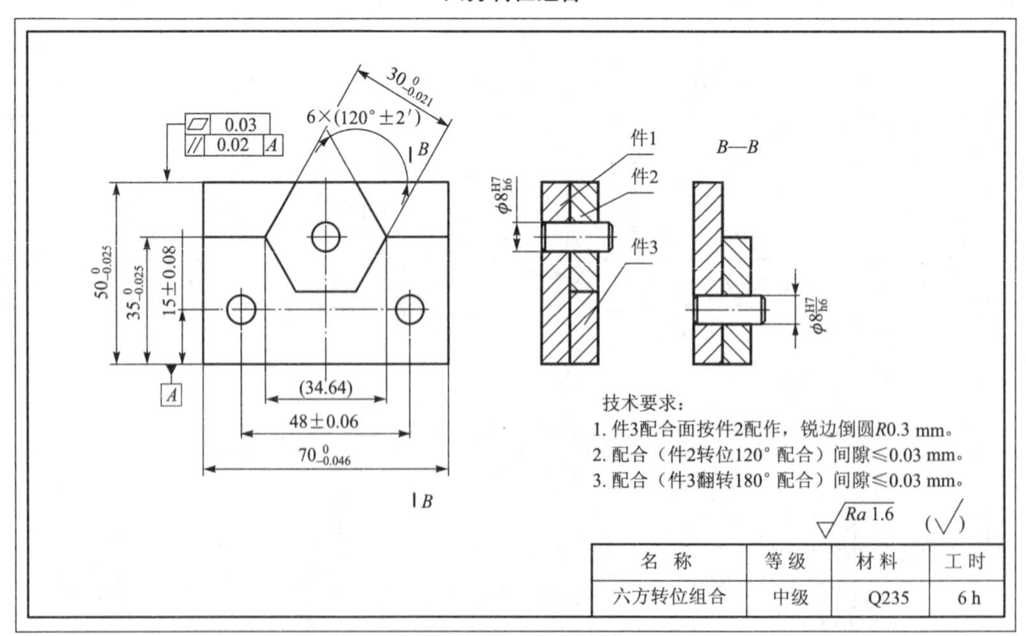

图13-5-7 六方转位组合练习图

八、任务拓展的评分标准

按表 13-5-3 进行任务评价。

表 13-5-3　六方转位组合练习的评分标准

班级：______		姓名：______		学号：______		成绩：______		
评价内容	序号		技术要求	评分标准	配分	自检记录	交检记录	得分
操作技能评价	件1	1	$(70_{-0.046}^{0})$ mm	超差全扣	3			
		2	$(50_{-0.025}^{0})$ mm	超差全扣	3			
		3	48±0.06 mm	超差全扣	3			
		4	(15±0.08) mm（2 处）	每超一处扣 3 分	6/2			
		5	3×ϕ8H7，3×*Ra*1.6 μm	每超一处扣 1 分	6/6			
		6	*Ra*1.6 μm（4 处）	每超一处扣 1 分	4/4			
	件2	7	$30_{-0.021}^{0}$ mm（3 处）	每超一处扣 3 分	9/3			
		8	6×（120°±2′）	每超一处扣 2 分	12/6			
		9	ϕ8H7，*Ra*1.6 μm	每超一处扣 1 分	2/2			
		10	*Ra*3.2 μm（6 处）	每超一处扣 1 分	6/6			
	件3	11	$(70_{-0.046}^{0})$ mm	超差全扣	3			
		12	$(35_{-0.025}^{0})$ mm	超差全扣	3			
		13	2×ϕ8H7，2×*Ra*1.6 μm	超差一处扣 1 分	4/4			
		14	(48±0.06) mm	超差全扣	3			
		15	*Ra*3.2 μm（8 处）	超差一处扣 1 分	8/8			
	配合	16	4× ▱ 0.03	超差全扣	2/4			
		17	// 0.02 A	超差全扣	3			
		18	技术要求 2	超差一处扣 2 分	6			
		19	技术要求 3	超差一处扣 2 分	6			
素养评价	20		工量具使用规范		2			
	21		有团队协作意识，有责任心		2			
	22		学习态度端正，遵章守纪		2			
	23		安全文明操作、保持工作环境整洁		2			

复习思考题

（1）如图13-5-8所示，90°标准V形铁的高度尺寸 L_V 如何计算？

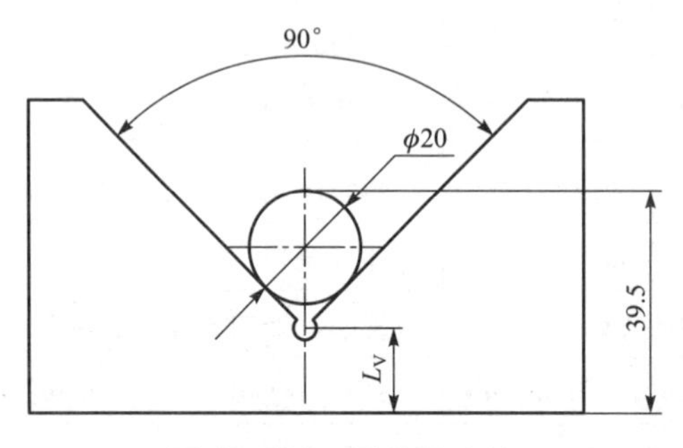

图13-5-8　思考题（1）

（2）如图13-5-9所示，90°偏角V形铁的高度尺寸 L_V 如何计算？

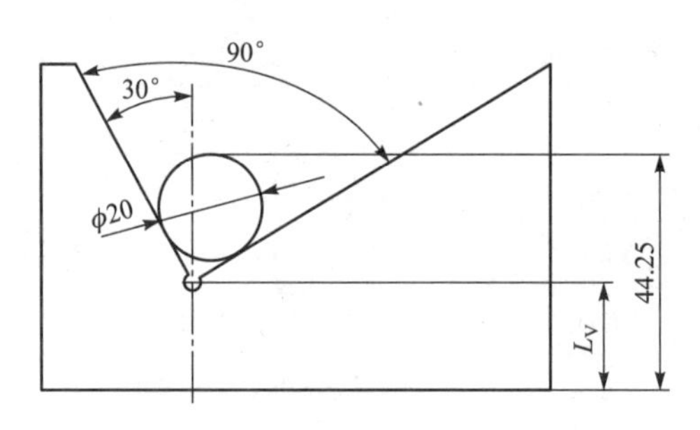

图13-5-9　思考题（2）

（3）如图13-5-3所示，燕尾三角组合镶配V形件，利用百分表、正弦规、量块进行对比法测量，需要什么尺寸的量块组？请进行相关计算。

（4）锉配原则及锉配基准的选择原则是什么？

（5）对称度的概念、测量方法是什么？

课题十四

立体划线

大国重器中国高铁

【知识点】

Ⅰ　立体划线的基本知识

Ⅱ　立体划线的安全措施

【技能点】

立体划线方法及常用立体划线工具的使用

任务一　轴承座立体划线

一、生产实习图纸

生产实习图纸如图 14-1-1 所示。

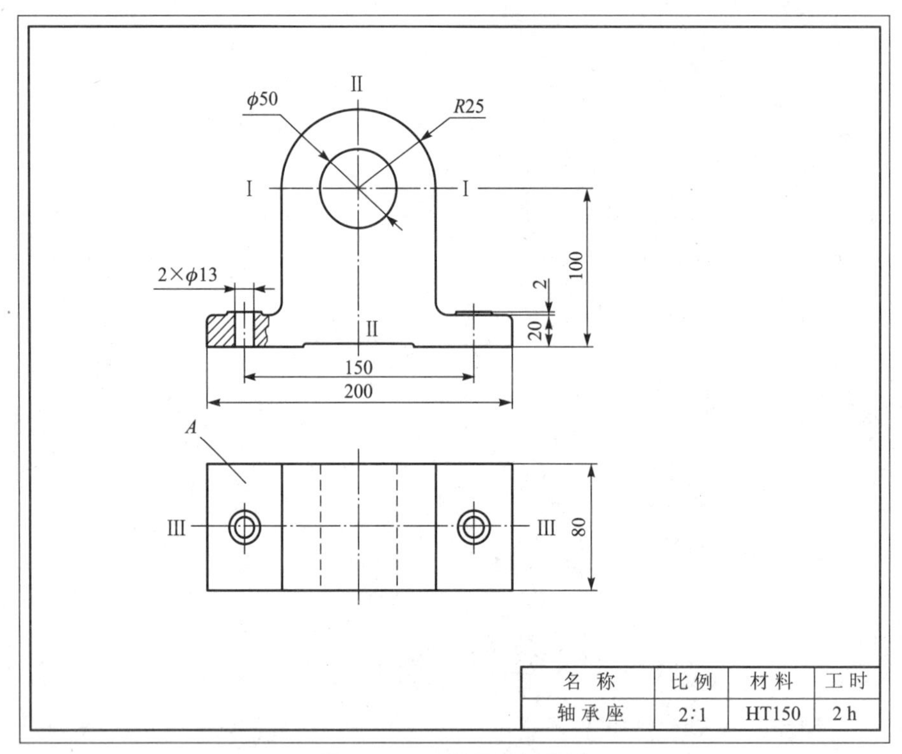

图 14-1-1　轴承座划线图

二、任务分析

通过轴承座的立体划线练习，能利用 V 形铁、千斤顶和直角铁等在划线平台上正确安放、找正工件；能合理确定工件的找正基准和尺寸基准，进行立体划线；在划线中，能对有缺陷的毛坯进行合理借料；做到划线操作方法正确，划线线条清晰，尺寸准确及冲点分布合理。

三、任务准备

（1）材料准备：轴承座坯料（可根据实际生产实习情况予以选取）。

（2）操作工具：划针盘、V 形铁、方箱、直角铁、千斤顶、划规、样冲、手锤、锉刀、石灰水、铜丝刷等。

（3）量具：直尺、角尺、万能角度尺、游标卡尺、高度划线尺。

（4）实训准备：

① 工具准备。领用并清点工具，了解工具的使用方法及使用要求。在实训结束时，按工具清单清点，并交指导教师验收。

② 熟悉实训要求。要求复习有关理论知识，并详细阅读本指导书。

四、相关工艺分析

（一）立体划线的工具及使用

同时在工件的几个不同表面上划出加工界线，叫做立体划线。除一般平面划线工具和前面已使用过的划线盘和高度尺以外，还有下列几种工具。

1. 方箱

方箱用于夹持工件，并能翻转位置而划出垂直线，且一般附有夹持装置和制有 V 形槽，如图14-1-2 所示。

2. V 形铁

通常是两个 V 形铁一起使用，用来安放圆柱形工件，并划出中心线，找出中心等，如图14-1-3 所示。

3. 直角铁

可将工件夹在直角铁的垂直面上进行划线，并可用 C 形夹头或压板配合装夹，如图 14-1-4 所示。

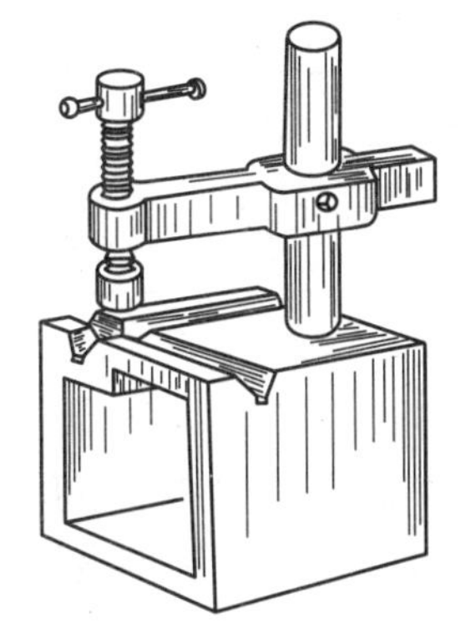

图 14-1-2　方箱

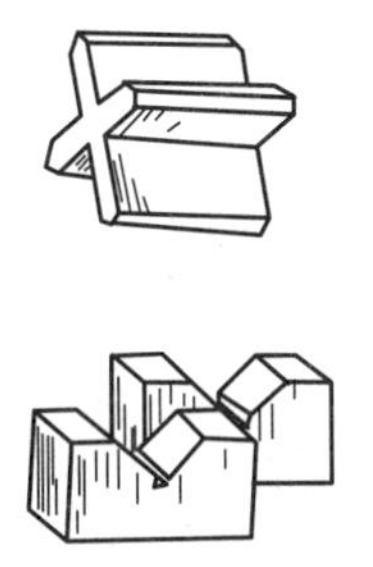

图 14-1-3　V 形铁

图 14-1-4　直角铁在划线中的应用

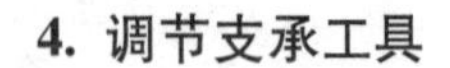

4. 调节支承工具

（1）锥顶千斤顶：通常是三个一组，用于支持不规则的工件，其支承高度可作一定调整，如图 14-1-5 所示。

（2）带 V 形铁的千斤顶：用于支承工件的圆柱面，如图 14-1-6 所示。

（3）斜楔垫块和 V 形垫铁：用于支持毛坯工件，使用方便，但只能作少量的高低调节，如图 14-1-7、图 14-1-8 所示。

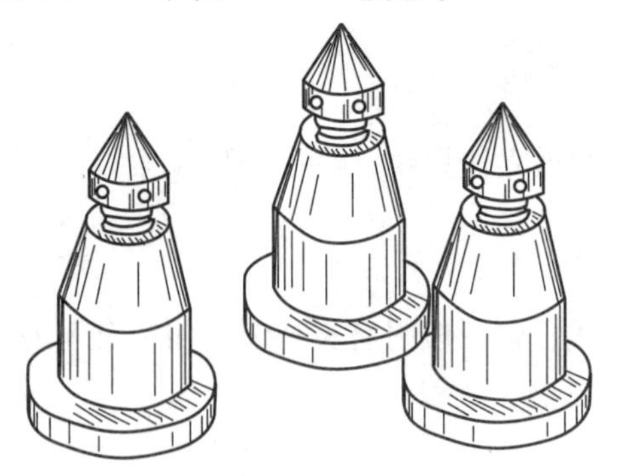

图 14-1-5　锥顶千斤顶

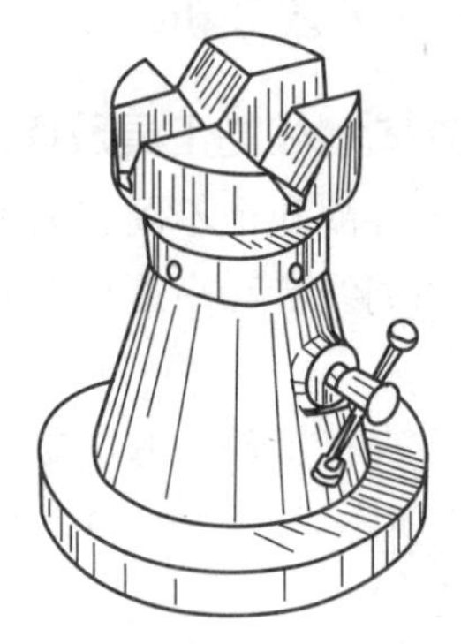

图 14-1-6　带 V 形铁的千斤顶

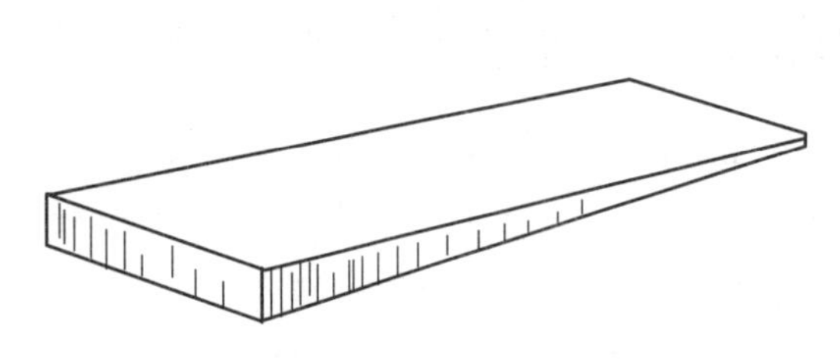

图 14-1-7　斜楔垫铁

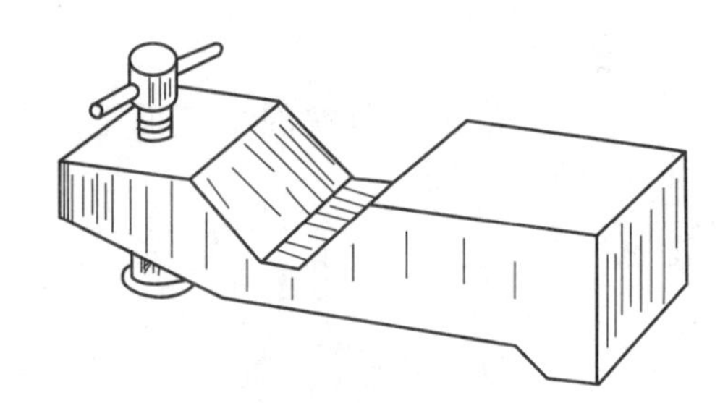

图 14-1-8　V 形垫铁

（二）划线时工件的放置与找正基准的确定方法

（1）选择工件上与加工部位有关而且比较直观的面（如凸台、对称中心和非加工的自由表面等）作为找正基准，以使非加工面与加工面之间厚度均匀，并使其形状误差反映在次要部位或不显著部位。

（2）选择有装配关系的非加工部位作为找正基准，以保证工件经划线和加工后能顺利进行装配。

（3）在多数情况下，还必须有一个与划线平台垂直或倾斜的找正基准，以保证该位置上的非加工面与加工面之间的厚度均匀。

（三）划线步骤的确定

1. 划线步骤

在划线前，必须先确定各个划线表面的先后划线顺序及各位置的尺寸基准线。尺寸基准的选择原则如下。

（1）应与图样所用基准（设计基准）一致，以便能直接量取划线尺寸，并可避免因尺

寸间的换算而增加划线误差。

（2）以精度高且加工余量少的型面作为尺寸基准，以保证主要型面的顺利加工和便于安排其他型面的加工位置。

（3）当毛坯在尺寸、形状和位置上存在误差和缺陷时，可将所选的尺寸基准位置进行必要的调整——划线借料，以使各加工面都有必要的加工余量，并使其误差和缺陷能在加工后排除。

2. 安全措施

（1）工件应在支承处打好样冲点，以使工件稳固地放在支承上，并防止倾倒。对较大工件，应加附加支承，以使安放稳定可靠。

（2）在对较大工件划线，必须使用吊车吊运时，绳索应安全可靠，且吊装的方法应正确。当大件放在平台上，用千斤顶顶上时，工件下应垫上木块，以保证安全。

（3）在调整千斤顶的高低时，不可用手直接调节，以防工件掉下砸伤手。

五、任务实施

1. 分析划线部位和选择划线基准

根据图样所标的尺寸要求和加工部位，因为需要划线的尺寸共有 3 个方向，所以工件要经过三次安放才能划完所有线条。其划线基准选定为 ϕ50 mm 孔的中心平面Ⅰ—Ⅰ、Ⅱ—Ⅱ和两个螺钉孔的中心平面Ⅲ—Ⅲ。

2. 工件的安放

用 3 只千斤顶支承轴承座的底面。调整千斤顶的高度，并用划线盘找正。使 ϕ50 mm 孔的两端面的中心调整到同一高度。因 *A* 面是不加工面，为保证底面加工厚度尺寸 20 mm 在各处均匀一致，所以用划针盘弯脚找正，以使 *A* 面尽量达到水平。当 ϕ50 mm 孔的两端中心和 *A* 面保持水平位置的要求发生矛盾时，就要兼顾两方面进行安放，直至这两个部位都达到满意的安放效果。

3. 清理工件

去除铸件上的浇口、冒口、披缝及表面黏砂等。

4. 工件涂色，并在毛坯孔中装上中心塞块

5. 第一次划线

首先划底面加工线。这一方向的划线工作将涉及主要部分的找正和借料。在试划底面加工线时，如果发现四周加工余量不够，那么要把中心适当借高（即重新借料），直至不需要变动时，即可划出基准线Ⅰ—Ⅰ和底面加工线，并且在工件的四周都要划出，以备下次在其他方向划线或在机床上加工时的找正用，如图 14-1-9 所示。

6. 第二次划线

第二次划线划 2×ϕ13 mm 中心线和基准线Ⅱ—Ⅱ。通过千斤顶的调整和划针盘的找正，使 ϕ50 mm 内孔两端的中心处于同一高度，同时用角尺按已划出的底面加工线找正到垂直位置。这样工件第二次安放位置正确。此时，就可划基准线Ⅱ—Ⅱ和两个 2×ϕ13 mm 孔的中心线，如图 14-1-10 所示。

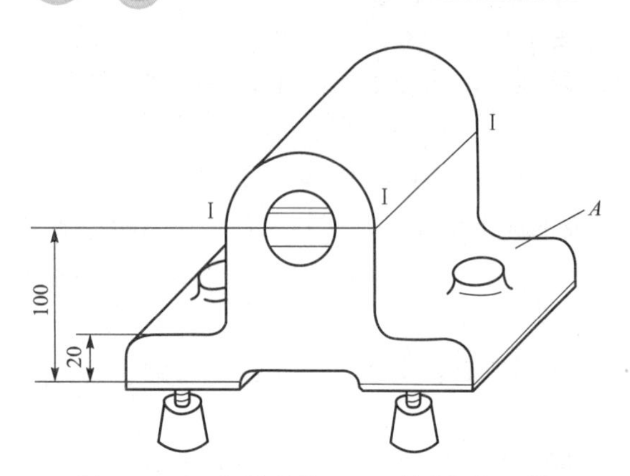

图 14-1-9　划基准线Ⅰ—Ⅰ及底面加工线

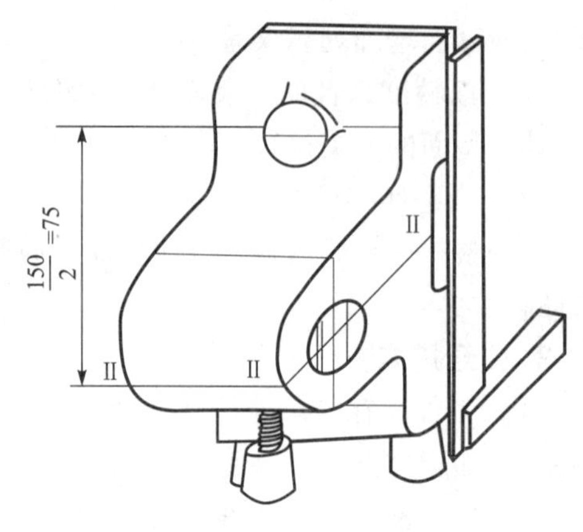

图 14-1-10　划基准线Ⅱ—Ⅱ及螺钉孔中心线

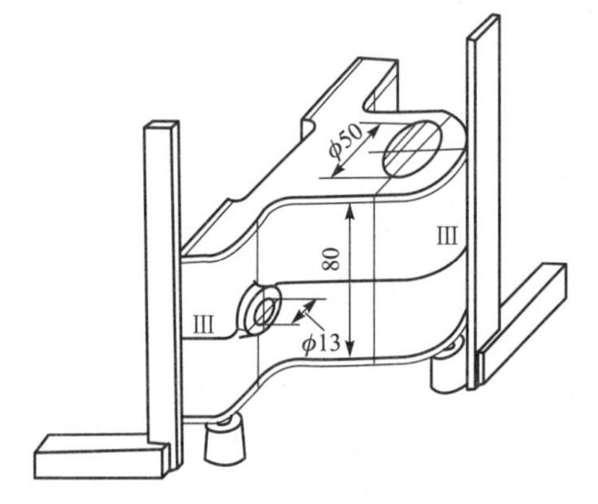

图 14-1-11　划基准线Ⅲ—Ⅲ及大端面加工线

7. 第三次划线

划 $\phi50$ mm 孔两端面加工线。通过千斤顶的调整和角尺的找正，分别使底面加工线和Ⅱ—Ⅱ基准线处于垂直位置（两直角尺位置处）。这样，工件的第三次安放位置已确定。以 2×$\phi13$ mm 的中心为依据，试划两大端面的加工线，如果两端面加工余量相差太大或其中一面加工余量不足，那么可适当调整 2×$\phi13$ mm 的中心孔位置，并允许借料。最后即可划Ⅲ—Ⅲ基准线和两端面的加工线。此时，第三个方向的尺寸线已划完，如图 14-1-11 所示。

8. 划圆周尺寸线

用划规划出 $\phi50$ mm 和 2×$\phi13$ mm 的圆周尺寸线。

9. 复查

对照图样检查已划好的全部线条。在确认无误和无漏线后，在所划好的全部线条上打样冲点，此时划线结束。

10. 重点提示

（1）必须全面考虑工件在平台上的摆放位置，正确确定尺寸基准线的位置，这是正确保证划线准确的重要环节。

（2）工件安放在支承上必须稳固，并防止倾倒。

（3）在划线时，高度尺或划针盘要紧贴平台移动，并且划线压力要一致，以使划出的线条准确。

（4）线条尽量一次划出，尽可能细而清楚，要避免划重线。

六、任务评价

按表 14-1-1 进行任务评价。

表 14-1-1　轴承座立体划线的评分标准

班级：________		姓名：________	学号：________		成绩：________		
评价内容	序号	技术要求	评分标准	配分	自检记录	交检记录	得分
操作技能评价	1	使用划线工具正确	不正确酌情扣分	8			
	2	三个垂直位置找正误差小于 0.4 mm	每超一处扣 6 分	18/3			
	3	三个位置尺寸基准位置误差小于 0.6 mm	每超一处扣 6 分	18/3			
	4	划线尺寸误差小于 0.3 mm	每超一处扣 3 分	15			
	5	线条清晰	不清晰酌情扣分	12			
	6	冲点位置正确	不正确酌情扣分	9			
素养评价	7	工量具使用规范		5			
	8	有团队协作意识，有责任心		5			
	9	学习态度端正，遵章守纪		5			
	10	安全文明操作、保持工作环境整洁		5			

七、任务拓展

（一）划线时的涂料

为使划出的线条清晰可见，划线前应在零件划线部位涂上一层薄而均匀的涂料，常用划线涂料配方和应用见表 14-1-2 所示。

表 14-1-2　常用划线涂料配方和应用

名称	配制比例	应用场合
石灰水	稀糊状石灰水加适量骨胶胶或桃胶	大中型铸、锻件毛坯
紫色	品紫（青莲、普鲁士蓝）2% ～4%，加漆片 3% ～5% 和 91% ～95%　酒精混合而成	已加工表面
硫酸铜溶液	100 g 水中加 1～1.5 g 硫酸铜和少许硫酸	形状复杂零件或已加工表面

（二）划线时的找正和借料

对于铸、锻件毛坯，由于制造误差大，精度低，造成加工余量分布不均。只有通过划线调整相互位置，重新分配加工余量，才能保证加工位置的正确，从而保证产品质量合格。这就需要采用找正和借料的方法进行划线。找正就是利用划线工具使工件或毛坯上有关表面与基准面之间调整到合适位置。借料就是通过试划和调整，将工件各部分的加工余量在允许的范围内重新分配，互相借用，以保证各个加工表面都有足够的加工余量，在加工后排除工件自身的误差和缺陷。

1. 样板零件划线借料

如图14-1-12所示是钳工样板备料，现需加工如图所示的三个样板零件，其中三角形板就是通过划线借料的方法把一个角放置于件4的V形槽内，从而使外形尺寸为106 mm×74 mm材料够用，并利于V形件加工。

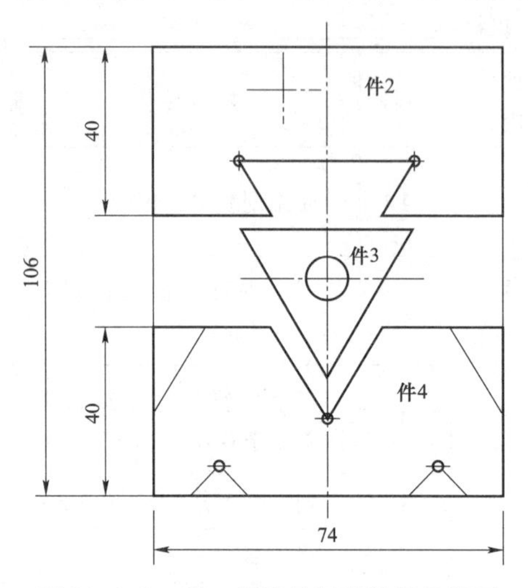

图14-1-2　钳工样板件划线借料示意图

2. 箱体零件的借料

图14-1-13（a）所示的齿轮箱体是一个铸件，由于铸造误差，使A、B两孔的中心距由150 mm缩小到144 mm，A孔向右偏移6 mm。如果通过借料的方法来划线，即将A孔向左借过3 mm，B孔向右借过3 mm，通过试划A、B两孔的中心线和内孔圆周尺寸线，就可发现两孔都有了适当的加工余量（最少处约有2 mm），如图14-1-13（b）所示，从而使毛坯仍可利用。划线时的找正和借料这两项工作是有机地结合进行的，需要操作者有一定的分析能力。

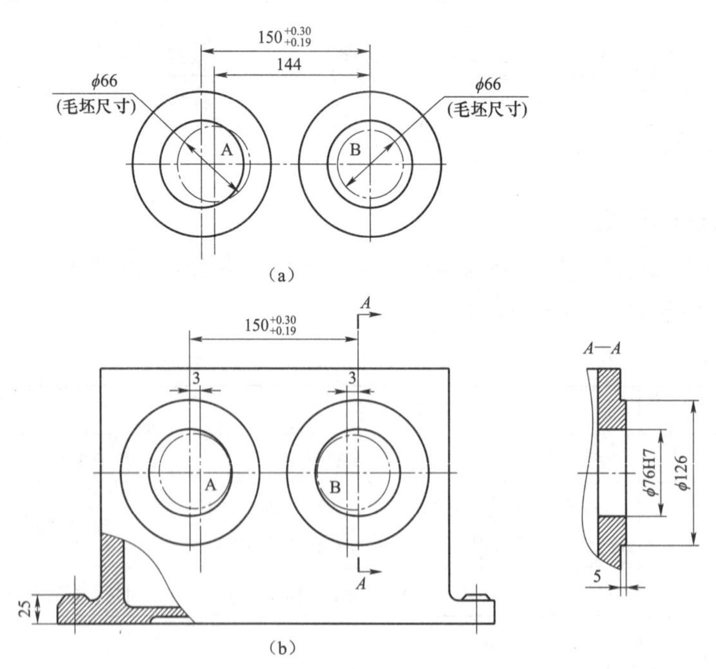

图14-1-13　齿轮箱体划线借料示意图

3. 毛坯划线的借料步骤

（1）测量工件各部分尺寸，找出偏移的位置和偏移量的大小；

（2）合理分配各部位加工余量，然后根据工件的偏移方向和偏移量，确定借料方向和借料大小，划出基准线；

（3）以基准线为依据，划出其余线条；

（4）检查各加工表面的加工余量，如发现有余量不足的现象，应调整借料方向和借料大小，重新划线。

任务二　传动机架的划线——团队合作

一、生产实习图纸

生产实习图纸如图 14-2-1 所示。

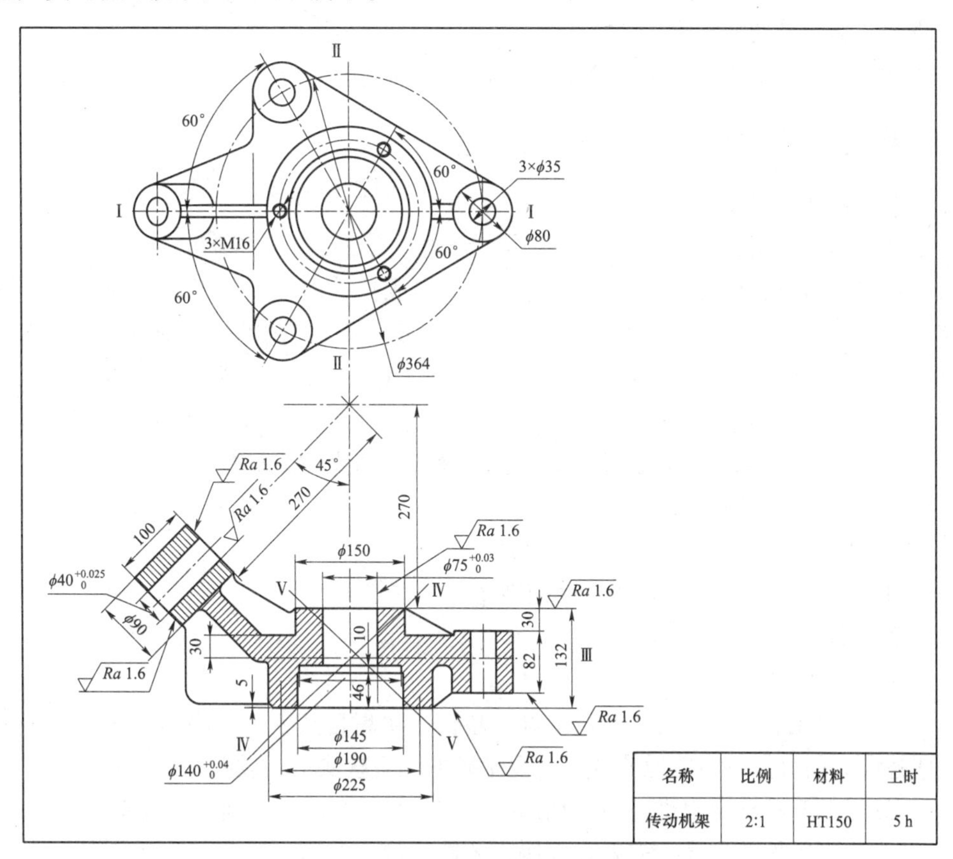

图 14-2-1　动机架划线图

二、任务分析

该传动机架是运输机械的重要部件之一，用于安装轴与轴承，传输扭矩。此件外形不规则，为畸形件，无法放置在平板上进行划线。$\phi40$ mm 孔的中心线与 $\phi75$ mm 孔的中心线成 45°角，其交点在件外的空间，故考虑需借助辅助划线工具和选辅助基准进行划线，划出

D—D 和 E—E 两条辅助基准线。以 D—D 为基准，可以划出 ϕ40 mm 孔的中心线，以 E—E 为基准，可划出 100 mm 的尺寸线。

实训模式采用四人一组团队合作模式，学生根据图纸要求按图加工完成压各孔位的划线任务。

三、任务准备

（1）材料准备：机架坯料（可根据实际生产实习情况予以选取）。

（2）操作工具：平板、划针盘、V 形铁、直角铁、划规、样冲、手锤、锉刀、石灰水、铜丝刷等。

（3）量具：钢皮尺、90°角尺、万能角度尺、高度划线尺。

（4）实训准备

① 工具准备。领用并清点工具，了解工具的使用方法及使用要求。在实训结束时按工具清单清点，交指导教师验收。

② 熟悉实训要求。要求复习有关理论知识，详细阅读本指导书。

四、相关工艺分析

畸形件、大型件划线要点

1. 畸形工件的划线

（1）畸形工件结构特点　工件由不同的曲线组成，工件上没有平坦和规律的可供支撑的平面，找正、借料和翻转比较困难，基准较难选择。划线时基准选择视具体工件而定，一般都借助于一些辅助工具，如方箱、角铁、千斤顶、V 形铁、分度头等来实现支承，翻转。

（2）畸形工件划线的工艺要点

1）一般应以设计基准作为划线基准，并正确选择划线辅助基准。

2）合理选择辅助工具，以便于校正。

3）合理选择支承点及辅助支承。

4）畸形工件形状不规则，需仔细找正和借料。

2. 大型工件的划线

（1）大型工件划线特点

1）工件重量大、不易安放、转位困难，超长，超高是其突出的问题，很难借助平板划线，一些超大型的机体只能就地安放在水泥基础的调整垫块上，设有划线用导轨。

2）划线参照基准确定困难，通常利用拉线和吊线的方法作为辅助划线基准。

3）此类大型工件的划线，需要多人协作才能完成，并需行车工、起重工的配合，劳动强度大，效率低，安全问题至关重要，不容忽视。

（2）大型工件划线工艺要点

1）正确选择划线基准。

2）合理选择第一划线位置。选择原则如下：

① 尽可能将工件的大平面放置于平台上。

② 尽可能将工件的主要中心线作为第一划线基准。

③ 尽可能将工件精度要求高的主要加工面作为第一划线位置。

3）合理选择支承和辅助支承，保证安全。

4）合理进行找正和进行正确借料，对于复杂工件，要进行试划，确定正确借料方案。

五、任务实施

1. 任务实施的步骤

（1）清理零件表面，去毛刺，涂石灰水。

（2）第一划线位置。如图 14-2-2（a）所示，将零件固定在直角铁上，用划针盘找正 A、B、C 三个中心在一条直线上，同时用 90°角尺校正两个 $\phi35$ 凸台垂直，调整好后按图划出Ⅰ—Ⅰ中心线，中心线高度尺寸为 a。以Ⅰ—Ⅰ为划线基准分别划出两个 $\phi35$ 孔的中心线，其高度为 a-364/2cos30°和 a+364/2cos30°。

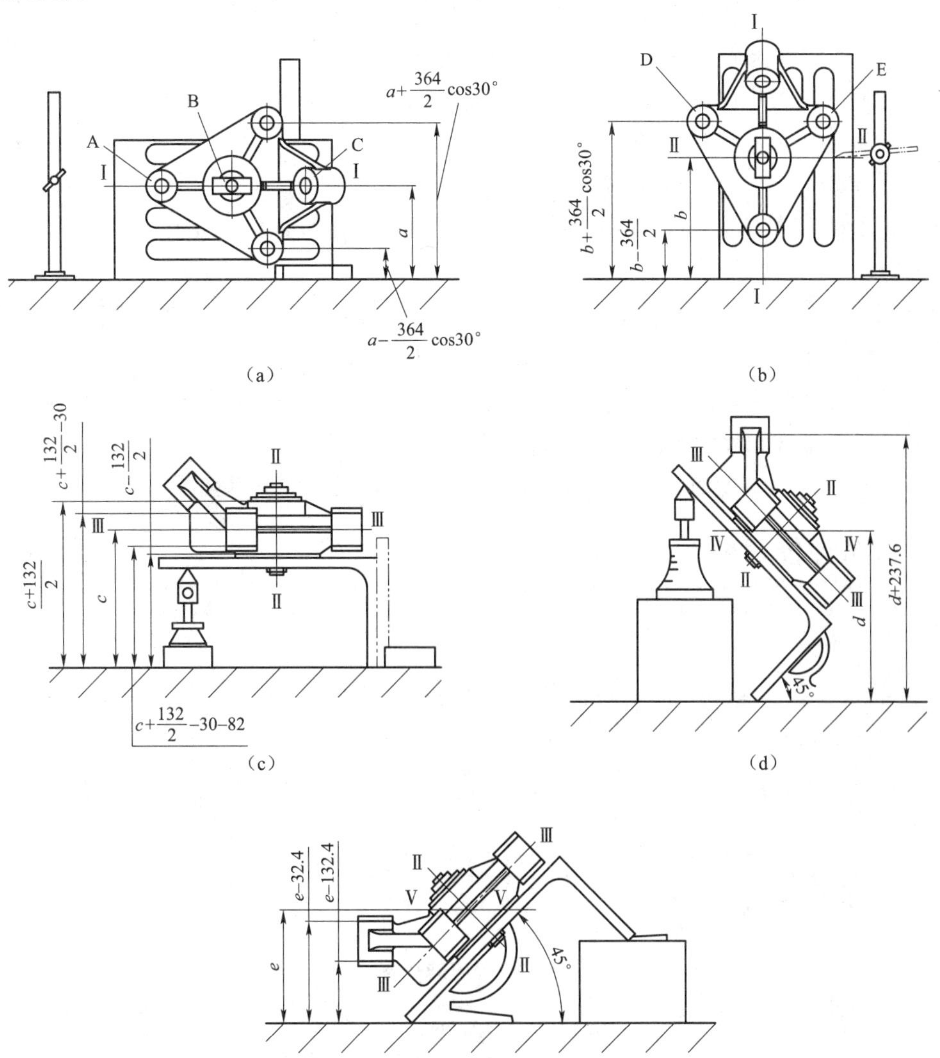

图 14-2-2　传动机架的划线

（3）第二划线位置。如图 14-2-2（b）所示，将直角铁转过 90°，以 ϕ75 孔中心为基准，划Ⅱ—Ⅱ中心线，中心线高度尺寸为 b。分别划出 ϕ35 三个凸台的中心线，划线高度尺寸为 b+364/2sin30°

（4）第三划线位置。如图 14-2-2（c）所示，将直角铁一边水平放置在平板上，另一端用千斤顶支承调至水平，划出Ⅲ—Ⅲ中心线，中心线高度尺寸为 C。通过图示所示计算，划出三个凸台的尺寸线

（5）第四划线位置。如图 14-2-2（d）所示。将角铁斜放至 45°，高度尺寸为 d，过 O 点划辅助线Ⅳ—Ⅳ，以Ⅳ—Ⅳ为基准线，加上 237. 6 mm 划出 ϕ40 mm 孔的一中心线，与Ⅰ—Ⅰ相交，交点即为 ϕ40 mm 孔的中心点

（6）将角铁按如图 14-2-2（e）所示放置，高度尺寸为 e，划辅助线Ⅴ—Ⅴ，以该线为基准划出尺寸 100 mm 的上、下加工线。

（7）从角铁上卸下工件，在各孔内装入中心镶块（或嵌入铅块），用金属直尺连接已划出的中心线，作交接圆心，并用划规划出各孔的圆周加工线。

（8）对照图纸检查已划好的全部线条，检查无误和无漏线后，在所划好的全部线条上打样冲点以及圆弧交接点，划线结束。

2. 重点提示

（1）正确使用划线工具，掌握畸形零件划线方法，使所划线条清晰、尺寸线正确，冲点分布合理。

（2）划线零件较大，学生团队需紧密合作，注意沟通，为保证划线精度，尽可能地要减少装夹次数，在一次装夹中尽量多划出加工尺寸线，可利用三角函数通过计算来获得尺寸，从而减少装夹，并保证划线位置的正确。用千斤顶、角铁等辅助支承要防止倾倒，合理确定工件的找正基准和尺寸基准，保证划线的准确性

（3）调整千斤顶高低时，不可用手直接调节，以防工件掉下砸伤手。

五、任务评价

按表 14-2-1 进行任务评价。

表 14-2-1　传动机架划线的评分标准

班级：________		姓名：________		学号：________		成绩：________	
评价内容	序号	技术要求	评分标准	配分	自检记录	交检记录	得分
操作技能评价	1	使用划线工具正确	不正确酌情扣分	5			
	2	支承工具的正确合理使用	不正确一处扣 4 分	20			
	3	机架各孔中心位置划线正确无误	超差一处扣 5 分	20			
	4	划线尺寸误差小于 0. 3 mm	每超一处扣 3 分	15			
	5	线条清晰	不清晰一处扣 2 分	10			
	6	冲点位置正确	超差全扣	10			

续表

评价内容	序号	技术要求	评分标准	配分	自检记录	交检记录	得分
素养评价	7	工量具使用规范		5			
	8	有团队协作意识，有责任心		5			
	9	学习态度端正，遵章守纪		5			
	10	安全文明操作、保持工作环境整洁		5			

复习思考题

（1）立体划线常用的工具有哪些？用途是什么？

（2）简述轴承座划线时工件的放置方法与找正基准的确定方法。

（3）简述轴承座的划线步骤。

（4）有的零件划线前为什么要找正与借料？

（5）简述毛坯划线的借料步骤。

（6）畸形件、大型件划线要点

课题十五

大国重器智慧转型

CY6140 普通车床装调

【知识点】

Ⅰ　CY6140 普通车床的结构、原理

Ⅱ　常用机床拆装工具、检具等使用方法和保养

【技能点】

CY6140 普通车床尾架、Ⅰ轴部件的装拆、调整方法

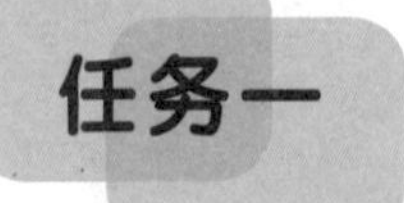

任务一 认识 CY6140 普通车床

一、生产实习图纸

生产实习图纸如图 15-1-1 所示。

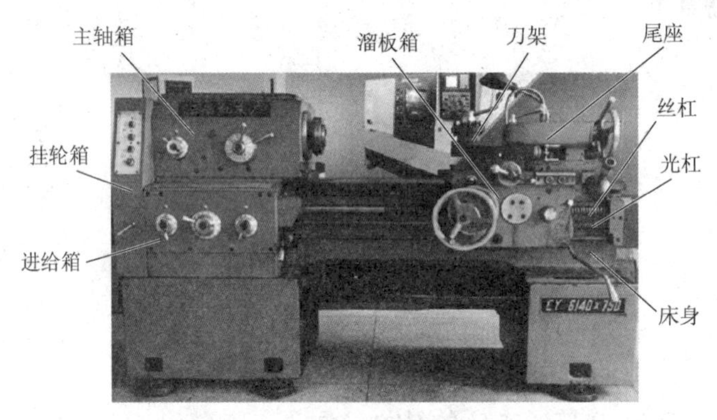

图 15-1-1　CY6140 型车床结构外形图

二、任务分析

通过学习 CY6140 车床的结构，学生能理解 CY6140 车床的传动系统；说出 CY6140 车床的组成、结构、功能及各部件的名称和作用。熟悉和掌握机械传动、常用机构及轴系零件的基本知识、工作原理和应用特点，正确操作和维护机械设备，为今后在工作中合理使用、维护机械设备，提供必要的理论基础知识。

三、任务准备

1. 设备准备：CY6140 普通车床。
2. 实训准备：多媒体课件学习、任务评价表、安全操作规程。

四、相关工艺分析

在各类金属切削机床中，车床的应用极为广泛，在金属切削机床中所占的比重最大，占机床总数的 20%～35%。卧式车床在车床中使用最多，它适用于加工各种回转表面，如内外圆柱表面、内外圆锥表面、成型回转面和回转体端面等。

（一）C6140 型车床结构

1. 代号含义

C6140 是机床产品的型号，用来表示机床的类别、主要技术参数、性能和结构特点等。（具体以常见的 CA6140 和 CY6140 为例进行说明）

CA6140×1000 车床型号含义如下：

C——机床类别代号（车床）

A——结构特性代号

6——机床组别代号（落地及卧式车床组）

1——机床系别代号（卧式车床系）

40——车床床身最大工件回转体直径的 1/10（最大工件回转体直径为 400mm）

1000——机床最大工件长度为 1000mm

说明 CY6140×1000 中的，CY 是云南机床厂高质量车床特有代号，其他与 CA6140 一样。

2. 结构组成

CY6140 型卧式车床，其通用性好、精度较高、性能较优越。其外形结构，也是中型卧式车床最常见的布局形式，如图 15-1-1 所示。主要由床身、主轴箱、交换齿轮箱、进给箱、溜板箱和床鞍、刀架、尾座及冷却、照明系统等部分组成。

（二）CY6140 型车床的传动系统

CY6140 型车床的传动示意图如图 15-1-2（a）所示，传动线路图如图 15-1-2（b）所示。

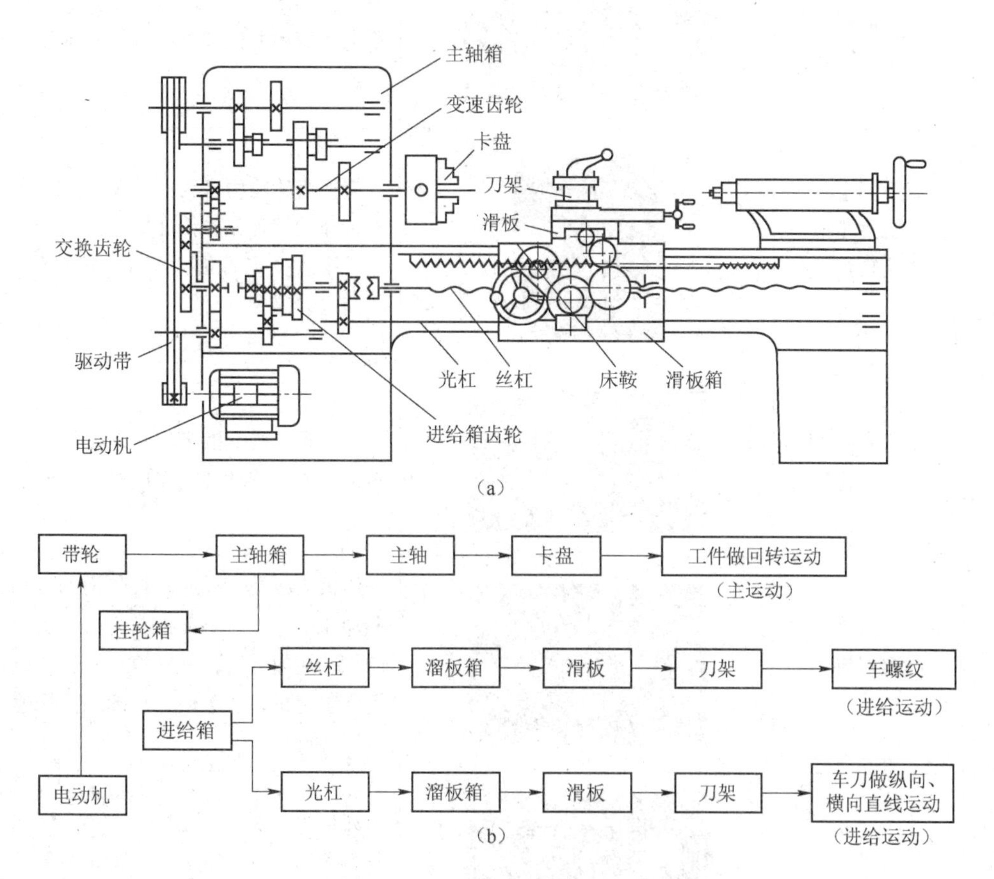

图 15-1-2　CY6140 型车床的传动系统

（a）CY6140 型车床的传动示意图；（b）CY6140 型车床的传动路线图

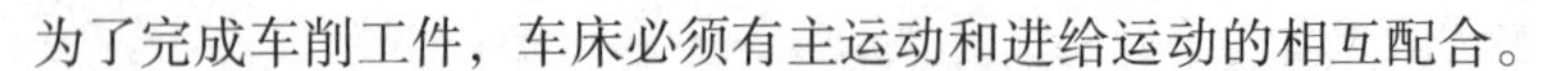

为了完成车削工件，车床必须有主运动和进给运动的相互配合。

主运动：电动机驱动V带，把运动输入到主轴箱，通过变速机构变速，使得主轴得到多种转速，再经过卡盘或夹具带动工件旋转。

进给运动：由主轴箱的旋转运动传到挂轮箱，再通过进给箱变速后由丝杠或光杠驱动溜板箱和刀架部分，实现机动、快速移动及车螺纹等运动完成各种表面车削，这是自动进给运动。手动也可以完成进给溜板箱、刀架的进给运动。

五、任务实施

1. 实训车间参观。

2. 多媒体课件辅助学生认识CY6140普通车床各部分结构。CY6140普通车床结构说明如表15-1-1所示。

表15-1-1　CY6140普通车床结构说明

序号	名称	图示	说　明
1	主轴箱（床头箱）		主轴箱内有齿轮、轴、拨叉等；箱外有手柄。变换手柄位置，可使主轴得到多种转速
2	交换齿轮箱（挂轮箱）		交换齿轮箱由多级齿轮啮合，接受主轴箱传递的转动，并传递给进给箱。通过齿轮搭配改变走刀量，完成车削螺纹或纵、横向进刀需要
3	进给箱（变速箱、走刀箱）		进给箱接受交换齿轮箱传递的转动，并传递给光杠或丝杠，完成机动进给
4	溜板箱		溜板箱接受光杠或丝杠传递的运动，以驱动床鞍、中、小滑板及刀架，实现车刀的纵、横向进给，操纵箱外的手柄或按钮可以实现机动、手动、车螺纹及快速移动等运动
5	刀架		刀架由床鞍、两层滑板（中、小滑板）与刀架体组成，用于装夹车刀并带动车刀作纵向、横向、斜向运动和曲线运动，从而完成工件车削加工

续表

序号	名称	图示	说　明
6	尾座		安装在床身导轨上，并沿导轨纵向移动，以调整其工作位置。主要用来装夹后顶尖，以支承较长工件，也可装夹钻头、铰刀
7	三杠		丝杠：丝杠用来带动大滑板作纵向移动，用来车削螺纹。它是车床中主要精密件之一。 光杠：用于机动进给时传递运动。通过光杠可把进给箱的运动传递给溜板箱，使刀架作纵向或横向进给运动（普通加工）。 操纵杆：车床的控制机构，在操纵杆左端和溜板箱右侧各有一个手柄，操作手柄很方便地控制车床的主轴正转（抬起）、反转（压下）和停车（中间位置）
8	床身、导轨		车床大型基础部件，有两条高精度的 V 形和矩形导轨，用于支承和连接车床各部件，并保证其在工作时有准确的相对位置

六、任务评价

按表 15-1-2 进行任务评价。

表 15-1-2　认识 CY6140 普通车床评分表

<table>
<tr><td colspan="6">班级：________　姓名：________　学号：________　成绩：________</td></tr>
<tr><td>序号</td><td>要　求</td><td>配分</td><td>评分标准</td><td>得分</td><td>备注</td></tr>
<tr><td>1</td><td>能认识车床</td><td>5</td><td>不认识全扣</td><td></td><td></td></tr>
<tr><td>2</td><td>能说出车床作用</td><td>10</td><td>不能讲解适当扣分</td><td></td><td></td></tr>
<tr><td>3</td><td>能说出车床各部件名称</td><td>15</td><td>一处讲不清扣 3 分</td><td></td><td></td></tr>
<tr><td>4</td><td>能说出车床各部件作用</td><td>20</td><td>一处讲不清扣 4 分</td><td></td><td></td></tr>
<tr><td>5</td><td>能描述车床主运动路线</td><td>20</td><td>讲解不完全适当扣分</td><td></td><td></td></tr>
<tr><td>6</td><td>能描述车床进给运动路线</td><td>20</td><td>讲解不完全适当扣分</td><td></td><td></td></tr>
<tr><td>7</td><td>安全文明生产</td><td>10</td><td>违者每次扣 2 分</td><td></td><td></td></tr>
</table>

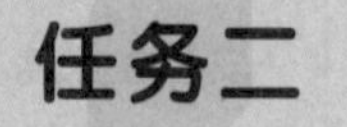

任务二　车床尾架装调

一、生产实习图纸

生产实习图纸如图 15-2-1 所示。

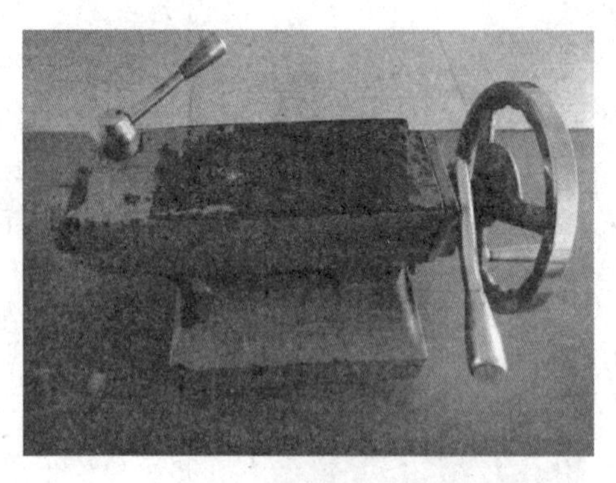

图 15-2-1　尾架

二、任务分析

CY6140 车床尾架是车床上的重要部件之一，是车床上用以支承轴类零件车削加工和实施钻孔的主要车床附件。在加工轴类零件时，使用其顶尖顶紧工件，保证加工的稳定性。尾架的运动包括尾座体的移动和尾座套筒的移动，主要是螺旋机构。学生通过拆卸，熟悉尾架结构，会对尾架进行拆装和调试，并作简单的维修。

三、任务准备

1. 设备准备：CY6140 普通车床尾架。
2. 实训准备：多媒体课件学习、任务书、评价表、安全操作规程。
3. 工具准备：活络扳手、内六角扳手、一字起、榔头、铜棒，抹布、机油等。

四、相关工艺分析

（一）尾架结构及调整

1. 尾架体横向移动调整

机床在出厂前，均已将尾架顶尖中心与主轴中心调整一致。当需要将尾架作横向移动时，先松开尾架手柄，再调整尾架体两侧调节螺钉 1，如图 15-2-2（b）所示，顺时针或逆时针旋转来调节尾架横向移动。注意看清尾架后端的指示牌 8，进行移位和回位调整。

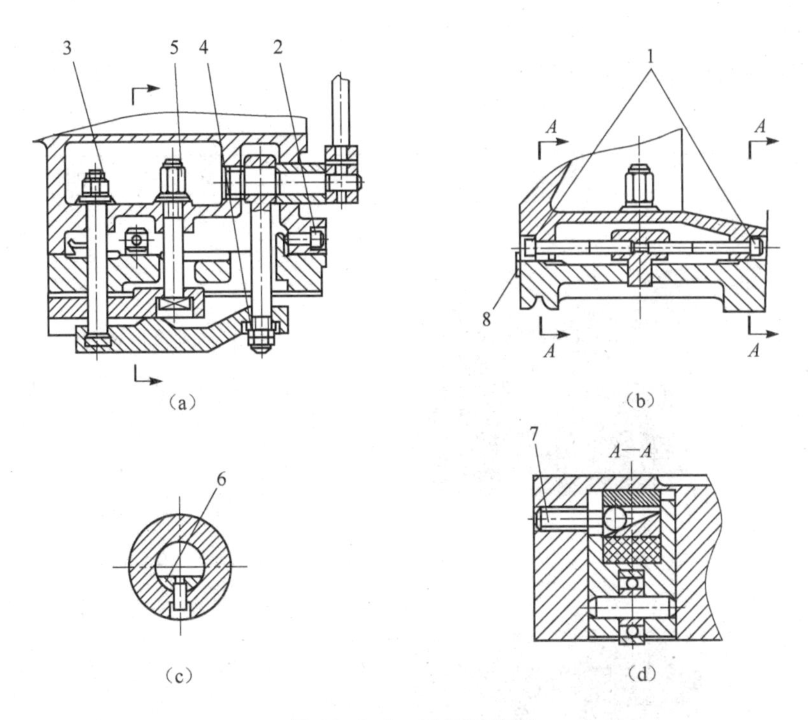

图 15-2-2 尾架调整图

1—尾架体两侧调节螺钉；2—尾架手柄紧定螺钉；3—压板上端调节螺母；4—压板下端锁紧螺母；
5—压板上端调节螺母；6—工具止动块；7—尾架浮起调节螺钉；8—指示牌

2. 尾架夹紧力调整

整个尾架纵向移动到位后，向上扳动尾架手柄，通过偏心轴迅速夹紧尾架。夹紧力调整可通过压板上端调节螺母 3 及压板下端锁紧螺母 4 顺时针或逆时针旋转进行调节。如图 15-2-2（a）所示，当需要尾架承受更大的载荷时，可拧紧压板上端调节螺母 5 从而加大压紧力。

3. 尾架浮起量调整

正常情况下，松开尾架手柄后，利用带有弹性支座的滚动轴承，整个尾架可在床身导轨上浮起 0. 05～0. 15mm，从而操作者只需用很少力量就可以移动尾架。浮起量的调整可通过尾架浮起调节螺钉 7 实现，如图 15-2-2（d）所示。为了保证尾架与床身的接触刚度，且不致损坏轴承，调整量不能太大，建议在尾架夹紧时进行调整。

4. 尾架套筒止动块

CY6140 车床尾架套筒内锥孔底部装有工具止动块 6，如图 15-2-2（c）所示，它可以防止装入锥孔中的工具转动。

五、任务实施

（一）拆卸前的准备工作

1. CY6140 普通车床尾架。
2. 拆卸工具。

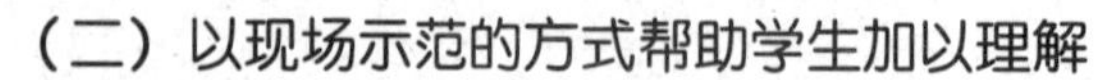

（二）以现场示范的方式帮助学生加以理解

1. 尾架部件拆卸（表15-2-1）

表15-2-1　尾架部件拆卸

<table>
<tr><th>序号</th><th>名称</th><th>图示</th><th>说　明</th></tr>
<tr><td rowspan="4">1</td><td rowspan="4">拆卸外端零部件</td><td></td><td>（1）松开手轮螺母取下手轮，旋下四颗内六角螺钉取下轴承座，取下推力轴承（注意松圈紧圈位置）、半圆键</td></tr>
<tr><td></td><td rowspan="2">（2）旋下尾架上端套筒锁紧手柄，取出垫圈和上下工具止动块，用一字起旋出油杯和键固定螺钉，取出键和油杯</td></tr>
<tr><td></td></tr>
<tr><td></td><td>（3）松开尾架手柄的紧定螺钉，取下尾架手柄</td></tr>
</table>

续表

序号	名称	图示	说　明
2	拆卸套筒	 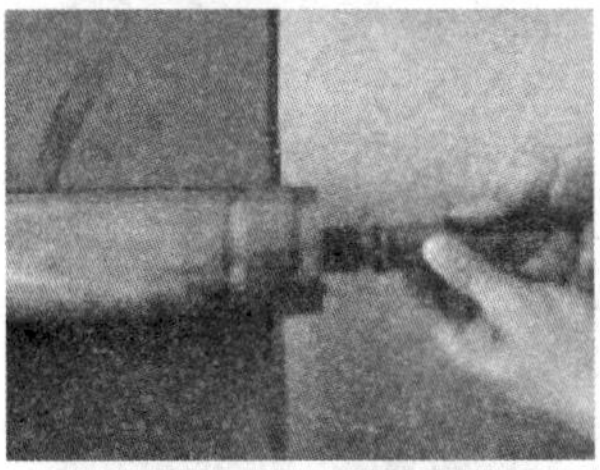 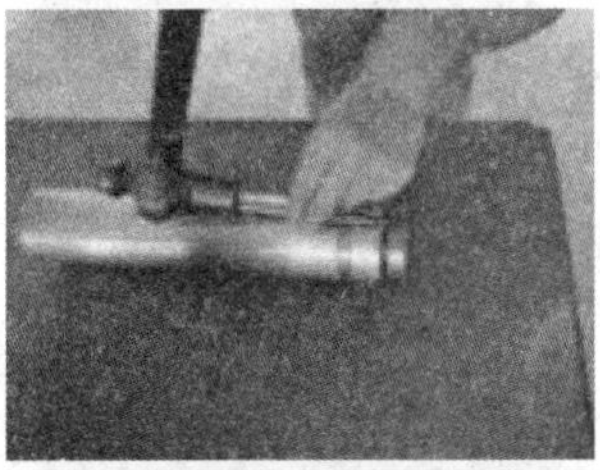 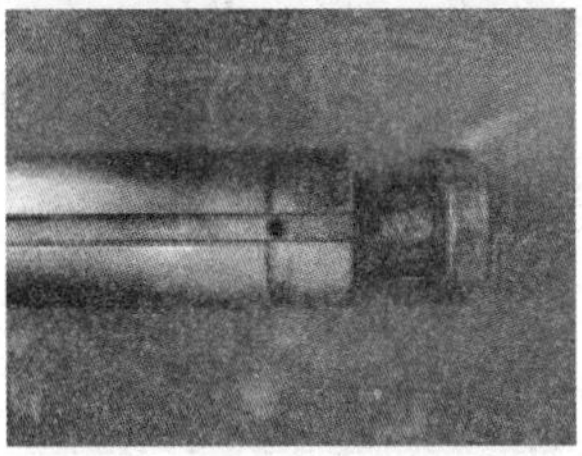	从尾架前端取出套筒，旋出丝杆，松开三颗丝杆螺母螺钉，用芯棒轻轻敲击，取出丝杆螺母
3	分离尾架体与底板	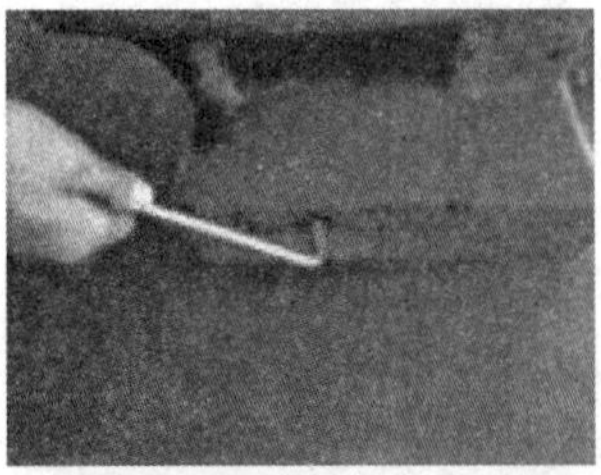 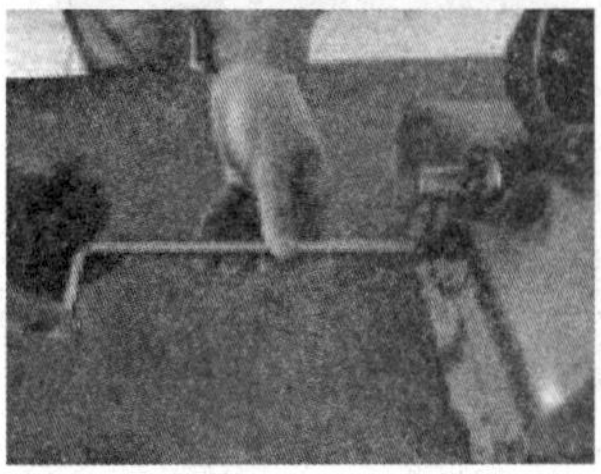	（1）旋出尾架体两侧（左右调整）和后端（前后调整）三颗内六角螺钉

续表

序号	名称	图示	说　明
3	分离尾架体与底板	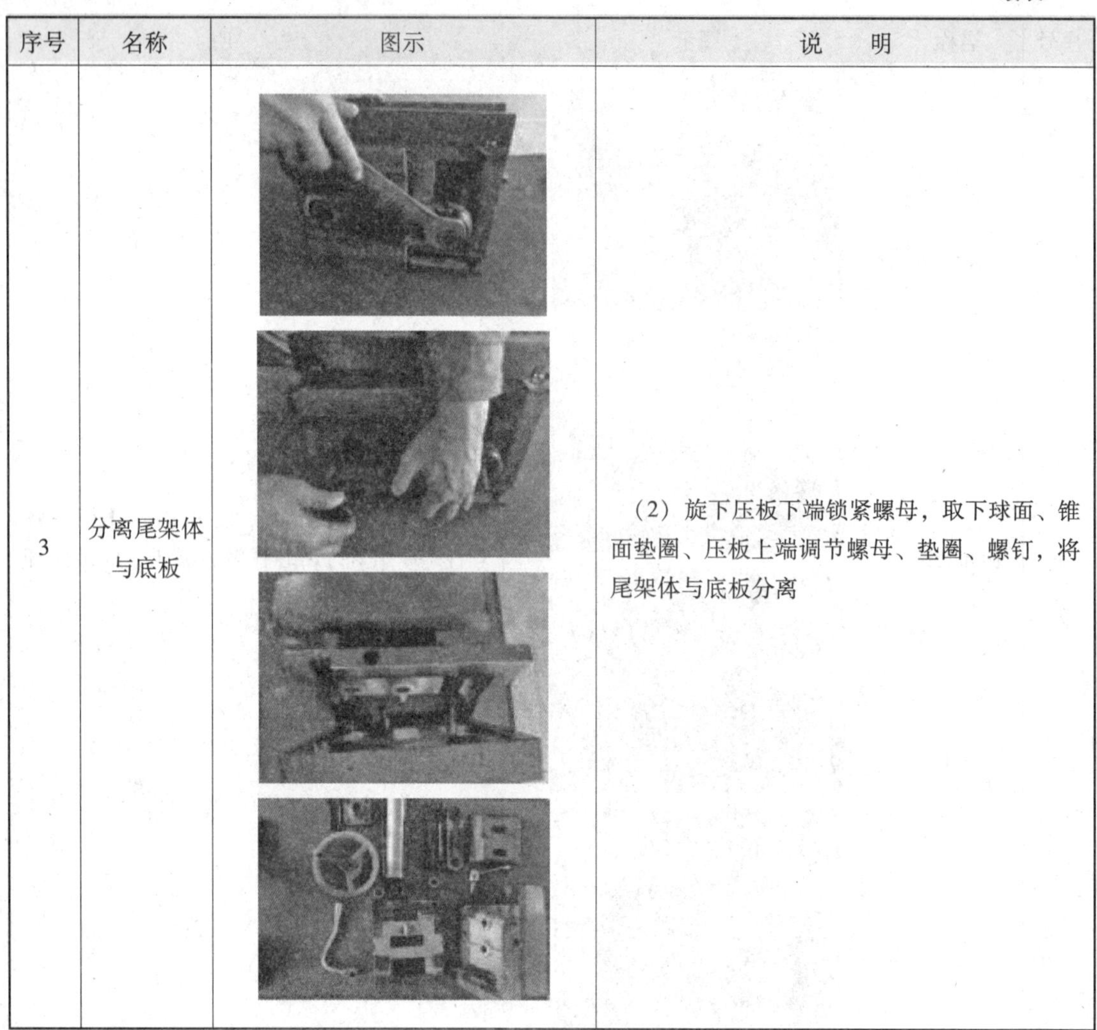	（2）旋下压板下端锁紧螺母，取下球面、锥面垫圈、压板上端调节螺母、垫圈、螺钉，将尾架体与底板分离

2. 车床尾架部件装配

车床尾架部件装配是按照一定的技术标准、一定的顺序将拆卸后更换或者修复的零件装配起来的过程。按照先拆后装，后拆先装的原则进行装配，这里就不详细讲解装配的整个过程。装配过程要点提示如表 15-2-2 所示。

表 15-2-2　车床尾架部件装配过程要点

序号	名称	图示	说　明
1	安装尾架体与底板		装配尾架体与底板时，应先初步调整使刻度线对齐，最后再通过尾架体两侧螺钉进行调节

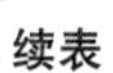

续表

序号	名称	图示	说　明
1	安装尾架体与底板		装配尾架体与底板时，应先初步调整使刻度线对齐，最后再通过尾架体两侧螺钉进行调节
2	安装连接螺钉		安装底板与压板螺钉时，注意两螺钉结构不同，不能互换
3	安装套筒		安装套筒时，注意套筒键槽应在上方，且从尾座体前端推入套筒
4	安装轴承座		安装轴承座时，注意注油孔位置在上方，不能装反

六、任务评价

按表 15-2-3 进行任务评价。

表 15-2-3　CY6140 尾架部件拆装评分标准

班级：	姓名：	学号：	成绩：			
序号	要　求		配分	评分标准	得分	备注
1	拆装流程	拆装流程合理正确	25～30	酌情扣分		
		合理性达 80%以上	20～25	酌情扣分		
		合理性达 60%以上	15～20	酌情扣分		
		合理性达 60%及以下	15 以下	酌情扣分		
2	工艺性及参数指标	工艺要求均达标	25～30	酌情扣分		
		达标 80%以上	20～25	酌情扣分		
		达标 60%以上	15～20	酌情扣分		
		达标 60%及以下	15 以下	酌情扣分		
3	操作熟练程度	操作娴熟、工具合理使用	10～15	酌情扣分		
		操作基本符合要求	5～10	酌情扣分		
		操作较生疏	5 以下	酌情扣分		
		操作娴熟、工具合理使用	10～15	酌情扣分		
4	结构认识提两个问题	两项回答正确	10～15	酌情扣分		
		一项回答正确	5～10	酌情扣分		
		概念模糊或不正确	5 以下	酌情扣分		
5	安全文明操作	较好符合要求	5～10	酌情扣分		
		有明显不符合要求	5 以下	酌情扣分		
			总分			

任务三　CY6140 车床 I 轴装调

一、生产实习图纸

生产实习图纸如图 15-3-1 所示。

图 15-3-1　CY6140 车床 I 轴结构

二、任务分析

CY6140 车床 I 轴是将电动机通过皮带传递过来的扭矩和旋转运动传递到主轴上，并且通过拉杆控制主轴的正反转。车床 I 轴在工作过程中，由于摩擦片的作用会产生很大的热量，因此在工作时需要用机油进行冷却。但在实际使用过程中会发现有时操纵杆不能实现对主轴的正反转控制。这时就需要对 I 轴进行拆卸，检查摩擦片是否有烧伤、划伤和变形。通过拆卸修理，使学生掌握 I 轴结构知识。

三、任务准备

1. 设备准备：CY6140 普通车床。
2. 教学准备：多媒体课件、任务书、评价表、安全操作规程。
3. 工具准备：内六角扳手、三爪拉马、拔销器、一字起、十字起、单头钩型扳手、榔头、铜棒等。

四、相关工艺知识

CY6140 车床主轴箱采用全齿轮集中操纵变速。运动由主电机通过三角带传至 I 轴，经多片式摩擦离合器和各级齿轮传动，驱动主轴运动。

主轴正反转动由摩擦离合器控制，如图 15-3-2 所示。为保证主轴正常工作，离合器的正反方向松紧应调整适当。过松启动不灵，影响主轴输出功率，并经常打滑发热，造成剧烈磨损；过紧则操纵费力，起不到保护作用。

调整方法：按下定位销，转动调节螺母便可调整离合器的松紧。

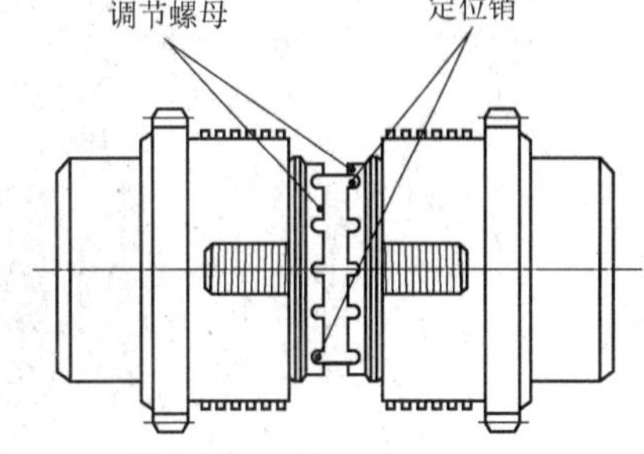

图 15-3-2　摩擦离合器

五、任务实施

（一）拆卸前的准备工作

1. CY6140 普通车床。

2. 多媒体课件辅助学生认识。

（二）以现场示范的方式帮助学生加以理解

1. 车床 I 轴部件拆卸（表 15-3-1）

表 15-3-1 车床 I 轴部件拆卸

序号	名称	图示	说明
1	拆卸皮带和带轮	  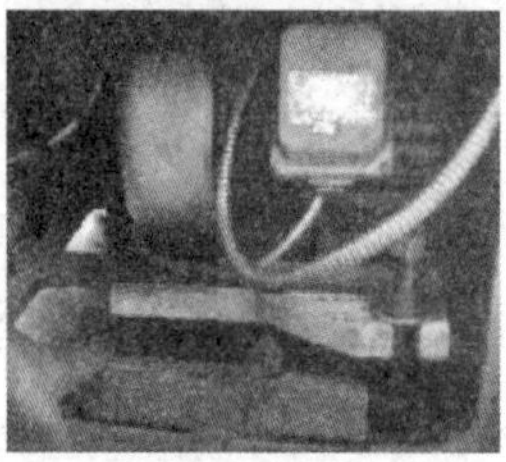	（1）打开挂轮箱盖，并用一字起撬开左床脚盖板，用撬棒撬起电机，使得两带轮中心距变小，拆下皮带
		  	（2）用内六角扳手松开防松螺钉，用单头钩型扳手拧松圆螺母，用拉马拔出带轮

续表

序号	名称	图示	说　明
2	拆卸主轴箱盖和油管	 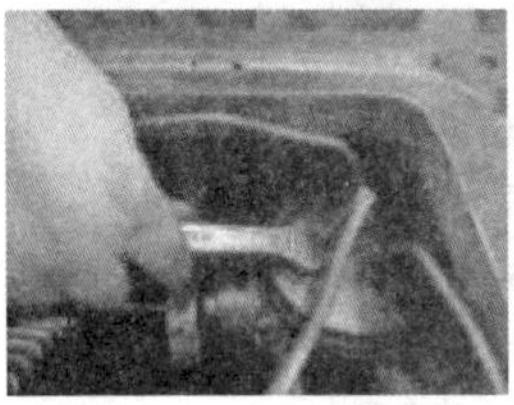	用内六角扳手拧出六颗螺丝，取下箱体上盖（注意安全）；用一字螺丝刀取出油盘，用呆扳手旋松螺母，取出油管
3	移出 I 轴部件至箱体外	   	拧出轴承座三颗螺钉，并用两个螺钉交替旋进螺纹孔顶出轴承座。 将滑块移至元宝形摆块的最右端，同时旋松压套，调松摩擦片，配合铜棒和手锤，将 I 轴移出主轴箱

续表

序号	名称	图示	说　明
4	拆卸Ⅰ轴部件上的零件（左端）	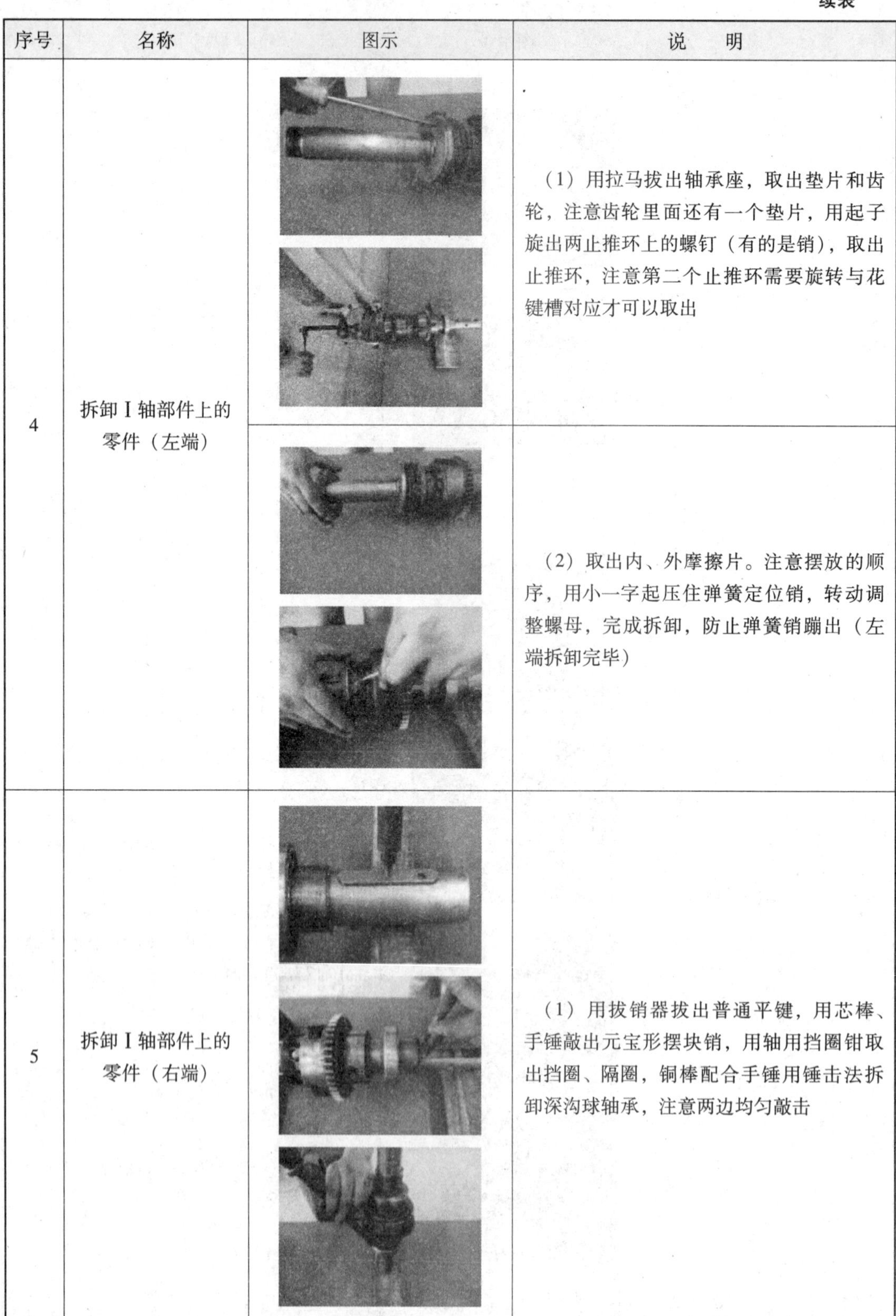	（1）用拉马拔出轴承座，取出垫片和齿轮，注意齿轮里面还有一个垫片，用起子旋出两止推环上的螺钉（有的是销），取出止推环，注意第二个止推环需要旋转与花键槽对应才可以取出
			（2）取出内、外摩擦片。注意摆放的顺序，用小一字起压住弹簧定位销，转动调整螺母，完成拆卸，防止弹簧销蹦出（左端拆卸完毕）
5	拆卸Ⅰ轴部件上的零件（右端）		（1）用拔销器拔出普通平键，用芯棒、手锤敲出元宝形摆块销，用轴用挡圈钳取出挡圈、隔圈，铜棒配合手锤用锤击法拆卸深沟球轴承，注意两边均匀敲击

续表

序号	名称	图示	说　明
5	拆卸 I 轴部件上的零件（右端）	  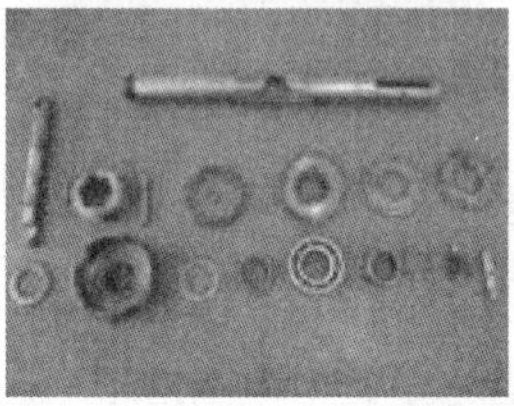	（2）取下隔圈、垫片、齿轮、止推环、内外摩擦片以及调整螺母（方法前面已讲），用芯棒敲出 I 轴右端圆柱销，取出拉杆

2. 车床 I 轴部件装配要点（表 15-3-2）

表 15-3-2　车床 I 轴部件装配要点

序号	名称	图示	说　明
1	安装元宝形摆块与键		安装元宝形摆块与键时要注意：滑套键槽有倒角的一段与元宝形摆块配合，无倒角的一端与平键配合，不能装反
2	调整摩擦片间隙	 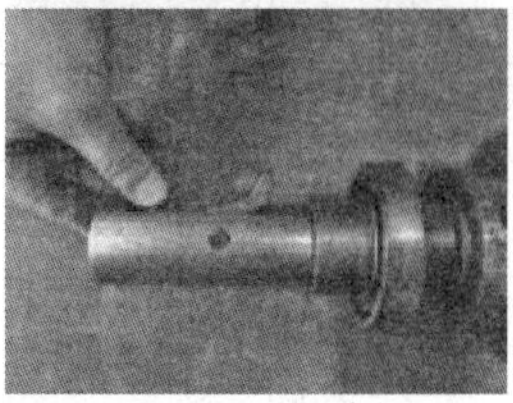	将元宝形摆块安装在轴上时，应能够左右都压入槽内，如有一端压不进，则需调节摩擦片间隙直至压入（便于在机床上装配）

续表

序号	名称	图示	说　明
2	调整摩擦片间隙		将元宝形摆块安装在轴上时，应能够左右都压入槽内，如有一端压不进，则需调节摩擦片间隙直至压入（便于在机床上装配）
3	装配摩擦片与齿轮		正车与反车两端摩擦片及齿轮不能装反
4	装配止推环		装止推环时，第一个止推环应旋转至与轴槽相配合，再装入第二个止推环

六、任务评价

按表 15-3-3 进行任务评价。

表 15-3-3　CY6140 Ⅰ轴装调评分标准

班级：________	姓名：________		学号：________		成绩：________	
序号	要　求		配分	评分标准	得分	备注
1	拆装流程	拆装流程合理正确	25～30	酌情扣分		
		合理性达 80%以上	20～25	酌情扣分		
		合理性达 60%以上	15～20	酌情扣分		
		合理性达 60%及以下	15 以下	酌情扣分		
2	工艺性及参数指标	工艺要求均达标	25～30	酌情扣分		
		达标 80%以上	20～25	酌情扣分		
		达标 60%以上	15～20	酌情扣分		
		达标 60%及以下	15 以下	酌情扣分		

续表

序号	要　　求		配分	评分标准	得分	备注
3	操作熟练程度	操作娴熟、工具合理使用	10～15	酌情扣分		
		操作基本符合要求	5～10	酌情扣分		
		操作较生疏	5 以下	酌情扣分		
		操作娴熟、工具合理使用	10～15	酌情扣分		
4	结构认识 提两个问题	两项回答正确	10～15	酌情扣分		
		一项回答正确	5～10	酌情扣分		
		概念模糊或不正确	5 以下	酌情扣分		
5	安全文明操作	较好符合要求	5～10	酌情扣分		
		有明显不符合要求	5 以下	酌情扣分		
			总分			

钻床夹具

课题十六

模具分析与拆装

大国重器创新驱动

【知识点】

Ⅰ　冲压模具与塑料模具的类型及功用

Ⅱ　冲压模具与塑料模具各部分的结构与工作原理

【技能点】

冲压模具与塑料模具的拆卸及装配方法

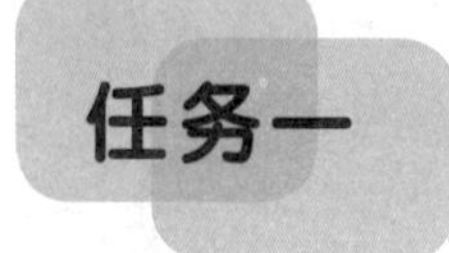

任务一　冲压模具的拆装

一、生产实习图纸

生产实习图纸如图 16-1-1 所示。

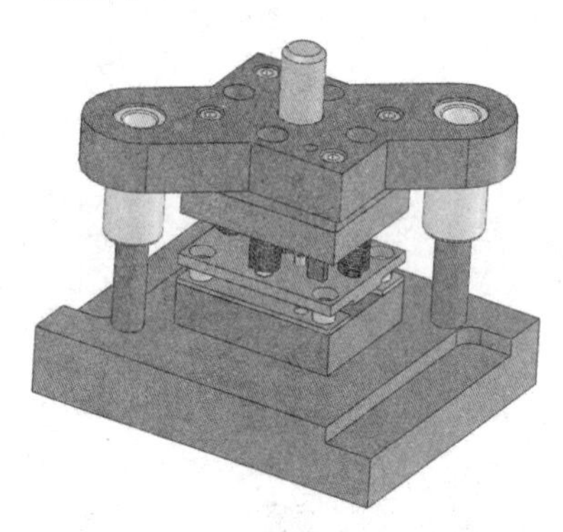

图 16-1-1　冷冲压模具模型图

二、任务分析

通过对冷冲压模具进行拆装，对冷冲压模具的典型结构及零部件装配有全面的认识，并为模具设计与制造奠定良好的基础。了解冷冲压模具的零件相互之间的装配形式及配合关系。了解冷冲压模具的零部件在模具中的作用。全面掌握模具的拆卸及装配的过程、方法和各种工具的使用。培养学生的动手能力、分析问题和解决问题的能力。

三、任务准备

（1）选择中等复杂程度的冷冲压模具一副，如图 16-1-1 所示（可根据实际生产情况予以选取）。

（2）准备拆装用操作工具：内六角扳手、旋具、平行铁、台虎钳、铜棒、手锤、盛物容器等。

（3）准备拆装用量具：游标卡尺、90°角尺、直尺、千分尺等。

（4）实训准备。

① 小组人员分工。同组人员按拆卸、观察、测量、记录、绘图、装配等分工，并负责。

② 工具准备。领用并清点拆装和测量所用的工、量具；了解工量具的使用方法及使用要求；在实训结束时，按清单清点工量具，并交指导教师验收。

③ 熟悉实训要求。要求复习有关理论知识，并详细阅读本指导书；对实训报告所要求的内容在实训过程中做详细的记录。在拆装实训时，带齐绘图仪器和纸张。

四、相关工艺分析

（一）冲压模具的类型

（1）按工序的性质分类。冲压模具可分为落料模具、冲孔模具、切断模具、整修模具、弯曲模具、拉伸模具和成型模具等。

（2）按工序的组合方式分类。冲压模具可分为单工序模具、复合模具和级进模具。

① 单工序模具：在压力机的一次行程内，在一副模具中，只完成一道工序的模具。

② 复合模具：在压力机的一次行程内，在一副模具中的同一位置上，能完成两个以上工序的冲压模具。

③ 级进模具（又称连续模具）：在压力机的一次行程内，在一副模具的不同位置上，完成两个或两个以上工序，并最后将制品与条料分离的冲压模具。

（3）按冲模的导向方式分类。冲压模具可分为敞开模具、导板模具和导柱模具等。

（4）按凸模或凸凹模的安装位置分类。冲压模具可分为顺装模具与倒装模具两类。

（二）冲压模具零件的类型及功用

冲压模具一般都是由固定和活动两个部分组成。固定部分是用压板、螺栓等紧固件，固定在压力机的工作台面上，称为下模；活动部分一般固定在压力机的滑块上，称为上模。上模随滑块做上、下往复运动，从而进行冲压工作。根据模具零件的功用，冲压模的零件有以下五个类型。

1. 工作零件

工作零件是完成冲压工作的零件，例如凸模、凹模、凸凹模等。

2. 定位零件

这些零件的功用是保证送料有良好的导向和控制送料进距，例如挡料销、定距侧刃、导正销、定位板、导料板、侧压块等。

3. 卸料与推料零件

这些零件的功用是在冲压工序完毕后保证将制件和废料排除，以保证下一次冲压工序的顺利进行，例如弹顶器、卸料板、废料切刀等。

4. 导向零件

这些零件的功用是保证上模与下模在相对运动时有精确的导向，并使凸模、凹模间有均匀的间隙，以提高冲压件的质量。例如导柱、导套、导板等。

5. 支承与固定零件

这些零件的功用是使上述四个部分的零件连接成“整体”，以保证各零件间的相对位置，并使模具能安装在压力机上。例如上模座、下模座、模柄、固定板、垫板、内六角螺钉和圆柱销等。

（三）拆卸与装配注意事项

（1）在拆卸模具之前，应先分清可拆卸件和不可拆卸件。针对各种模具，具体分析其结构特点，并制定模具拆卸顺序及方法的方案，提请指导教师审查。

（2）在拆卸和装配模具时，首先应仔细观察模具。务必搞清楚模具零部件的相互装配关系和紧固方法，并按钳工的基本操作方法进行，以免损坏模具零件。

（3）一般冷冲压模具的导柱、导套以及用浇注或铆接方法固定的凸模等为不可拆卸件或不宜拆卸件。在拆卸时，一般首先将上、下模分开，然后分别将上、下模上做紧固用的紧固螺钉拧松，再敲出销钉，用拆卸工具将模芯的各块板拆下，最后从固定板中压出凸模、凸凹模等，达到可拆卸件的全部分离。

（4）拆卸模具按所拟的拆卸顺序进行拆卸。要求分析拆卸件、连接件的受力情况，并对所拆下的每一个零件进行观察、测量并做记录。记录被拆下零件的位置，并按一定顺序摆放好，以避免在组装时，出现装配错误或漏装零件。

（5）拆卸。准确使用拆卸工具和测量工具，在拆卸、配合时，要分别采用拍打、压出等不同方法对待不同的配合关系的零件。注意保护模具，并使其受力平衡。切不可盲目用力敲打，并严禁用铁鎯头直接敲打模具零件。不可拆卸的零件和不宜拆卸的零件不要拆卸。在拆卸过程中，特别要注意操作安全，以避免损坏模具及各器械。当拆卸遇到困难时，分析原因，并请教指导教师。遵守课堂纪律，服从教师的安排。

（6）模具装配复原的过程一般与模具拆卸的顺序相反。装配后，模具所有的活动部分应保证位置准确、动作协调可靠、定位和导向正确，固定的零件连接牢固，锁紧零件达到可靠的锁紧作用。

五、任务实施

1. 任务实施步骤

（1）在台虎钳上用拆卸工具将上、下模分开，并将分开后的上、下模放到工作位置，如图16-1-2所示。

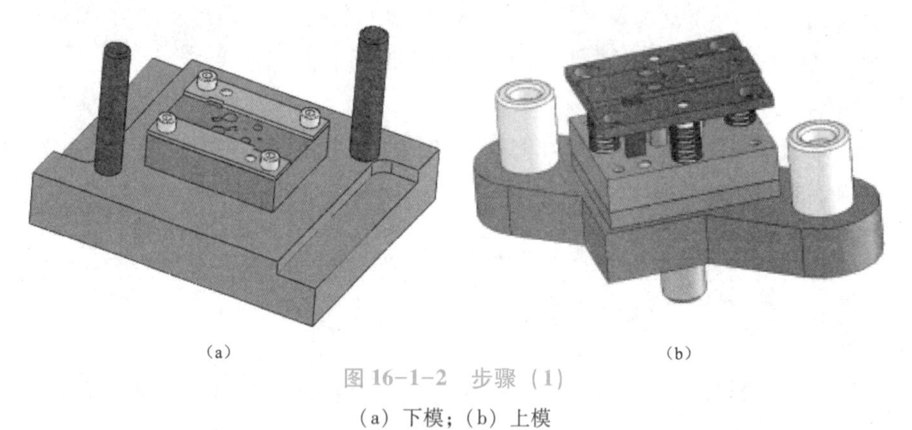

(a)　　(b)

图16-1-2　步骤（1）

（a）下模；（b）上模

（2）拆上模。

① 拆开8号件卸料螺钉，之后将1号件弹性卸料板、2号件弹簧从上模中拆开，如图16-1-3所示。

② 拆开连接15号件上模座和3号件凸模固定板的7号件螺钉、6号件销钉，并把5号件垫板和3号件凸模固定板从上模上拆开，如图16-1-4所示。

③ 拆开18号件销钉，并将17号件模柄从15号件上模座中拆出，如图16-1-5所示。

④ 将固定在3号件凸模固定板上的4号件所有凸模拆开，如图16-1-6所示。

（3）拆下模。

① 将9号件螺钉和10号件销钉拆开，并把11号件导料板从凹模固定板上拆下，如图16-1-7所示。

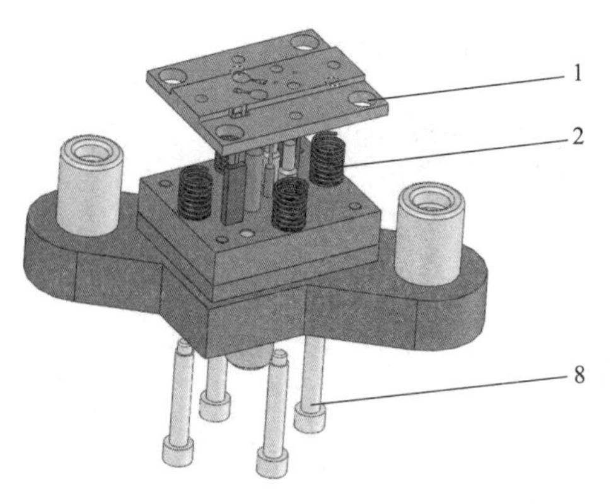

图 16-1-3　步骤（2）-①

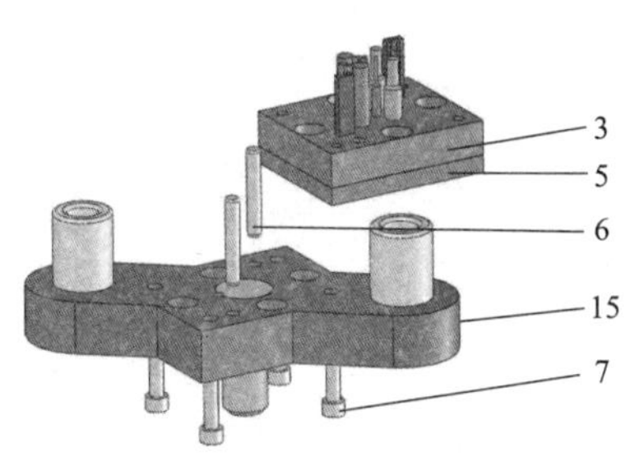

图 16-1-4　步骤（2）-②

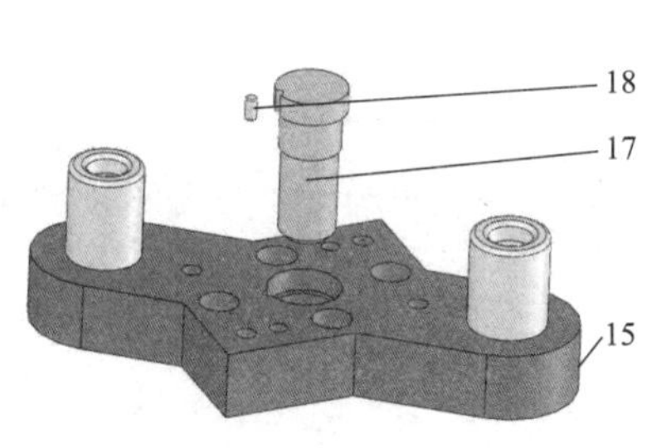

图 16-1-5　步骤（2）-③

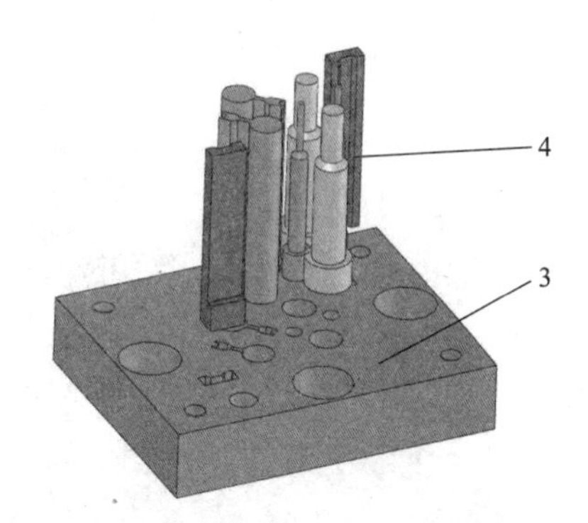

图 16-1-6　步骤（2）-④

② 由于 10 号件销钉和 9 号件螺钉已拆开，因此 12 号件凹模已与 14 号件下模座分离，可以拆开，如图 16-1-8 所示。此副模具的 11 号件导料板的定位和固定、12 号件凹模与 14 号件下模座的固定共用 10 号件销钉和 9 号件螺钉。若有的模具另用销钉和螺钉紧固凹模和下模座，则需加一个步骤拆开。

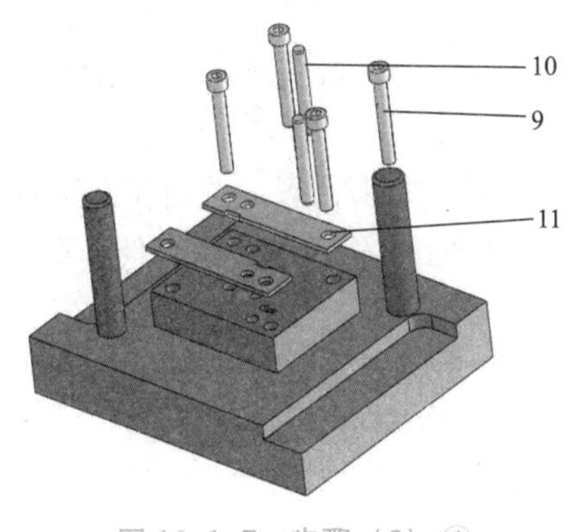

图 16-1-7　步骤（3）-①

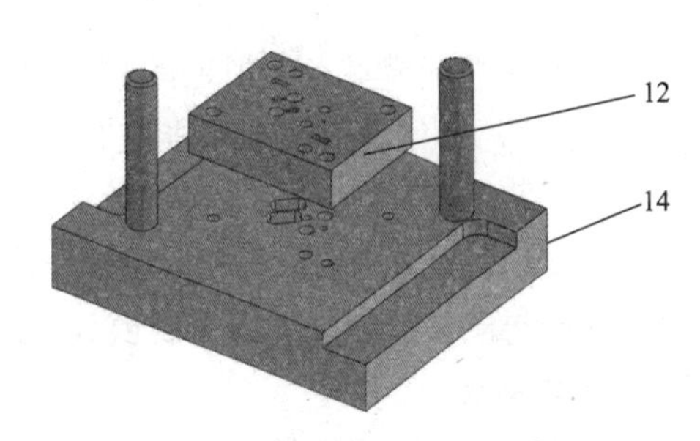

图 16-1-8　步骤（3）-②

（4）装配。根据冷冲压模具的分解图确定装配顺序，如图 16-1-9 所示。

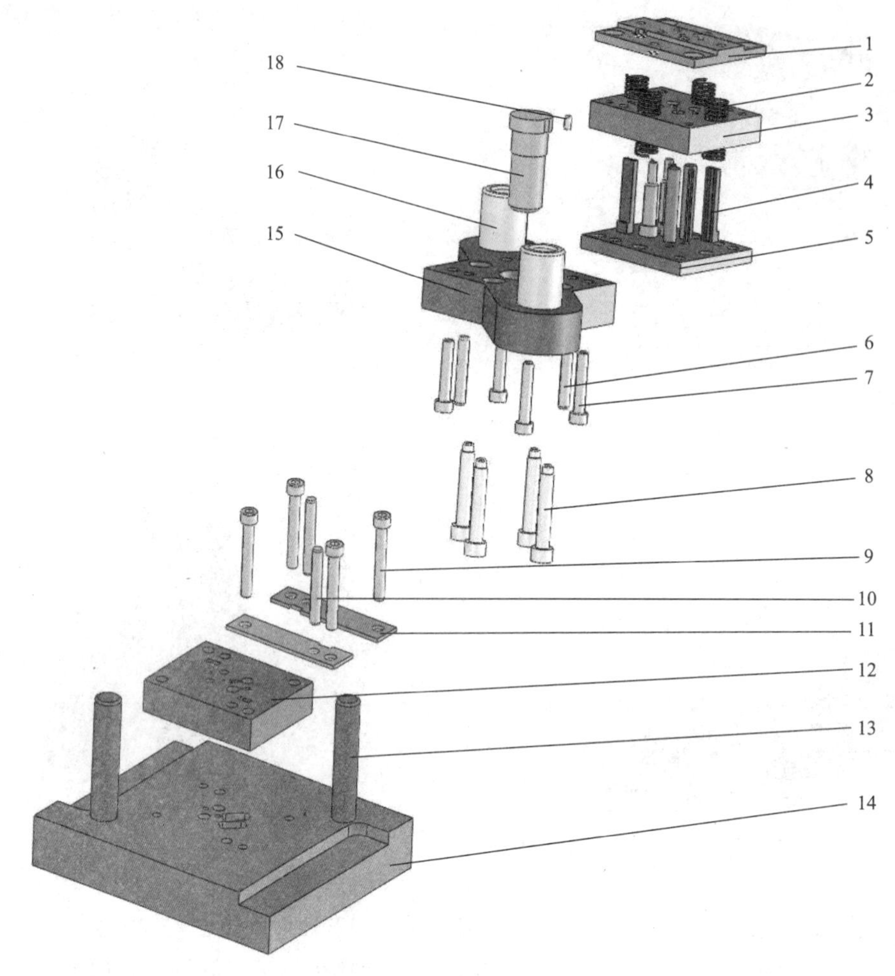

图 16-1-9　冷冲压模具的分解图

1—弹性卸料板；2—弹簧；3—凸模固定板；4—所有凸模；5—垫板；6，10，18—销钉；7，9—螺钉；8—卸料螺钉；11—导料板；12—凹模；13—导柱；14—下模座；15—上模座；16—导套；17—模柄

① 清洗已拆卸的模具零件。按“先拆的零件后装，后拆的零件先装”为一般原则，制定装配顺序。

② 按顺序装配模具。按拟定的顺序将全部模具零件装回原来位置。注意正反方向，以防止漏装。当遇到因零件受损不能进行装配时，应在老师的指导下，学习用工具修复受损零件后，再装配。

（5）装配后检查。观察装配后模具是否与拆卸前一致，并检查是否有错装和漏装等现象。

（6）绘制模具总装草图：绘制模具草图时在图上记录有关尺寸。

2. 重点提示

（1）在拆卸和装配模具时，应先仔细观察模具。务必搞清楚模具零部件的相互关系和坚固方法，并按钳工的基本操作方法进行拆装，以免损坏模具零件。

（2）应准确使用拆卸工具。在拆卸配合时，对不同的配合关系的零件要分别采用拍打、压出等不同方法。

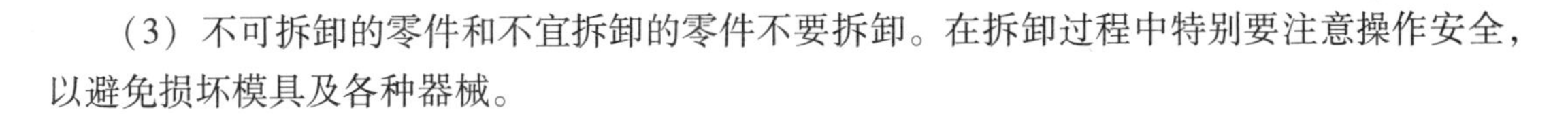

（3）不可拆卸的零件和不宜拆卸的零件不要拆卸。在拆卸过程中特别要注意操作安全，以避免损坏模具及各种器械。

六、任务评价

按表 16-1-1 进行任务评价。

表 16-1-1　冷冲压模具的拆装实习记录及成绩评定表

班级：______	姓名：______	学号：______	成绩：______			
序号	技术要求	配分	评分标准	自检记录	交检记录	得分
1	准备工作充分	10	每缺一项扣 2 分			
2	上、下模的正确拆卸	10	（测试）			
3	零件正确、规范地安放	20	（总体评定）			
4	拆卸过程安排合理	10	（总体评定）			
5	装配过程安排合理	10	（总体评定）			
6	上、下模的正确安装	20	（测试）			
7	工具的合理及准确使用	5	（总体评定）			
8	绘制模具总装草图	10	每错一处扣 1 分			
9	安全文明生产	5	违者每次扣 2 分			
10	工时定额为 2 h	每超 1 h 扣 5 分				
11	现场记录					

任务二　塑料模具的拆装

一、生产实习图纸

生产实习图如图 16-2-1 所示。

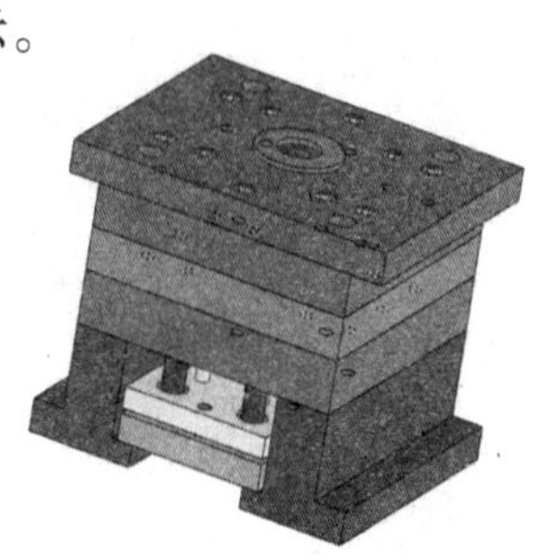

图 16-2-1　塑料注射模具图

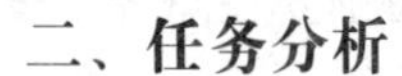

二、任务分析

通过对塑料模具的拆装，对认识塑料模具典型结构及零部件装配有全面的认识，并为模具设计与制造奠定良好的基础。了解塑料模具零件相互之间的装配形式及配合关系。了解塑料模具的零部件在模具中的作用，全面掌握模具的拆卸及装配过程、方法和各种工具的使用。培养学生的动手能力、分析问题和解决问题的能力。

三、任务准备

（1）选择中等复杂程度的塑料注射模具一副，如图16-2-1所示（可根据实际生产情况予以选取）。

（2）拆装用操作工具：内六角扳手、旋具、平行铁、台虎钳、手锤、铜棒、手锤、盛物容器等。

（3）拆装用量具：游标卡尺、90°角尺、直尺、千分尺等。

（4）实训准备。

① 小组人员分工。同组人员按拆卸、观察、测量、记录、绘图、装配等分工，并负责。

② 工具准备。领用并清点拆卸和测量所用的工具；了解工具的使用方法及使用要求，并将工具摆放整齐；在实训结束时，按工具清单清点工具，并交指导教师验收。

③ 熟悉实训要求。要求复习有关理论知识，并详细阅读本指导书；对实训报告所要求的内容在实训过程中做详细的记录。在拆装实训时，带齐绘图仪器和纸张。

四、相关工艺分析

（一）塑料模具的类型

1. 分类

塑料模具按成型方法可分为注射成型模具、压缩成型模具、压注成型模具、挤出成型模具、中空吹塑成型模具、真空成型模具、压缩空气成型模具等。

2. 注射模具的工作原理、类型及典型结构

（1）注射模具的工作原理。

注射模具包括动模和定模两部分。动模安装在注射机的移动模板上；定模安装在注射机的固定模板上。注射时，动模与定模闭合，构成型腔和浇注系统；开模时，动模与定模分离，以便取出塑料制品。

（2）注射模具的类型及典型结构。

注射模具的种类很多。按其所用注射机的类型分类，有卧式注射机用注射模具、立式注射机用注射模具和角式注射机用注射模具；按模具的型腔数目分类，有单型腔注射模具和多型腔注射模具；按塑料品种分类，有热固性塑料注射模具和热塑性塑料注射模具等。在此，按注射模具的总体结构特征进行分类，有以下几种典型结构：单分型面注射模具、双分型面注射模具、带活动成型零部件的注射模具、带侧向分型与抽芯机构的注射模具、自动卸螺纹注射模具、定模侧设有推出脱模机构的注射模具、无流道凝料的注射模具等。

（二）注射模具零件的组成及作用

虽然注射模具的结构类型很多，但无论何种结构的模具，其主要由以下几种零件构成。

1. 成型零件

成型零件包括定模型腔（凹模）、动模型腔（凸模）和型芯等零件。

2. 浇注系统零件

浇注系统零件主要包括定位圈、喷嘴等零件。主要作用是将注射机料筒内的熔融塑料填充到模具型腔内，并起传递压力的作用。

3. 脱模系统零件

注射机的脱模机构又称为推出机构，是由推出塑件所需的全部结构零件组成。例如顶杆、顶杆垫板、顶杆固定板等零件。这类零件使用时应便于脱出塑件，且不允许有任何使塑件变形、破裂和刮伤等的现象。机构要求灵活、可靠，并要使更换、维修方便。

4. 冷却及加热机构

冷却及加热机构主要包括冷却水嘴、水管通道、加热板等。作用主要是调节模具的温度，以保证塑件的质量。

5. 结构零件

模具的结构零件主要是固定成型零件，并使其组成一体的零件。结构零件主要包括定模座板、动模座板、垫板、定模框和动模框等。

6. 导向零件

导向零件主要包括导柱、导套，并且主要是对定模和动模起导向作用。

7. 抽芯机构零件

抽芯机构零件主要是加工有侧向凹、凸及侧孔的零件，主要包括滑块型芯、斜导柱等零件。

8. 紧固零件

紧固零件主要包括螺钉、销钉等标准零件。其作用是连接、紧固各零件，使其成为模具整体。

（三）拆卸与装配注意事项

（1）在拆卸注射模具时，可一手将模具的某一部分（例如注射模具的定模部分）托住，另一手用木槌或铜棒轻轻敲击模具另一部分的座板，从而使模具分开。决不可用很大的力来捶击其他的工作面，或使模具左右摆动，这样对模具精度产生不良的影响。

（2）拆卸顺序一般应先拆外部附件，然后再拆主体部件。在拆卸部件或组合件时，应按从外部拆到内部、从上部拆到下部的顺序，并依次拆卸组合件或零件。

（3）模具装配复原的过程一般与模具拆卸的顺序相反。装配后，模具所有的活动部分，应保证位置准确，且动作协调可靠，定位和导向正确；固定的零件连接牢固，锁紧零件达到可靠的锁紧作用。

五、实习步骤

1. 任务实施的实习步骤

（1）在台虎钳上用拆卸工具将上、下模分开，并将分开后的上、下模放到工作位置，如图 16-2-2 所示。

（2）拆定模部分。

① 松开件 3 螺钉，将件 2 喷嘴、件 4 定模座板、件 21 定模框分开，如图 16-2-3 所示。

② 将件 23 导套，件 22 定模镶块从件 21 定模框中拆开，如图 16-2-4 所示。

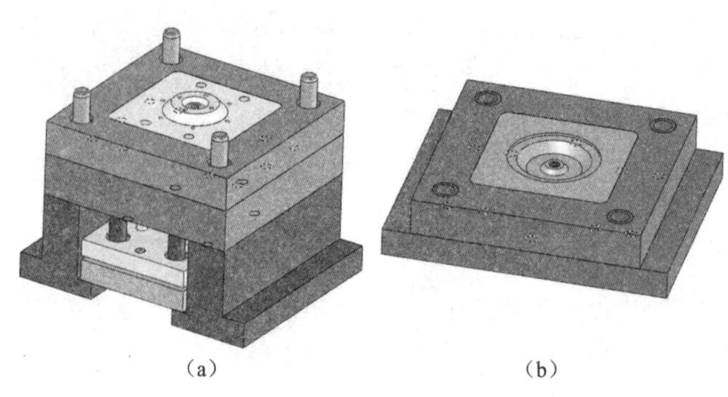

图 16-2-2　塑料注射成型模具

(a) 动模；(b) 定模

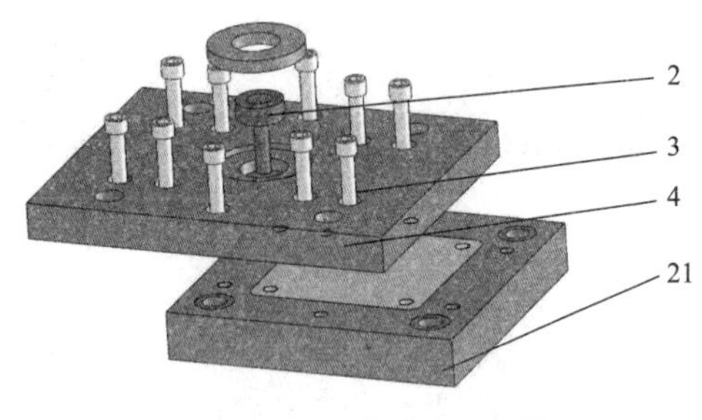

图 16-2-3　步骤（2）-①

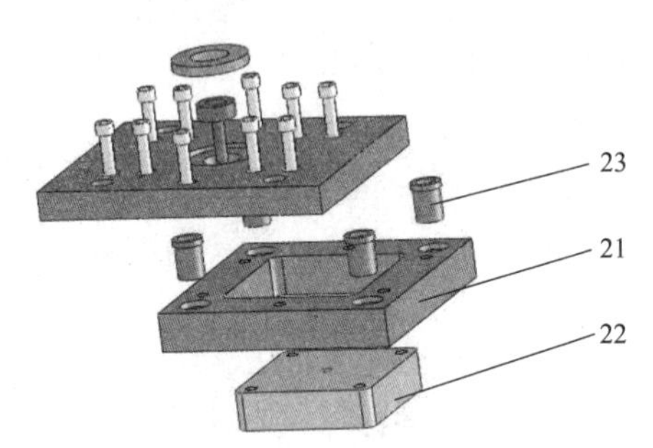

图 16-2-4　步骤（2）-②

（3）拆动模部分。

① 松开件 14 螺钉，将件 15 垫脚从动模分开，如图 16-2-5 所示。

② 将件 12 顶杆垫板、件 10 顶杆固定板、件 9 复位杆、件 8 顶杆组合部件从动模部分分开，如图 16-2-6 所示。

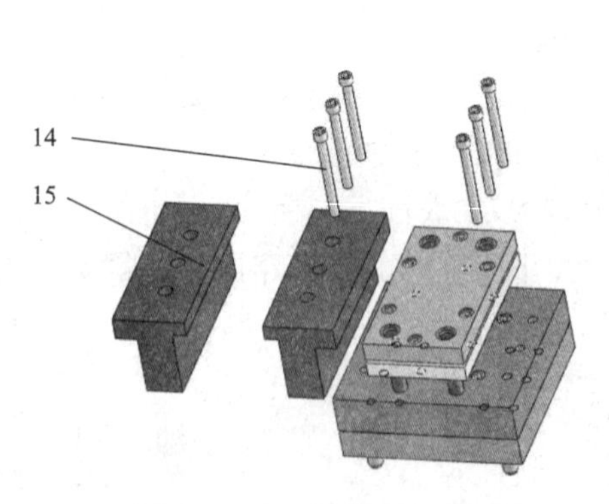

图 16-2-5　步骤（3）-①

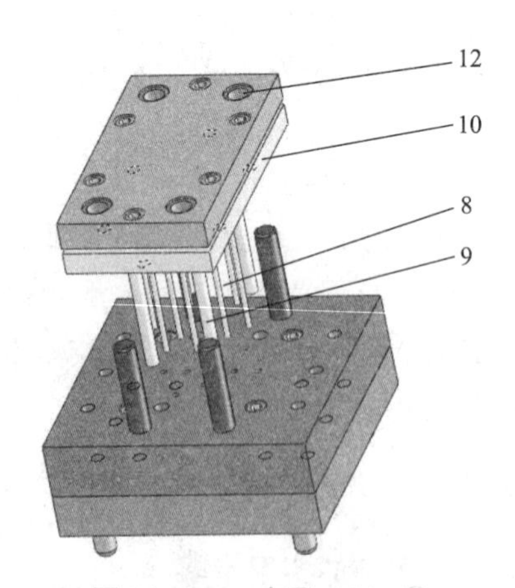

图 16-2-6　步骤（3）-②

③ 松开件 16 螺钉将件 17 动模垫板、件 20 动模框分开，如图 16-2-7 所示。

④ 将件 19 导柱、件 7 动模镶块从件 20 动模框中分开，再拆开件 5、6 动模镶件 1 和 2，把件 18 推板导柱从件 17 动模垫板中敲出，如图 16-2-8 所示。

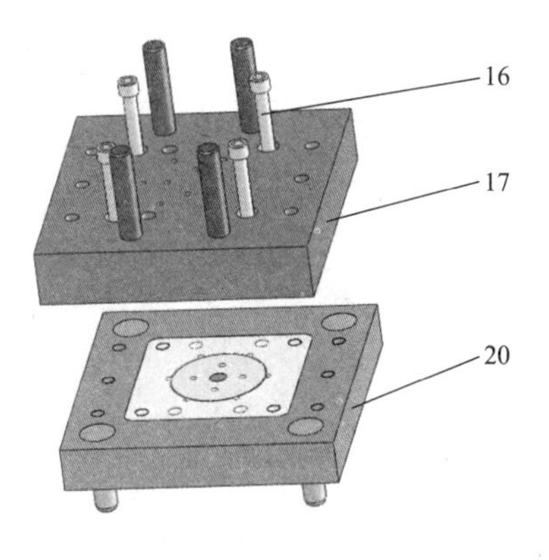

图 16-2-7　步骤（3）-③

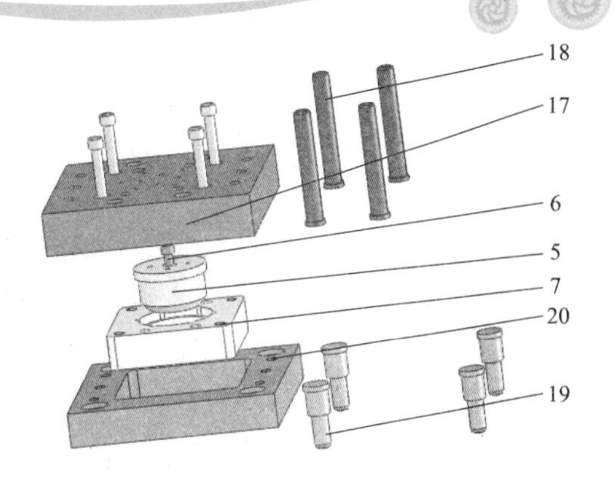

图 16-2-8　步骤（3）-④

⑤ 松开件 13 螺钉，将件 12 顶杆垫板、件 10 顶杆固定板、件 9 复位杆、件 8 顶杆分开，把件 11 推板导套从件 10 顶杆固定板中拆出，如图 16-2-9 所示。

（4）装配。

根据塑料注射模具分解图确定装配顺序，如图 16-2-10所示。

① 清洗已拆卸的模具零件，按先拆的零件后装，后拆的零件先装为一般原则制定装配顺序。

② 按顺序装配模具。塑料模具装配时常用的装配基准有两种：

a. 以塑料模中的主要工作零件如型芯（凸模）、型腔（凹模）和镶块等为装配基准件，模具的其他零件都依据装配基准件进行顺序装配；

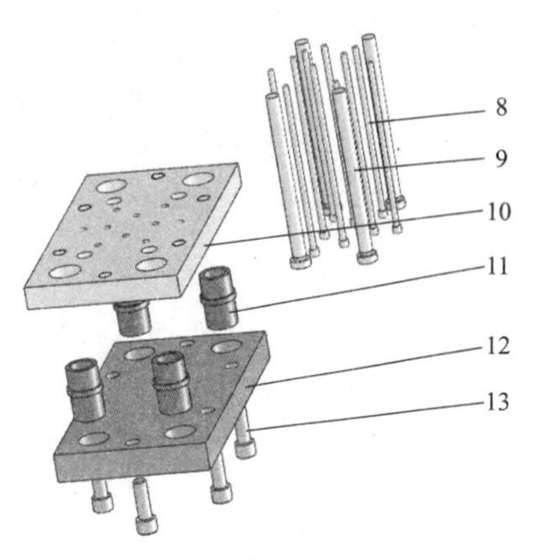

图 16-2-9　步骤（3）-⑤

b. 以模板侧边两相互垂直的基准面为基准，凡型腔、型芯的修整和装配，导柱、导套的安装孔位置及侧抽滑块的导向位置等，均依基准面分别定位、找正。具体操作时，应在实习指导教师的带领下进行。

（5）装配后检查。观察装配后模具是否与拆卸前一致，并检查是否有错装和漏装等现象。

（6）绘制模具总装草图。绘制模具草图时，在图上记录有关尺寸。

2. 重点提示

（1）拆卸和装配模具时，先仔细观察模具，以搞清楚模具零部件的相互关系和坚固方法，并按钳工的基本操作方法进行拆装，以免损坏模具零件。

（2）注意保护模具，并使其受力平衡。准确使用拆卸工具，并且在拆卸配合时要分别采用拍打、压出等不同方法对待不同的配合关系的零件。严禁用铁锨头直接敲打模具零件。

（3）不可拆卸的零件和不宜拆卸的零件不要拆卸。在拆卸过程中，特别要注意操作安全，以避免损坏模具及各种器械。

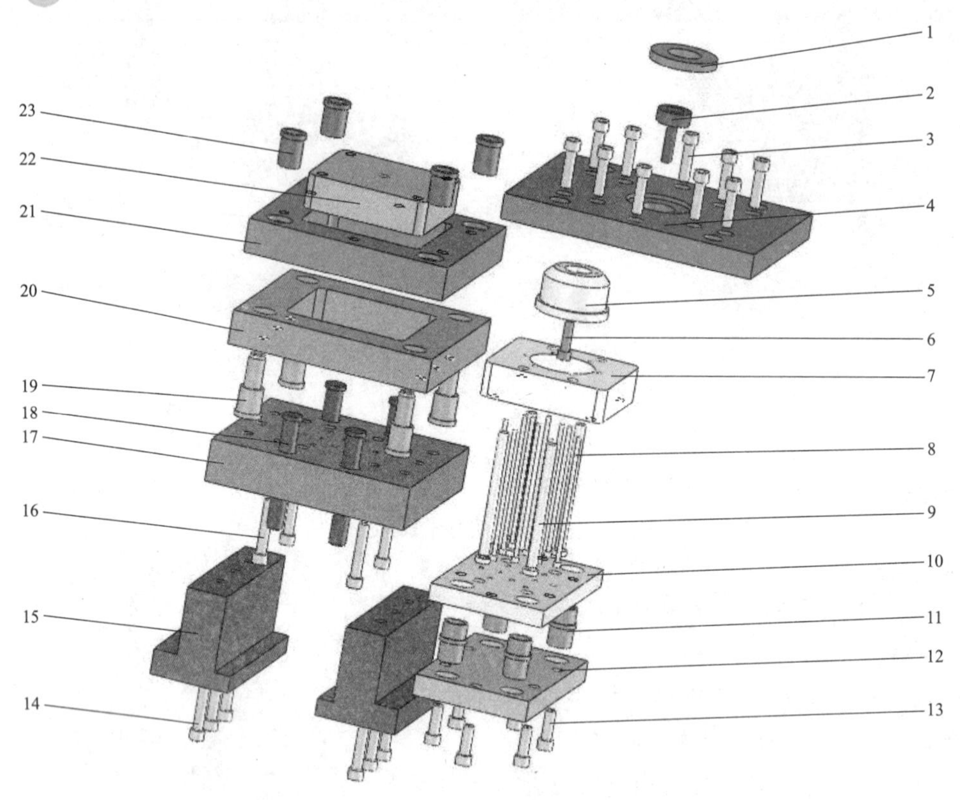

图 16-2-10　塑料注射模具的分解图

1—定位圈；2—喷嘴；3、13、14、16—螺钉；4—定模座板；5—动模镶件（1）；6—动模镶件（2）；7—动模镶块；8—顶杆；9—复位杆；10—顶杆固定板；11—推板导套；12—顶杆垫板；15—垫脚；17—动模垫板；18—推板导柱；19—导柱；20—动模框；21—定模框；22—定模镶块；23—导套

六、任务评价

按表 16-2-1 进行任务评价。

表 16-2-1　塑料注射模具的拆装实习记录及成绩评定表

班级：______	姓名：______		学号：______		成绩：______	
序号	技术要求	配分	评分标准	自检记录	交检记录	得分
1	准备工作充分	10	每缺一项扣 2 分			
2	动模、定模的正确拆卸	10	（测试）			
3	零件正确、规范地安放	20	（总体评定）			
4	拆卸过程安排合理	10	（总体评定）			
5	装配过程安排合理	10	（总体评定）			
6	动、定模的正确安装	20	（测试）			
7	工具的合理及准确使用	5	（总体评定）			
8	绘制模具总装草图	10	每错一处扣 1 分			

续表

序号	技术要求	配分	评分标准	自检记录	交检记录	得分
9	安全文明生产	5	违者每次扣2分			
10	工时定额为2 h	每超1 h扣5分				
11	现场记录					

复习思考题

（1）简述冲压模具的类型，冲压模具零件的类型及功用。

（2）简述塑料模具的类型，注射模具的工作原理、类型及典型结构。

（3）简述模具拆装的注意事项。

课题十七

大国重器制造强国

初、中、高级技能考核训练

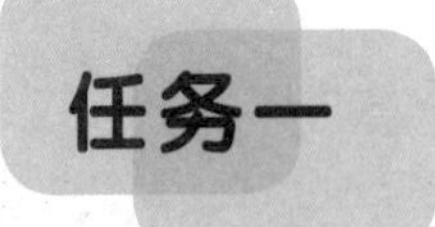

任务一　梯形样板副的加工

一、考核试题图纸

考核试题图纸如图 17-1-1 所示。

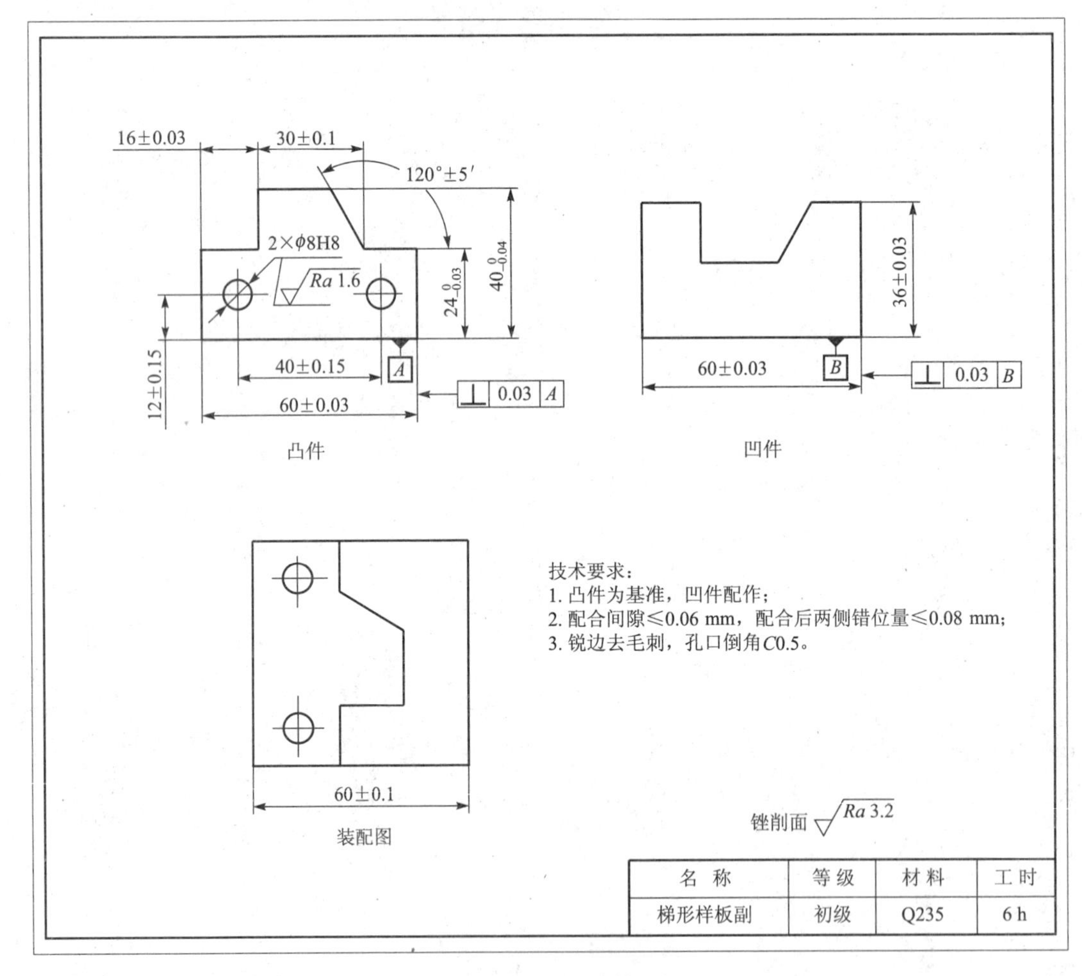

图 17-1-1　梯形样板副

二、考试准备

考试准备如图 17-1-2 及表 17-1-1 所示。

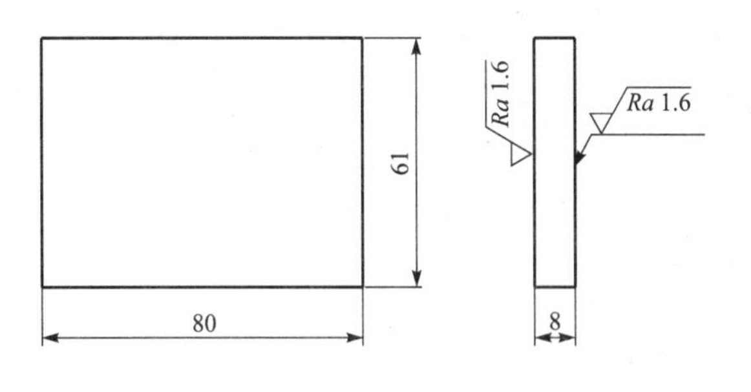

图 17-1-2　备料图

表 17-1-1　工、量、刃具准备

名　称	规　格	精　度（读数值）	数量/件	名　称	规　格	精　度（读数值）	数量/件
高度划线尺	0～300 mm	0. 02 mm	1	锉刀	250 mm	1 号纹	1
游标卡尺	0～150 mm	0. 02 mm	1		200 mm	2、3 号纹	各 1
千分尺	0～25 mm	0. 01 mm	1		150 mm	3 号纹	1
	25～50 mm	0. 01 mm	1	三角锉	150 mm	2 号纹	1
	50～75 mm	0. 01 mm	1	整形锉	ϕ5 mm		1 套
万能角度尺	0°～320°	2′	1	划线靠铁			1
刀口角尺	100 mm×63 mm	0 级	1	测量圆柱	ϕ10×15 mm	h 6	1
塞尺	0. 02～0. 5 mm		1	锯弓			1
钻头	ϕ6 mm		1	锯条			1
	ϕ7. 8 mm		1	手锤			1
	ϕ12 mm		1	划线工具			1 套
手用铰刀	ϕ8 mm	H8	1	软钳口			1 副
塞规	ϕ8 mm	H8	1	铜丝刷			1
铰杠			1				

三、评分标准

按表 17-1-2 进行任务评价。

表 17-1-2　梯形样板副评分标准

准考证号码：________		试件编号：________		成绩：________		
序号		技术要求	配分	评分标准	实测记录	得分
凸件	1	(60±0.03)mm	5	超差全扣		
	2	$40_{-0.04}^{0}$ mm	5	超差全扣		
	3	$24_{-0.03}^{0}$ mm　(2 处)	8/2	每超一处扣 4 分		
	4	(16±0.03)mm	6	超差全扣		
	5	(30±0.1)mm	4	超差全扣		
	6	120°±5′	5	超差全扣		
	7	⊥ 0.03 A	3	超差全扣		
	8	(12±0.15)mm　(2 处)	4/2	每超一处扣 2 分		
	9	(40±0.15)mm	4	超差全扣		
	10	2×$\phi 8H8$，$Ra1.6$ μm	4/2	每超一处扣 1 分		
	11	锉面 $Ra3.2$ μm　(8 处)	8/8	每超一处扣 1 分		
凹件	12	(60±0.03)mm	5	超差全扣		
	13	(36±0.03)mm	5	超差全扣		
	14	⊥ 0.03 B	3	超差全扣		
	15	锉面 $Ra3.2$ μm　(8 处)	8/8	每超一处扣 1 分		
配合	16	间隙≤0.06 mm (5 处)	15/5	每超一处扣 3 分		
	17	错位量≤0.08 mm	6	超差全扣		
	18	(60±0.1)mm	2	超差全扣		
19		安全文明生产	(扣分)	违者每次扣 2 分，严重者扣 5～10 分		

任务二　四方 V 形配合

一、考核试题图纸

考核试题图纸如图 17-2-1 所示。

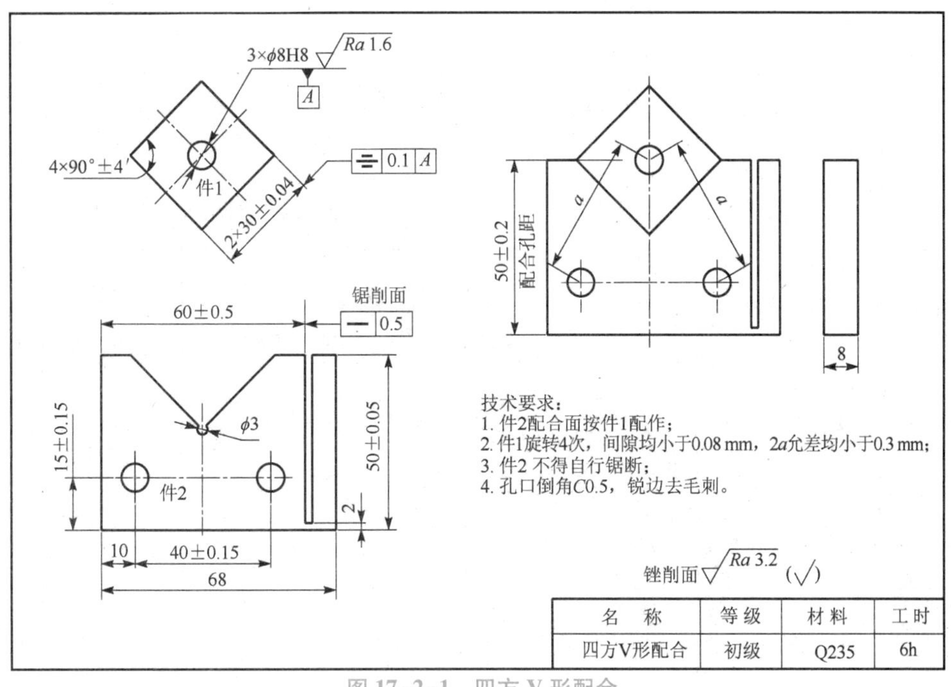

图 17-2-1　四方 V 形配合

二、考试准备

考试准备如图 17-2-2 及表 17-2-1 所示。

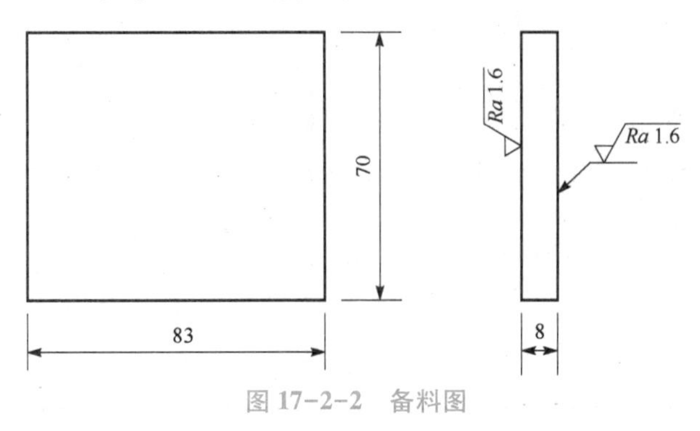

图 17-2-2　备料图

表 17-2-1 工、量、刃具准备

名称	规格	精度（读数值）	数量/件	名称	规格	精度（读数值）	数量/件
高度划线尺	0～300 mm	0.02 mm	1	锉刀	250 mm	1号纹	1
游标卡尺	0～150 mm	0.02 mm	1		200 mm	2、3号纹	各1
千分尺	0～25 mm	0.01 mm	1		150 mm	3号纹	1
	25～50 mm	0.01 mm	1	三角锉	150 mm	2号纹	1
	50～75 mm	0.01 mm	1	整形锉	ϕ5 mm		1套
万能角度尺	0°～320°	2′	1	划线靠铁			1
刀口角尺	100 mm×63 mm	0级	1	测量圆柱	ϕ10×15 mm	h6	1
塞尺	0.02～0.5 mm		1	锯弓			1
钻头	ϕ6 mm		1	锯条			1
	ϕ7.8 mm		1	手锤			1
	ϕ12 mm		1	划线工具			1套
手用铰刀	ϕ8 mm	H8	1	软钳口			1副
塞规	ϕ8 mm	H8	1	铜丝刷			1
铰杠			1				

三、评分标准

评分标准如表 17-2-2 所示。

表 17-2-2　四方 V 形配合评分标准

准考证号码：________		试件编号：________			成绩：________	
序号		技术要求	配分	评分标准	实测记录	得分
件1	1	(30±0.04) mm (2处)	8	每超一处扣4分		
	2	90°±4′ (4处)	8	每超一处扣2分		
	3	⌯ 0.1 A (2处)	6	每超一处扣3分		
	4	Ra3.2 μm (4处)	4	每超一处扣1分		
	5	ϕ8H8	2	超差全扣		
	6	孔 Ra1.6 μm	1	超差全扣		
件2	7	(50±0.04) mm	3	超差全扣		
	8	$15^{0}_{-0.05}$ mm	3	超差全扣		
	9	锉面 Ra3.2 μm (6处)	6	每超一处扣1分		
	10	(10±0.15) mm (2处)	4	每超一处扣2分		
	11	(40±0.15) mm	3	超差全扣		
	12	ϕ8H8 (2处)	4	每超一处扣2分		
	13	孔 Ra1.6 μm (2处)	2	每超一处扣1分		
	14	(60±0.5) mm	4	超差全扣		
	15	— 0.5	2	超差全扣		
配合	16	间隙≤0.08 mm (8处)	24	每超一处扣3分		
	17	(50±0.2) mm (4处)	8	每超一处扣2分		
	18	2a 允差 0.3 mm (4处)	8	每超一处扣2分		
19		安全文明生产	扣分	违者每次扣2分，严重者扣5～10分		

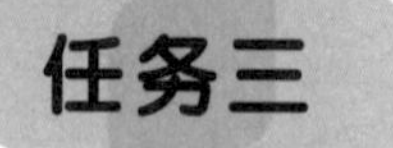

任务三 圆弧样板的锉配

一、考核试题图纸

考核试题图纸如图 17-3-1 所示。

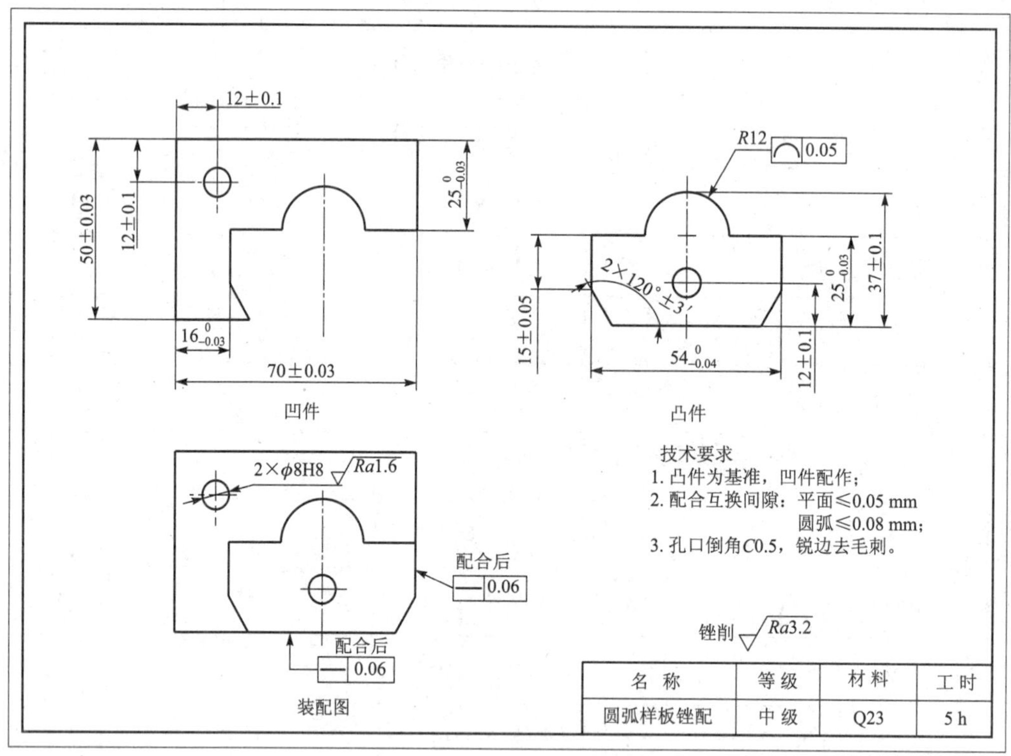

图 17-3-1 圆弧样板锉配

二、考试准备

考试准备如图 17-3-2 及表 17-3-1 所示。

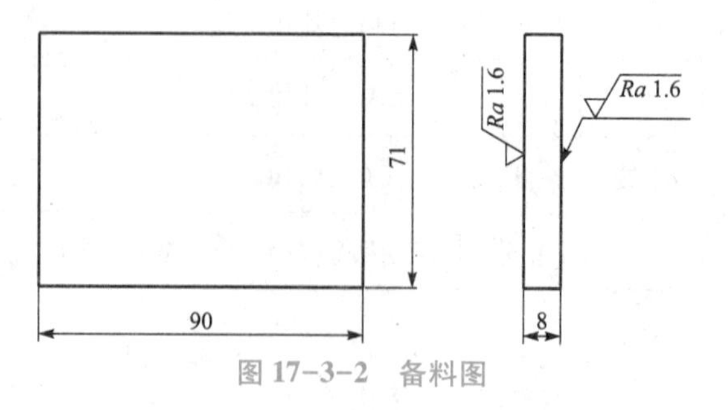

图 17-3-2 备料图

表 17-3-1　工、量、刃具准备

名　称	规　格	精　度（读数值）	数量/件	名　称	规　格	精　度（读数值）	数量/件
高度划线尺	0～300 mm	0.02 mm	1	锉刀	250 mm	1 号纹	1
游标卡尺	0～150 mm	0.02 mm	1		200 mm	2、3 号纹	各 1
千分尺	0～25 mm	0.01 mm	1		150 mm	3 号纹	1
	25～50 mm	0.01 mm	1	三角锉	150 mm	2 号纹	1
	50～75 mm	0.01 mm	1	半圆锉	150 mm	2 号纹	1
万能角度尺	0°～320°	2′	1	圆锉	ϕ10 mm	2 号纹	1
刀口角尺	100 mm×63 mm	0 级	1	整形锉	ϕ5 mm		1 套
塞尺	0.02～0.5 mm		1	划线靠铁			1
R 规	*R*7～14.5 mm		1	锯弓			1
钻头	ϕ4、ϕ6 mm		各 1 只	锯条			1
	ϕ7.8 mm		1	手锤			1
	ϕ12 mm		1	划线工具			1 套
手用铰刀	ϕ8 mm	H8	1	软钳口			1 副
塞规	ϕ8 mm	H8	1	铜丝刷			1
铰杠			1				

三、评分标准

评分标准如表17-3-2所示。

表17-3-2　圆弧样板锉配评分标准

准考证号码：＿＿＿＿		试件编号：＿＿＿＿		成绩：＿＿＿＿		
序号		技术要求	配分	评分标准	实测记录	得分
凸件	1	$54_{-0.04}^{0}$ mm	4	超差全扣		
	2	(37±0.1)mm	3	超差全扣		
	3	$25_{-0.03}^{0}$ mm　（2处）	6/2	每超一处扣3分		
	4	(15±0.05)mm	2	每超一处扣1分		
	5	⌒ 0.05	5	超差全扣		
	6	120°±3′　（2处）	6/2	每超一处扣3分		
	7	(12±0.1)mm	3	超差全扣		
	8	孔 $\phi 8H8$，Ra1.6 μm	2/2	每超一处扣2分		
	9	锉面 Ra3.2 μm　（6处）	3/6	每超一处扣0.5分		
凹件	10	(70±0.03)mm	4	超差全扣		
	11	(50±0.03)mm	4	超差全扣		
	12	$25_{-0.03}^{0}$ mm	5	超差全扣		
	13	$16_{-0.03}^{0}$ mm	5	超差全扣		
	14	(12±0.1)mm　（2处）	6/2	每超一处扣3分		
	15	孔 $\phi 8H8$，Ra1.6 μm	2/2	每超一处扣2分		
	16	锉面 Ra3.2 μm　（8处）	4/8	每超一处扣0.5分		
配合	17	平面间隙≤0.05 mm　（4处）	8/4	每超一处扣2分		
	18	曲面间隙≤0.08 mm	4	超差全扣		
	19	错位量≤0.06 mm　（2处）	4/2	每超一处扣2分		
	20	互换：				
	21	平面间隙≤0.05 mm　（4处）	8/4	每超一处扣2分		
	22	曲面间隙≤0.08 mm	4	超差全扣		
	23	错位量≤0.06 mm　（2处）	4/2	每超一处扣2分		
24		安全文明生产	（扣分）	违者每次扣2分，严重者扣5~10分		

任务四　双凸形的镶配

一、考核试题图纸

考核试题图纸如图 17-4-1 所示。

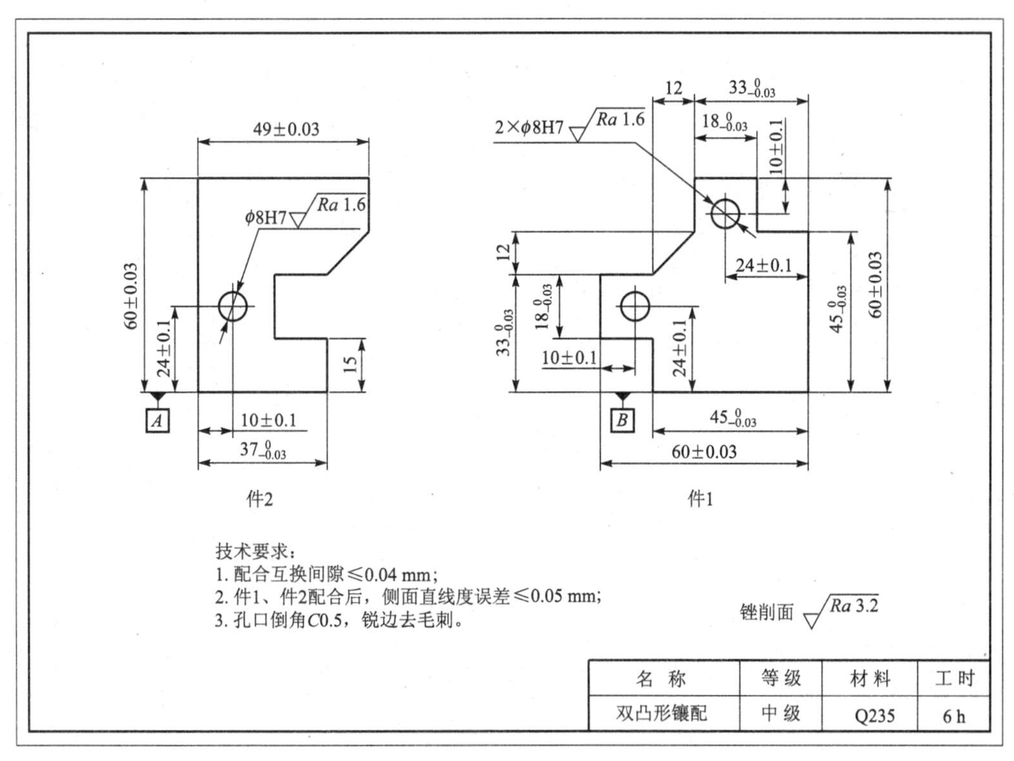

图 17-4-1　双凸形镶配

二、考试准备

考试准备如图 17-4-2、表 17-4-1 所示。

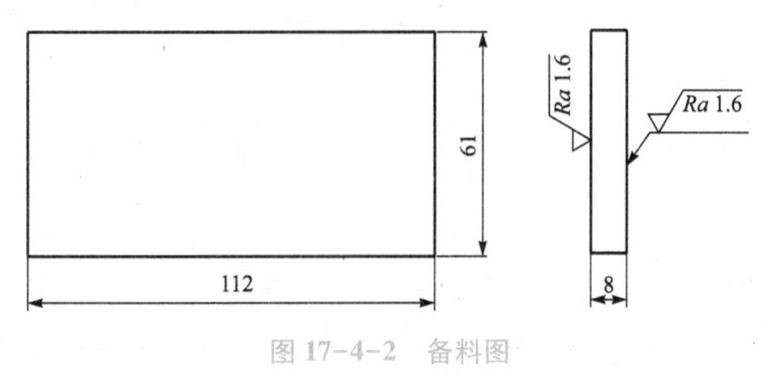

图 17-4-2　备料图

表17-4-1　工、量、刃具准备

名称	规格	精度（读数值）	数量/件	名称	规格	精度（读数值）	数量/件
高度划线尺	0～300 mm	0.02 mm	1	锉刀	250 mm	1号纹	1
游标卡尺	0～150 mm	0.02 mm	1		200 mm	2、3号纹	各1
千分尺	0～25 mm	0.01 mm	1		150 mm	3号纹	1
	25～50 mm	0.01 mm	1	三角锉	150 mm	2号纹	1
	50～75 mm	0.01 mm	1	整形锉	ϕ5 mm		1套
万能角度尺	0°～320°	2′	1	V形铁	中号	1级	1
刀口角尺	100 mm×63 mm	0级	1	锯弓			1
塞尺	0.02～0.5 mm		1	锯条			1
钻头	ϕ6 mm		1	手锤			1
	ϕ7.8 mm		1	划线工具			1套
	ϕ12 mm		1	软钳口			1副
手用铰刀	ϕ8 mm	H7	1	铜丝刷			1
塞规	ϕ8 mm	H7	1	铰杠			1

三、评分标准

评分标准如表 17-4-2 所示。

表 17-4-2　双凸形镶配评分标准

准考证号码：＿＿＿＿＿＿　　试件编号：＿＿＿＿＿＿　　成绩：＿＿＿＿＿＿

序号		技术要求	配分	评分标准	实测记录	得分
凸件	1	(60±0.03) mm　(2 处)	8	每超一处扣 4 分		
	2	$45_{-0.03}^{0}$ mm　(2 处)	8	每超一处扣 4 分		
	3	$33_{-0.03}^{0}$ mm　(2 处)	8	每超一处扣 4 分		
	4	$18_{-0.03}^{0}$ mm　(2 处)	8	每超一处扣 4 分		
	5	(10±0.1)　(2 处)	4	每超一处扣 2 分		
	6	(24±0.1)　(2 处)	4	每超一处扣 2 分		
	7	孔 ϕ8H7、Ra1.6 μm(2 处)	2/2	每超一处扣 1 分		
	8	锉面 Ra3.2 μm　(11 处)	5.5	每超一处扣 0.5 分		
凹件	9	(60±0.03) mm	4	超差全扣		
	10	(49±0.03) mm	4	超差全扣		
	11	$37_{-0.03}^{0}$ mm	4	超差全扣		
	12	(10±0.1) mm	2	超差全扣		
	13	(24±0.1) mm	2	超差全扣		
	14	孔 ϕ8H7、Ra1.6 μm	1/1	每超一处扣 1 分		
	15	锉面 Ra3.2 μm　(9 处)	4.5	每超一处扣 0.5 分		
配合	16	间隙≤0.05 mm　(6 处)	12	每超一处扣 2 分		
	17	直线度误差≤0.05 mm	2	超差全扣		
	18	互换：				
	19	间隙≤0.04 mm　(6 处)	12	每超一处扣 2 分		
	20	直线度误差≤0.06 mm	2	超差全扣		
21		安全文明生产	(扣分)	违者每次扣 2 分，严重者扣 5～10 分		

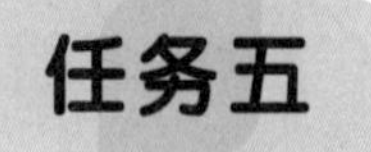

任务五　对称角度配合

一、考核试题图纸

考核试题图纸如图 17-5-1 所示。

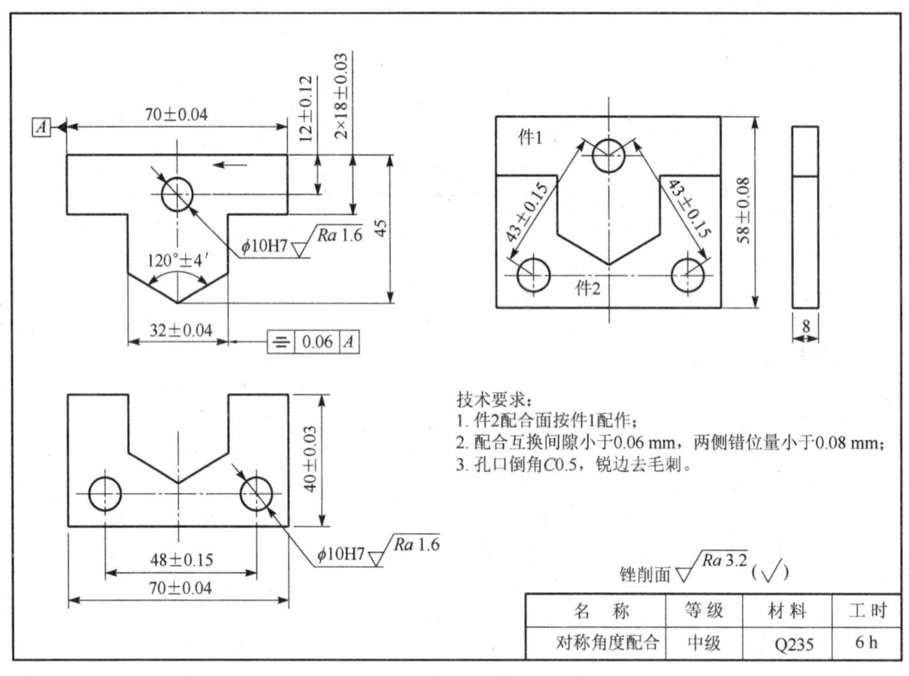

图 17-5-1　对称角度配合

二、考试准备

考试准备如图 17-5-2 及表 17-5-1 所示。

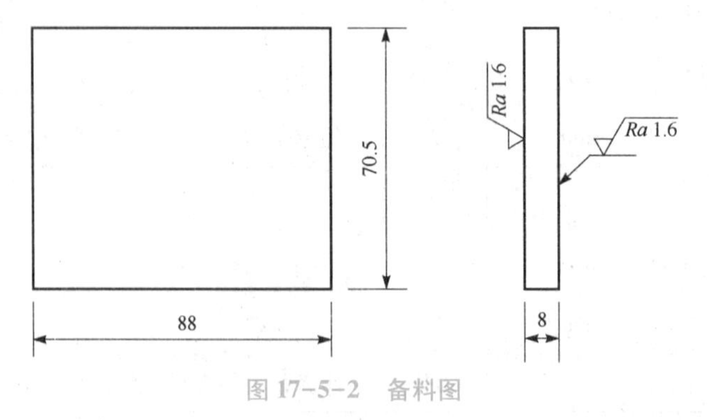

图 17-5-2　备料图

表 17-5-1　工、量、刃具准备

名　称	规　格	精　度（读数值）	数量/件	名　称	规　格	精　度（读数值）	数量/件
高度划线尺	0～300 mm	0.02 mm	1	锉刀	250 mm	1 号纹	1
游标卡尺	0～150 mm	0.02 mm	1		200 mm	2、3 号纹	各 1
千分尺	0～25 mm	0.01 mm	1		150 mm	3 号纹	1
	25～50 mm	0.01 mm	1	三角锉	150 mm	2 号纹	1
	50～75 mm	0.01 mm	1	半圆锉	150 mm	2、3 号纹	各 1
万能角度尺	0°～320°	2′	1	测量圆柱	ϕ10×15	h6	2
刀口角尺	100 mm×63 mm	0 级	1	整形锉	ϕ5 mm		1 套
塞尺	0.02～0.5 mm		1	划线靠铁			1
R 规	*R*15～25 mm		1	锯弓			1
钻头	ϕ3、ϕ4、ϕ6 mm		各 1 只	锯条			1
	ϕ9.8 mm		1	手锤			1
	ϕ12 mm		1	划线工具			1 套
手用铰刀	ϕ10 mm	H7	1	软钳口			1 副
塞规	ϕ10 mm	H7	1	铜丝刷			1
铰杠			1				

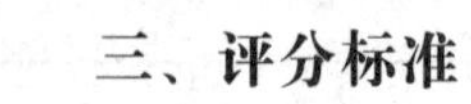

三、评分标准

评分标准如表 17-5-2 所示。

表 17-5-2　燕尾圆弧镶配评分标准

准考证号码：＿＿＿＿＿＿　试件编号：＿＿＿＿＿＿　成绩：＿＿＿＿＿＿

序号		技术要求	配分	评分标准	实测记录	得分
件1	1	(70±0.04) mm	3	超差全扣		
	2	(32±0.04) mm	4	超差全扣		
	3	(18±0.03) mm　(2处)	6	每超一处扣3分		
	4	120°±4′	3	超差全扣		
	5	⌯ 0.06 A	4	超差全扣		
	6	锉面 *Ra*3.2 μm　(9处)	9	每超一处扣1分		
	7	(12±0.12) mm	3	超差全扣		
	8	ϕ10H7	2	超差全扣		
	9	孔 *Ra*1.6 μm	1	超差全扣		
件2	10	(40±0.03) mm	3	超差全扣		
	11	(70±0.04) mm	3	超差全扣		
	12	锉面 *Ra*3.2 μm　(8处)	8	每超一处扣1分		
	13	(48±0.15) mm	3	超差全扣		
	14	ϕ10H7　(2处)	4	每超一处扣2分		
	15	孔 *Ra*1.6 μm　(2处)	2	每超一处扣1分		
配合	16	间隙≤0.06 mm　(12处)	24	每超一处扣2分		
	17	错位量 0.08 mm　(2处)	6	每超一处扣3分		
	18	(43±0.15) mm　(4处)	8	每超一处扣2分		
	19	(58±0.08) mm　(2处)	4	每超一处扣2分		
20		安全文明生产	扣分	违者每次扣2分，严重者扣5～10分		

任务六　燕尾变位配的加工

一、考核试题图纸

考核试题装配图纸如图 17-6-1 所示。它的零件图如图 17-6-2 所示。

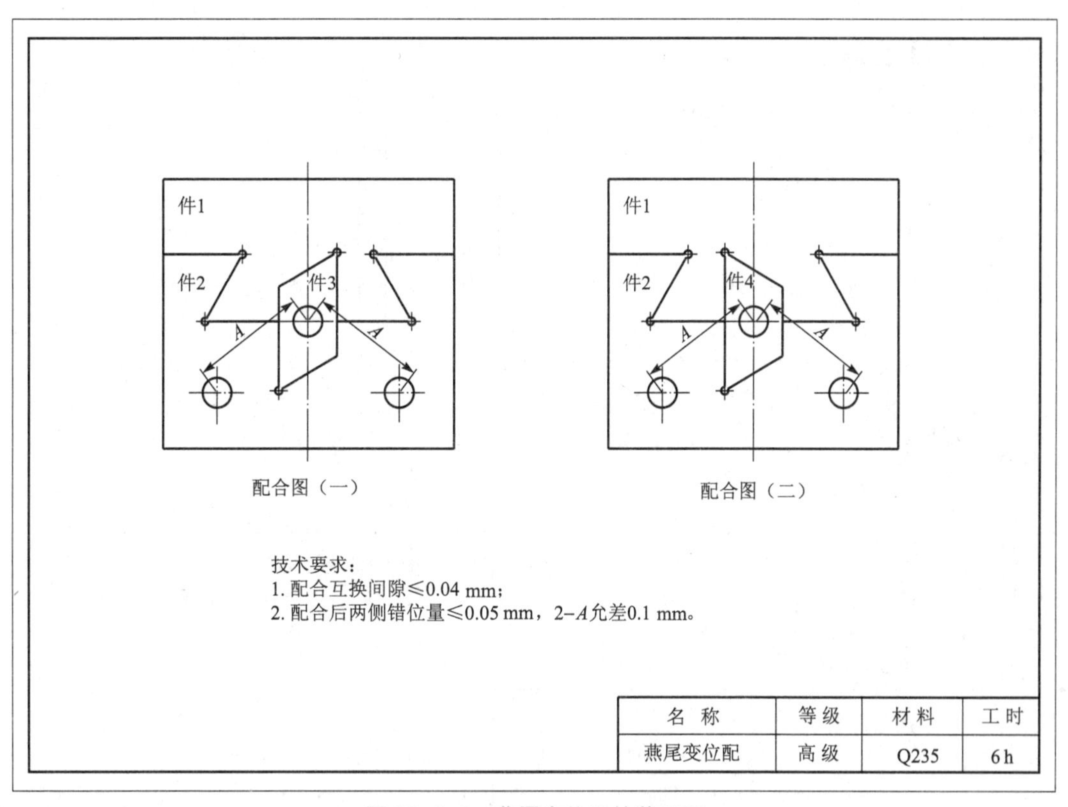

名 称	等 级	材 料	工 时
燕尾变位配	高 级	Q235	6 h

图 17-6-1　燕尾变位配的装配图

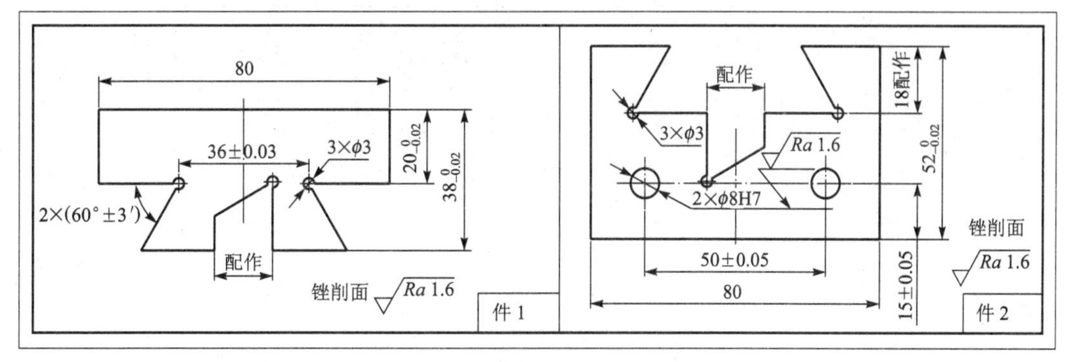

图 17-6-2　燕尾变位配的零件图

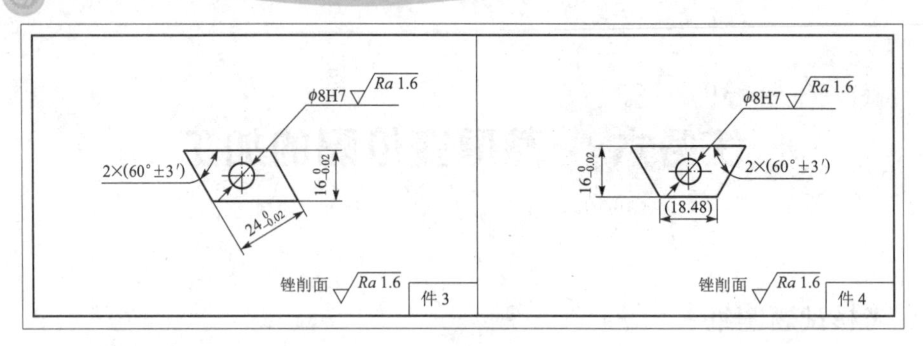

图 17-6-2　燕尾变位配的零件图（续）

二、考试准备

考试准备如图 17-6-3 及表 17-6-1 所示。

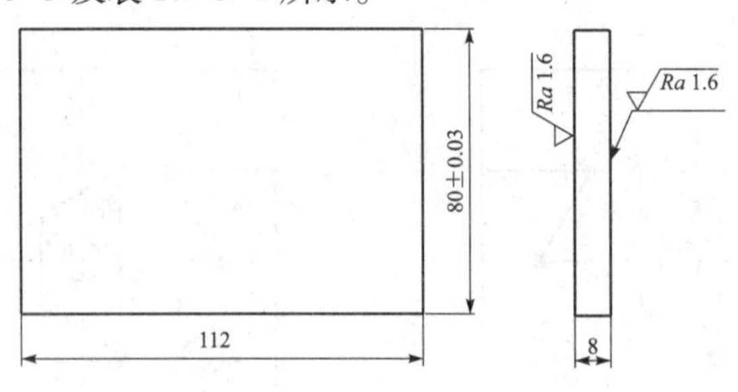

图 17-6-3　备料图

表 17-6-1　工、量、刃具准备

名　称	规　格	精　度（读数值）	数量/件	名　称	规　格	精　度（读数值）	数量/件
高度划线尺	0～300 mm	0.02 mm	1	锉刀	250 mm	1 号纹	1
游标卡尺	0～150 mm	0.02 mm	1		200 mm	2、3 号纹	各 1
千分尺	0～25 mm	0.01 mm	1		150 mm	3 号纹	1
	25～50 mm	0.01 mm	1	三角锉	150 mm	2、3 号纹	各 1
	50～75 mm	0.01 mm	1	整形锉	φ5 mm		1 套
	75～100 mm	0.01 mm	1	测量圆柱	φ10 h6×15		2
万能角度尺	0°～320°	2′	1	铰杠			1
刀口角尺	100 mm×63 mm	0 级	1	划线靠铁			1
塞尺	0.02～0.5 mm		1	锯弓			1
杠杆百分表	0～0.8 mm	0.01 mm	1	锯条			1
表架			1	手锤			1
钻头	φ3、φ6 mm		各 1	划线工具			1 套
	φ7、φ7.8 mm		各 1	软钳工			1 副
	φ12 mm		1	铜丝刷			1
手用铰刀	φ8 mm	H7	1	函数计算器			1
塞规	φ8 mm	H7	1				

三、评分标准

评分标准如表 17-6-2 所示。

表 17-6-2 燕尾变位配评分标准

准考证号码：＿＿＿＿		试件编号：＿＿＿＿		成绩：＿＿＿＿		
序号		技术要求	配分	评分标准	实测记录	得分
件1	1	$20_{-0.02}^{0}$ mm （2处）	3×2	每超一处扣 3 分		
	2	$38_{-0.02}^{0}$ mm	3	超差全扣		
	3	(36±0.03) mm	5	超差全扣		
	4	(60°±3′) mm （2处）	2×2	每超一处扣 2 分		
	5	锉面 Ra1.6 μm （10处）	0.5×10	每超一面扣 0.5 分		
件2	6	$52_{-0.02}^{0}$ mm	3	超差全扣		
	7	(15±0.05) mm （2处）	2×2	每超一处扣 2 分		
	8	(50±0.05) mm	3	超差全扣		
	9	孔 ϕ8H7，Ra1.6 μm （2处）	2/2	超差全扣		
	10	锉面 Ra1.6 μm （8处）	0.5×8	每超一面扣 0.5 分		
件3	11	$16_{-0.02}^{0}$ mm	3	每超一处扣 0.5 分		
	12	$24_{-0.02}^{0}$ mm	3	超差全扣		
	13	60°±3′ （2处）	2×2	每超一处扣 2 分		
	14	ϕ8H7，Ra1.6 μm	1/1	超差全扣		
	15	锉面 Ra1.6 μm （4处）	0.5×4	每超一面扣 0.5 分		
件4	16	$16_{-0.02}^{0}$ mm	3	超差全扣		
	17	60°±3′ （2处）	2×2	每超一处扣 2 分		
	18	ϕ8H7，Ra1.6 μm	1/1	超差全扣		
	19	锉面 Ra1.6 μm （4处）	0.5×4	每超一面扣 0.5 分		
配合	20	间隙≤0.04 mm （12处）	12	每超一处扣 1 分		
	21	错位量≤0.05 mm	2	超差全扣		
	22	2-A 允差 0.1 mm	1	超差全扣		
	23	互换：				
	24	间隙≤0.04 mm （7处）	12	每超一处扣 1 分		
	25	错位量≤0.05 mm （2处）	2	超差全扣		
	26	2-A 允差 0.1 mm	1	超差全扣		
27		安全文明生产	（扣分）	违者每次扣 2 分，严重者扣 5~10 分		

任务七 四方 V 形组合

一、考核试题图纸

考核试题图纸如图 17-7-1 所示。

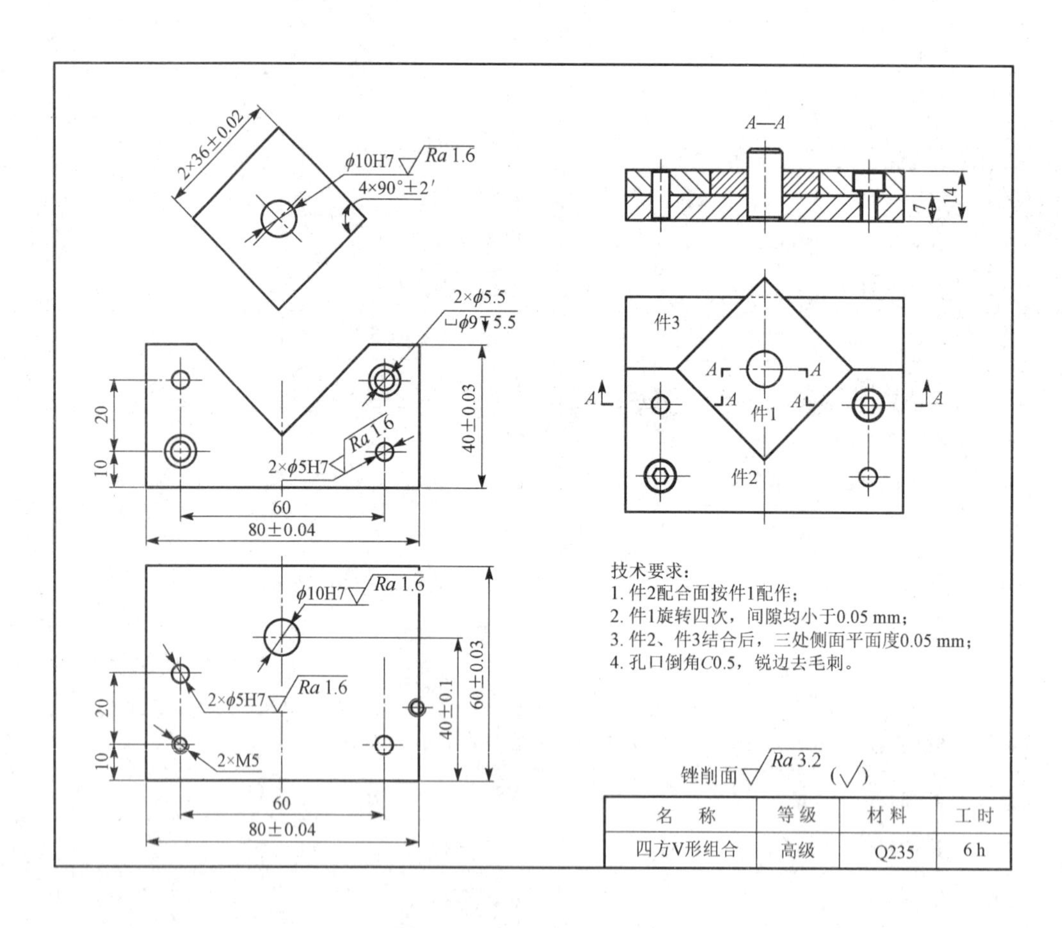

图 17-7-1 四方 V 形组合

二、考试准备

考试准备如图 17-7-2 及表 17-7-1 所示。

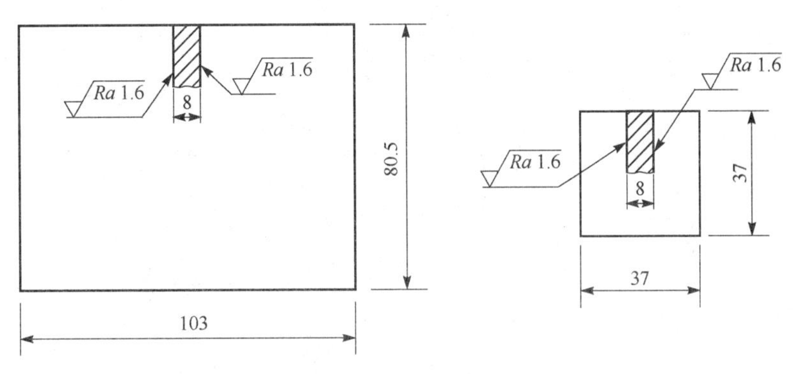

图 17-7-2　备料图

表 17-7-1　工、量、刃具准备

名　称	规　格	精　度（读数值）	数量/件	名　称	规　格	精　度（读数值）	数量/件
高度划线尺	0～300 mm	0.02 mm	1	锉刀	250 mm	1 号纹	1
游标卡尺	0～150 mm	0.02 mm	1		200 mm	2、3 号纹	各 1 支
千分尺	0～25 mm	0.01 mm	1		150 mm	3 号纹	1
	25～50 mm	0.01 mm	1	三角锉	150 mm	2、3 号纹	各 1 支
	50～75 mm	0.01 mm	1	整形锉	ϕ5 mm		1 套
	75～100 mm	0.01 mm	1	测量圆柱	ϕ10 h6×25		1
万能角度尺	0°～320°	2′	1	圆柱销	ϕ8 h6×25		3
刀口角尺	100 mm×63 mm	0 级	1	铰杠			1
塞尺	0.02～0.5 mm		1	手用铰刀	ϕ8 mm	H7	1
杠杆百分表	0～0.8 mm	0.01 mm	1	划线靠铁			1
表架			1	锯弓			1
块规	83	1 级	1	锯条			1
正弦规	宽型 100 mm	1 级	1	手锤			1
钻头	ϕ3、ϕ6 mm		各 1	划线工具			1 套
	ϕ7、ϕ7.8 mm		各 1	软钳口			1 副
	ϕ12 mm		1	铜丝刷			1
塞规	ϕ8 mm	H7	1	函数计算器			1

三、评分标准

评分标准如表 17-7-2 所示。

表 17-7-2 四方V形组合评分标准

准考证号码：__________ 试件编号：__________ 成绩：__________

序号		技术要求	配分	评分标准	实测记录	得分
件1	1	（36±0.02）mm （2处）	10	每超一处扣5分		
	2	90°±2′ （4处）	8	每超一处扣2分		
	3	锉面 $Ra3.2$ μm （4处）	4	每超一处扣1分		
	4	ϕ10H7	2	超差全扣		
	5	孔 $Ra1.6$ μm	1	超差全扣		
件2	6	（80±0.04）mm	3	超差全扣		
	7	（40±0.03）mm	3	超差全扣		
	8	锉面 $Ra3.2$ μm （6处）	6	每超一处扣1分		
	9	ϕ5H7 （2处）	4	每超一处扣2分		
	10	孔 $Ra1.6$ μm （2处）	2	每超一处扣1分		
	11	沉孔正确 （2处）	4	每超一处扣2分		
件3	12	（80±0.04）mm	3	超差全扣		
	13	（60±0.03）mm	3	超差全扣		
	14	（40±0.1）mm	2	超差全扣		
	15	锉面 $Ra3.2$ μm （4处）	4	每超一处扣1分		
	16	M5 正确（2处）	2	每超一处扣1分		
	17	ϕ10H7	2	超差全扣		
	18	ϕ5H7 （2处）	4	每超一处扣2分		
	19	孔 $Ra1.6$ μm （3处）	3	每超一处扣1分		
配合	20	间隙≤0.05 mm（8处）	24	每超一处扣3分		
	21	平面度 0.05 mm（3处）	6	每超一处扣2分		
23		安全文明生产	扣分	违者每次扣2分，严重者扣5~10分		

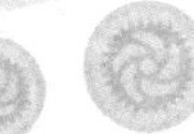

任务八　变位支架的加工

一、竞赛图纸

变位支架的装配图如图 17-8-1 所示，零件图如图 17-8-2 所示。

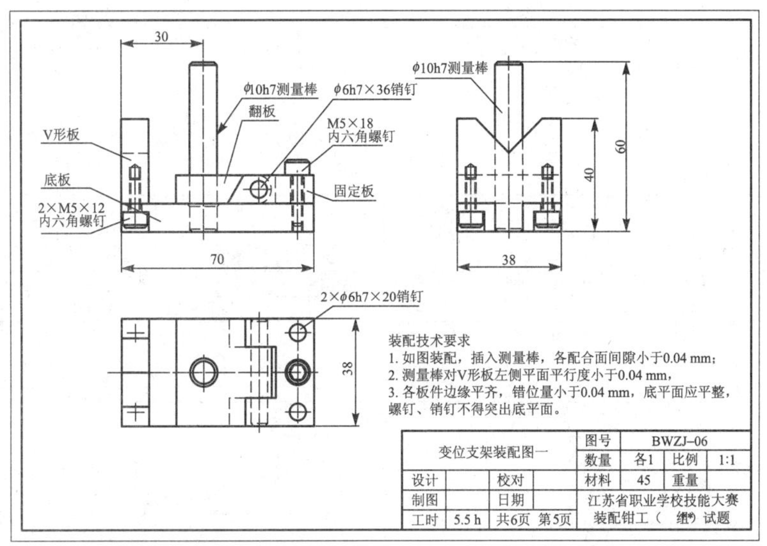

（a）

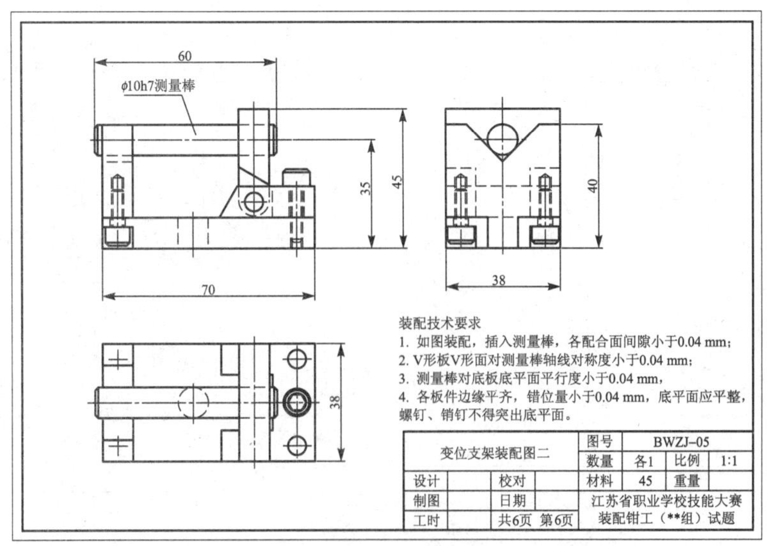

（b）

图 17-8-1　变位支架装配图

（a）装配图一；（b）装配图二

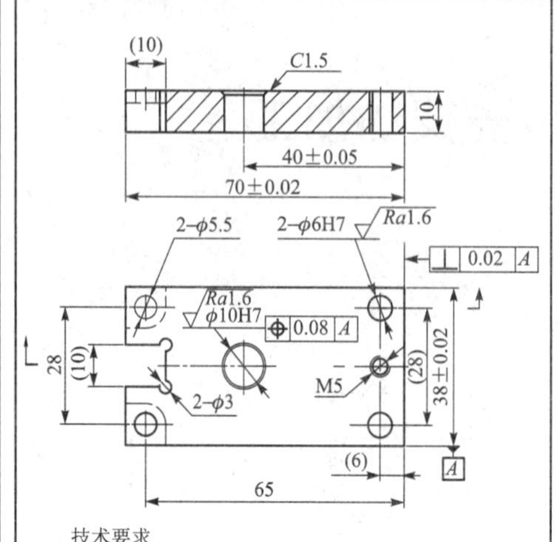

技术要求
1. 带括号尺寸按配合要求制作；
2. 未注孔口倒角C0.5；
3. 工件去除毛刺、倒棱。

锉削面 Ra1.6

变位支架－底板				图号	BWZJ-01		
				数量	1	比例	1:1
设计		校对		材料	45	重量	
制图		日期		2011年江苏省职业学校技能			
工时		共6页 第1页		大赛装配钳工（**组）试题			

（a）

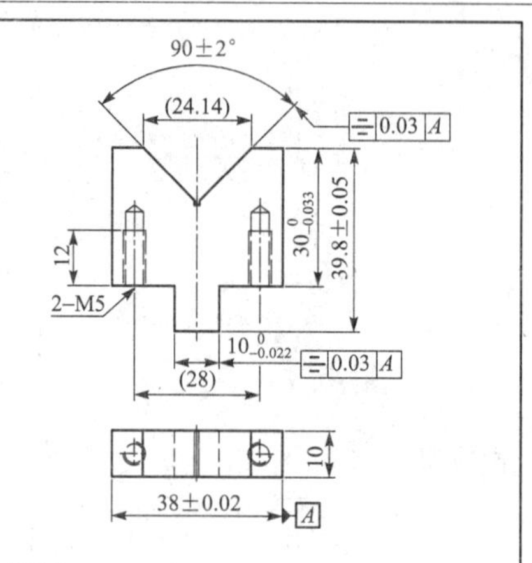

技术要求
1. 带括号尺寸按配合要求制作；
2. 未注孔口倒角C0.5；
3. V形槽底锯割沉槽，深约为1 mm；
4. 工件去除毛刺、倒棱。

锉削面 Ra1.6

变位支架－V形板				图号	BWZJ-02		
				数量	1	比例	1:1
设计		校对		材料	45	重量	
制图		日期		2011年江苏省职业学校技能			
工时		共6页 第2页		大赛 装配钳工（**组）试题			

（b）

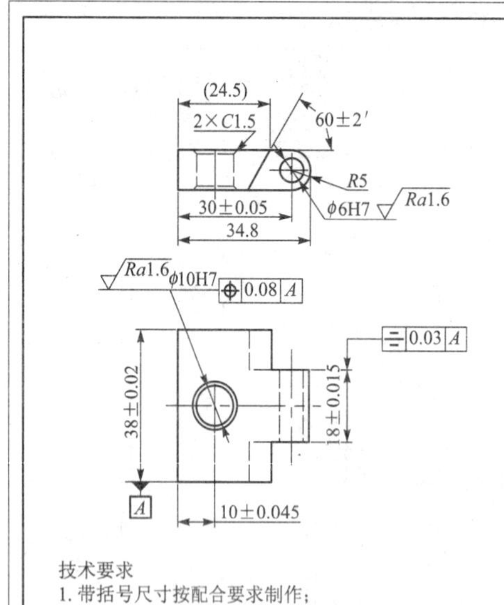

技术要求
1. 带括号尺寸按配合要求制作；
2. 未注孔口倒角C0.5；
3. 工件去除毛刺、倒棱。

锉削面 Ra1.6

变位支架－翻板				图号	BWZJ-03		
				数量	1	比例	1:1
设计		校对		材料	45	重量	
制图		日期		2011年江苏省职业学校技能			
工时		共6页 第3页		大赛装配钳工（**组）试题			

（c）

I 4:1
Ra1.6 φ6H7
25.5
I
(60)
20±0.05
Ra1.6 2×φ6H7
6±0.05
(18)
28±0.05
38±0.02
φ5.5
14
A
31

技术要求
1. 带括号尺寸按配合要求制作；
2. 未注孔口倒角C0.5；
3. 工件去除毛刺、倒棱。

锉削面 Ra1.6

变位支架－固定板				图号	BWZJ-04		
				数量	1	比例	1:1
设计		校对		材料	45	重量	
制图		日期		2011年江苏省职业学校技能			
工时		共6页 第4页		大赛 装配钳工（**组）试题			

（d）

图 17-8-2　变位支架的零件图

（a）底板；（b）V 形板；（c）翻板；（d）固定板

二、竞赛准备

竞赛准备如图 17-8-3 及表 17-8-1 所示。

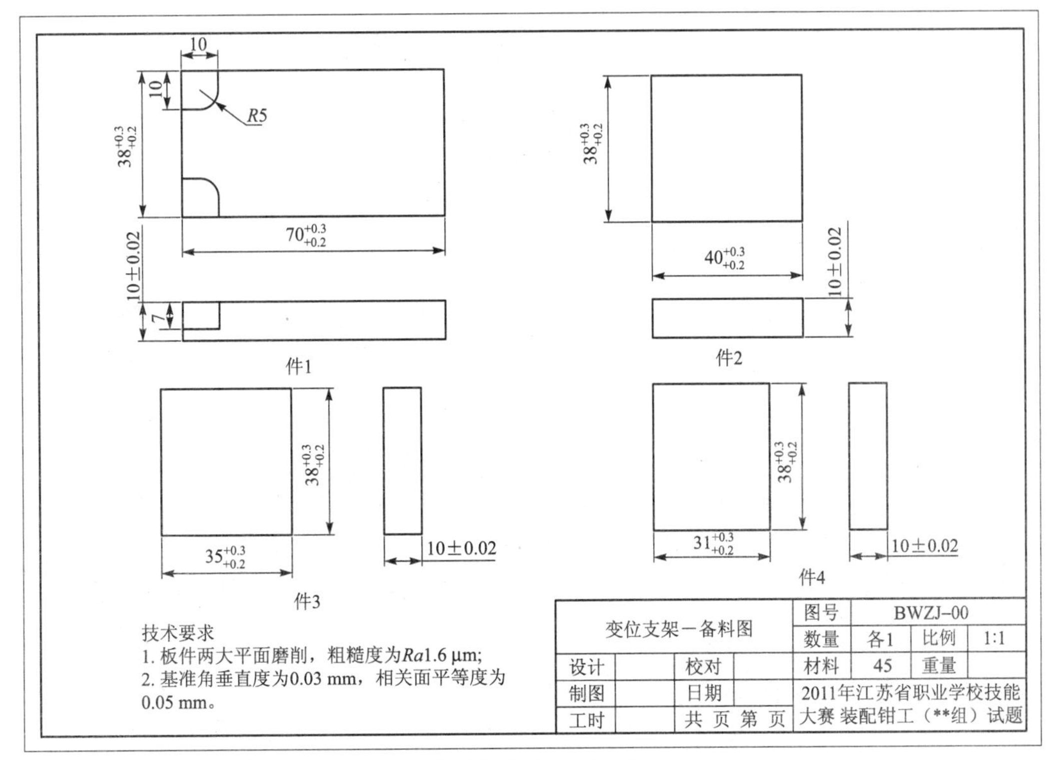

图 17-8-3　备料图

表 17-8-1　工、量、刃具准备

类别	序号	名称	规　格	精度	数量/件
量具	1	外径千分尺	0～25 mm、25～50 mm、50～75 mm	0. 01 mm	各 1
	2	深度千分尺	0～25 mm	0. 01 mm	1
	3	游标卡尺	0～150 mm	0. 02 mm	1
	4	直尺	0～150 mm		1
	5	高度游标尺	0～250 mm	0. 02 mm	1
	6	万能角度尺	0°～320°	2′	1
	7	刀口角尺	63 mm×100 mm，0 级		1
	8	塞尺	0. 02～1 mm		1
	9	光滑圆柱塞规	ϕ8h7		1
	10	量块	83 块（1 级）		1 套
	11	正弦规			1
	12	百分表		0. 01 mm	1
	13	磁力表座			1

续表

类别	序号	名称	规　格	精度	数量/件
刃具	1	锉刀	扁、三角、方、圆、整形锉刀等	自选	若干
	2	中心钻	A3		1
	3	钻头	ϕ3 等（如去废料排孔钻头，加工 M5 内六角螺钉孔用的底孔、过孔、平底沉孔钻头，加工 ϕ5、ϕ8 定位销钉孔的底孔钻头及锪钻头）		若干
	4	丝锥及铰杠	M5		若干
	5	手用铰刀及铰杠	ϕ5H7、ϕ8H7		若干
	6	錾子	扁錾子、尖錾子		各 1
操作工具	1	手锤			1
	2	样冲			1
	3	锯弓			1
	4	锯条	自选		若干
	5	划针			1
	6	划规			1
	7	铜丝刷			1
	8	毛刷			1
	9	铜棒	自选		1
	10	钳口铜皮			1 副
	11	内六角扳手	M5 内六角螺钉用		自定
	12	内六角螺钉	M5×10		6
	13	定位销	ϕ5h7×16		4
	14	定位销	ϕ8h7×20		2
	15	计算器		1	自备

注：对于表中未列入的其他钳工常用普通工量具、夹具，选手可酌情携带，但对于非标、自制、定制的工量具、夹具，选手不得带入赛场。

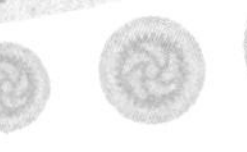

三、评分标准

评分标准如表 17-8-2 所示。

表 17-8-2　变位支架评分标准

序号	项目	技术要求	配分	评分标准	实测结果	扣分	得分
1	底板（18 分）	(38±0.02) mm	2	超差全扣			
2		(70±0.02) mm	2	超差全扣			
3		(40±0.05) mm	2	超差全扣			
4		ϕ10H7，Ra1.6 μm	2	超差全扣			
5		2×ϕ6H7，Ra1.6 μm	2×2	超差全扣			
6		2×ϕ5.5	1×2	超差全扣			
7		M5	1	超差全扣			
8		锉削面 Ra1.6 μm	3	1 处不达标扣 0.5 分，扣完为止			
9	V 形板（19 分）	(38±0.02) mm	2	超差全扣			
10		$(30_{-0.033}^{0})$ mm	2×2	超差全扣			
11		$(10_{-0.022}^{0})$ mm	2	超差全扣			
12		90°±2′	2	超差全扣			
13		⌯ 0.03 A	2×2	超差全扣			
14		2-M5 螺孔	1×2	超差全扣			
15		锉削面 Ra1.6 μm	3	1 处不达标扣 0.5 分，扣完为止			
16	翻板（21 分）	(38±0.02) mm	2	超差全扣			
17		(18±0.015) mm	2	超差全扣			
18		(30±0.05) mm	2	超差全扣			
19		(10±0.05) mm	2	超差全扣			
20		2×(60°±2′)	2×2	超差全扣			
21		⌯ 0.03 A	2	超差全扣			
22		ϕ10H7，Ra1.6 μm	2	超差全扣			
23		ϕ6H7，Ra1.6 μm	2	超差全扣			
24		锉削面 Ra1.6 μm	3	1 处不达标扣 0.5 分，扣完为止			

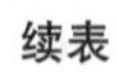
续表

序号	项目	技术要求	配分	评分标准	实测结果	扣分	得分
25	固定板（21 分）	(38±0.02) mm	2	超差全扣			
26		(28±0.05) mm	2	超差全扣			
27		(20±0.05) mm	2	超差全扣			
28		2×(6±0.05) mm	2×2	超差全扣			
29		4×ϕ6H7，*Ra*1.6 μm	2×4	超差全扣			
30		锉削面 *Ra*1.6 μm	3	1 处不达标扣 0.5 分，扣完为止			
31	装配图一（9 分）	测量棒对 V 形板左侧面平行度小于 0.04 mm	4	超差全扣			
32		翻板与固定板 4 处间隙小于 0.04 mm	1×4	超差全扣			
33		翻板与底板 1 处间隙小于 0.04 mm	1	超差全扣			
34	装配图二（13 分）	测量棒与底板平行度小于 0.04 mm	4	超差全扣			
35		V 形板 V 形面对测量棒轴线对称度小于 0.04 mm	4	超差全扣			
36		V 形架与底板 5 处间隙小于 0.04 mm	1×5	超差全扣			
37		其他	（扣分）	表面敲击、配合后边缘错位超差及其他缺陷，每处扣总分 1～5 分			
38		安全文明生产	（扣分）	按有关安全文明要求酌情扣 1～5 分，严重扣 10 分			
名　　称		变位支架	时间		总得分		
考核等级		高级	时间				

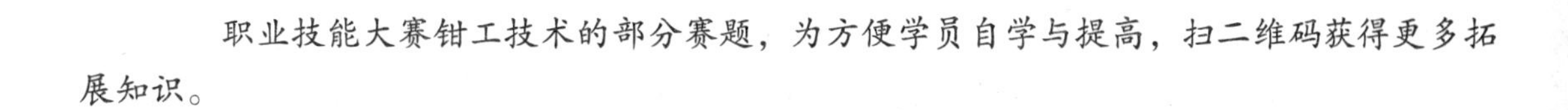

职业技能大赛钳工技术的部分赛题，为方便学员自学与提高，扫二维码获得更多拓展知识。

滑台的制作

滑块机构的加工

职工江苏选拔赛旋转组合体

滑块转盘机构

“江苏技能状元”
大赛技术文件
（工具钳工）

附　　录

1. 三角函数计算

（1）如附图 1 所示三角形，锐角三角函数计算公式为：

$$\sin\alpha = a/c$$
$$\cos\alpha = b/c$$
$$\tan\alpha = a/b$$
$$\cot\alpha = b/a$$

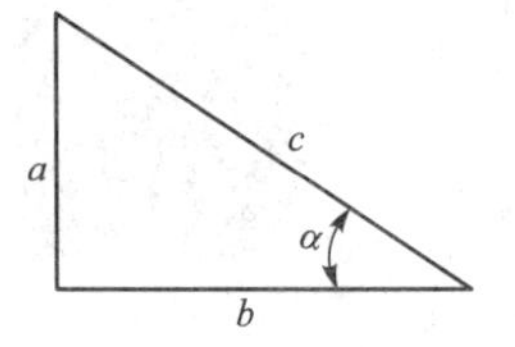

附图 1　锐角直角三角形

（2）特殊角的三角函数值。

特殊角的三角函数值如附表 1。

附表 1　特殊角的三角函数值

角 三角函数值 三角函数	0°	30°	45°	60°	90°
$\sin\alpha$	0	$\frac{1}{2}$	$\frac{\sqrt{2}}{2}$	$\frac{\sqrt{3}}{2}$	1
$\cos\alpha$	1	$\frac{\sqrt{3}}{2}$	$\frac{\sqrt{2}}{2}$	$\frac{1}{2}$	0
$\tan\alpha$	0	$\frac{\sqrt{3}}{3}$	1	$\sqrt{3}$	不存在
$\cos\alpha$	不存在	$\sqrt{3}$	1	$\frac{\sqrt{3}}{3}$	0

注：$\sqrt{2}\approx 1.414$

　　$\sqrt{3}\approx 1.732$

2. 正弦规角度与正弦规高度的关系计算

正弦规角度与正弦规高度的关系如附图 2 所示。

根据附图 2 所示正弦规角度与正弦规高度关系图，通过验证，得出相关公式：

$$L_1 = 100\times\sin\alpha$$
$$H_1 = 30\times\cos\alpha$$
$$L_{正} = H_1 + (10 - 4\sin\alpha)$$

式中　L_1——所垫量块高度；

　　　$L_{正}$——正弦规高度。

举例如下：

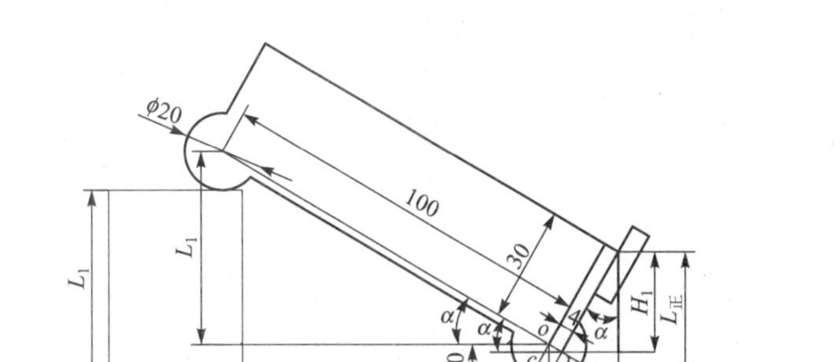

附图 2　正弦规角度与正弦规高度关系图

（1）如 α 为 30°：

$$L_1 = 100\times\sin30° = 50$$
$$H_1 = 30\times\cos30° = 25.98$$
$$L_{正} = 25.98 + (10 - 4\sin30°) = 33.98\ (\text{mm})$$

（2）如 α 为 45°：

$$L_1 = 100\times\sin45° = 70.71$$
$$H_1 = 30\times\cos45° = 21.21$$
$$L_{正} = 21.21 + (10 - 4\sin45°) = 28.38\ (\text{mm})$$

（3）如 α 为 60°：

$$L_1 = 100\times\sin60° = 86.6$$
$$H_1 = 30\times\cos60° = 15$$
$$L_{正} = 15 + (10 - 4\sin60°) = 21.54\ (\text{mm})$$

（4）如 α 为 54°：

$$L_1 = 100\times\sin54° = 80.90$$
$$H_1 = 30\times\cos54° = 17.63$$
$$L_{正} = 17.63 + (10 - 4\sin54°) = 24.39\ (\text{mm})$$

结论：

对于任意角度 α，都可以用这种方法来求出任意的正弦规高度，从而进行相关的测量。

3. 考虑到本书篇幅限制：

（1）相关职业技能大赛典型赛题工艺分析与制作、装配；

（2）典型冲压模具拆装，塑料模具拆装。

这些内容可详细见本教材配套的二维码内容。（利用Solidworks软件、UG软件将典型竞赛题与典型模具进行三维建模，便于学习者分析与理解，从而掌握知识）

参考文献

［1］中华人民共和国人力资源和社会保障部国家职业技能标准：装配钳工［M］. 北京：中国劳动社会保障出版社，2009.

［2］中华人民共和国人力资源和社会保障部国家职业技能标准：工具钳工［M］. 北京：中国劳动社会保障出版社，2009.

［3］谢增明. 钳工技能训练［M］. 北京：中国劳动社会保障出版社，2005.

［4］黄涛勋. 钳工（高级）［M］. 北京：机械工业出版社，2006.

［5］麻艳. 钳工工艺与技能训练［M］. 北京：中国劳动社会保障出版社，2008.

［6］金大鹰. 机械制图［M］. 北京：机械工业出版社，2005.

［7］李学锋. 模具设计与制造实训教程［M］. 北京：化学工业出版社，2004.

［8］竞赛图. 江苏省、无锡市职业技能大赛装配钳工项目.

［9］云南机床厂：CY 系列普车使用说明书.

［10］徐彬. 钳工技能鉴定考核试题库（第 2 版）［M］. 北京：机械工业出版社，2014.

［11］徐洪义. 装配钳工（高级）［M］. 北京：中国劳动社会出版社，2007.